电工电路实践接线 200例

黄海平　编著

科学出版社
北　京

内 容 简 介

本书主要介绍电工常用电气控制电路的工作原理及实际接线方法，主要内容包括电动机单向运转控制电路接线、电动机可逆运转控制电路接线、电动机制动控制电路接线、保护及预警电路接线、供排水电路接线、速度控制电路接线、电容补偿器及控制电路接线、照明控制电路接线、多台电动机控制电路接线、电能表及测量电路接线、温度控制及温控仪实践接线、得电延时头及失电延时头应用电路接线、其他实用电路实践接线。

本书适合工科院校电工、电子、自动化及相关专业师生和从事电气工作的技术人员、电工阅读。

图书在版编目(CIP)数据

电工电路实践接线200例/黄海平编著.—北京：科学出版社，2013.4 （2019.5重印）

ISBN 978-7-03-036733-4

Ⅰ.电… Ⅱ.黄… Ⅲ.电路-基本知识 Ⅳ.TM13

中国版本图书馆CIP数据核字(2013)第033187号

责任编辑：孙力维　杨　凯 / 责任制作：董立颖　魏　谨

责任印制：徐晓晨 / 封面设计：卢雪娇

北京东方科龙图文有限公司　制作

http://www.okbook.com.cn

科学出版社　出版

北京东黄城根北街16号

邮政编码：100717

http://www.sciencep.com

北京虎彩文化传播有限公司　印刷

科学出版社发行　各地新华书店经销

*

2013年4月第　一　版　　开本：A5(890×1240)

2019年5月第五次印刷　　印张：12 1/4

字数：380 000

定　价：42.00元

（如有印装质量问题，我社负责调换）

前　言

对于电工技术人员来说，识读电气原理图并不难，但是完成一个电路的现场实际接线却有一定的困难。能够快速把电气原理图转换成现场实际接线图，是电工人员完成现场接线任务的基本保证和前提条件。为此，笔者总结多年经验，将电工实际操作中经常遇到的200个实用电路直接对应转换成现场接线图，以帮助电工技术人员解决工作中遇到的实际困难。通过原理图与接线图的对照，电工技术人员能够快速且准确地完成现场接线任务，大大提升电工技术人员现场实操的水平。

本书采用原理图和现场接线图一一对应的方式进行讲解，图文并茂、直观可查，是一本难得的电工电路现场接线参考书。

本书共13章，主要内容包括电动机单向运转控制电路接线、电动机可逆运转控制电路接线、电动机制动控制电路接线、保护及预警电路接线、供排水电路接线、速度控制电路接线、电容补偿器及控制电路接线、照明控制电路接线、多台电动机控制电路接线、电能表及测量电路接线、温度控制及温控仪实践接线、得电延时头及失电延时头应用电路接线、其他实用电路实践接线。

本书由黄海平担任主编，参加编写的还有黄鑫、李治平、李燕、黄海静、李雅茜等同志，在此表示衷心感谢。

由于作者水平有限，编写较为仓促，书中不足之处在所难免，敬请专家同仁赐教，以便修订改之。

黄海平

2012年12月于山东威海福德花园

目　录

Chapter 6 速度控制电路接线 ······························· 231

Chapter 7 电容补偿器及控制电路接线 ····················· 247

Chapter 10 电能表及测量电路接线 …………………… 291

Chapter 1

电动机单向运转控制电路接线

电路1 单向点动控制电路接线

1. 工作原理

点动又称为寸动，顾名思义就是按下按钮开关，电动机就得电启动运转；松开按钮开关，电动机就失电停止运转。在很多控制领域中都用到此方法，也是用按钮、接触器控制电路的方法中最为简单的一种。

单向点动控制电路原理图如图 1.1 所示，只要按下点动按钮 SB(1-3)，交流接触器 KM 线圈得电吸合，其三相主触点闭合，电动机得电运转；松开按钮开关 SB (1-3)，交流接触器 KM 线圈断电释放，其三相主触点断开，电动机失电停止运转。

2. 现场接线

单向点动控制电路现场接线如图 1.2 所示。

实际应用中需要外引的按钮开关只需要连接两根导线至配电盘端子上即可。本电路按钮实际接线如图 1.3 所示。

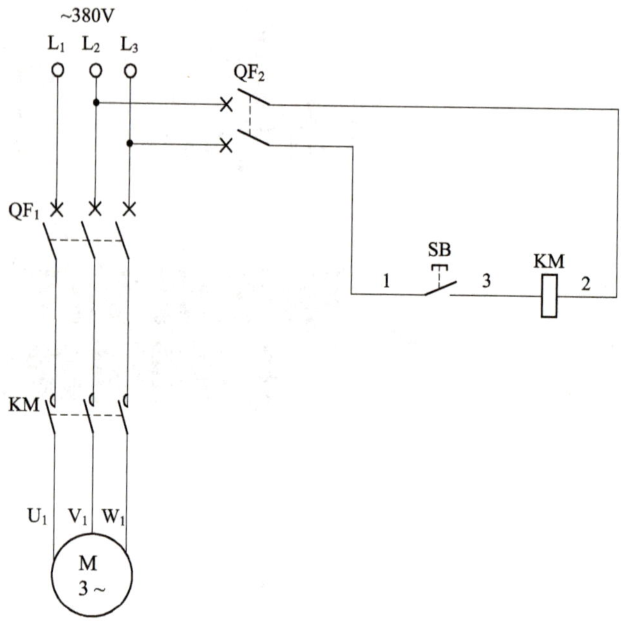

图 1.1 单向点动控制电路原理图

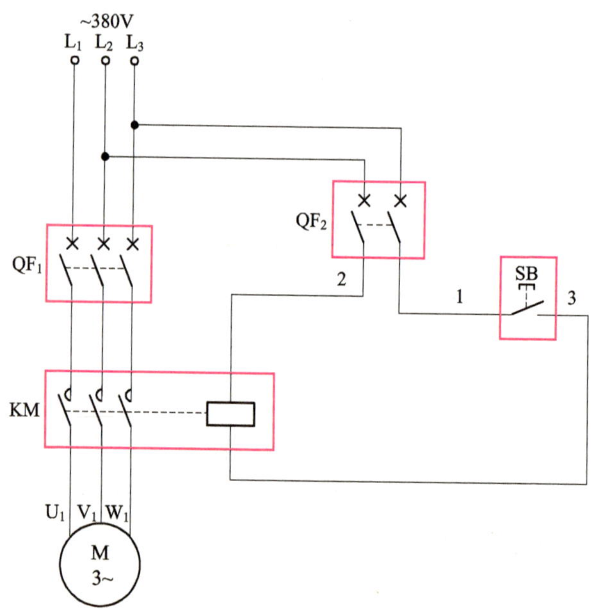

图 1.2 单向点动控制电路现场接线

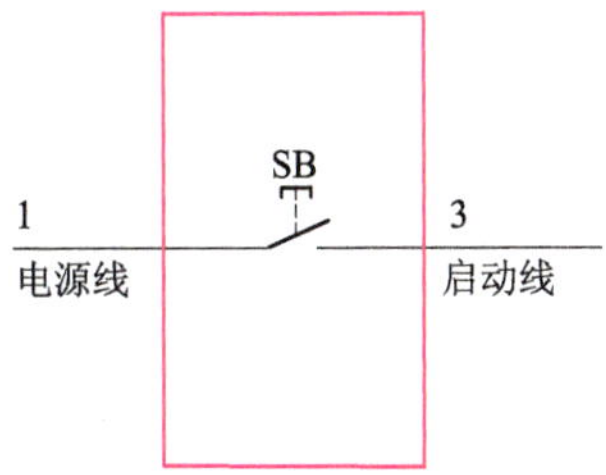

图 1.3　单向点动控制电路按钮实际接线

电路2　单向启动、停止控制电路接线

1. 工作原理

单向启动、停止控制电路原理图如图 1.4 所示。首先合上主回路断路器 QF_1 和控制回路断路器 QF_2，为电路工作做准备。

启动时，按下启动按钮 SB_2(3-5)，交流接触器 KM 线圈得电吸合，KM 三相主触点闭合，电动机得电启动运转。

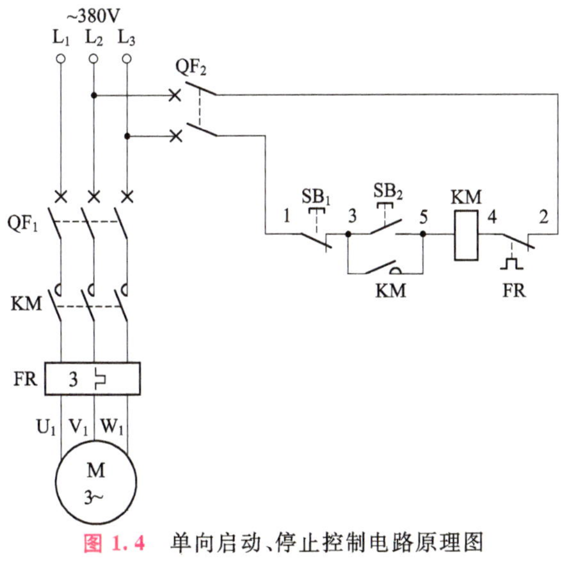

图 1.4　单向启动、停止控制电路原理图

在交流接触器 KM 线圈得电吸合的同时，KM 并联在启动按钮 SB_2(3-5)上的辅助常开触点(3-5)闭合自锁，则交流接触器 KM 线圈会在启动按钮 SB_2(3-5)松开后，通过此自锁常开触点(3-5)形成回路，继续得电吸合工作，所以 KM 三相主触点仍闭合，因此电动机会继续连续运转。

2. 现场接线

单向启动、停止控制电路现场接线如图 1.5 所示。单向启动、停止电路按钮接线如图 1.6 所示。

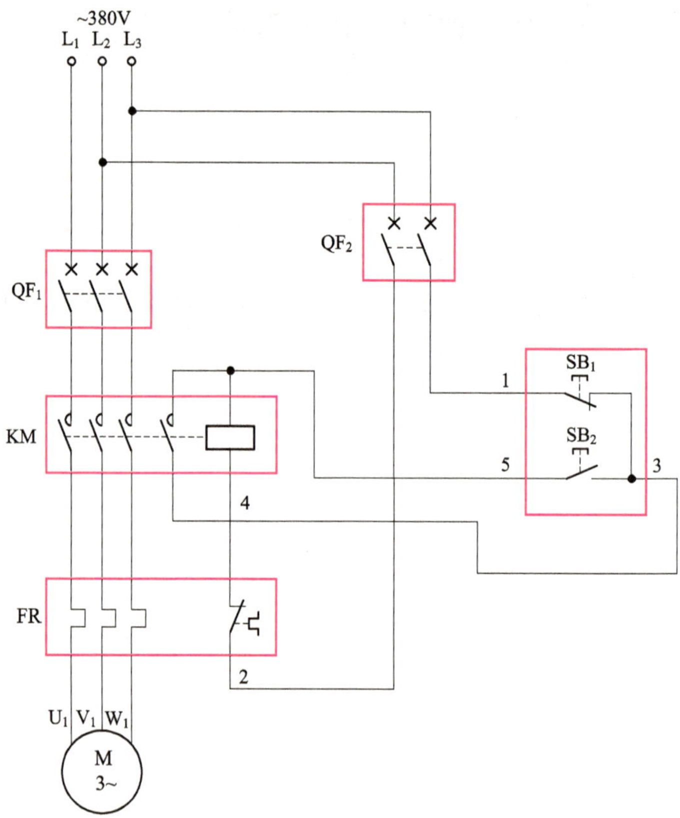

图 1.5　单向启动、停止控制电路现场接线

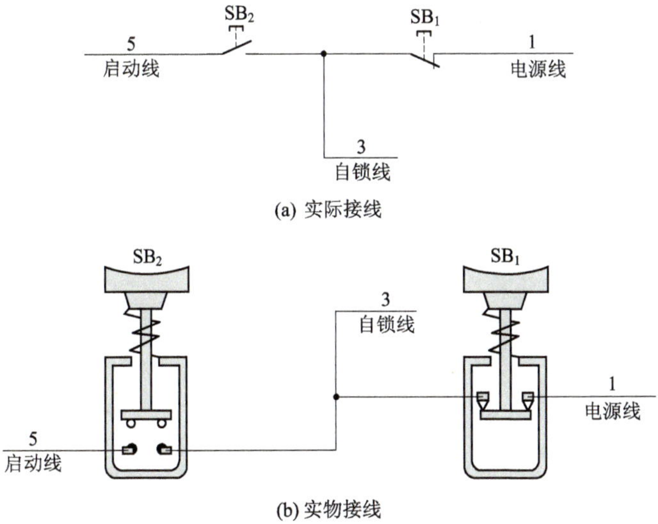

图 1.6　单向启动、停止控制电路按钮接线图

电路 3　单向启动、停止、点动控制电路接线(一)

1. 工作原理

单向启动、停止、点动控制电路(一)原理图如图 1.7 所示。本电路的最大特点是按住启动按钮 SB_2(3-5)一段时间后，电路才进入启动连续运转控制阶段。

- 点动操作

按下启动按钮 SB_2(3-5)，得电延时时间继电器 KT 线圈得电吸合，KT 不延时瞬动常开触点(3-11)闭合，接通了交流接触器 KM 线圈回路电源，KM 线圈得电吸合，KM 辅助常开触点(5-7、11-13)均闭合，KM 辅助常开触点(5-7)闭合，接通了中间继电器 KA 线圈回路电源，KA 线圈得电吸合，KA 常闭触点(3-13)断开，切断了 KM 自锁回路，KM 三相主触点闭合，电动机得电启动运转；松开启动按钮 SB_2(3-5)，得电延时时间继电器 KT、中间继电器 KA 线圈均断电释放，KT 不延时瞬动常开触点(3-

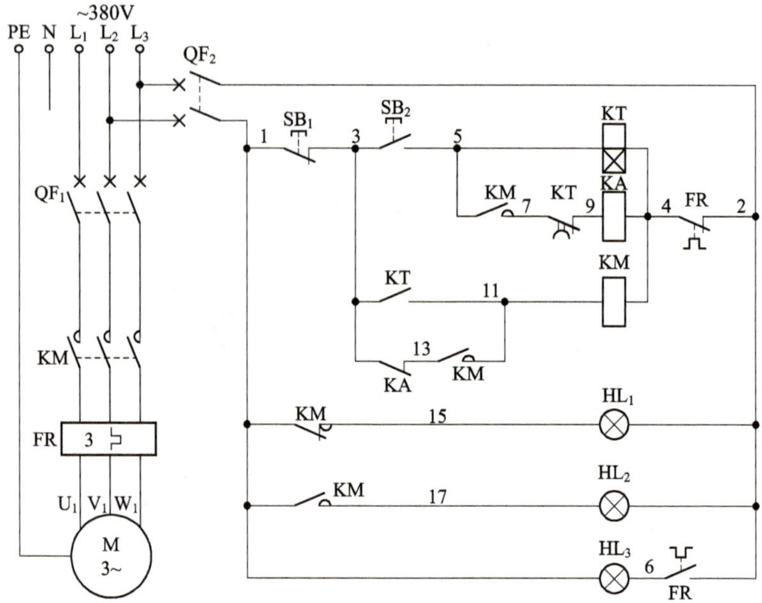

图 1.7 单向启动、停止、点动混合控制电路(一)原理图

11)恢复常开,KA 常闭触点(3-13)恢复常闭,交流接触器 KM 线圈断电释放,KM 三相主触点断开,电动机失电停止运转,变为点动控制。在 KM 线圈得电吸合的同时,KM 辅助常闭触点(1-15)断开,切断了指示灯 HL_1 电源,KM 辅助常开触点(1-17)闭合,接通了指示灯 HL_2 电源,指示灯 HL_1 灭、HL_2 亮,说明电动机得电运转了;在 KM 线圈断电释放的同时,KM 辅助常开触点(1-17)断开,指示灯 HL_2 灭,KM 辅助常闭触点(1-15)闭合,指示灯 HL_1 亮,说明电动机失电停止运转了。

· 连续运转操作

按下启动按钮 SB_2(3-5)不松手,得电延时时间继电器 KT、交流接触器 KM、中间继电器 KA 线圈相继得电吸合动作,KT 开始延时。经 KT 延时(3s)后,松开启动按钮 SB_2(3-5),KT 线圈断电释放,由于经 KT 延时后,KT 得电延时断开的常闭触点(7-9)在松开按钮前已断开,切断了中间继电器 KA 线圈回路电源,KA 线圈断电释放,KA 常闭触点(3-13)恢复常闭,为 KM 自锁回路提供条件,此时 KM 线圈在 KA 常闭触点(3-13)、KM 辅助常开触点(11-13)的作用下自锁工作,KM 三相主触点仍然闭合,电动机得电连续运转工作。同时指示灯 HL_1 灭、HL_2 亮,说明电动机已得电运转了。

· 停　止

按下停止按钮 SB_1(1-3)，交流接触器 KM 线圈断电释放，KM 三相主触点断开，电动机失电停止运转；同时 KM 辅助常开触点(1-17)断开，KM 辅助常闭触点(1-15)闭合，指示灯 HL_2 灭、HL_1 亮，说明电动机已停止运转了。

· 按钮及指示灯

本电路中，按钮 SB_2 有两种作用：按下按钮 SB_2 的时间小于 3s 时为点动操作；按下按钮 SB_2 的时间大于 3s 时为连续运转操作。

图 1.7 中，指示灯 HL_3 为电动机过载指示，当电动机过载动作后此灯被点亮，说明电动机已过载动作了。

2. 现场接线

单向启动、停止、点动控制电路(一)现场接线如图 1.8 所示。

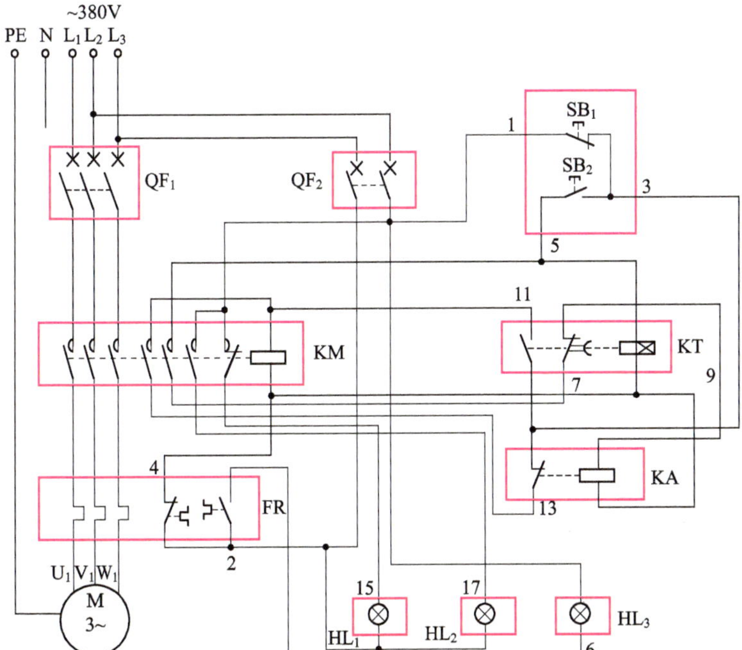

图 1.8　单向启动、停止、点动混合控制电路(一)现场接线

电路4 单向启动、停止、点动控制电路接线(二)

1. 工作原理

单向启动、停止、点动控制电路(二)原理图如图 1.9 所示。其中,SB_1 按钮有两种作用:轻轻按下时为停止操作;将此按钮按到底时为点动操作。SB_2 为启动操作按钮,在操作此按钮时,按住 SB_2 的时间需大于 KT 的设定延时时间(设定为 5s),方可完成对电动机的连续运转控制。

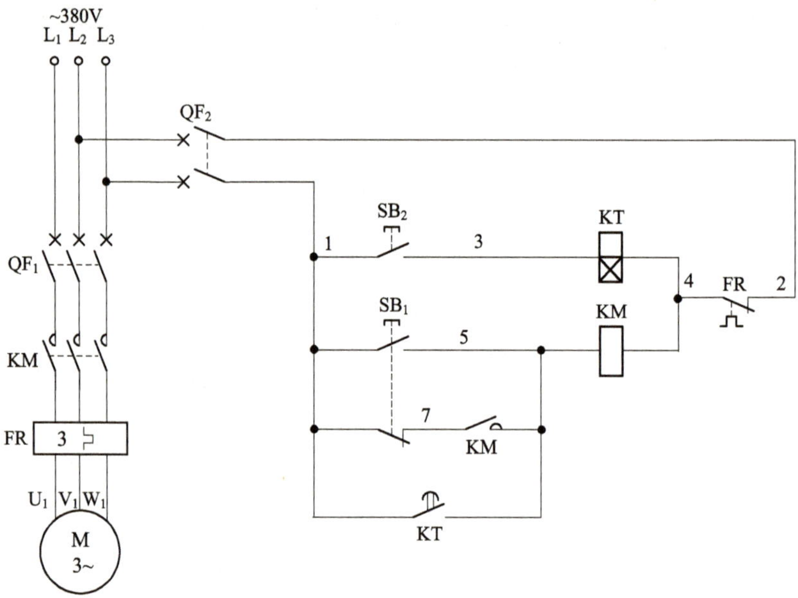

图 1.9 单向启动、停止、点动控制电路(二)原理图

· 点 动

可随意按下点动按钮 SB_1 不放手,SB_1 的一组串联在 KM 自锁回路中的常闭触点(1-7)断开,切断 KM 的自锁回路,使 KM 线圈不能自锁;同时 SB_1 的另一组常开触点(1-5)闭合,接通交流接触器 KM 线圈回路电源,KM 线圈得电吸合,KM 三相主触点闭合,电动机得电启动运转。松开被按下的点动按钮 SB_1,交流接触器 KM 线圈断电释放,KM 三相主触

点断开，电动机失电停止运转，从而实现点动操作。按下按钮 SB_1 到松开按钮 SB_1 的时间即电动机的断续(点动)运转时间。

· 启　动

长时间按住启动按钮 SB_2(1-3)，也就是说按下按钮 SB_2 的时间要大于 KT 的设定延时时间，得电延时时间继电器 KT 线圈得电吸合并开始延时。注意，在按下按钮 SB_2 到 KT 延时时间结束前，电动机处于停止运转状态。经 KT 一段延时(5s)后，KT 得电延时闭合的常开触点(1-5)闭合，接通交流接触器 KM 线圈回路电源，KM 线圈得电吸合且 KM 辅助常开触点(5-7)闭合自锁，KM 三相主触点闭合，电动机得电连续启动运转。此时可松开被按下的启动按钮 SB_2(1-3)，得电延时时间继电器 KT 线圈断电释放，KT 得电延时闭合的常开触点(1-5)恢复原始常开状态，为停止操作做准备。

· 停　止

轻轻按下点动按钮 SB_1，SB_1 的一组串联在 KM 线圈自锁回路中的常闭触点(1-7)断开，切断了交流接触器 KM 线圈回路电源，KM 线圈断电释放，KM 三相主触点断开，电动机失电停止运转。

2. 现场接线

单向启动、停止、点动控制电路(二)现场接线如图 1.10 所示。

电路 5　单向启动、停止、点动控制电路接线(三)

1. 工作原理

单向启动、停止、点动控制电路(三)原理图如图 1.11 所示。

短时间按住启动按钮 SB_2(3-5)(未超出 KT 的设定延时时间)，得电延时时间继电器 KT 线圈得电吸合，KT 开始延时，KT 不延时瞬动常开触点(3-7)闭合，交流接触器 KM 线圈得电吸合，KM 三相主触点闭合，电动机得电启动运转；在 KT 的延时时间内，松开 SB_2(3-5)，KM 线圈断电释放，KM 三相主触点断开，电动机失电停止运转。按下 SB_2(3-5)的时间

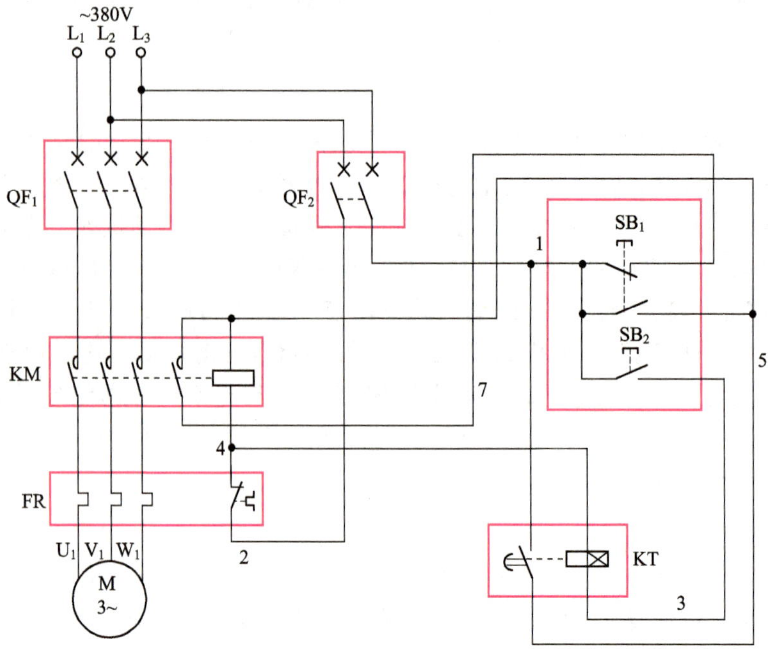

图 1.10 单向启动、停止、点动混合控制电路(二)现场接线

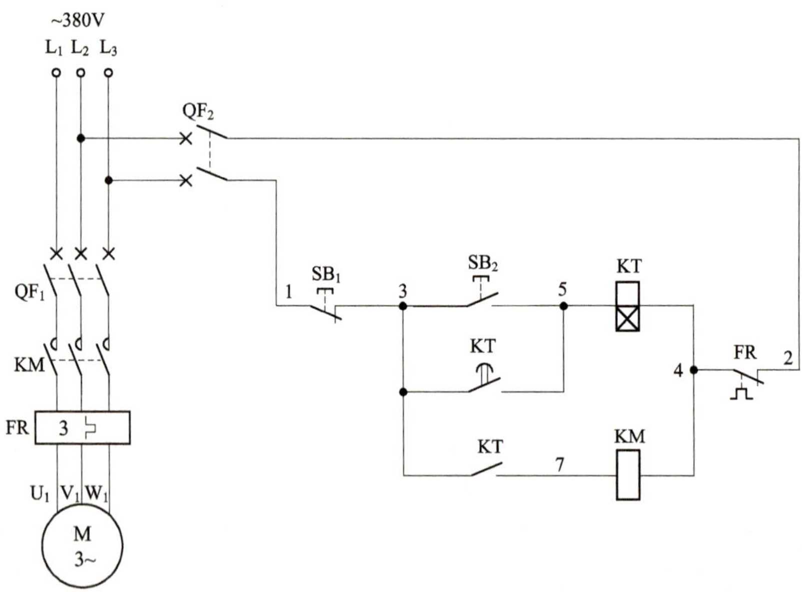

图 1.11 单向启动、停止、点动控制电路(三)原理图

也就是电动机的点动运转时间。

长时间按住启动按钮 SB_2(3-5)不放,KT 线圈得电吸合并开始延时,KT 不延时瞬动常开触点(3-7)闭合,KM 线圈得电吸合,KM 三相主触点闭合,电动机得电启动运转。经 KT 一段时间延时后,KT 得电延时闭合的常开触点(3-5)闭合,将 KT 线圈回路自锁起来,电动机连续运转,此时松开 SB_2(3-5)即可。

2. 现场接线

单向启动、停止、点动混合控制电路(三)现场接线如图 1.12 所示。

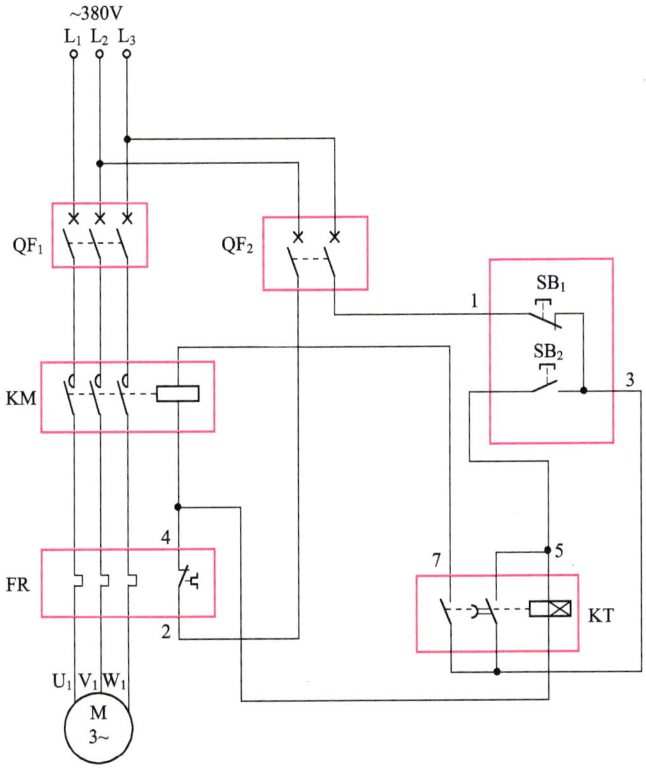

图 1.12　单向启动、停止、点动混合控制电路(三)现场接线

电路6 单按钮控制电动机启停电路接线(一)

1. 工作原理

单按钮控制电动机启停电路(一)原理图如图 1.13 所示。

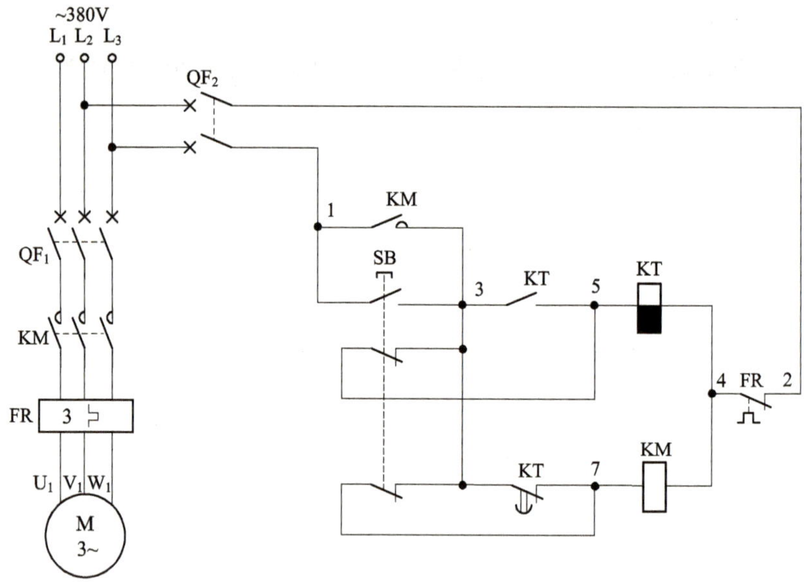

图 1.13 单按钮控制电动机启停电路(一)原理图

· 奇次按下按钮 SB

奇次按下按钮 SB,其两组常闭触点(3-5、3-7)断开,常开触点(1-3)闭合,使得交流接触器 KM 线圈得电吸合且 KM 辅助常开触点(1-3)闭合自锁,KM 三相主触点闭合,电动机得电启动运转;松开按钮 SB,其所有触点恢复原始状态,失电延时时间继电器 KT 线圈得电吸合,KT 不延时瞬动常开触点(3-5)闭合,KT 失电延时闭合的常闭触点(3-7)立即断开,为停止时偶次按下按钮 SB 时允许 SB 常闭触点(3-7)断开、切断 KM 线圈回路做准备。

· 偶次按下按钮 SB

偶次按下按钮 SB，其两组常闭触点(3-5、3-7)断开，常开触点(1-3)闭合，SB 的一组常闭触点(3-7)断开，切断了交流接触器 KM 线圈的回路电源，KM 线圈断电释放，KM 自锁辅助常开触点(1-3)断开，也切断了失电延时时间继电器 KT 线圈的回路电源，KT 线圈断电释放，并开始延时，KT 失电延时闭合的常闭触点(3-7)开始恢复原始常闭。在 KT 的延时触点未恢复常闭期间，松开按钮 SB，SB 的一组常闭触点(3-7)能可靠断开，可以保证 KM 线圈可靠地断电释放，也就是说电动机可靠地停止。在 KM 线圈断电释放时，KM 三相主触点断开，电动机失电停止运转。

值得提醒的是，偶次按下 SB 的时间不要超出 KT 的延时时间，否则 KM 会重新自动启动工作。也就是说，偶次按下 SB 的操作为按下立即松开就行了。

2. 现场接线

单按钮控制电动机启停电路(一)现场接线如图 1.14 所示。

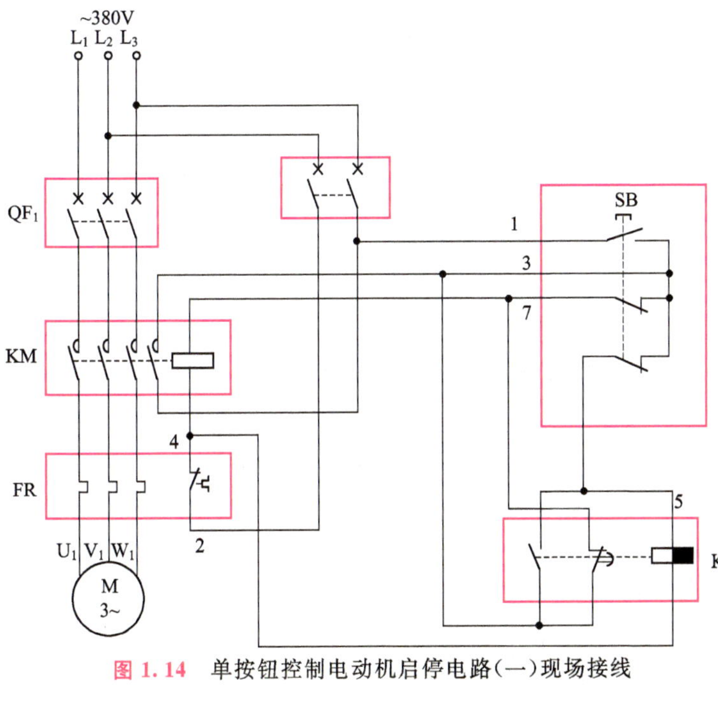

图 1.14　单按钮控制电动机启停电路(一)现场接线

电路7 单按钮控制电动机启停电路接线(二)

1. 工作原理

单按钮控制电动机启停电路(二)原理图如图1.15所示。

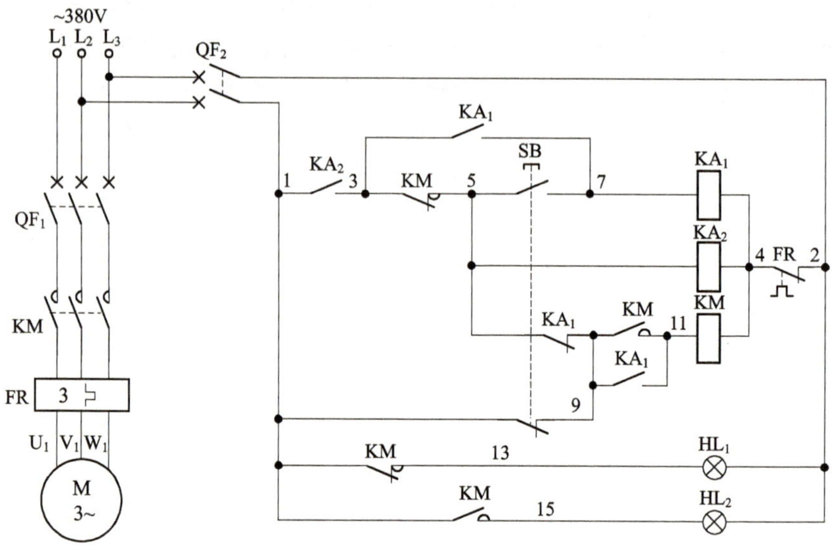

图1.15 单按钮控制电动机启停电路(二)原理图

合上断路器 QF_1、QF_2，指示灯 HL_1 亮，说明电源正常；中间继电器 KA_2 线圈通过按钮 SB 的一组常闭触点(1-9)→KA_1 常闭触点(5-9)→KA_2 自身线圈→FR 常闭触点(2-4)形成回路，KA_2 线圈得电吸合且 KA_2 常开触点(1-3)闭合自锁，为电路转换做准备。

· 启　动

启动时，按下按钮 SB 不松手，SB 的一组常闭触点(1-9)断开，先限制交流接触器 KM 线圈吸合，同时 SB 的另一组常开触点(5-7)闭合，中间继电器 KA_1 线圈得电吸合且 KA_1 常开触点(3-7)闭合自锁，KA_1 常闭触点(5-9)断开，KA_1 常开触点(9-11)闭合，为 KM 线圈得电吸合做准备。此时松开被按下的按钮 SB，SB 的一组常开触点(5-7)断开，SB 的另一组常闭触点(1-9)闭合，使得交流接触器 KM 线圈得电吸合且 KM 辅助常开触点(9-11)闭合自锁,KM 辅助常闭触点(3-5)断开,切断中间继电器 KA_1、KA_2 线圈的回路电源,KA_1、KA_2 线圈均断电释放,KA_1、KA_2 各自的触点全部恢复原始状态,为电路停止控制做准备。此时,KM 三相主触点闭合,电动机得电启动运转。同时 KM 辅助常闭触点(1-13)断开,指示灯 HL_1 灭,KM 辅助常开触点(1-15)闭合,指示灯 HL_2 亮,说明电动机已得电启动运转了。

· 停　止

停止时,从原理图中可以清晰地分析出,电源 L_2 经过 QF_2→按钮 SB 的一组常闭触点(1-9)→KM 已闭合的自锁辅助常开触点(9-11)→KM 线圈→热继电器 FR 常闭触点(2-4)→QF_2→电源 L_3 形成回路。所以,停止时只需再次按下按钮 SB,SB 的一组常闭触点(1-9)断开,切断交流接触器 KM 线圈的回路电源使其断电释放,KM 三相主触点断开,电动机失电停止运转。同时 KM 辅助常开触点(1-15)断开,指示灯 HL_2 灭,KM 辅助常闭触点(1-13)闭合,指示灯 HL_1 亮,说明电动机已停止运转了。

当交流接触器 KM 线圈断电释放后,KM 所有触点恢复原始状态,为再次按下按钮 SB 进行启动操作做准备,从而完成单按钮对电动机进行启停控制。

2. 现场接线

单按钮控制电动机启停电路(二)现场接线如图 1.16 所示。

电路 8　单按钮控制电动机启停电路接线(三)

1. 工作原理

单按钮控制电动机启停电路(三)原理图如图 1.17 所示。

· 启　动

启动时,按住按钮开关 SB 不放手,其一组常闭触点(1-11)先断开,起到互锁作用,同时 SB 的另一组常开触点(1-3)闭合,使得失电延时时间继电器 KT 线圈得电吸合,KT 失电延时断开的常开触点(11-13)立即闭合,以保证在松开按钮开关 SB 后,KT 触点仍闭合 1s 后才断开,起到启动作

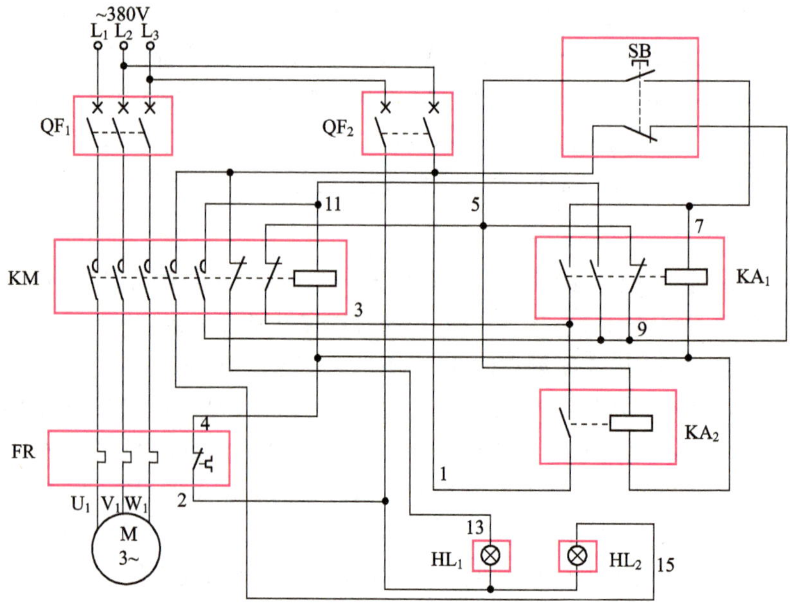

图 1.16 单按钮控制电动机启停电路(二)现场接线

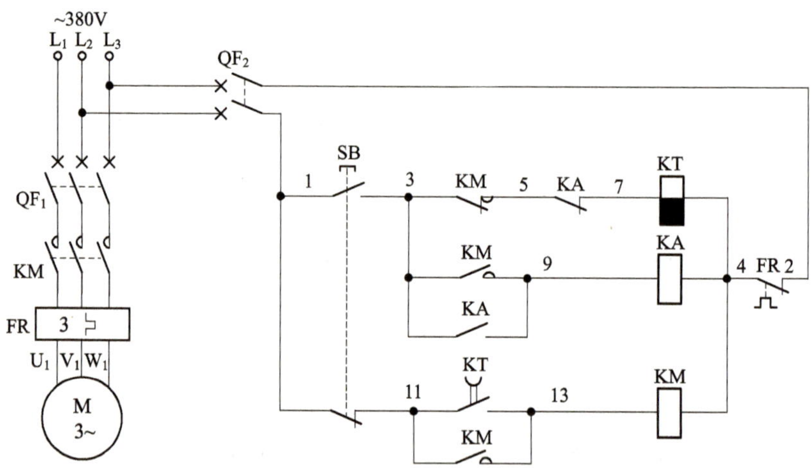

图 1.17 单按钮控制电动机启停电路(三)原理图

用;松开被按住的按钮开关 SB,其常闭触点(1-11)闭合,交流接触器 KM 线圈得电吸合且 KM 辅助常开触点(11-13)闭合自锁,SB 的另一组常开触点(1-3)断开,失电延时时间继电器 KT 线圈断电释放,KT 开始延时,经 KT_1 延时 1s 后,KT 失电延时断开的常开触点(11-13)断开,启动过程结束。此时,KM 辅助常闭触点(3-5)断开,保证在停止后再次按下 SB 时此回路不能得电工作;KM 辅助常开触点(3-9)闭合,为停止时此回路工作提供准备条件。同时 KM 三相主触点闭合,电动机得电启动运转。

· 停　止

停止时,可再次按下按钮开关 SB,SB 的一组常开触点(1-3)闭合,接通中间继电器 KA 线圈的回路电源,KA 线圈得电吸合且 KA 常开触点(3-9)闭合自锁,KA 常闭触点(5-7)断开,以保证在 KM 辅助常闭触点(3-5)恢复常闭状态时,KT 线圈回路不能得电工作;在按下 SB 的同时,SB 的另一组常闭触点(1-11)断开,切断交流接触器 KM 线圈的回路电源,KM 线圈断电释放,KM 三相主触点断开,电动机失电停止运转。松开按钮开关 SB,SB 的常闭触点(11-13)闭合,常开触点(1-3)断开,中间继电器 KA 线圈断电释放,KA 触点恢复原始状态,为再次按下按钮开关 SB 启动电动机提供准备条件。

2. 现场接线

单按钮控制电动机启停电路(三)现场接线如图 1.18 所示。

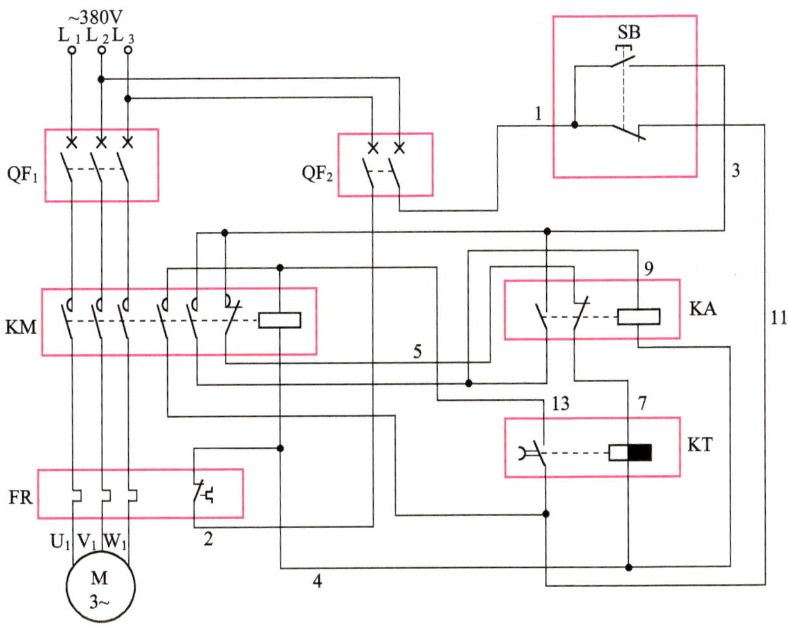

图 1.18　单按钮控制电动机启停电路(三)现场接线

电路 9 三地控制的启动、停止、点动电路接线

1. 工作原理

三地控制的启动、停止、点动电路原理图如图 1.19 所示。SB_4 为一地启动按钮，SB_7 为一地点动按钮，SB_1 为一地停止按钮；SB_5 为二地启动按钮，SB_8 为二地点动按钮，SB_2 为二地停止按钮；SB_6 为三地启动按钮，SB_9 为三地点动按钮，SB_3 为三地停止按钮。

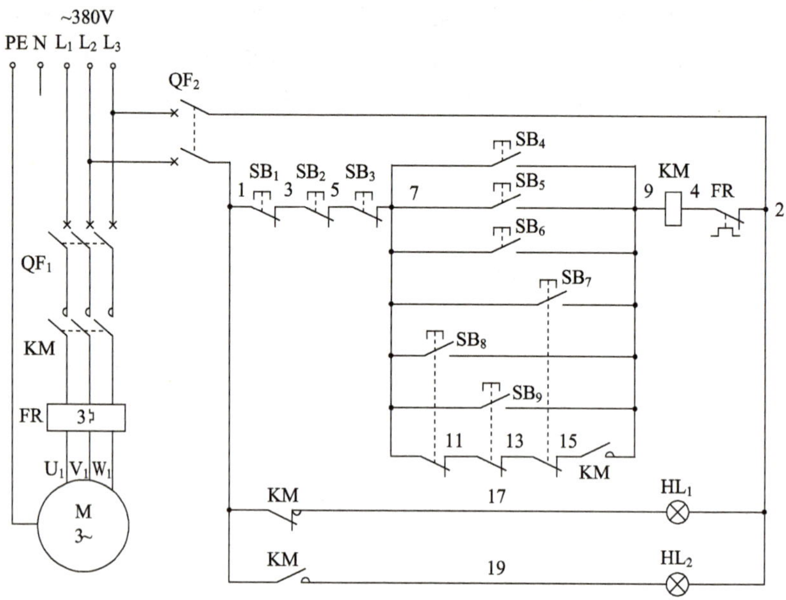

图 1.19 三地控制的启动、停止、点动电路原理图

合上主回路断路器 QF_1、控制回路断路器 QF_2，电动机停止兼电源指示灯 HL_1 亮，说明电动机已停止且电路有电。

· 启 动

按下三个地方的任意一只启动按钮［SB_4（7-9）或 SB_5（7-9）或 SB_6（7-9）］，交流接触器 KM 线圈得电吸合，KM 辅助常开触点（9-15）通过点动按钮 SB_8（7-11）、SB_9（11-13）、SB_7（13-15）的常闭触点串联形成自锁，KM 三相主触点闭合，电动机得电启动运转。同时，KM 辅助常闭触点

(1-17)断开，指示灯 HL_1 灭；KM 辅助常开触点(1-19)闭合，指示灯 HL_2 亮，说明电动机已启动运转。

· 点　动

按下三个地方的任意一只点动按钮[SB_7(7-9)或 SB_8(7-9)或 SB_9(7-9)]。SB_7(7-11)或 SB_8(11-13)或 SB_9(13-15)三只相串联的常闭触点断开，切断交流接触器 KM 自锁回路，从而实现点动控制。按下 SB_7 或 SB_8 或 SB_9 任意一只按钮开关的时间，即为电动机断续点动运转时间。

· 停　止

电动机得电连续启动运转后，按下任意一只停止按钮[SB_1(1-3)或 SB_2(3-5)或 SB_3(5-7)]，均能切断交流接触器 KM 线圈的回路电源，使得 KM 线圈断电释放，KM 三相主触点断开，电动机失电停止运转。同时，KM 辅助常开触点(1-19)断开，指示灯 HL_2 灭；KM 辅助常闭触点(1-17)闭合，指示灯 HL_1 亮，说明电动机已停止运转。

2. 现场接线

三地控制的启动、停止、点动电路现场接线如图 1.20 所示。按钮接线如图 1.21 所示。

电路 10　一地启动、四地停止控制电路接线

1. 工作原理

一地启动、四地停止控制电路原理图如图 1.22 所示。

· 启　动

按下启动按钮 SB_5(9-11)，交流接触器 KM 线圈得电吸合且 KM 辅助常开触点(9-11)闭合自锁，KM 三相主触点闭合，接通电动机三相电源，电动机得电运转。同时 KM 辅助常闭触点(1-13)断开，电源兼作停止指示灯 HL_1 灭，KM 辅助常开触点(1-15)闭合，接通了运转指示灯 HL_2 电源，HL_2 点亮，说明电动机已正常运转工作了。

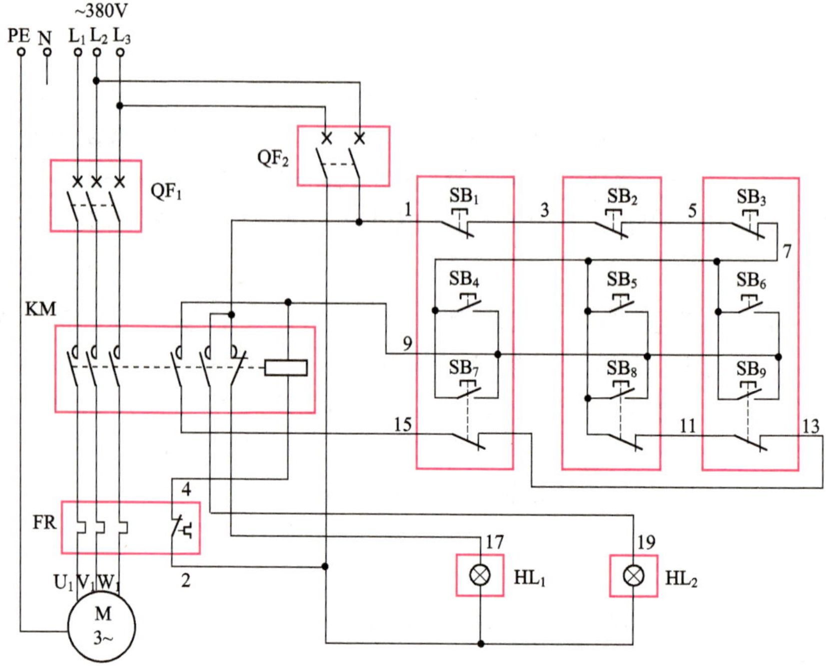

图 1.20 三地控制的启动、停止、点动电路现场接线

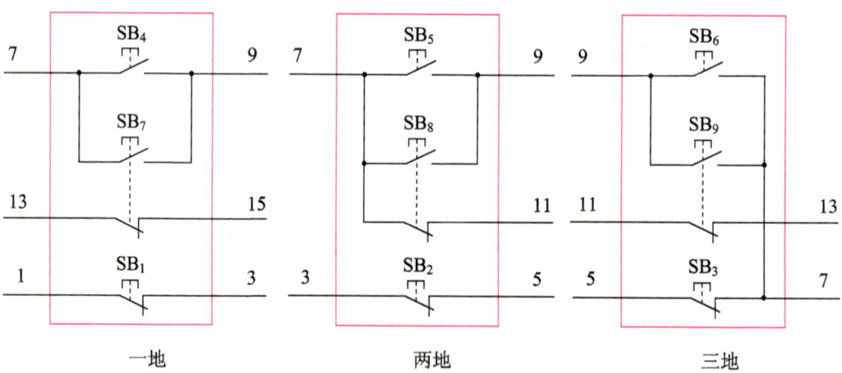

(a) 实际接线

图 1.21 三地控制的启动、停止、点动电路按钮接线图

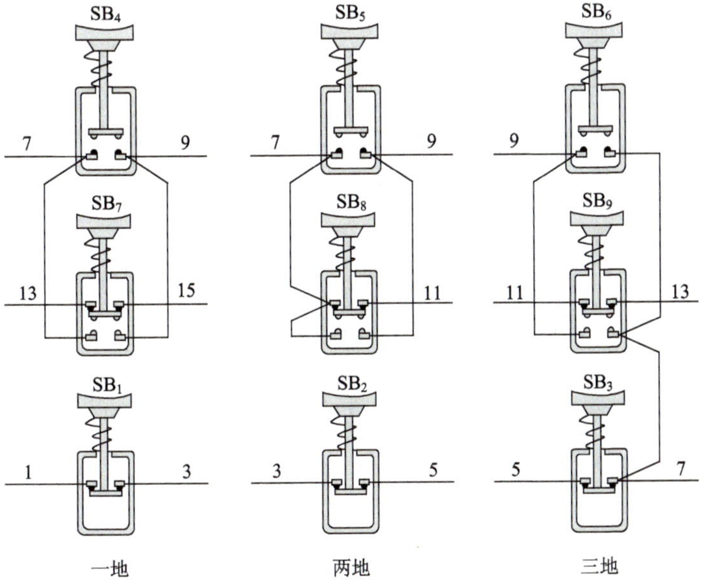

(b) 实物接线

续图 1.21

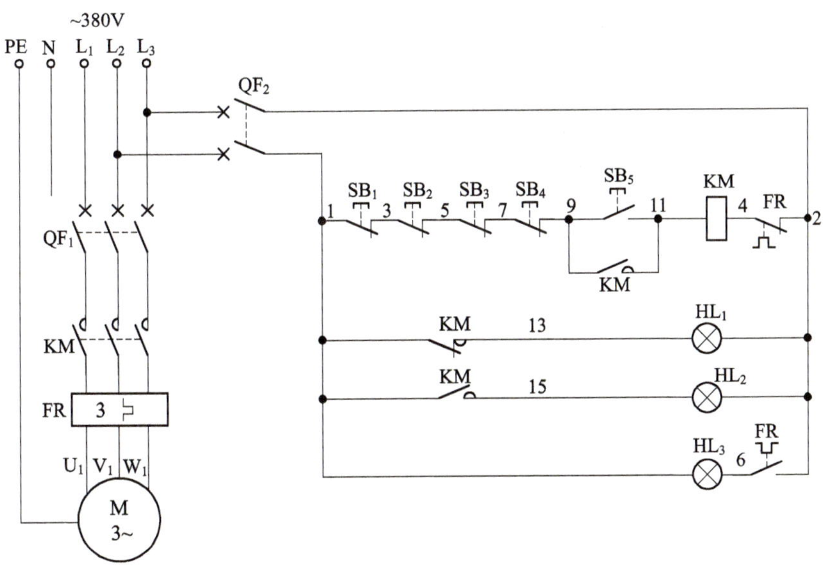

图 1. 22　一地启动、四地停止控制电路原理图

· 停　止

按下停止按钮 SB_1～SB_4 中的任意一只，交流接触器 KM 线圈就会断电释放，KM 三相主触点断开，电动机失电停止运转。同时 KM 辅助常开触点(1-15)断开，运转指示灯 HL_2 灭；KM 辅助常闭触点(1-13)闭合，停止兼作电源指示灯 HL_1 亮，说明电动机已停止运转。

· 过　载

若电动机过载时，热继电器 FR 动作，其常闭触点(2-4)断开，切断交流接触器 KM 线圈的回路电源，从而使交流接触器 KM 线圈断电释放，KM 三相主触点断开，电动机失电停止运转，从而起到过载保护作用。同时 FR 常开触点(2-6)闭合，接通了过载指示灯 HL_3 回路电源，过载指示灯 HL_3 点亮，说明电动机已过载了。

2. 现场接线

一地启动、四地停止控制电路现场接线如图 1.23 所示。

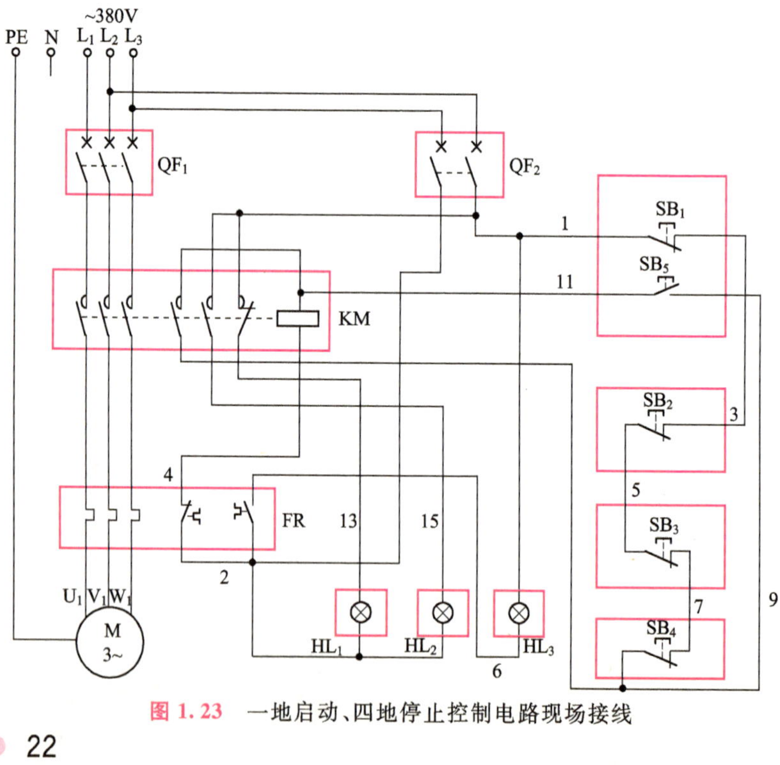

图 1.23　一地启动、四地停止控制电路现场接线

电路 11　四地启动、一地停止控制电路接线

1. 工作原理

四地启动、一地停止控制电路原理图如图 1.24 所示。

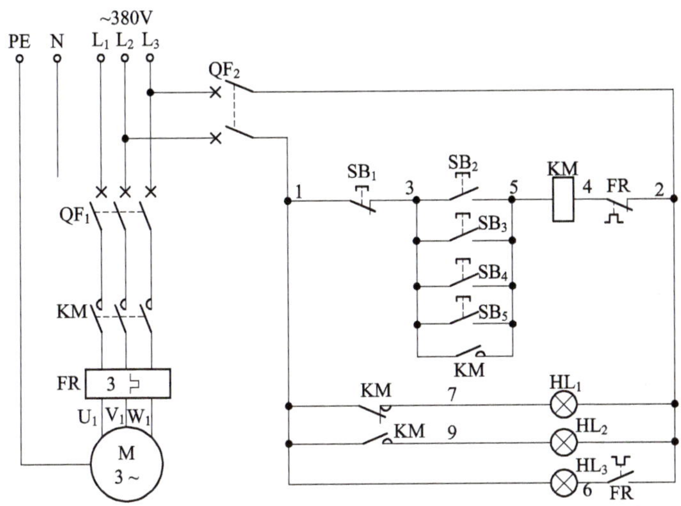

图 1.24　四地启动、一地停止控制电路原理图

· 启　动

按下任意一只启动按钮 $SB_2 \sim SB_5$(3-5)，交流接触器 KM 线圈得电吸合且辅助常开触点(3-5)闭合自锁，KM 三相主触点闭合，电动机通以三相交流电源启动运转，同时 KM 辅助常闭触点(1-7)断开，指示灯 HL_1 灭，KM 辅助常开触点(1-9)闭合，指示灯 HL_2 亮，说明电动机已启动运转。

· 停　止

按下停止按钮 SB_1(1-3)，交流接触器 KM 线圈断电释放，KM 三相主触点断开，电动机失电停止运转。同时 KM 辅助常开触点(1-9)恢复常开，指示灯 HL_2 灭，KM 辅助常闭触点(1-7)恢复常闭，指示灯 HL_1 亮，说明电动机已停止运转。

· 过 载

电动机过载时，FR 常闭触点(2-4)断开，切断交流接触器 KM 线圈的回路电源，KM 线圈断电释放，其三相主触点断开，切断了电动机三相电源，从而起到过载保护作用。同时 FR 常开触点(2-6)闭合，接通了指示灯 HL_3 电源，使其点亮，说明电动机已过载了。

2. 现场接线

四地启动、一地停止控制电路现场接线如图 1.25 所示。

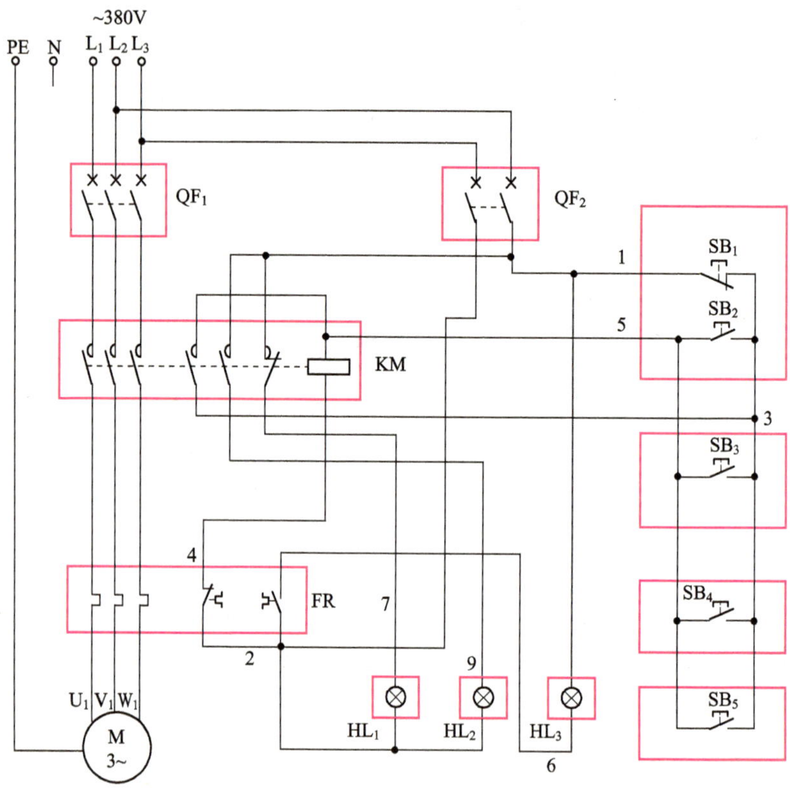

图 1.25　四地启动、一地停止控制电路现场接线

电路 12　电动机△-Y启动自动控制电路接线

1. 工作原理

电动机△-Y启动自动控制电路原理图如图 1.26 所示。

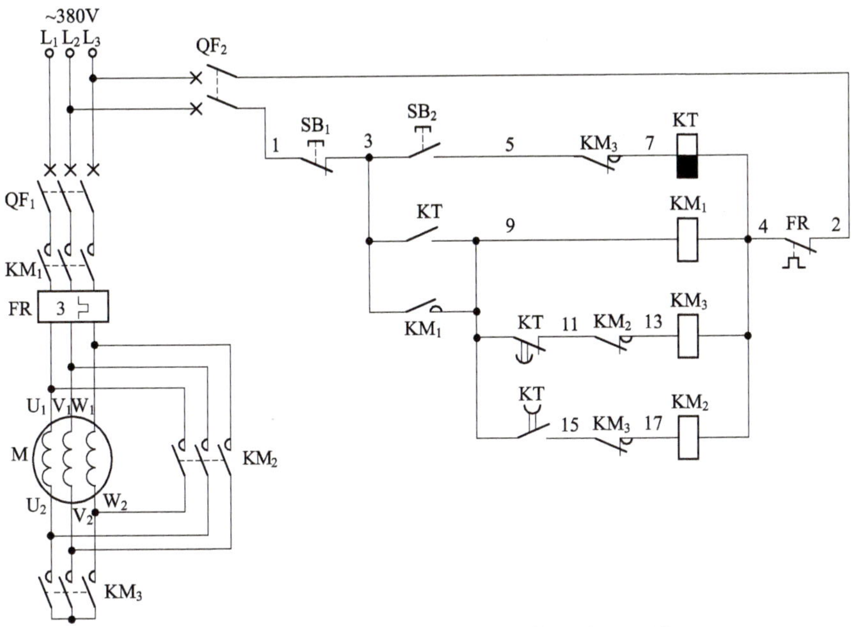

图 1.26　电动机△-Y启动自动控制电路原理图

· 启　动

按下启动按钮 SB_2(3-5)后再松开，失电延时时间继电器 KT 线圈得电吸合后又断电释放，KT 开始延时。此时 KT 不延时瞬动常开触点(3-9)立即闭合后又断开，KT 失电延时闭合的常闭触点(9-11)立即断开，KT 失电延时断开的常开触点(9-15)立即闭合，这样，交流接触器 KM_1 线圈得电吸合且 KM_1 辅助常开触点(3-9)闭合自锁，KM_1 三相主触点闭合，将三相电源接入电动机绕组，同时交流接触器 KM_2 线圈也得电吸合，KM_2 三相主触点闭合，绕组接成△形，电动机得电以△形连接开始启动。经 KT 一段延时后，电动机的转速升至额定转速时，KT 失电延时断开的常开触点(9-15)断开，切断△形连接交流接触器 KM_2 线圈的回路电源，KM_2 线圈断电释放，KM_2 三相主触点断开，电动机△形连接方式解除；同时 KT 失电延时闭合的常闭触点(9-11)闭合，接通了Y形交流接触器 KM_3 线圈回路电源，KM_3 线圈得电吸合，KM_3 三相主触点闭合，电动机绕组被连接成 Y 形正常运转。从而完成△形启动、Y形运转控制。

· 停　止

按下停止按钮 SB_1(1-3)，交流接触器 KM_1、KM_3 线圈断电释放，KM_1、KM_3 各自的三相主触点断开，电动机失电停止运转。

2. 现场接线

电动机△-Y启动自动控制电路现场接线如图 1.27 所示。

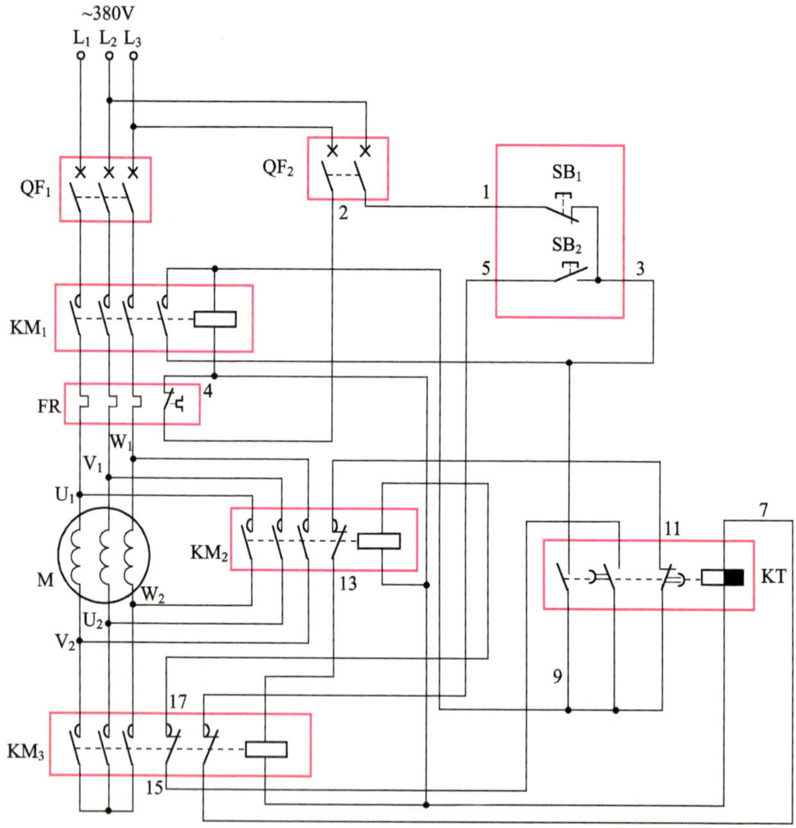

图 1.27　电动机△-Y启动自动控制电路现场接线

电路 13　手动Y-△降压启动控制电路接线

1. 工作原理

手动Y-△降压启动控制电路原理图如图 1.28 所示。首先合上主回路断路器 QF_1、控制回路断路器 QF_2，为电路工作提供准备条件。

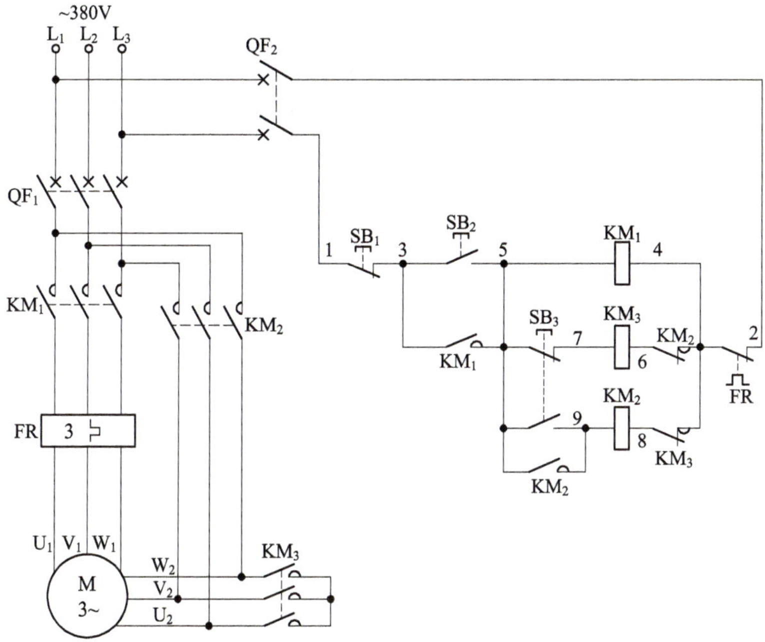

图 1.28　手动Y-△降压启动控制电路原理图

· 启　动

按下启动按钮 SB_2（3-5），交流接触器 KM_1、KM_3 线圈得电吸合且 KM_1 辅助常开触点（3-5）闭合自锁，KM_1、KM_3 各自的三相主触点闭合。其中，KM_1 三相主触点闭合，接通三相交流电源，KM_3 三相主触点闭合，将绕组 U_2、V_2、W_2 短接起来，电动机接成Y形启动。

· 运　转

按下运转按钮 SB_3，SB_3 的一组常闭触点（5-7）断开，切断了 KM_3 线圈的回路电源，使 KM_3 线圈断电释放，KM_3 三相主触点断开，电动机绕组Y形接法解除；与此同时，SB_3 的另一组常开触点(5-9)闭合，接通了交流接触器 KM_2 线圈的回路电源，KM_2 线圈得电吸合且 KM_2 辅助常开触点(5-9)闭合自锁，KM_2 三相主触点闭合，将绕组 U_1 与 W_2、V_1 与 U_2、W_1 与 V_2 分别短接起来，电动机接成△形全压运转了。

· 停　止

按下停止按钮 SB_1(1-3)，交流接触器 KM_1、KM_2 线圈断电释放，KM_1、KM_2 各自的三相主触点断开，电动机失电停止运转。

2. 现场接线

手动Y-△降压启动控制电路现场接线如图 1.29 所示。按钮接线如图 1.30 所示。

电路14 用两只接触器完成Y-△降压启动自动控制电路接线

1. 工作原理

用两只接触器完成Y-△降压启动自动控制电路原理图如图 1.31 所示。首先合上主回路断路器 QF_1、控制回路断路器 QF_2，为电路工作提供准备条件。

· 启　动

按下启动按钮 SB_2，SB_2 的一组常闭触点(5-7)断开，使交流接触器 KM_2 线圈不能得电工作，SB_2 的一组常开触点(3-5)闭合，使交流接触器 KM_1、得电延时时间继电器 KT 线圈得电吸合且 KM_1 辅助常开触点(3-5)闭合自锁，KM_1 三相主触点闭合提供三相电源，由于交流接触器 KM_2 线圈未工作，其 KM_2 辅助常闭触点仍闭合组成Y点，电动机Y形启动。

在得电延时时间继电器 KT 线圈得电吸合时，KT 开始延时。经过得电延时时间继电器 KT 延时后，KT 得电延时断开的常闭触点(5-11)断开，切断了交流接触器 KM_1 线圈的回路电源，从而使 KM_1 三相主触点断开，此时电动机瞬间脱离电源靠惯性继续运转。为什么要这样做？就

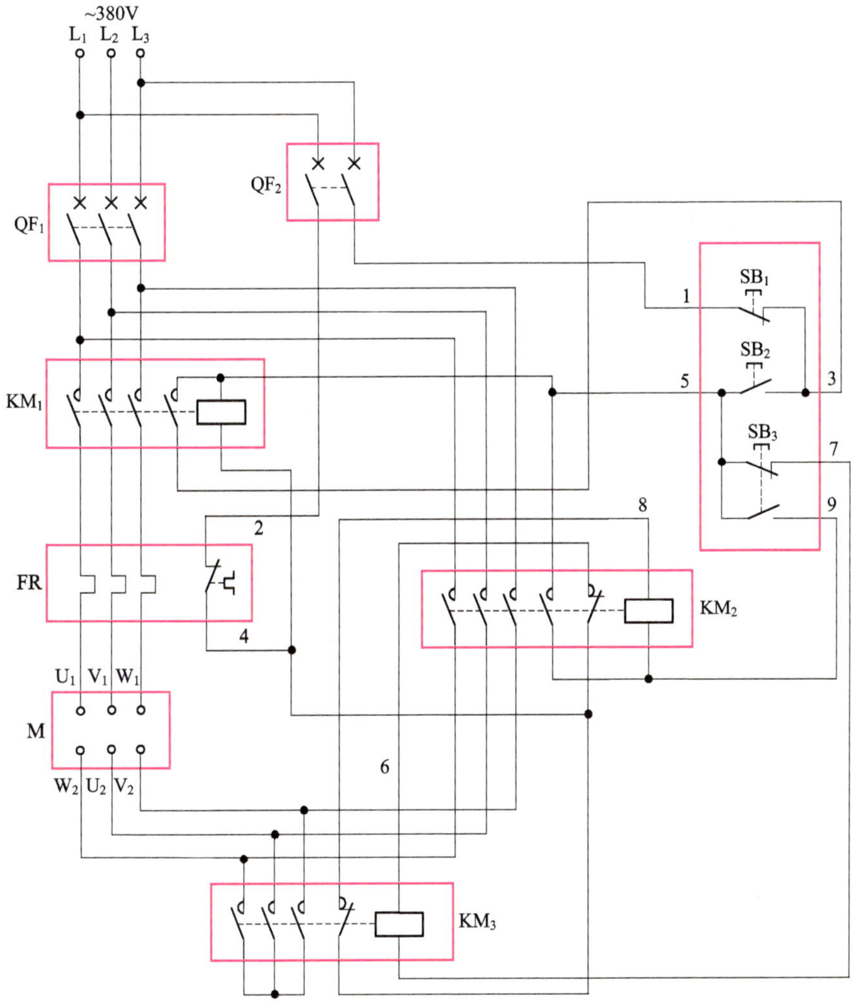

图 1.29　手动Y-△降压启动控制电路现场接线

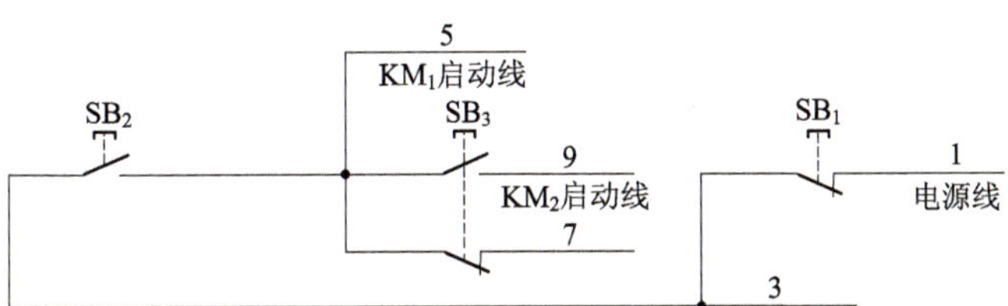

(a) 实际接线

图 1.30　手动Y-△降压启动控制电路按钮接线图

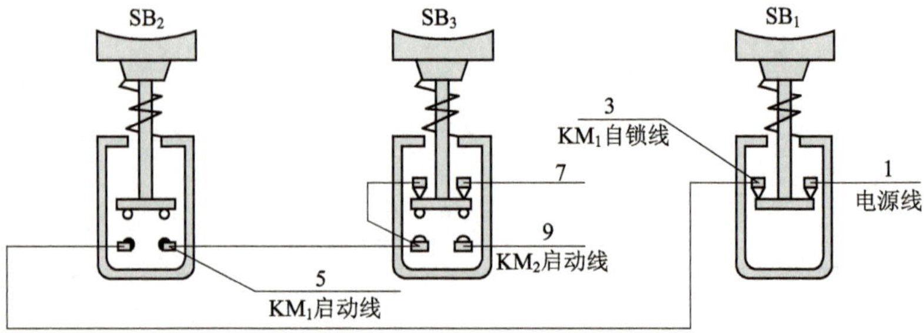

(b) 实物接线

续图 1.30

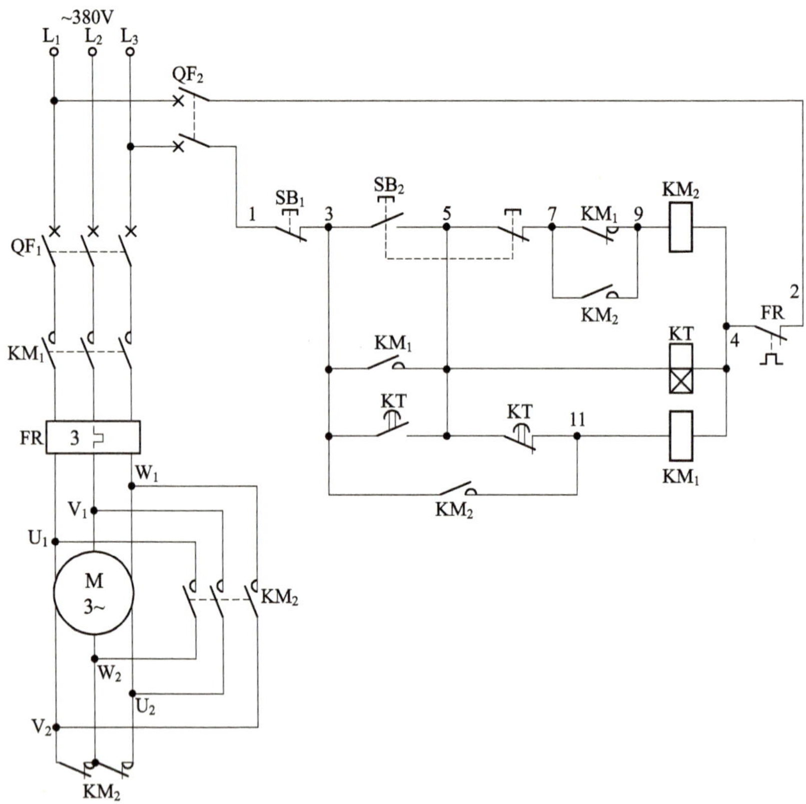

图 1.31 用两只接触器完成Y-△降压启动自动控制电路原理图

是为了保证△形交流接触器 KM_2 能先可靠地分断(常闭触点)和接通(常开触点),避免在转换过程中发生短路事故。由于 KM_1 线圈断电释放,KM_1 串联在 KM_2 线圈回路中的常闭触点(7-9)闭合,此时 KT 得电延时闭合的常开触点(3-5)闭合且自锁,交流接触器 KM_2 线圈得电吸合且 KM_2 辅助常开触点(7-9)闭合自锁,KM_2 作为电动机Y点的常闭触点断开,KM_2 三相主触点闭合,连接成△形电路,KM_2 辅助常开触点(3-11)闭合,接通了电动机电源交流接触器 KM_1 线圈的回路电源,这样,KM_1、KM_2 各自的三相主触点均闭合,电动机由Y形接法自动转换为△形接法,电动机启动完毕而转为正常运转。

2. 现场接线

用两只接触器完成Y-△降压启动自动控制电路现场接线如图 1.32 所示。按钮接线图如图 1.33 所示。

电路 15　频敏变阻器启动控制电路接线

1. 工作原理

频敏变阻器启动控制电路原理图如图 1.34 所示。首先合上主回路断路器 QF_1、控制回路断路器 QF_2,为电路工作提供准备条件。

· 启　动

按下启动按钮 SB_2(3-5),电源交流接触器 KM_1 线圈得电吸合且 KM_1 辅助常开触点(3-5)闭合自锁,KM_1 三相主触点闭合,绕线式电动机转子串频敏变阻器 R_F 进行启动,在启动过程中,由于频敏变阻器 R_F 的阻抗将随转子电流频率的降低而自动减小,电动机就会平稳地启动起来。在按下启动按钮 SB_2(3-5)的同时,得电延时时间继电器 KT 线圈也得电吸合且开始延时。

· 运　转

待电动机平稳启动后,也就是得电延时时间继电器 KT 的设定延时时间,此时 KT 得电延时闭合的常开触点(5-9)闭合,接通了中间继电器

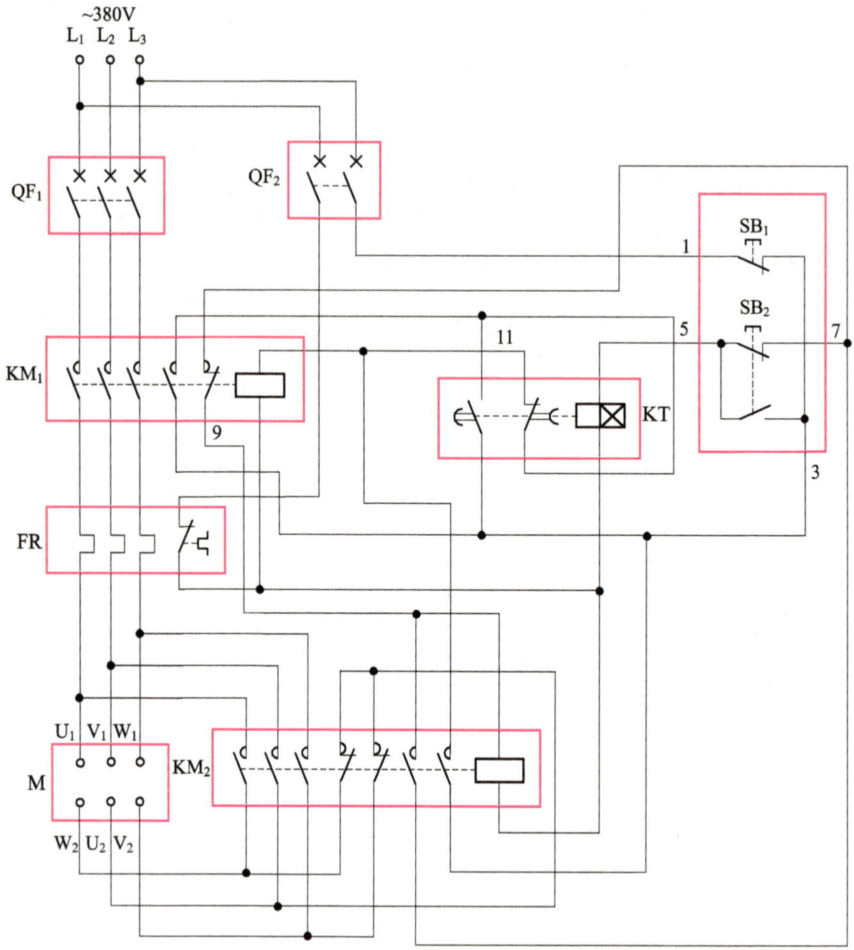

图 1.32 用两只接触器完成Y-△降压启动自动控制电路现场接线

KA 的线圈回路电源，KA 线圈得电吸合且 KA 常开触点(5-9)闭合自锁，KA 串联在短接频敏变阻器交流接触器 KM_2 线圈回路中的常开触点(5-7)闭合，使 KM_2 线圈得电吸合，KM_2 三相主触点闭合，将频敏变阻器 R_F 短接起来，频敏变阻器 R_F 退出运行，电动机正常运转。在 KM_2 线圈得电吸合后，KM_2 串联在得电延时时间继电器 KT 线圈回路中的辅助常闭触点(5-11)断开，使 KT 线圈断电释放退出运行。电路中中间继电器 KA 的两组常闭触点在电动机启动时处于闭合状态，是为避免电动机在启动过程中因启动时间长、启动电流较大而使热继电器 FR 热元件发热

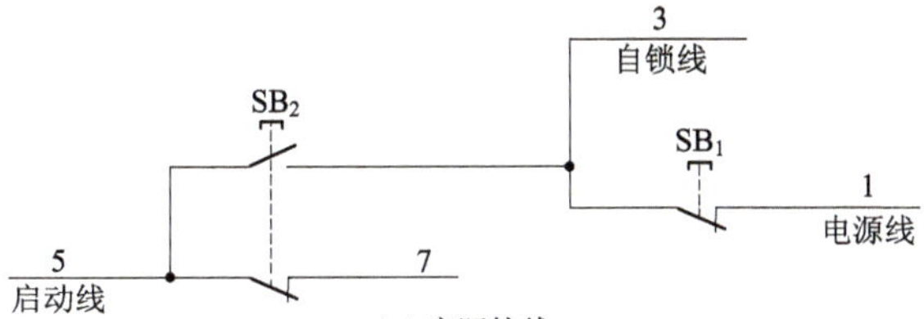

(a) 实际接线

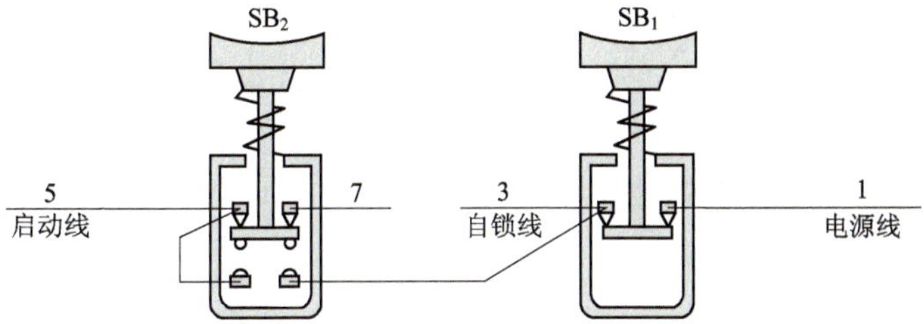

(b) 实物接线

图 1.33　用两只接触器完成Y-△降压启动自动控制电路按钮接线图

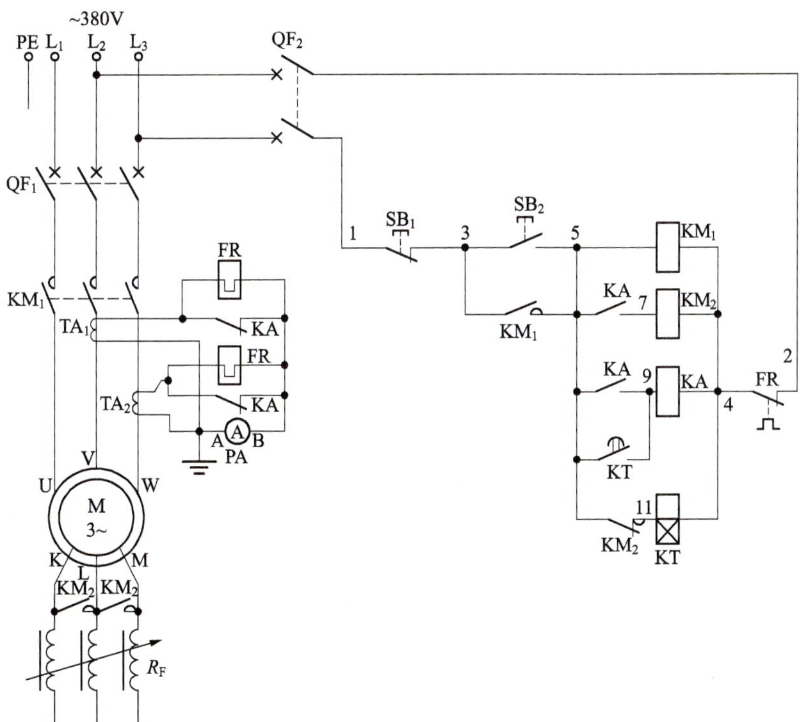

图 1.34　频敏变阻器启动控制电路原理图

弯曲出现误动作而设置的,待电动机启动完毕转为正常运转后,KA 常闭触点断开,使热继电器 FR 热元件投入电路工作进行过载保护。

· 停　止

按下停止按钮 SB_1(1-3),电源交流接触器 KM_1、短接频敏变阻器交流接触器 KM_2、中间继电器 KA 线圈均断电释放,KM_1、KM_2 各自的三相主触点断开,电动机失电停止运转。

2. 现场接线

频敏变阻器启动控制电路现场接线如图 1.35 所示,按钮接线如图 1.36 所示。

电路16 频敏变阻器手动启动控制电路接线

1. 工作原理

频敏变阻器手动启动控制电路原理图如图 1.37 所示。

· 启　动

启动时,按下启动按钮 SB_2,为了防止同时按下两只按钮 SB_2 和 SB_3 时出现全压直接启动现象,特将 SB_2 的一组常闭触点(5-7)串联在交流接触器 KM_2 线圈回路中,起到保护作用;此时 SB_2 的一组常闭触点(5-7)断开,切断交流接触器 KM_2 线圈的回路电源使其不能得电;SB_2 的另一组常开触点(3-5)闭合,接通了交流接触器 KM_1 线圈回路电源,KM_1 线圈得电吸合且 KM_1 辅助常开触点(3-5)闭合自锁,KM_1 三相主触点闭合,电动机绕线转子回路串频敏变阻器 R_F 降压启动。当电动机转速升至接近额定转速时,再按下运转按钮 SB_3(7-9),交流接触器 KM_2 线圈得电吸合且 KM_2 辅助常开触点(7-9)闭合自锁,KM_2 三相主触点闭合,将电动机绕线转子短接起来,电动机全压运转。

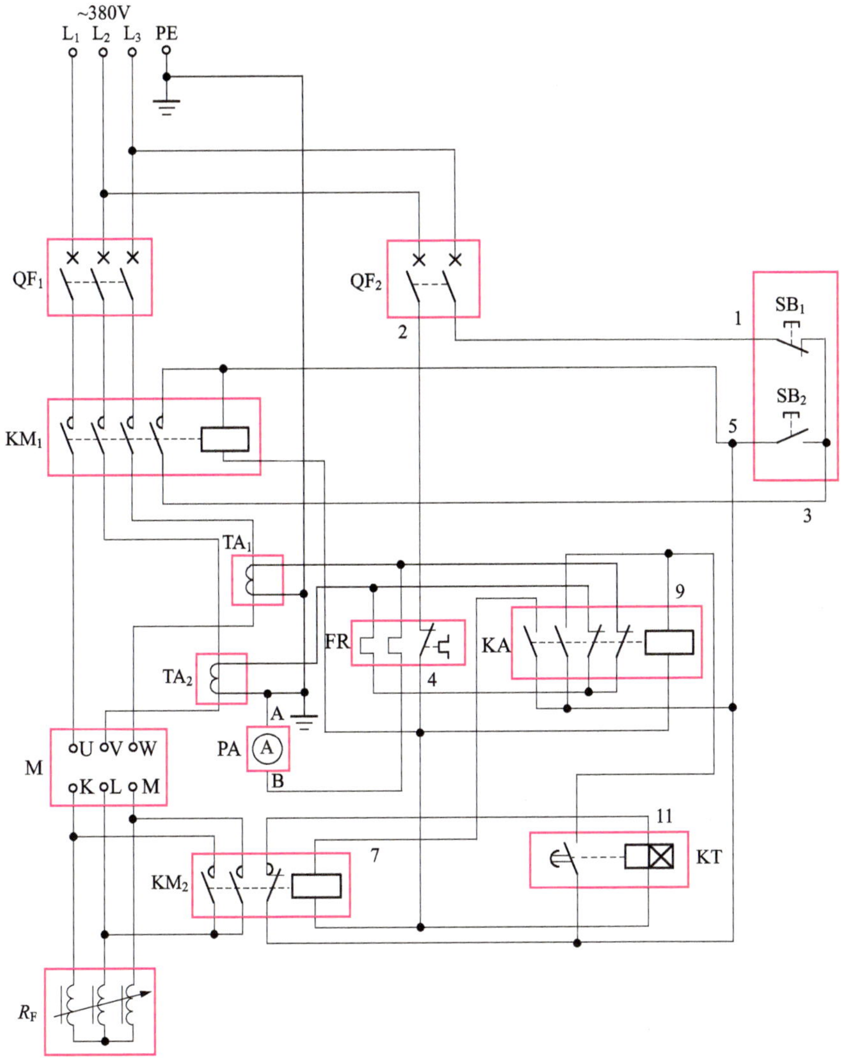

图 1.35　频敏变阻器启动控制电路现场接线图

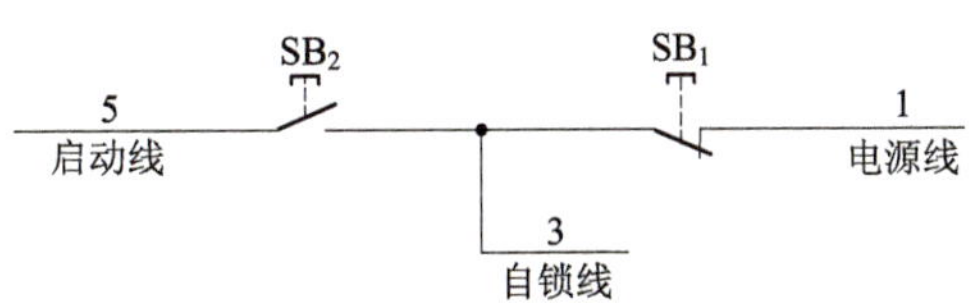

(a) 实际接线

图 1.36　频敏变阻器启动控制电路按钮接线图

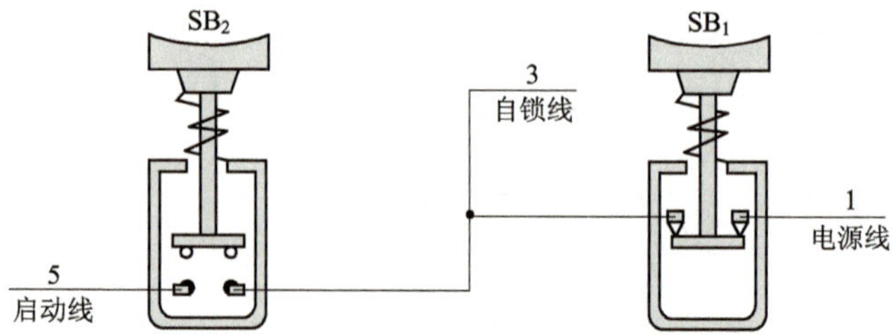

(b) 实物接线

续图 1.36

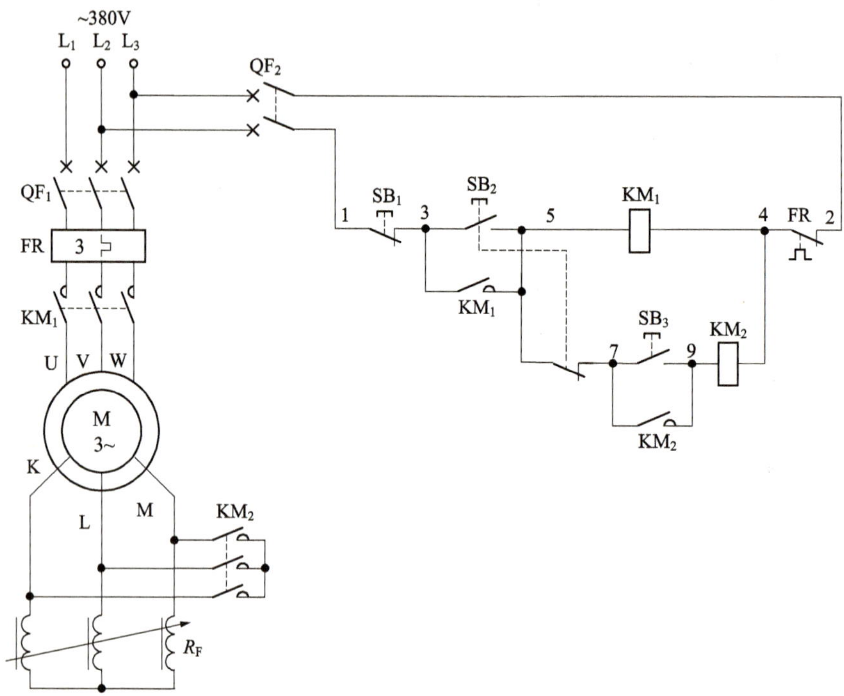

图 1.37　频敏变阻器手动启动控制电路原理图

2. 现场接线

频敏变阻器手动启动控制电路现场接线如图 1.38 所示。

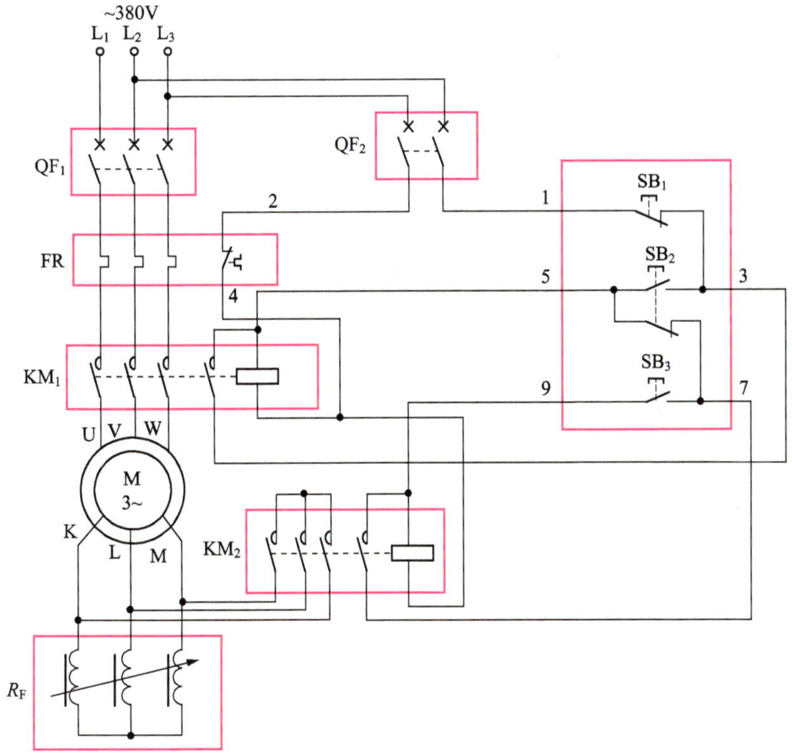

图 1.38　频敏变阻器手动启动控制电路现场接线

电路 17　频敏变阻器自动启动控制电路接线

1. 工作原理

频敏变阻器自动启动控制电路原理图如图 1.39 所示。

· 启　动

启动时，按下启动按钮 SB_2，SB_2 的一组常闭触点(5-9)断开，切断 KM_2 线圈的回路电源，以保证在按下 SB_2 时 KM_2 不会立即闭合；SB_2 的另一组常开触点(3-5)闭合，交流接触器 KM_1 线圈得电吸合且 KM_1 辅助

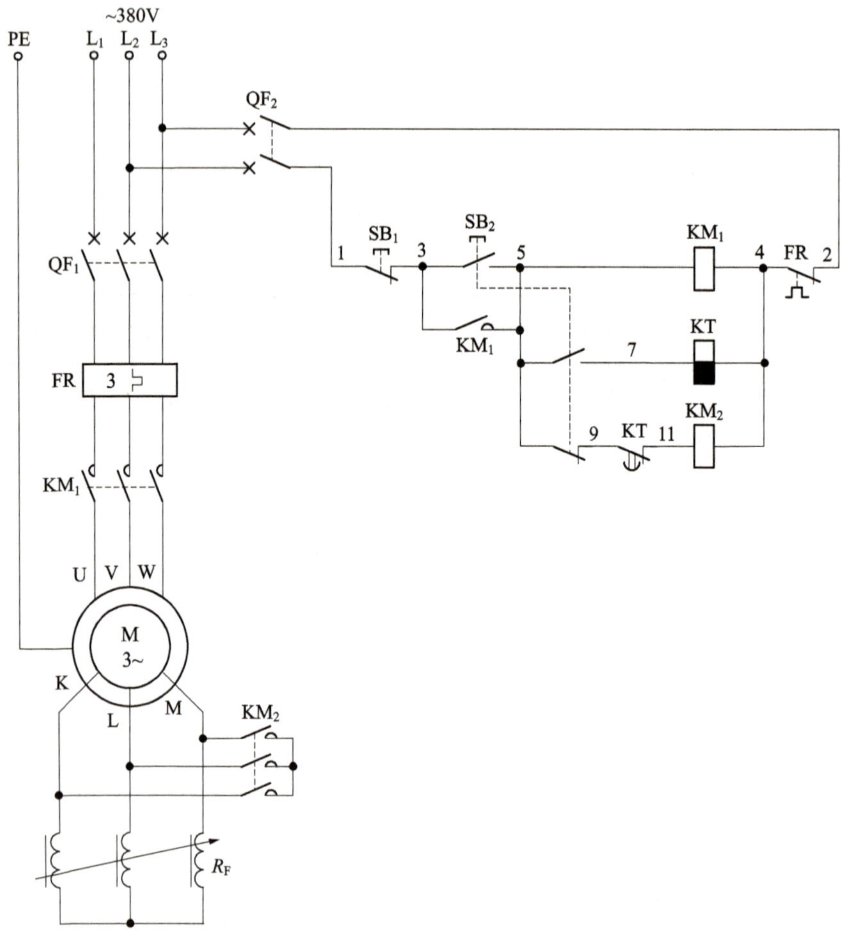

图 1.39 频敏变阻器自动启动控制电路原理图

常开触点(3-5)闭合自锁，KM_1 三相主触点闭合，电动机转子串频敏变阻器 R_F 进行启动；在按下启动按钮 SB_2 后又松开时，SB_2 的一组常开触点(5-7)闭合又断开，失电延时时间继电器 KT 线圈得电吸合后又断电释放并开始延时，KT 失电延时闭合的常闭触点(9-11)立即断开。经 KT 一段延时后，随着电动机转速的逐渐提高，当接近额定转速时，KT 失电延时闭合的常闭触点(9-11)闭合，接通了交流接触器 KM_2 线圈的回路电源，KM_2 线圈得电吸合，KM_2 三相主触点闭合，将转子回路频敏变阻器 R_F 短接起来，电动机以额定转速运转。

2. 现场接线

频敏变阻器自动启动控制电路现场接线如图 1.40 所示。

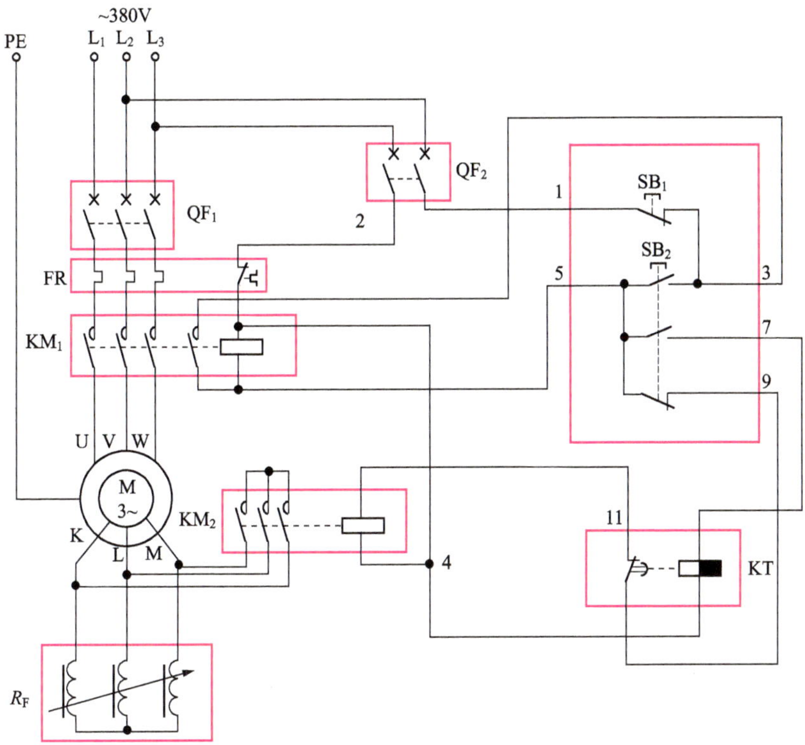

图 1.40　频敏变阻器自动启动控制电路现场接线

电路 18　两地同时开机控制电路接线

1. 工作原理

甲乙两地同时开机控制电路原理图如图 1.41 所示。

在甲地按下启动按钮 SB_3 不放手，SB_3 的一组常开触点(5-7)闭合，为乙地启动时按下启动按钮 SB_4 同时开机做准备；SB_3 的另一组常开触

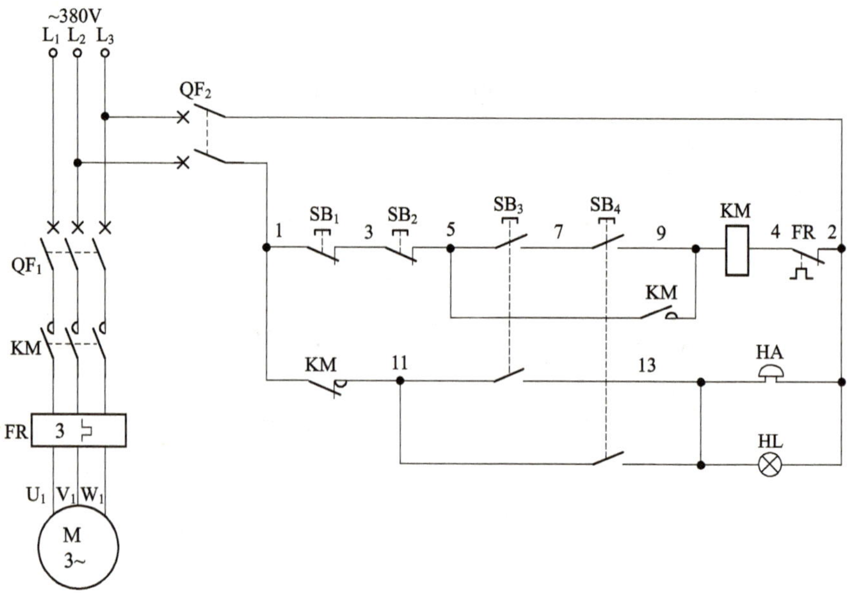

图 1.41 甲乙两地同时开机控制电路原理图

点(11-13)闭合，预警电铃 HA 响，预警灯 HL 亮，以告知乙地需同时开机。当乙地听到或看到甲地发出的预警信号后，按下乙地启动按钮 SB_4，SB_4 的一组常开触点(7-9)闭合。这样，SB_3、SB_4 的两组常开触点(5-7、7-9)均闭合时，才能使交流接触器 KM 线圈得电吸合且 KM 辅助常开触点(5-9)闭合自锁，KM 三相主触点闭合，电动机得电启动运转。

2. 现场接线

甲乙两地同时开机控制电路现场接线如图 1.42 所示。

电路19 短暂停电自动再启动电路接线

1. 工作原理

短暂停电自动再启动电路原理图如图 1.43 所示。首先合上主回路断路器 QF_1、控制回路断路器 QF_2，为电路工作提供准备条件。

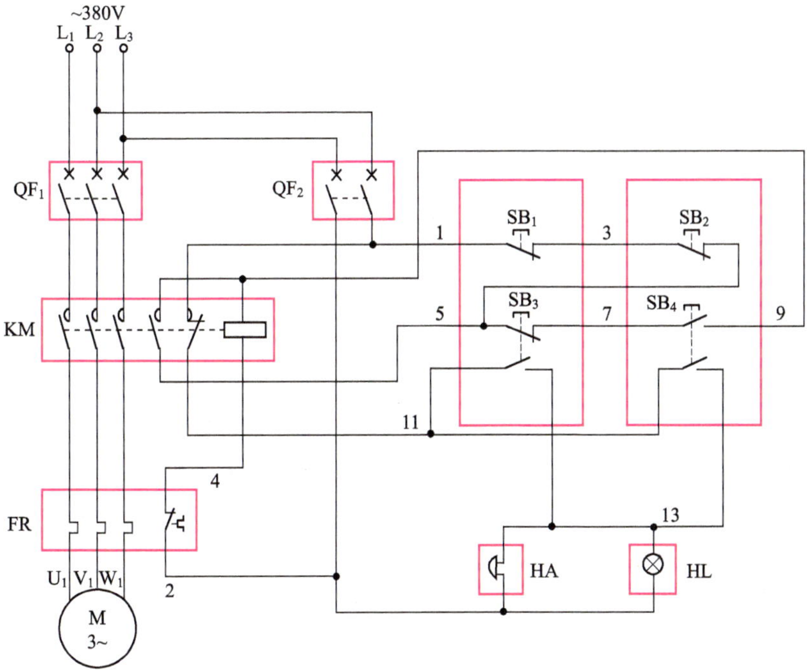

图 1.42　甲乙两地同时开机控制电路现场接线

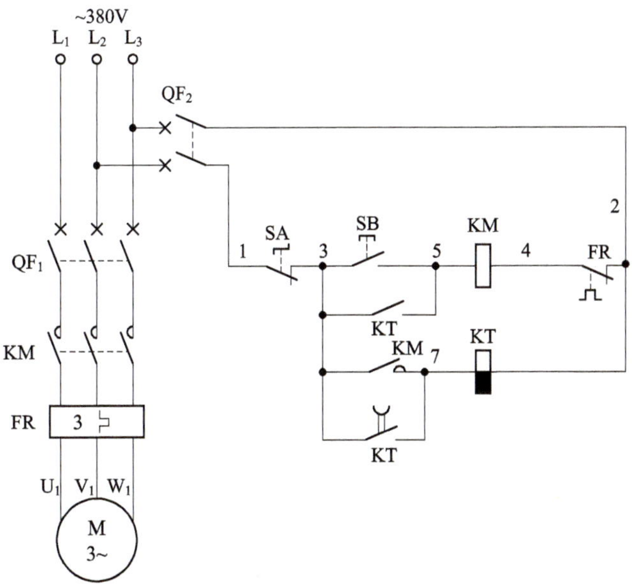

图 1.43　短暂停电自动再启动电路原理图

· 电源正常时的启动

按下启动按钮 SB(3-5)，交流接触器 KM、失电延时时间继电器 KT 线圈均得电吸合且 KT 不延时瞬动常开触点(3-5)闭合自锁，KM 三相主触点闭合，电动机得电正常运转。

· 停　止

在停止时需注意的是，断开停止转换开关 SA(1-3)的时间必须要大于 KT 的设定时间，否则会出现自动再启动现象。

· 短暂停电恢复供电时的自启动

当供电出现短暂停电又恢复正常时，在停电的瞬间，交流接触器 KM、失电延时时间继电器 KT 线圈均断电释放，同时 KT 开始延时。若在 KT 的设定延时时间内恢复供电，KT 失电延时断开的常开触点(3-7)仍处于闭合状态，又重新使 KT 线圈得电吸合，并使交流接触器 KM 线圈得电吸合，KM 三相主触点闭合，电动机重新得电继续运转工作。

当供电出现停电时间过长(超出了 KT 的设定时间)时，KT 失电延时断开的常开触点(3-7)断开，即使再来电，也因形不成回路而无法进行自动再启动控制。

2. 现场接线

短暂停电自动再启动电路现场接线如图 1.44 所示。按钮接线如图 1.45 所示。

电路20 低电压情况下交流接触器启动电路接线

1. 工作原理

低电压情况下交流接触器启动电路原理图如图 1.46 所示。首先合上主回路断路器 QF_1、控制回路断路器 QF_2，为电路工作提供准备条件。

当电网电压偏低时，就会造成交流接触器线圈不能吸合，本电路中因加入了一只整流二极管，启动时可采用直流启动，交流吸合保持。

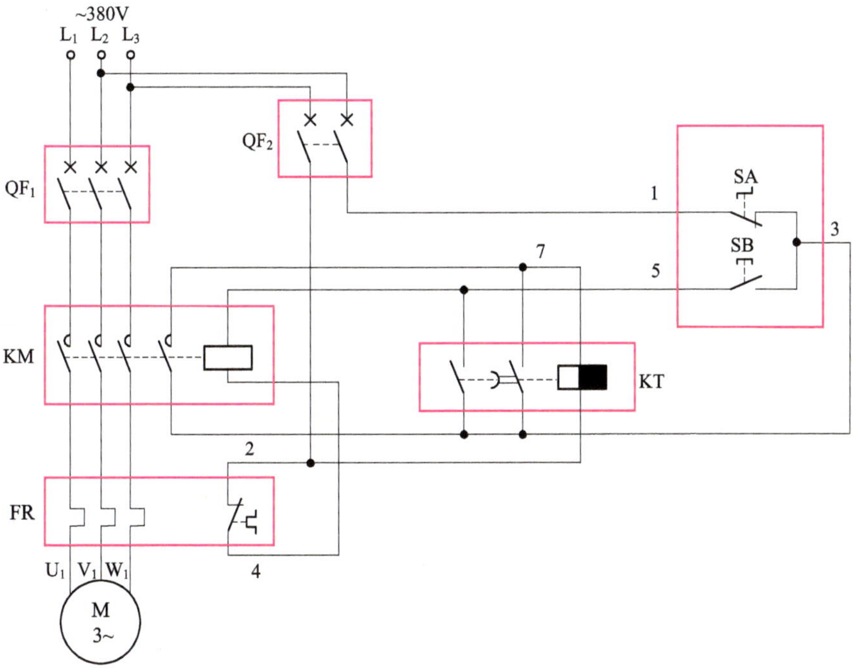

图 1.44　短暂停电自动再启动电路现场接线

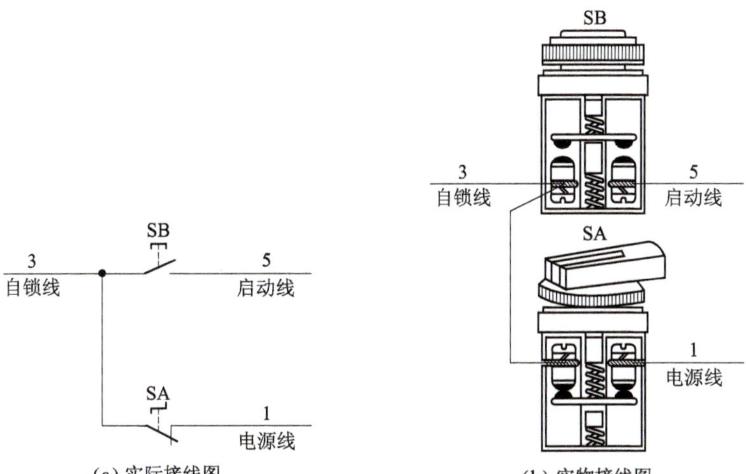

(a) 实际接线图　(b) 实物接线图

图 1.45　短暂停电自动再启动电路按钮接线图

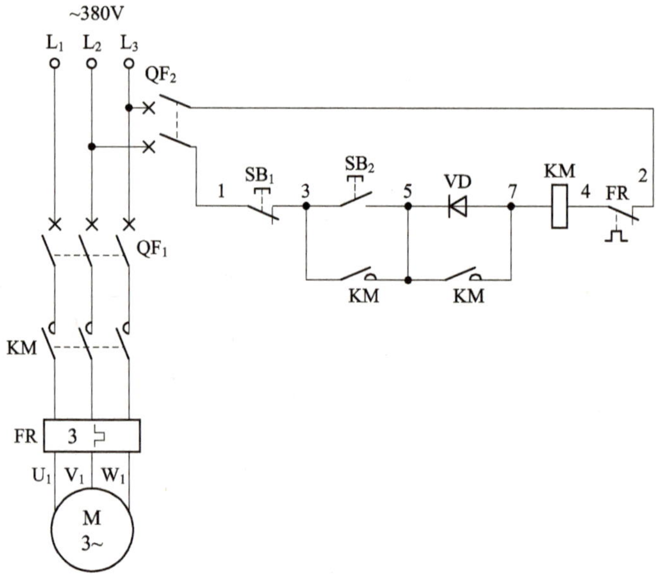

图 1.46 低电压情况下交流接触器启动电路原理图

- 低压直流启动

按下启动按钮 SB_2(3-5),交流接触器 KM 线圈在整流二极管 VD(5-7)的作用下通以脉动直流电源而吸合,KM 三相主触点闭合,电动机得电启动运转。

- 自　锁

在 KM 线圈得电吸合后,KM 的两组辅助常开触点(3-5、5-7)均闭合,一组起自锁(3-5)作用;一组将整流二极管 VD(5-7)短接起来,以防止长时间通以直流电而烧毁线圈。这样,交流接触器 KM 线圈就会可靠地吸合工作,KM 三相主触点仍然闭合,电动机仍得电正常运转工作。

- 停　止

按下停止按钮 SB_1(1-3),交流接触器 KM 线圈断电释放,KM 三相主触点断开,电动机失电停止运转。

2. 现场接线

低电压情况下交流接触器启动电路现场接线如图 1.47 所示。按钮接线如图 1.48 所示。

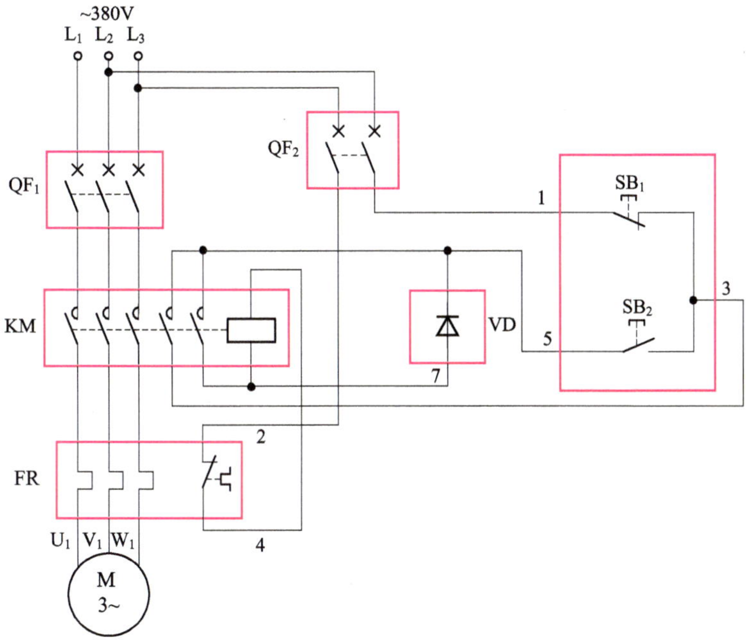

图 1.47　低电压情况下交流接触器启动电路现场接线

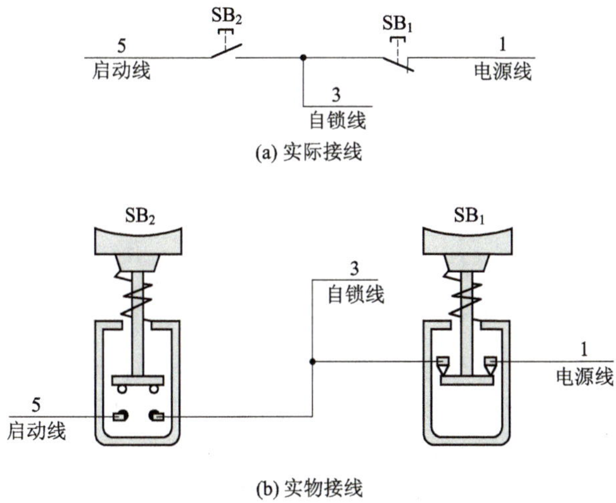

图 1.48　低电压情况下交流接触器启动电路按钮接线图

电路21 电动机串电抗器启动自动控制电路接线

1. 工作原理

电动机串电抗器启动自动控制电路原理图如图 1.49 所示。合上主回路断路器 QF_1、控制回路断路器 QF_2，指示灯 HL_1 亮，说明电源正常。

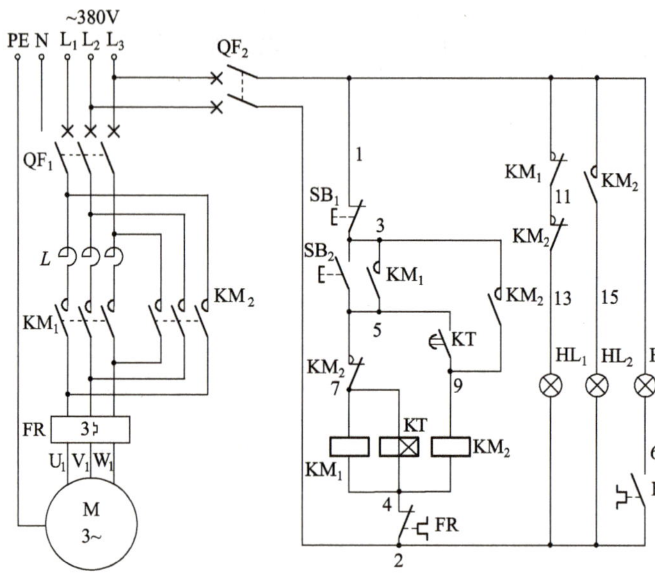

图 1.49 电动机串电抗器启动自动控制电路原理图

· 启 动

按下启动按钮 SB_2(3-5)，交流接触器 KM_1 和得电延时时间继电器 KT 线圈均得电吸合，KM_1 辅助常开触点(3-5)闭合自锁，KM_1 三相主触点闭合，将电抗器 *L* 串入电动机绕组进行降压启动；同时 KM_1 辅助常闭触点(1-11)断开，指示灯 HL_1 灭，说明电动机正在进行降压启动。与此同时，得电延时时间继电器 KT 开始延时。

随着电动机转速的逐渐升高，经过 KT 一段延时后，KT 得电延时闭合的常开触点(5-9)闭合，接通交流接触器 KM_2 线圈的回路电源，KM_2 线圈得电吸合，KM_2 串联在 KM_1、KT 线圈回路中的辅助常闭触点(5-7)

断开，切断 KM_1、KT 线圈的回路电源，KM_1、KT 线圈断电释放，KM_1 三相主触点断开，切断电抗器 L，电动机绕组失电但仍靠惯性继续转动；同时 KM_2 辅助常闭触点(11-13)断开，指示灯 HL_1 灭，KM_2 辅助常开触点(3-9)闭合自锁，KM_2 三相主触点闭合，电动机通以三相 380V 电源全压运转，同时 KM_2 辅助常闭触点(11-13)断开，指示灯 HL_1 灭，KM_2 辅助常开触点(1-15)闭合，指示灯 HL_2 亮，说明电动机已自动转为全压运转了。该电路在完成降压启动后，仅有交流接触器 KM_2 线圈继续得电吸合，KM_1、KT 线圈被切除，节约了 KM_1、KT 线圈所消耗的电能。

· 停　止

停止时，按下停止按钮 SB_1(1-3)，交流接触器 KM_2 线圈断电释放，KM_2 三相主触点断开，电动机脱离三相电源而停止，同时指示灯 HL_2 灭、HL_1 亮，说明电动机已失电停止运转。

· 过　载

电路中，FR 为过载热继电器，当电动机发生过载时，FR 热元件发热弯曲，推动其控制触点动作，其控制常闭触点(2-4)断开，切断了交流接触器 KM_2 线圈的回路电源，KM_2 线圈断电释放，KM_2 三相主触点断开，电动机失电停止运转。同时 FR 控制常开触点(2-6)闭合，接通了过载指示灯 HL_3 的回路电源，HL_3 亮，说明电动机已过载。

2. 现场接线

电动机串电抗器启动自动控制电路现场接线如图 1.50 所示。

电路 22　定子绕组串联电阻启动自动控制电路接线

1. 工作原理

定子绕组串联电阻启动自动控制电路原理图如图 1.51 所示。首先合上主回路断路器 QF_1、控制回路断路器 QF_2，为电路工作提供准备条件。

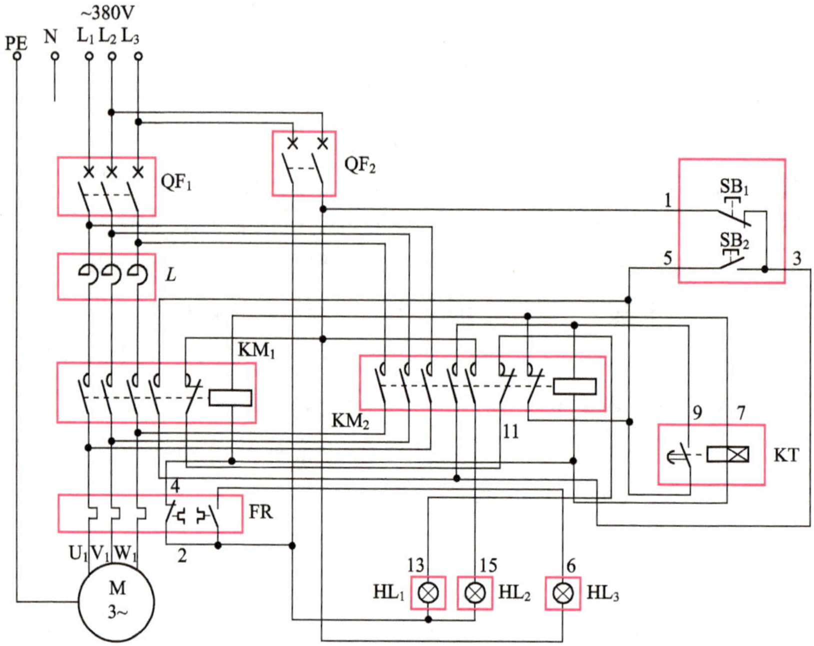

图 1.50 电动机串电抗器启动自动控制电路现场接线

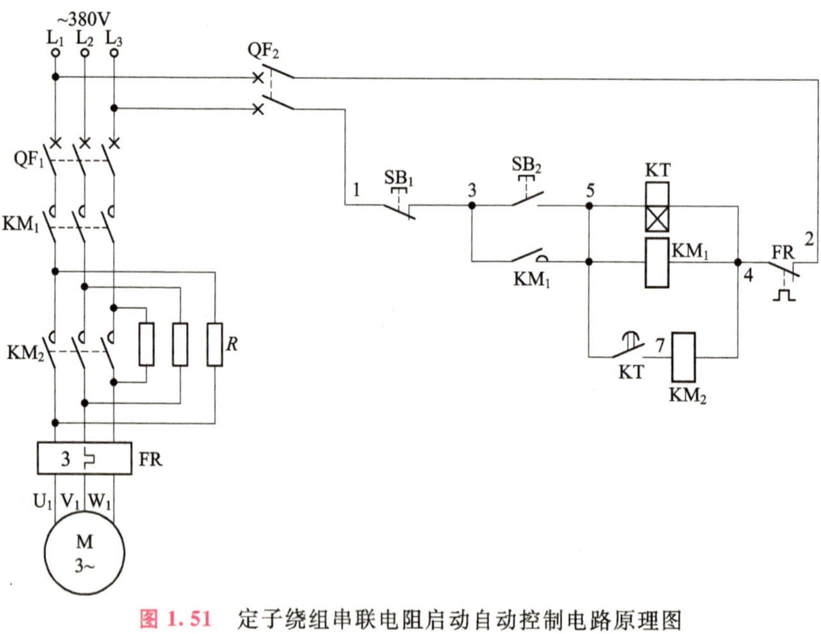

图 1.51 定子绕组串联电阻启动自动控制电路原理图

· 启　动

按下启动按钮 SB_2(3-5)，得电延时时间继电器 KT、交流接触器 KM_1 线圈得电吸合且 KM_1 辅助常开触点(3-5)闭合自锁，KT 开始延时。此时 KM_1 三相主触点闭合，电动机串联降压启动电阻器 R 进行降压启动。

· 运　转

经 KT 延时后，KT 得电延时闭合的常开触点(5-7)闭合，接通了交流接触器 KM_2 线圈回路电源，KM_2 三相主触点闭合，将降压启动电阻器 R 短接起来，从而使电动机得以全压正常运转，拖动设备正常工作。

· 停　止

按下停止按钮 SB_1(1-3)，得电延时时间继电器 KT、交流接触器 KM_1、KM_2 线圈均断电释放，KM_1、KM_2 各自的三相主触点断开，电动机失电停止运转，拖动设备停止工作。

2. 现场接线

定子绕组串联电阻启动自动控制电路现场接线如图 1.52 所示。按钮接线如图 1.53 所示。

电路 23　手动串联电阻启动控制电路接线

1. 工作原理

手动串联电阻启动控制电路原理图如图 1.54 所示。首先合上主回路断路器 QF_1、控制回路断路器 QF_2，为电路工作提供准备条件。

· 启　动

按下启动按钮 SB_2(3-5)，交流接触器 KM_1 线圈得电吸合且 KM_1 辅助常开触点(3-5)闭合自锁，KM_1 三相主触点闭合，电动机得电串电阻器 R 进行降压启动。

· 运　转

电动机串启动电阻器 R 进行启动后，若需全压运转，则按下运转按钮

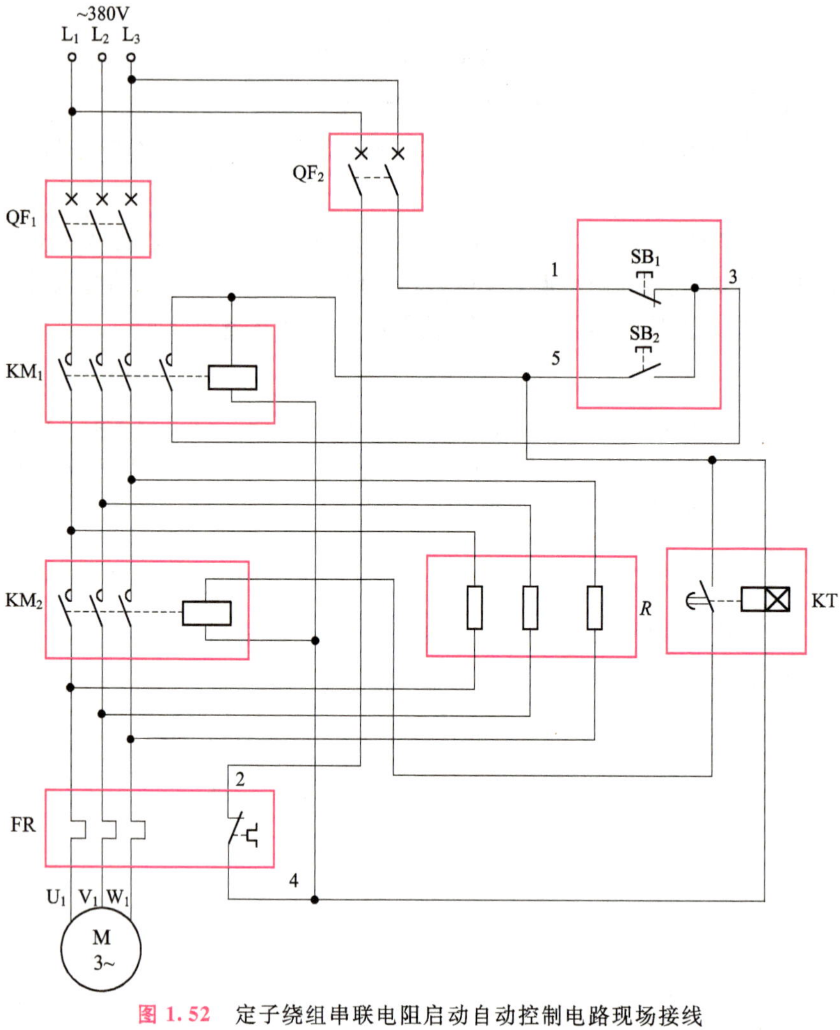

图 1.52 定子绕组串联电阻启动自动控制电路现场接线

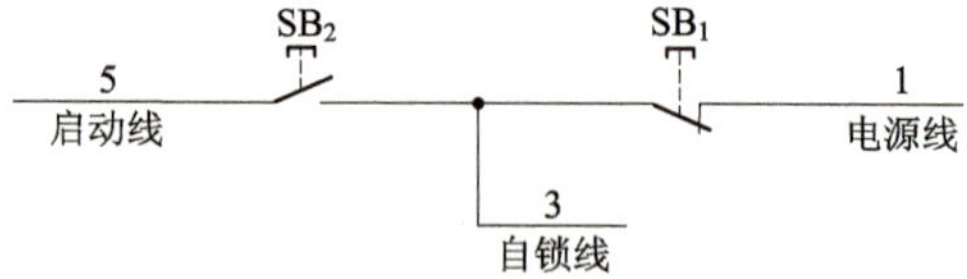

(a) 实际接线

图 1.53 定子绕组串联电阻启动自动控制电路按钮接线图

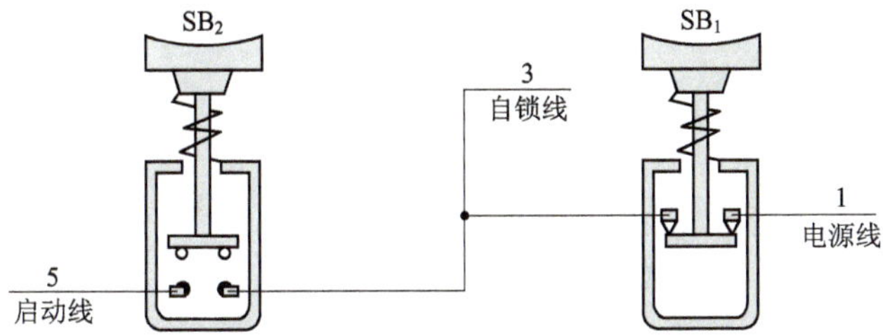

(b) 实物接线

续图 1.53

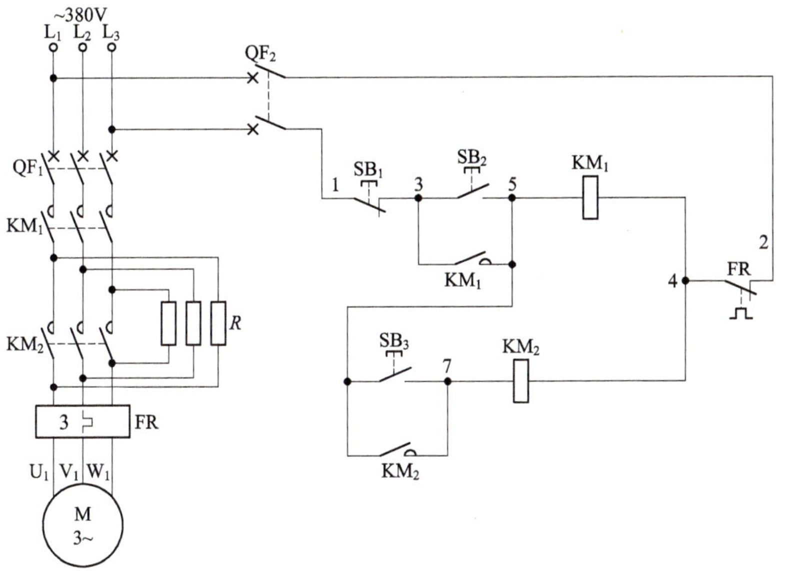

图 1.54　手动串联电阻启动控制电路原理图

SB_3(5-7)，交流接触器 KM_2 线圈得电吸合且 KM_2 辅助常开触点(5-7)闭合自锁，KM_2 三相主触点闭合，将启动电阻器 R 短接起来，电动机得电全压运转。值得注意的是，在电动机全压运转后，交流接触器 KM_1 线圈仍然得电吸合着。也就是说，启动结束后转为全压运转，KM_1、KM_2 线圈全部处于得电吸合状态。

2. 现场接线

手动串联电阻启动控制电路现场接线如图 1.55 所示。按钮接线如图 1.56 所示。

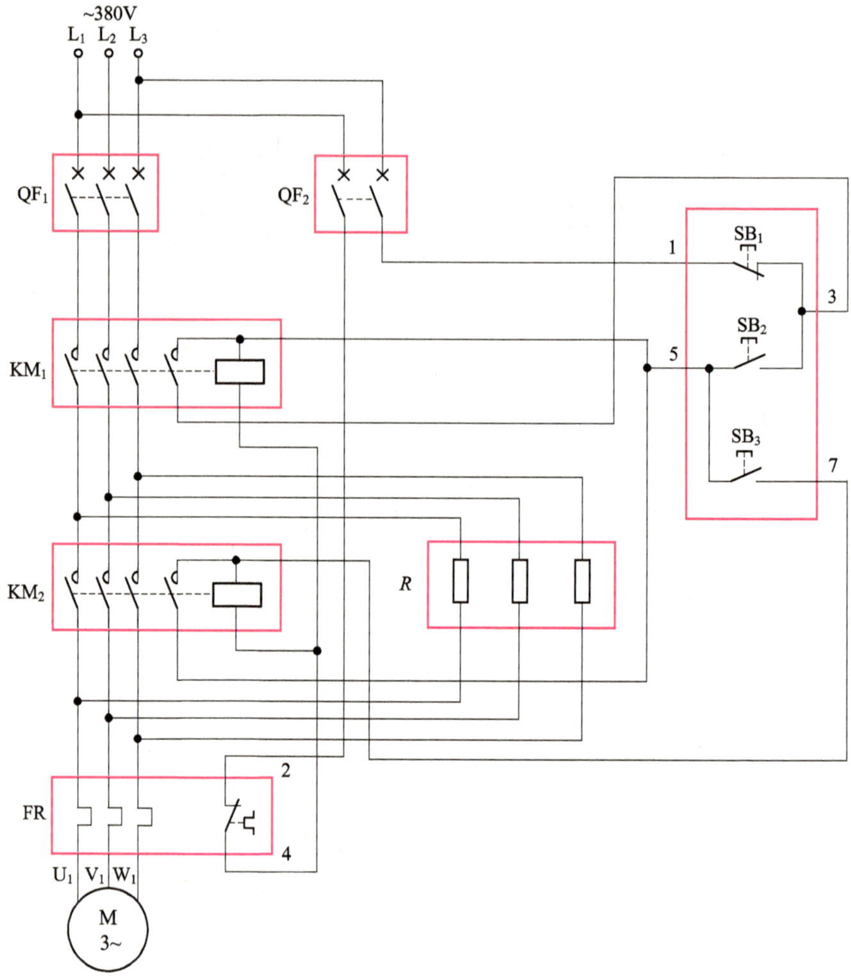

图 1.55 手动串联电阻启动控制电路现场接线

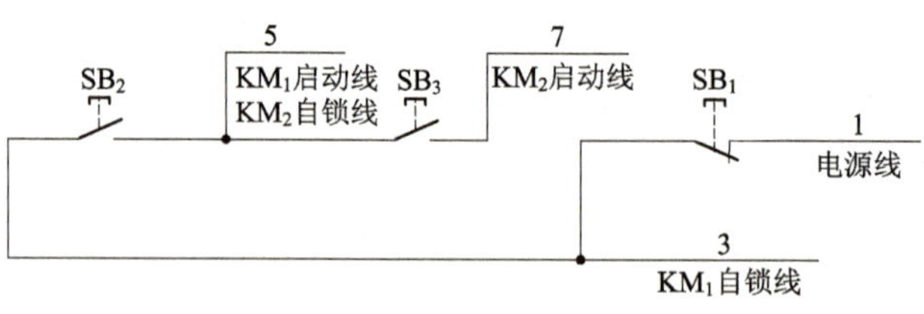

(a) 实际接线

图 1.56 手动串联电阻启动控制电路按钮接线图

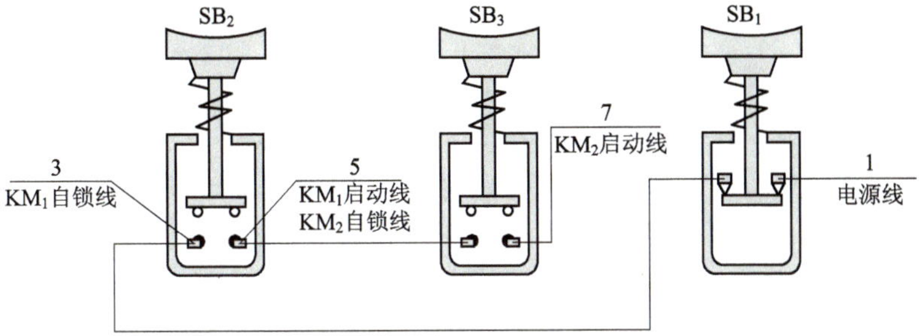

(b) 实物接线

续图 1.56

电路 24 电动机间歇运转控制电路接线

1. 工作原理

电动机间歇运转控制电路原理图如图 1.57 所示。首先合上主回路断路器 QF_1、控制回路断路器 QF_2，为电路工作提供准备条件。

间歇运转就是设备工作一会儿停留一段时间，再运转一会儿，再停留

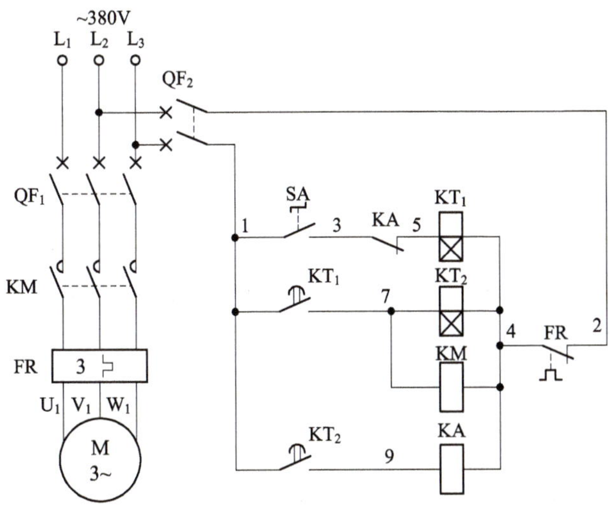

图 1.57　电动机间歇运转控制电路原理图

一段时间，如此重复下去。例如，机床设备上的自动间歇润滑控制系统。

· 电动机的停止时间

需工作时，合上转换开关 SA(1-3)后，此时电动机不会启动运转，其原因是得电延时时间继电器 KT_1 延时时间未到，仍处于断开状态。交流接触器 KM 线圈得不到控制电源而不能工作。此时得电延时时间继电器 KT_1 线圈得电吸合并开始延时，此时间为电动机的停止时间。

· 电动机的运转时间

当得电延时时间继电器 KT_1 延时时间(设定时间，此时间就是电动机的停止时间，即间歇时间)到达时，KT_1 得电延时闭合的常开触点(1-7)闭合，此时，交流接触器 KM 和另一只得电延时时间继电器 KT_2 线圈同时得电吸合工作，KM 三相主触点闭合，电动机得电运转工作。

而 KT_2 得电延时时间继电器又开始延时(此时间就是电动机的运转时间)，经 KT_2 延时时间后，KT_2 得电延时闭合的常开触点(1-9)闭合，中间继电器 KA 线圈得电吸合，KA 串联在得电延时时间继电器 KT_1 线圈回路中的常闭触点(3-5)断开，切断了得电延时时间继电器 KT_1 线圈的回路电源，KT_1 线圈断电释放，交流接触器 KM 以及得电延时时间继电器 KT_2 线圈也断电释放，中间继电器 KA 线圈也因 KT_2 得电延时闭合的常开触点(1-9)恢复常开而断电释放，电路恢复原始状态，KM 三相主触点断开，电动机失电停止工作。

如此重复完成间歇运转。

· 循环后的恢复

当一个循环时间结束后，KT_2 得电延时闭合的常开触点(1-9)闭合，接通了中间继电器 KA 线圈的回路电源，KA 线圈得电吸合，KA 常闭触点(3-5)断开，切断 KT_1 线圈的回路电源，KT_1 线圈断电释放，并使得 KT_2、KM 线圈断电释放，KM 三相主触点断开，电动机失电停止运转，此时 KT_1、KT_2、KM、KA 全部触点恢复原始状态，重新接通 KT_1 线圈的回路电源，KT_1 又开始延时。

2. 现场接线

电动机间歇运转控制电路现场接线如图 1.58 所示。转换开关接线如图 1.59 所示。

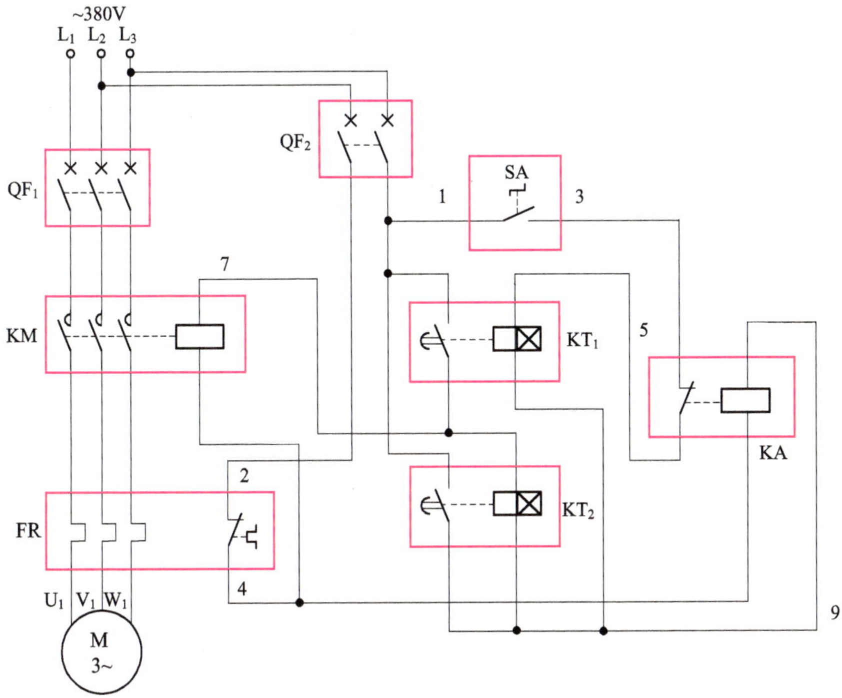

图 1.58　电动机间歇运转控制电路现场接线

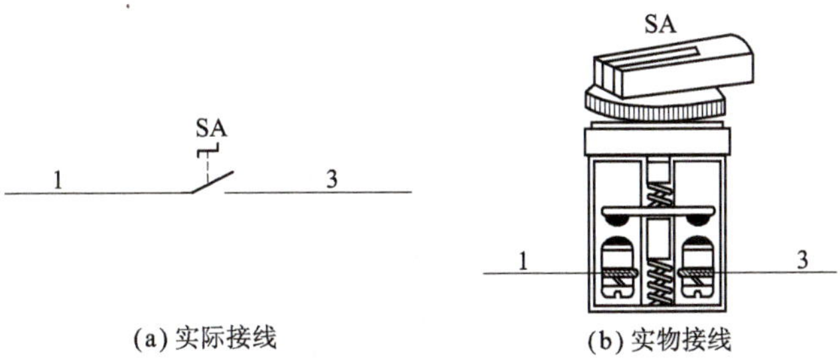

图 1.59　电动机间歇运转控制电路转换开关接线

电路 25　双华 JDB-LQ-TQ/2 全压启动控制电路接线

双华 JDB-LQ-TQ/2 全压启动控制电路现场接线如图 1.60 所示。

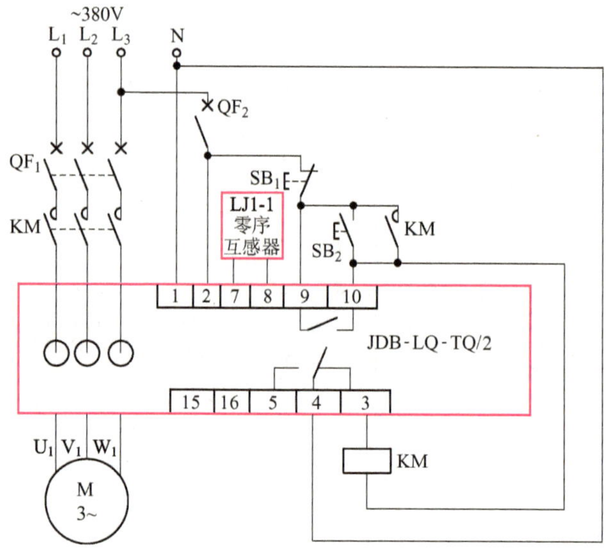

图 1.60 双华 JDB-LQ-TQ/2 全压启动控制电路现场接线

电路26 顺序自动控制电路接线

1. 工作原理

顺序自动控制电路原理图如图 1.61 所示。

· 启 动

按下启动按钮 SB_2(3-5)，得电延时时间继电器 KT_1 和失电延时时间继电器 KT_2 线圈同时得电吸合且 KT_1 不延时瞬动常开触点(3-5)闭合自锁，KT_1 开始延时。此时，KT_2 失电延时断开的常开触点(1-7)立即闭合，接通了交流接触器 KM_1 线圈回路电源，交流接触器 KM_1 线圈得电吸合，KM_1 三相主触点闭合，辅机电动机 M_1 得电运转工作；经得电延时时间继电器 KT_1 一段延时后，KT_1 得电延时闭合的常开触点(1-9)闭合，将交流接触器 KM_2 线圈回路电源接通，KM_2 三相主触点闭合，主机电动机 M_2 得电运转工作。从而完成启动时先启动辅机 M_1，再延时自动启动主机 M_2。

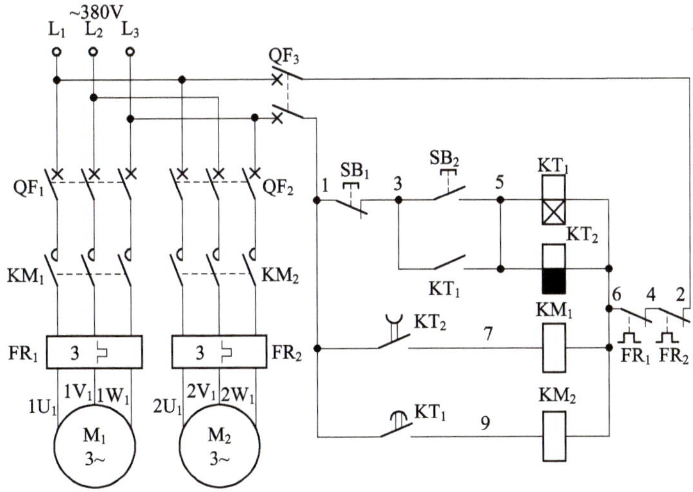

图 1.61　顺序自动控制电路原理图

· 停　止

按下停止按钮 SB_1(1-3)，得电延时时间继电器 KT_1、失电延时时间继电器 KT_2 线圈均断电释放，且 KT_2 开始延时，KT_1 得电延时闭合的常开触点(1-9)断开，切断了交流接触器 KM_2 线圈回路电源，KM_2 线圈断电释放，KM_2 三相主触点断开，主机电动机 M_2 失电停止运转；经失电延时时间继电器 KT_2 一段延时后，KT_2 失电延时断开的常开触点(1-7)恢复常开，切断了交流接触器 KM_1 线圈回路电源，KM_1 线圈断电释放，KM_1 三相主触点断开，辅机电动机 M_1 失电停止运转。从而实现在停止时先停止主机后再延时自动停止辅机。

2. 现场接线

顺序自动控制电路现场接线如图 1.62 所示。

电路 27　自耦变压器降压启动手动控制电路接线

1. 工作原理

图 1.63 所示电路是采用按钮开关来完成的手动自耦变压器降压启

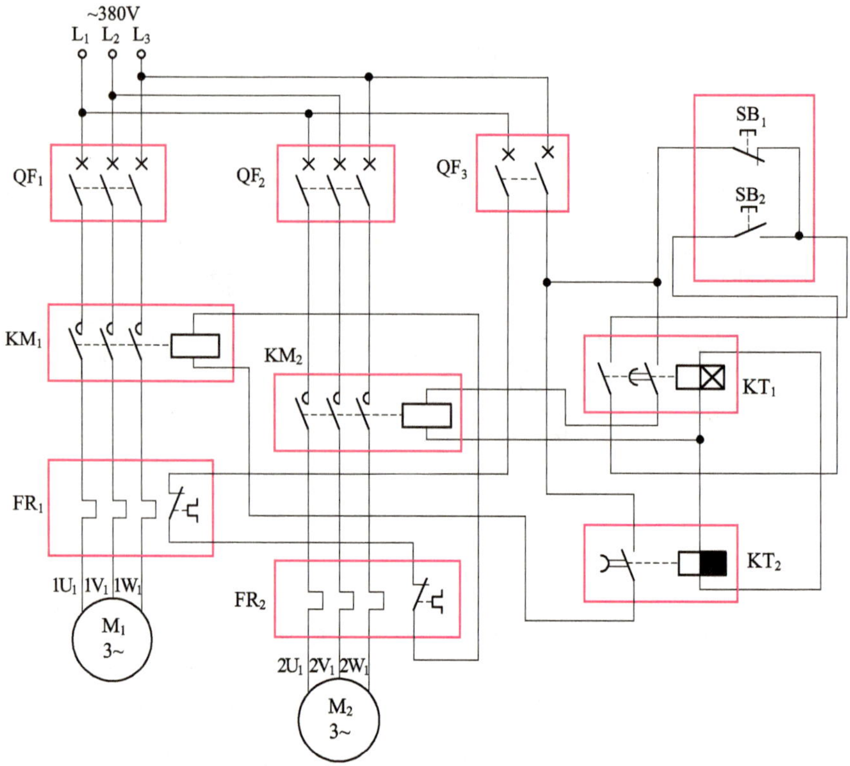

图 1.62　顺序自动控制电路现场接线

动控制。该电路在启动后人为再按下运转按钮，则电动机进入△形正常运转。

· 自耦变压器降压启动

按下降压启动按钮 SB_2，交流接触器 KM_2 线圈得电吸合且 KM_2 辅助常开触点闭合自锁，KM_2 主触点闭合，电动机串入自耦变压器 TM 降压启动。由于 KM_2 线圈得电吸合，KM_2 串联在中间继电器 KA 线圈回路中的辅助常开触点闭合使 KA 吸合且 KA 常开触点闭合自锁。KA 的作用是防止误按 SB_3 按钮直接全压启动电动机。KA 串联在 SB_3 按钮回路中的常开触点闭合，为转换△形正常运转做准备。此时，电动机降压启动。

· 正常△形运转

当根据经验或实际启动时间按下△形运转按钮 SB_3 时，SB_3 一组常闭触点断开，切断了交流接触器 KM_2 线圈回路电源，KM_2 线圈断电释放，KM_2 主触点断开，使自耦变压器退出运行。同时 SB_3 另一组常开触点闭合，接通了交流接触器 KM_1 线圈回路电源，KM_1 线圈得电吸合，KM_1 三相主触点闭合，电动机得电△形全压正常运转。当 KM_1 线圈得电吸合后，KM_1 串联在中间继电器 KA 线圈回路中的辅助常闭触点断开，切断 KA 线圈回路电源，KA 线圈断电释放，KA 串联在全压△形运转按钮 SB_3 回路中的常开触点断开，用来防止误操作该按钮 SB_3 而出现直接全压启动问题。

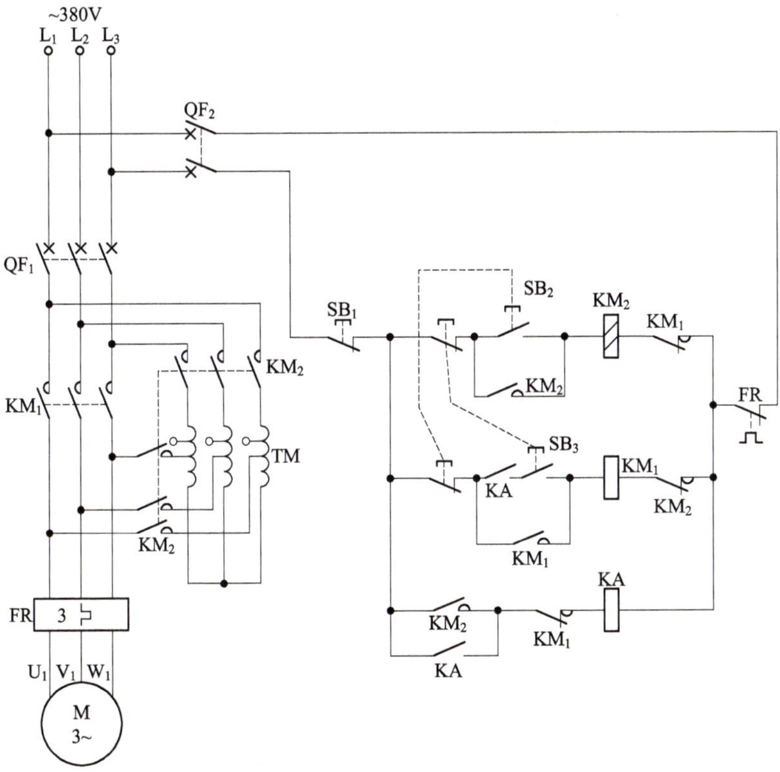

图 1.63 自耦变压器降压启动手动控制电路原理图

2. 现场接线

自耦变压器降压启动手动控制电路现场接线如图 1.64 所示。

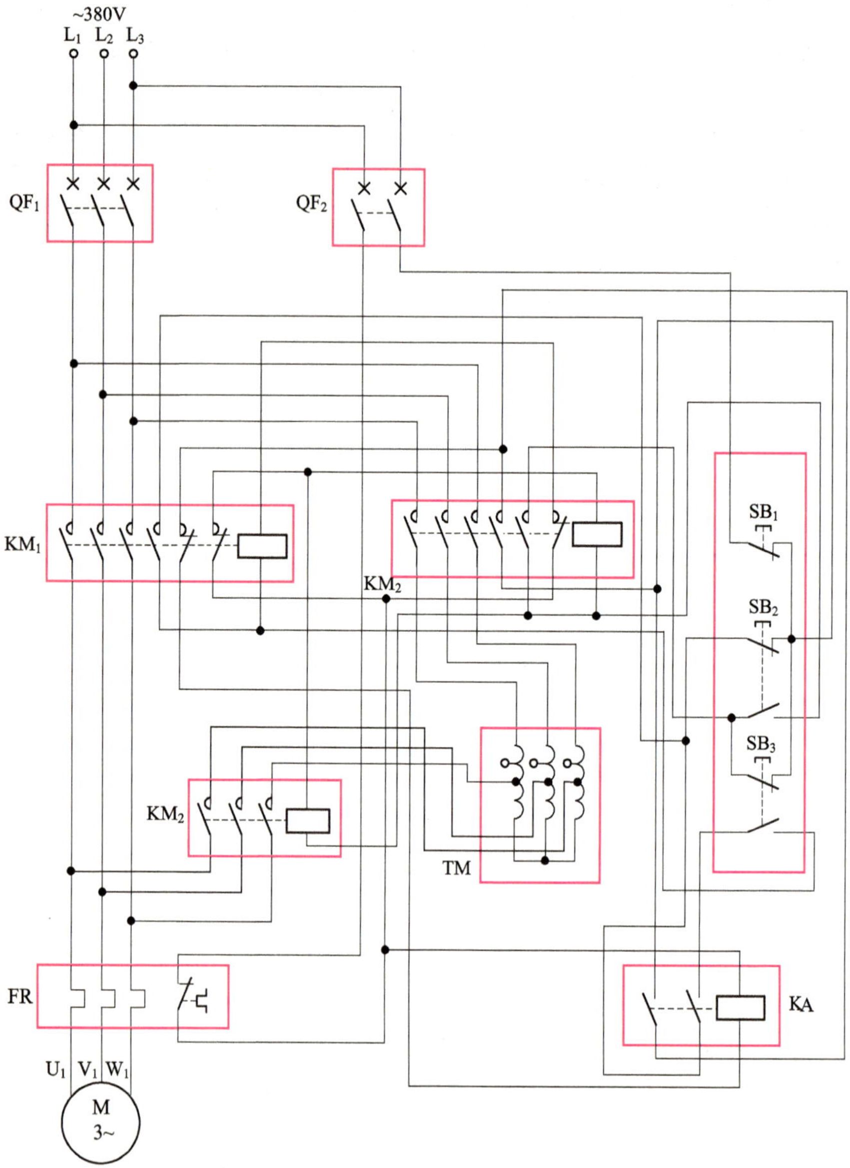

图 1.64 自耦变压器降压启动手动控制电路现场接线

电路28 延边三角形降压启动自动控制电路接线

1. 工作原理

延边三角形降压启动自动控制电路原理图如图 1.65 所示。首先合上主回路断路器 QF_1、控制回路断路器 QF_2，为电路工作提供准备条件。

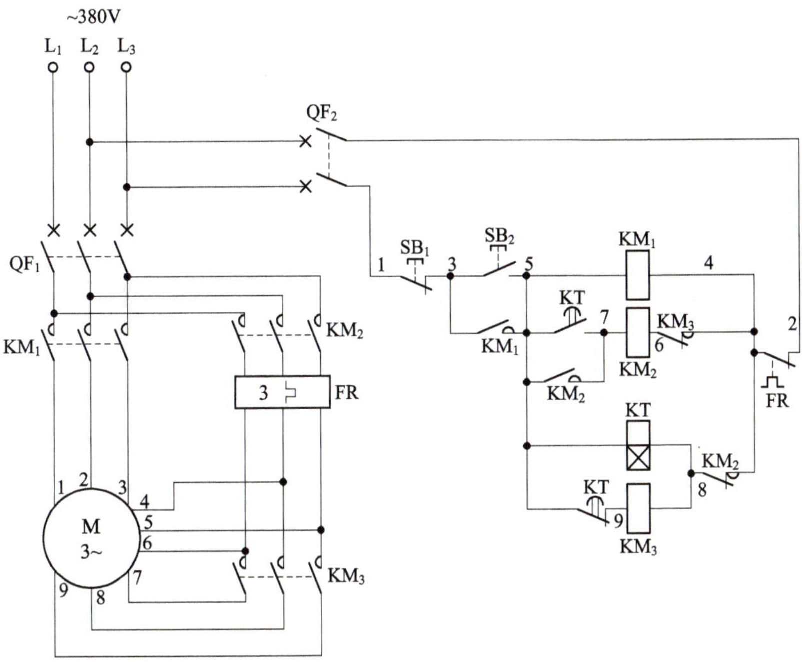

图 1.65　延边三角形降压启动自动控制电路原理图

在启动前让我们先了解一下延边三角形是如何工作的。启动时先将定子绕组中的一部分连接成△形，另一部分连接成Y形，这样就组成了延边三角形来完成启动，而电动机启动完毕后，再将定子绕组连接成△形正常运转。

· 启　动

按下启动按钮 SB_2(3-5)，交流接触器 KM_1、KM_3 和得电延时时间继电器 KT 线圈同时得电吸合且 KM_1 辅助常开触点(3-5)闭合自锁，电动机接成延边三角形降压启动；与此同时，得电延时时间继电器 KT 开始延时。

· 运　转

经得电延时时间继电器 KT 一段延时后，得电延时时间继电器 KT 得电延时断开的常闭触点(5-9)断开，切断了交流接触器 KM_3 线圈回路电源[KM_3 辅助连锁常闭触点(2-6)恢复常闭，为电动机正常全压运转交流接触器 KM_2 线圈工作做准备]，KM_3 三相主触点断开，电动机绕组延边三角形解除。同时，得电延时时间继电器 KT 得电延时闭合的常开触点(5-7)闭合，接通了交流接触器 KM_2 线圈回路电源，KM_2 线圈得电吸合且 KM_2 辅助常开触点(5-7)闭合自锁，KM_2 三相主触点闭合，电动机绕组接成三角形正常运转。

· 停　止

按下停止按钮 SB_1(1-3)，交流接触器 KM_1、KM_2 线圈同时断电释放，KM_1、KM_2 各自的三相主触点断开，电动机失电停止运转。

2. 现场接线

延边三角形降压启动自动控制电路现场接线如图 1.66 所示。按钮接线图如图 1.67 所示。

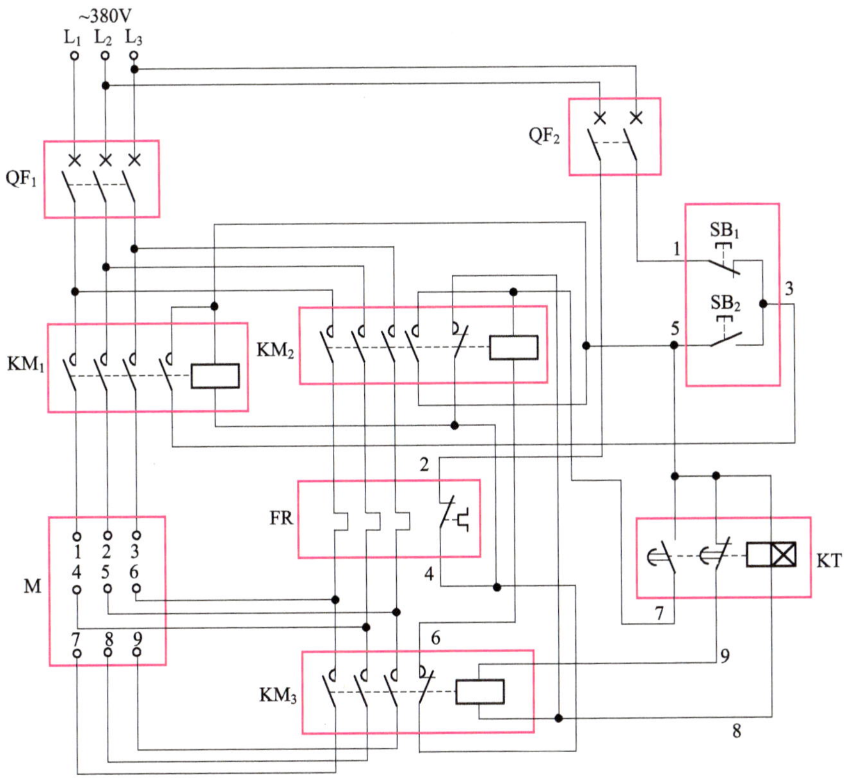

图 1.66　延边三角形降压启动自动控制电路现场接线

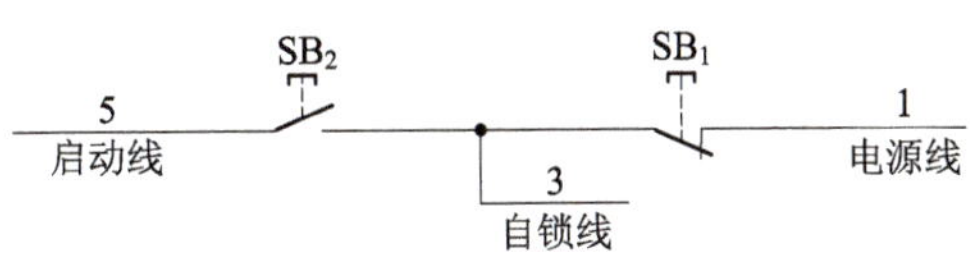

(a) 按钮实际接线

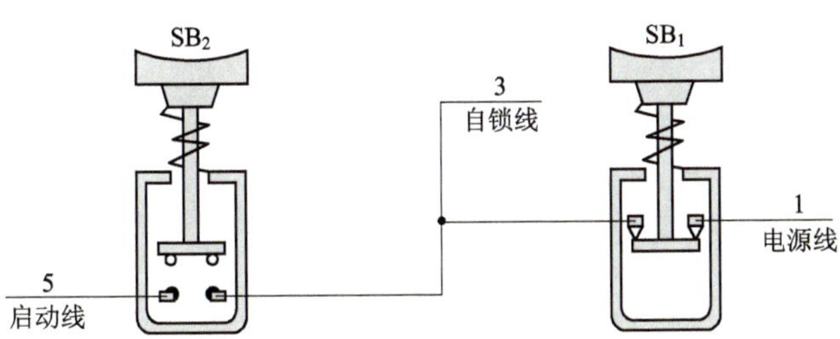

(b) 按钮实物接线

图 1.67　延边三角形降压启动自动控制电路按钮接线图

Chapter 2

电动机可逆运转控制电路接线

电路29 只有按钮互锁的可逆点动控制电路接线

1. 工作原理

只有按钮互锁的可逆点动控制电路原理图如图 2.1 所示。首先合上主回路断路器 QF_1、控制回路断路器 QF_2，为电路工作提供准备条件。

· 正转点动

按下正转点动按钮 SB_1，SB_1 的一组串联在反转交流接触器 KM_2 线圈回路中的常闭触点(7-9)断开，起到互锁作用，SB_1 的另一组常开触点(1-3)闭合，正转交流接触器 KM_1 线圈得电吸合，KM_1 三相主触点闭合，电动机得电正转运转，拖动设备正转工作；松开正转点动按钮 SB_1(1-3)，正转交流接触器 KM_1 线圈断电释放，KM_1 三相主触点断开，电动机失电停止运转，拖动设备正转点动停止工作。

· 反转点动

按下反转点动按钮 SB_2，SB_2 的一组串联在正转交流接触器 KM_1 线圈回路中的常闭触点(3-5)断开，起到互锁作用，SB_2 的另一组常开触点(1-7)闭合，反转交流接触器 KM_2 线圈得电吸合，KM_2 三相主触点闭合，

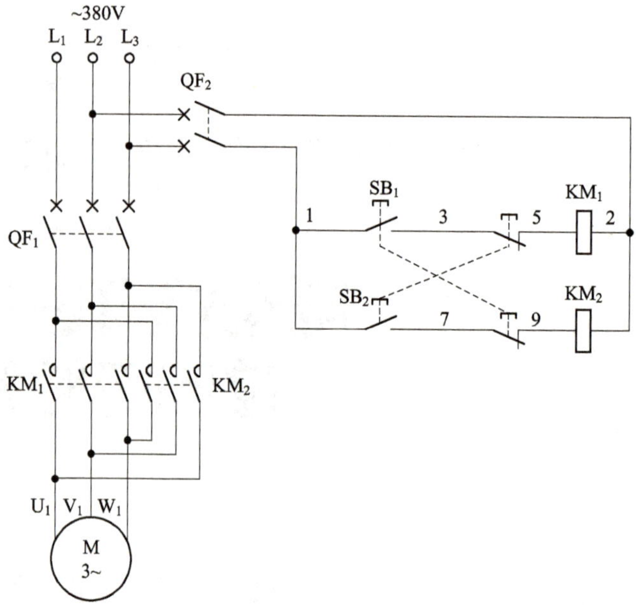

图 2.1 只有按钮互锁的可逆点动控制电路原理图

电动机得电反转运转，拖动设备反转工作；松开反转点动按钮 SB_2(1-7)，反转交流接触器 KM_2 线圈断电释放，KM_2 三相主触点断开，电动机失电停止运转，拖动设备反转点动停止工作。

2. 现场接线

只有按钮互锁的可逆点动控制电路现场接线如图 2.2 所示。按钮接线如图 2.3 所示。

电路30 只有接触器辅助常闭触点互锁的可逆点动控制电路接线

1. 工作原理

只有接触器辅助常闭触点互锁的可逆点动控制电路原理图如图 2.4 所示。首先合上主回路断路器 QF_1、控制回路断路器 QF_2，为电路工作提供准备条件。

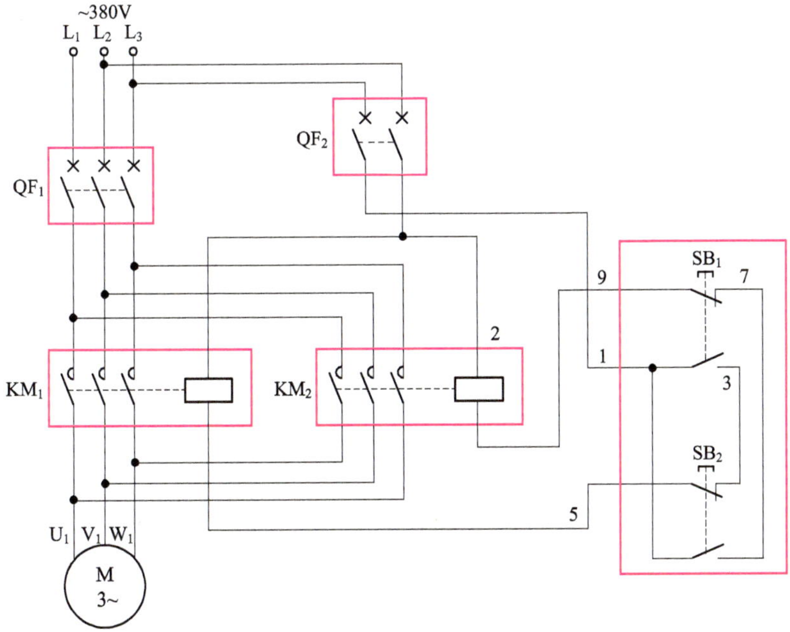

图 2.2　只有按钮互锁的可逆点动控制电路现场接线

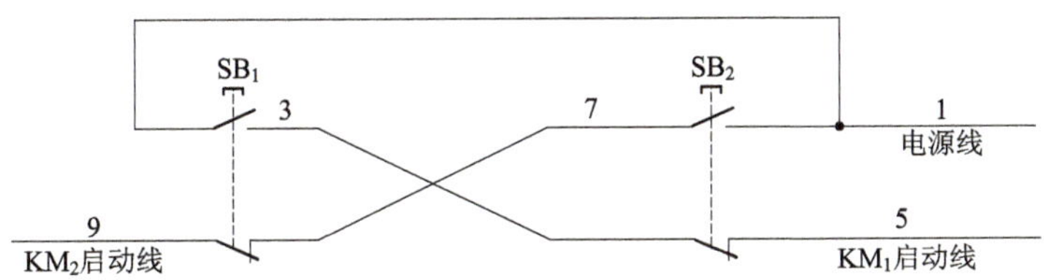

(a) 实际接线

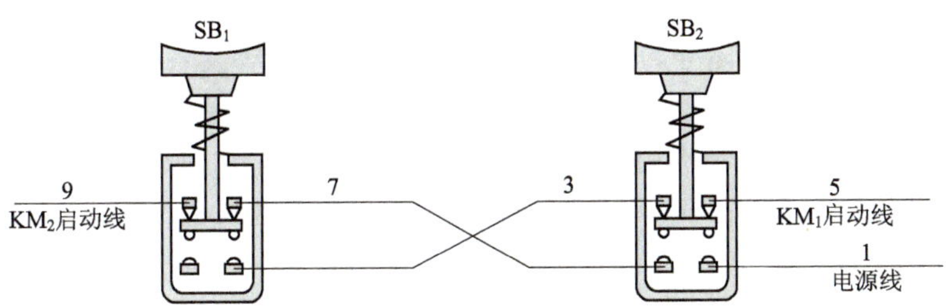

(b) 实物接线

图 2.3　只有按钮互锁的可逆点动控制电路按钮接线图

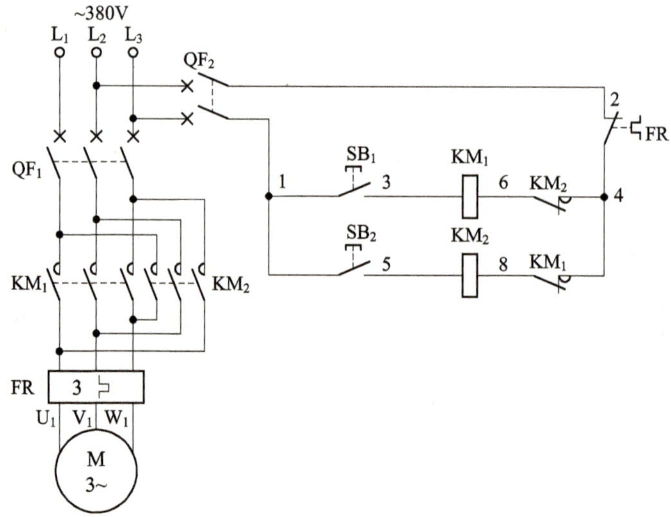

图 2.4 只有接触器辅助常闭触点互锁的可逆点动控制电路原理图

· 正转点动

按下正转点动按钮 SB_1(1-3)，正转交流接触器 KM_1 线圈得电吸合，KM_1 三相主触点闭合，电动机得电正转运转，拖动设备正转工作；在 KM_1 线圈得电吸合的同时，KM_1 串联在 KM_2 线圈回路中的辅助常闭触点(4-8)断开，起互锁作用；松开正转点动按钮 SB_1(1-3)，正转交流接触器 KM_1 线圈断电释放，KM_1 三相主触点断开，电动机失电停止运转，拖动设备正转停止工作。

· 反转点动

按下反转点动按钮 SB_2(1-5)，反转交流接触器 KM_2 线圈得电吸合，KM_2 三相主触点闭合，电动机得电反转运转，拖动设备反转工作；在 KM_2 线圈得电吸合的同时，KM_2 串联在 KM_1 线圈回路中的辅助常闭触点(4-6)断开，起互锁作用；松开反转点动按钮 SB_2(1-5)，反转交流接触器 KM_2 线圈断电释放，KM_2 三相主触点断开，电动机失电停止运转，拖动设备反转停止工作。

2. 现场接线

只有接触器辅助常闭触点互锁的可逆点动控制电路现场接线如图 2.5 所示。按钮接线如图 2.6 所示。

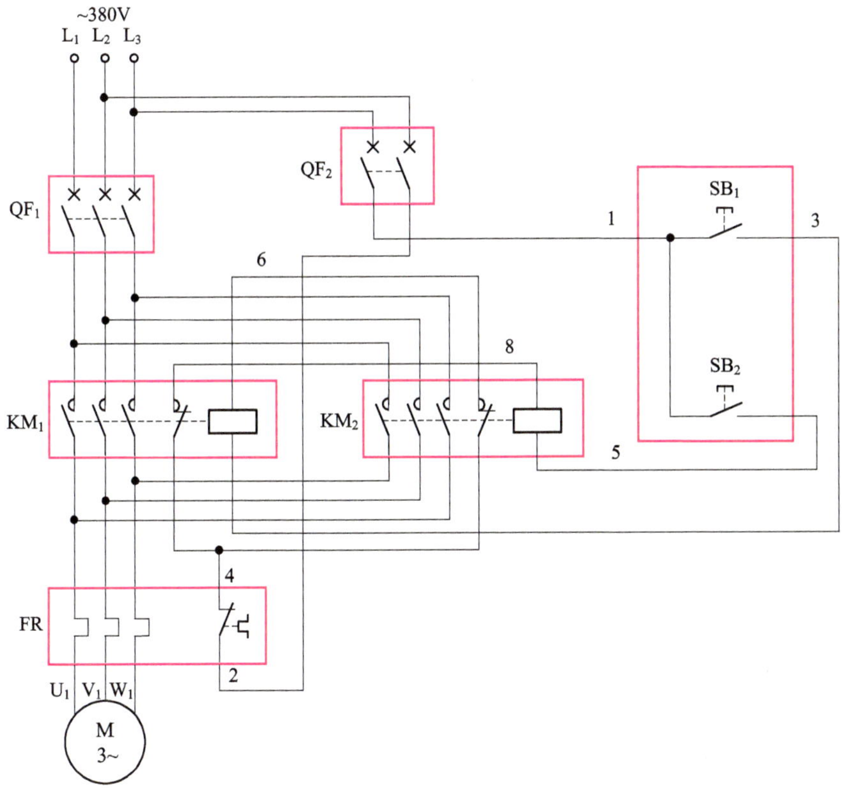

图 2.5　只有接触器辅助常闭触点互锁的可逆点动控制电路现场接线

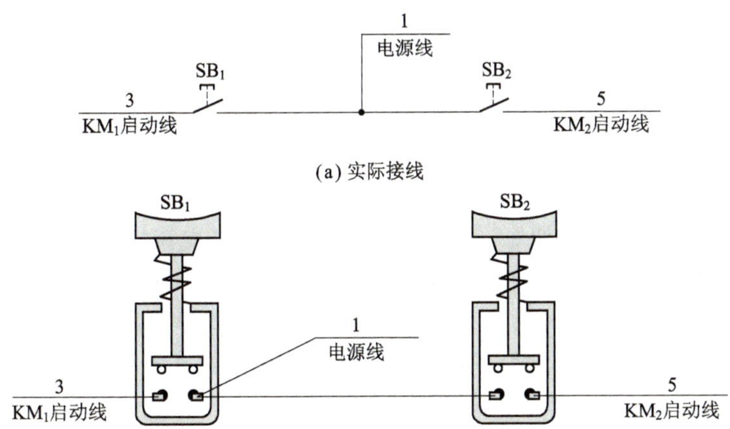

(a) 实际接线

(b) 实物接线

图 2.6　只有接触器辅助常闭触点互锁的可逆点动控制电路按钮接线图

电路31 只有按钮互锁的可逆启停控制电路接线

1. 工作原理

只有按钮互锁的可逆启停控制电路原理图如图 2.7 所示。首先合上主回路断路器 QF_1、控制回路断路器 QF_2，为电路工作做准备。

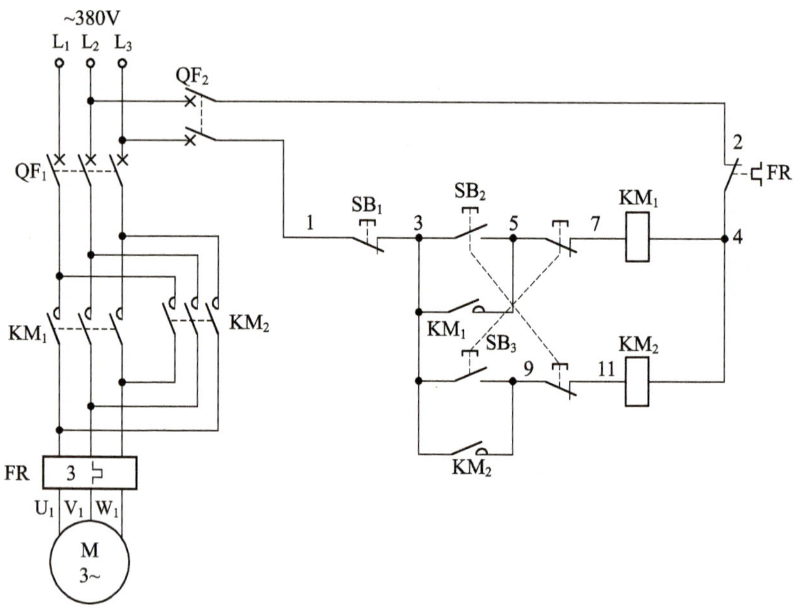

图 2.7 只有按钮互锁的可逆启停控制电路原理图

· 正转启动

按下正转启动按钮 SB_2，SB_2 的一组串联在反转交流接触器 KM_2 线圈回路中的常闭触点(9-11)断开，起互锁作用，SB_2 的另一组常开触点(3-5)闭合，正转交流接触器 KM_1 线圈得电吸合且 KM_1 辅助常开触点(3-5)闭合自锁，KM_1 三相主触点闭合，电动机得电正转运转，拖动设备正转工作。

· 正转停止

按下停止按钮 SB_1(1-3)，正转交流接触器 KM_1 线圈断电释放，KM_1 三相主触点断开，电动机失电停止运转，拖动设备正转停止工作。

· 反转启动

按下反转启动按钮 SB_3，SB_3 的一组串联在正转交流接触器 KM_1 线圈回路中的常闭触点(5-7)断开，起互锁作用，SB_3 的另外一组常开触点(3-9)闭合，反转交流接触器 KM_2 线圈得电吸合且 KM_2 辅助常开触点(3-9)闭合自锁，KM_2 三相主触点闭合，电动机得电反转运转，拖动设备反转工作。

· 反转停止

按下停止按钮 SB_1(1-3)，反转交流接触器 KM_2 线圈断电释放，KM_2 三相主触点断开，电动机失电停止运转，拖动设备反转停止工作。

2. 现场接线

只有按钮互锁的可逆启停控制电路现场接线如图 2.8 所示。按钮接线如图 2.9 所示。

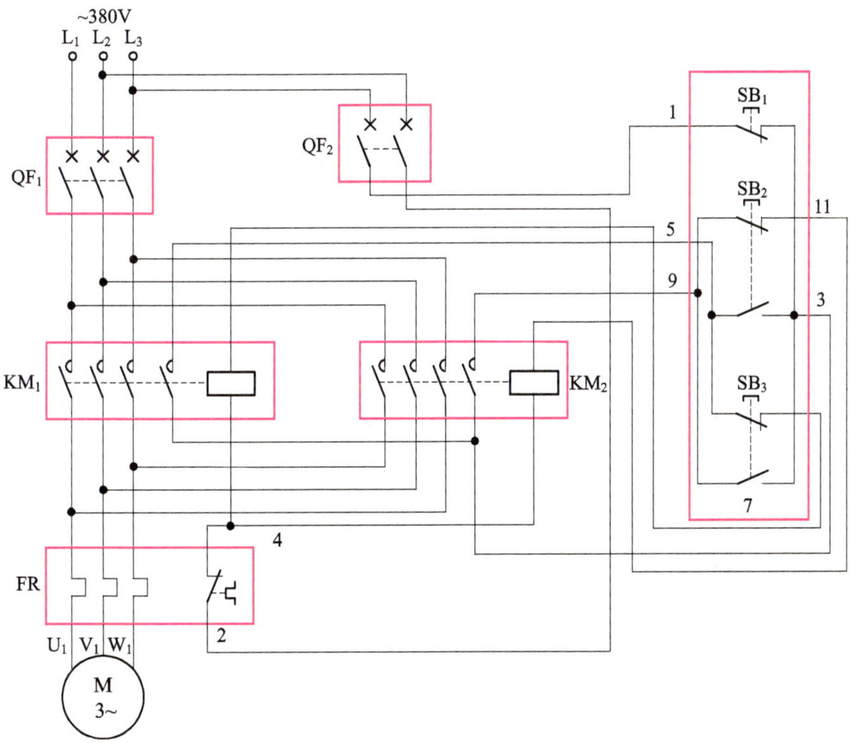

图 2.8　只有按钮互锁的可逆启停控制电路现场接线

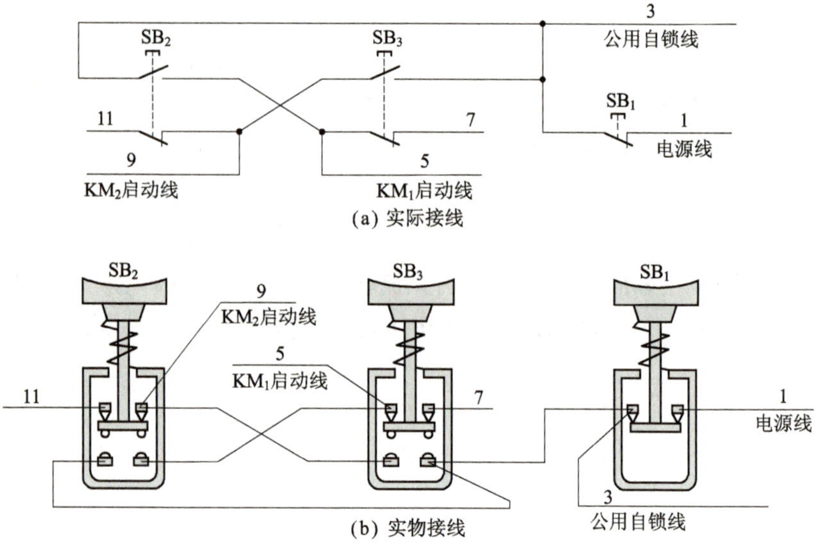

图 2.9 只有按钮互锁的可逆启停控制电路按钮接线图

电路32 只有接触器辅助常闭触点互锁的可逆启停控制电路接线

1. 工作原理

只有接触器辅助常闭触点互锁的可逆启停控制电路原理图如图 2.10 所示。首先合上主回路断路器 QF_1、控制回路断路器 QF_2，为电路工作提供准备条件。

· 正转启动

按下正转启动按钮 SB_2(3-5)，正转交流接触器 KM_1 线圈得电吸合且 KM_1 辅助常开触点(3-5)闭合自锁，KM_1 三相主触点闭合，电动机得电正转运转，拖动设备正转工作；同时 KM_1 串联在 KM_2 线圈回路中的辅助常闭触点(4-8)断开，起互锁作用。

· 正转停止

按下停止按钮 SB_1(1-3)，正转交流接触器 KM_1 线圈断电释放，KM_1

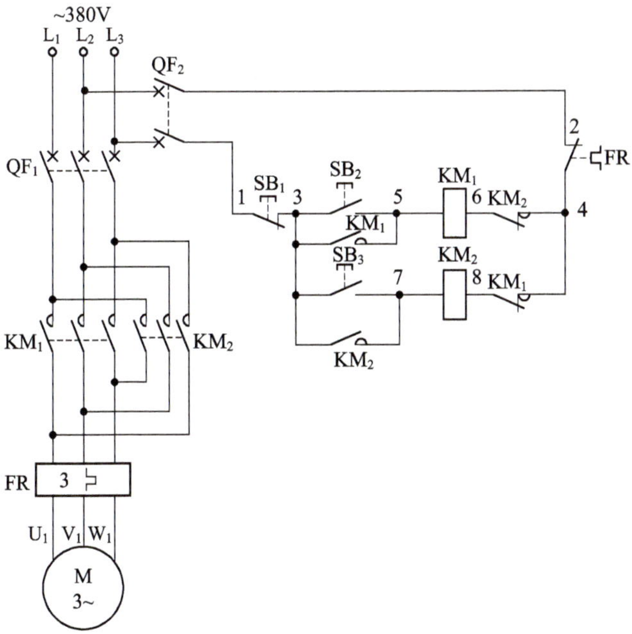

图 2.10　只有接触器辅助常闭触点互锁的可逆启停控制电路原理图

三相主触点断开，电动机失电停止运转，拖动设备正转停止工作。

· 反转启动

按下反转启动按钮 SB_3(3-7)，反转交流接触器 KM_2 线圈得电吸合且 KM_2 辅助常开触点(3-7)闭合自锁，KM_2 三相主触点闭合，电动机得电反转运转，拖动设备反转工作；同时 KM_2 串联在 KM_1 线圈回路中的辅助常闭触点(4-6)断开，起互锁作用。

· 反转停止

按下停止按钮 SB_1(1-3)，反转交流接触器 KM_2 线圈断电释放，KM_2 三相主触点断开，电动机失电停止运转，拖动设备反转停止工作。

2. 现场接线

只有接触器辅助常闭触点互锁的可逆启停控制电路现场接线如图 2.11 所示。按钮接线如图 2.12 所示。

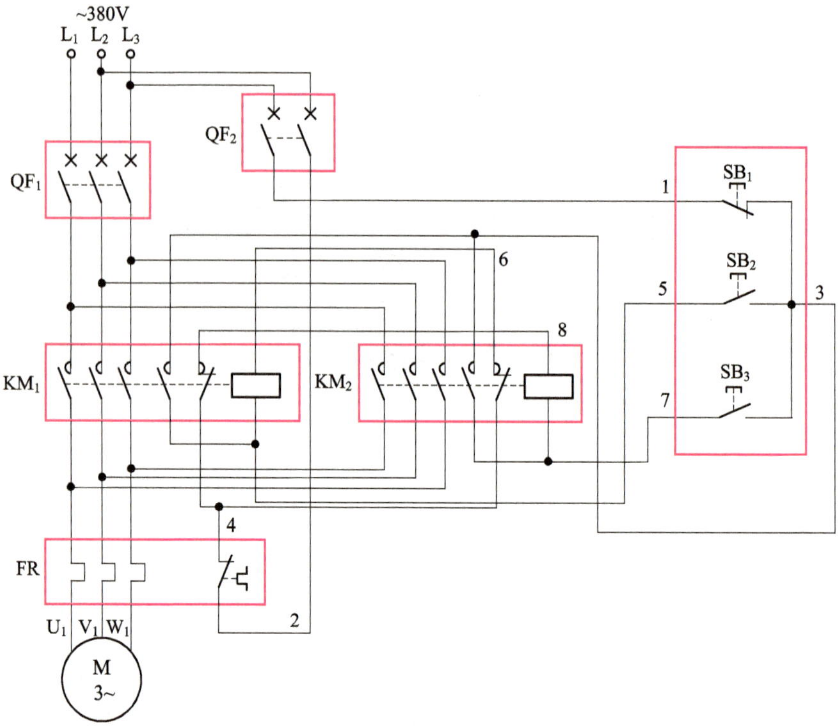

图 2.11 只有接触器辅助常闭触点互锁的可逆启停控制电路现场接线

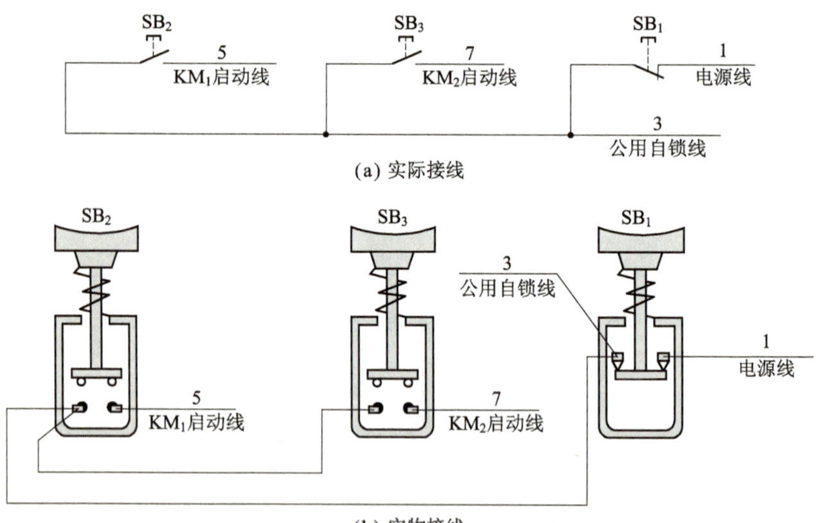

图 2.12 只有接触器辅助常闭触点互锁的可逆启停控制电路按钮接线图

电路33 接触器、按钮双互锁可逆启停控制电路接线

1. 工作原理

接触器、按钮双互锁可逆启停控制电路原理图如图 2.13 所示。首先合上主回路断路器 QF_1、控制回路断路器 QF_2，为电路工作提供准备条件。

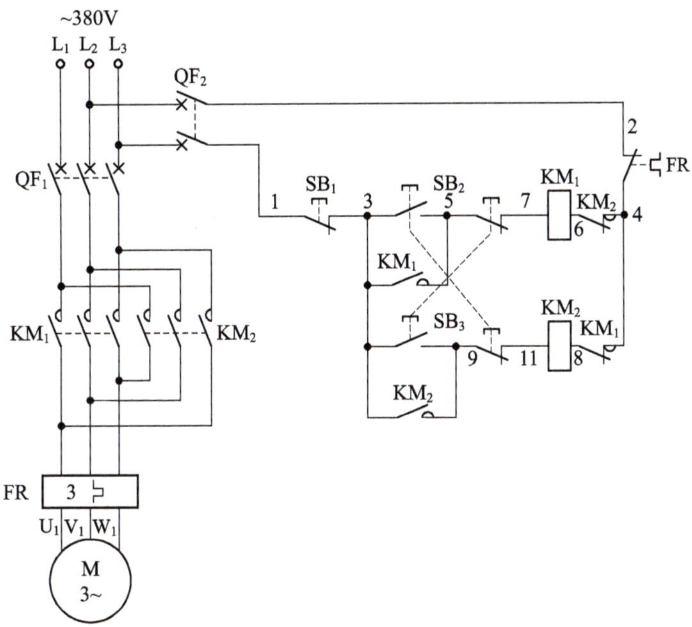

图 2.13　接触器、按钮双互锁可逆启停控制电路原理图

· 正转启动

按下正转启动按钮 SB_2，SB_2 的一组串联在反转交流接触器 KM_2 线圈回路中的常闭触点(9-11)断开，为按钮常闭触点提供互锁保护，SB_2 的另一组常开触点(3-5)闭合，正转交流接触器 KM_1 线圈得电吸合且 KM_1 辅助常开触点(3-5)闭合自锁，KM_1 三相主触点闭合，电动机得电正转运转，拖动设备正转工作；与此同时，KM_1 串联在反转交流接触器 KM_2 线圈回路中的辅助常闭触点(4-8)断开，为接触器常闭触点提供互锁保护。

· 反转启动

按下反转启动按钮 SB_3，SB_3 的一组串联在正转交流接触器 KM_1 线圈回路中起到按钮互锁保护作用的常闭触点(5-7)断开，切断了正转交流接触器 KM_1 线圈的回路电源，KM_1 三相主触点断开，电动机失电正转停止运转；与此同时，起到接触器互锁保护作用的 KM_1 辅助常闭触点(4-8)恢复常闭状态，为启动反转做准备。由于 SB_3 的另一组常开触点(3-9)已按下，所以反转交流接触器 KM_2 线圈得电吸合且 KM_2 辅助常开触点(3-9)闭合自锁，KM_2 三相主触点闭合，电动机得电反转运转，拖动设备反转工作；同时 KM_2 串联在正转交流接触器 KM_1 线圈回路中，起到接触器互锁保护作用的辅助常闭触点(4-6)断开，为双互锁保护。

· 停　止

无论正转运转，还是反转运转，欲停止时，都可按下停止按钮 SB_1 (1-3)，则正转交流接触器 KM_1 或反转交流接触器 KM_2 线圈断电释放，KM_1 或 KM_2 各自的三相主触点断开，电动机失电停止运转，拖动设备停止工作。

2. 现场接线

接触器、按钮双互锁可逆启停控制电路现场接线如图 2.14 所示。按钮接线如图 2.15 所示。

电路 34 接触器辅助常闭触点互锁及按钮常闭触点互锁的可逆点动控制电路接线

1. 工作原理

接触器辅助常闭触点互锁及按钮常闭触点互锁的可逆点动控制电路原理图如图 2.16 所示。首先合上主回路断路器 QF_1、控制回路断路器 QF_2，为电路工作提供准备条件。

· 正转点动

按下正转点动按钮 SB_1，SB_1 的一组串联在反转交流接触器 KM_2 线圈回路中的常闭触点(7-9)断开，起到按钮常闭触点互锁保护作用，SB_1 的

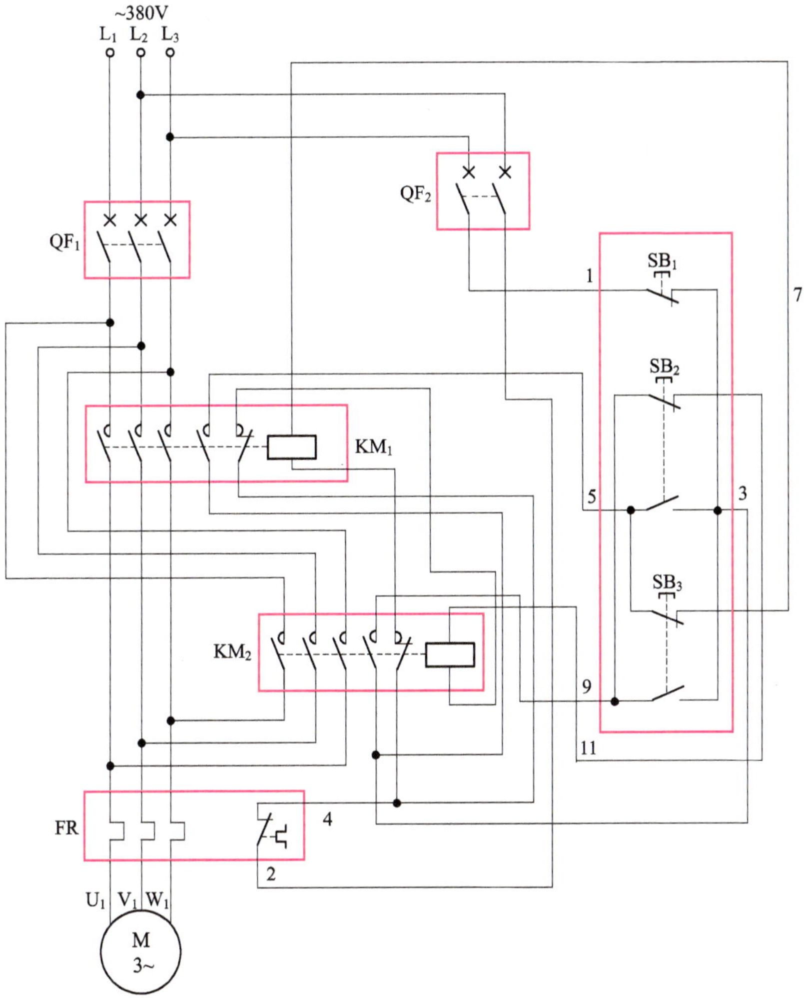

图 2.14　接触器、按钮双互锁可逆启停控制电路现场接线

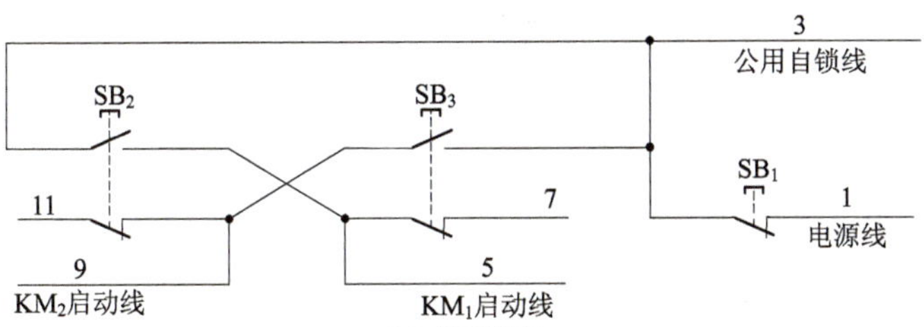

(a) 实际接线

图 2.15　接触器、按钮双互锁可逆启停控制电路按钮接线图

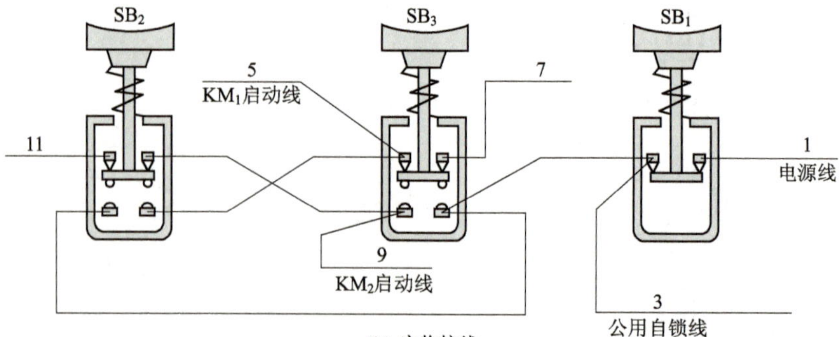

(b) 实物接线

续图 2.15

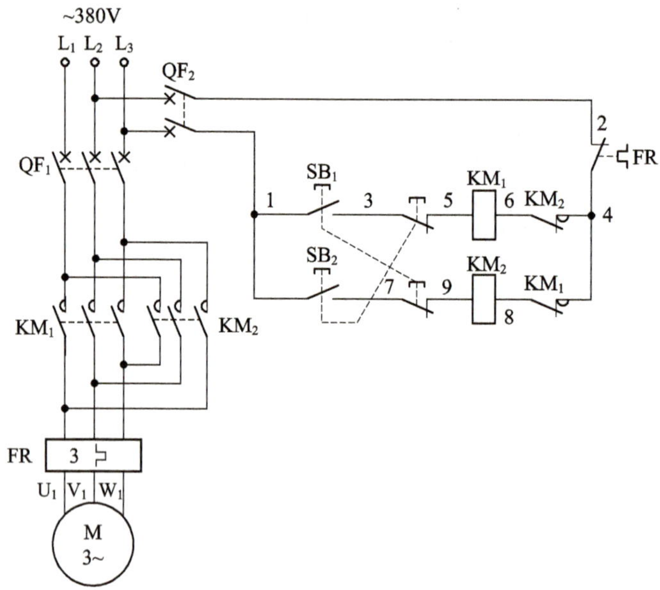

图 2.16 接触器辅助常闭触点互锁及按钮常闭触点互锁的可逆点动控制电路原理图

另外一组常开触点(1-3)闭合,正转交流接触器 KM_1 线圈得电吸合,KM_1 三相主触点闭合,电动机得电正转运转,拖动设备正转工作;与此同时,KM_1 串联在反转交流接触器 KM_2 线圈回路中的辅助常闭触点(4-8)断开,起到接触器常闭触点互锁保护作用。松开正转点动按钮 SB_1(1-3),正转交流接触器 KM_1 线圈断电释放,KM_1 三相主触点断开,电动机失电停止运转,拖动设备正转停止工作,从而完成正转点动操作。

· 反转点动

按下反转点动按钮 SB_2，SB_2 的一组串联在正转交流接触器 KM_1 线圈回路中的常闭触点(3-5)断开，起到按钮常闭触点互锁保护作用，SB_2 的另外一组常开触点(1-7)闭合，反转交流接触器 KM_2 线圈得电吸合，KM_2 三相主触点闭合，电动机得电反转运转，拖动设备反转工作；与此同时，KM_2 串联在正转交流接触器 KM_1 线圈回路中的辅助常闭触点(4-6)断开，起到接触器常闭触点互锁保护作用。松开反转点动按钮 SB_2(1-7)，反转交流接触器 KM_2 线圈断电释放，KM_2 三相主触点断开，电动机失电停止运转，拖动设备反转停止工作，从而完成反转点动操作。

2. 现场接线

有接触器辅助常闭触点互锁及按钮常闭触点互锁的可逆点动控制电路现场接线如图 2.17 所示。按钮接线如图 2.18 所示。

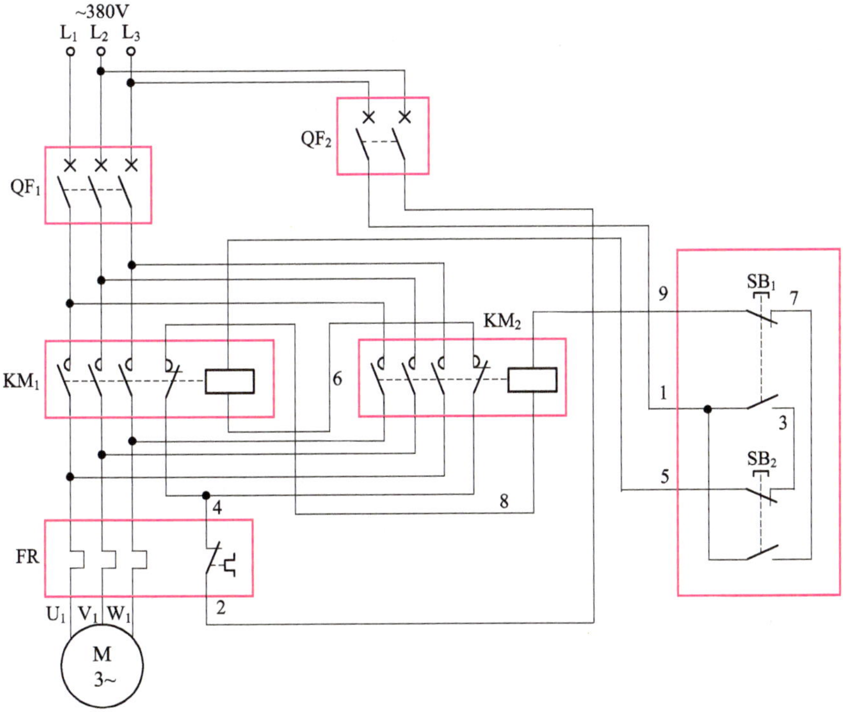

图 2.17　接触器辅助常闭触点互锁及按钮常闭触点互锁的可逆点动控制电路现场接线

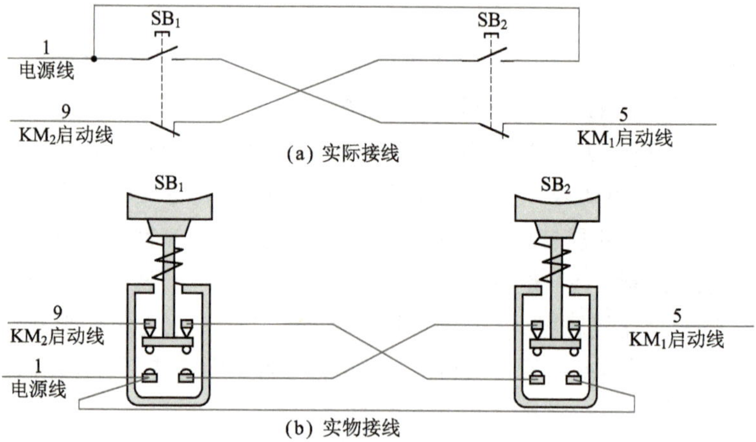

图 2.18 接触器辅助常闭触点互锁及按钮常闭触点互锁的可逆点动控制电路按钮接线图

电路35 可逆点动与启动混合控制电路接线(一)

1. 工作原理

可逆点动与启动混合控制电路(一)原理图如图 2.19 所示。首先合上主回路断路器 QF_1、控制回路断路器 QF_2，为电路工作提供准备条件。

· 正转启动

按下正转启动按钮 SB_2，SB_2 的一组串联在交流接触器 KM_2 线圈回路中的常闭触点(11-13)断开，起到按钮常闭触点互锁作用，同时，SB_2 的另一组常开触点(3-5)闭合，交流接触器 KM_1 线圈得电吸合且 KM_1 辅助常开触点(5-9)闭合自锁，KM_1 三相主触点闭合，电动机得电正转连续运转。在 KM_1 线圈得电吸合时，KM_1 串联在交流接触器 KM_2 线圈回路中的辅助常闭触点(4-8)断开，起到接触器常闭触点互锁作用。

· 正转停止

按下停止按钮 SB_1(1-3)，交流接触器 KM_1 线圈断电释放，KM_1 三相主触点断开，电动机失电正转停止运转。

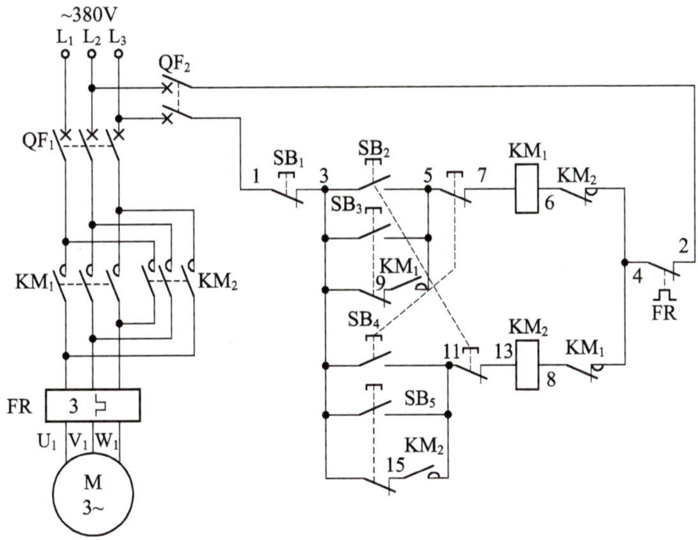

图 2.19　可逆点动与启动混合控制电路(一)原理图

· 正转点动

按下正转点动按钮 SB_3，SB_3 的一组常闭触点(3-9)断开，切断交流接触器 KM_1 的自锁回路，使其不能自锁，同时 SB_3 的另一组常开触点(3-5)闭合，接通正转交流接触器 KM_1 线圈的回路电源，KM_1 线圈得电吸合，KM_1 三相主触点闭合，电动机得电正转启动运转；松开正转点动按钮 SB_3，正转交流接触器 KM_1 线圈断电释放，KM_1 三相主触点断开，电动机失电停止运转，从而完成正转点动工作。

· 反转启动

按下反转启动按钮 SB_4，SB_4 的一组串联在交流接触器 KM_1 线圈回路中的常闭触点(5-7)断开，起到按钮常闭触点互锁作用，同时，SB_4 的另一组常开触点(3-11)闭合，交流接触器 KM_2 线圈得电吸合且 KM_2 辅助常开触点(11-15)闭合自锁，KM_2 三相主触点闭合，电动机得电反转连续运转。在 KM_2 线圈得电吸合时，KM_2 串联在交流接触器 KM_1 线圈回路中的辅助常闭触点(4-6)断开，起到接触器常闭触点互锁作用。

· 反转停止

按下停止按钮 SB_1(1-3)，交流接触器 KM_2 线圈断电释放，KM_2 三相主触点断开，电动机失电反转停止运转。

· 反转点动

按下反转点动按钮 SB_5，SB_5 的一组常闭触点(3-15)断开，切断交流接触器 KM_2 的自锁回路，使其不能自锁，同时 SB_5 的另一组常开触点(3-11)闭合，接通反转交流接触器 KM_2 线圈的回路电源，KM_2 线圈得电吸合，KM_2 三相主触点闭合，电动机得电反转启动运转；松开反转点动按钮 SB_5，反转交流接触器 KM_2 线圈断电释放，KM_2 三相主触点断开，电动机失电停止运转，从而完成反转点动工作。

2. 现场接线

可逆点动与启动混合控制电路(一)现场接线如图 2.20 所示。按钮接线如图 2.21 所示。

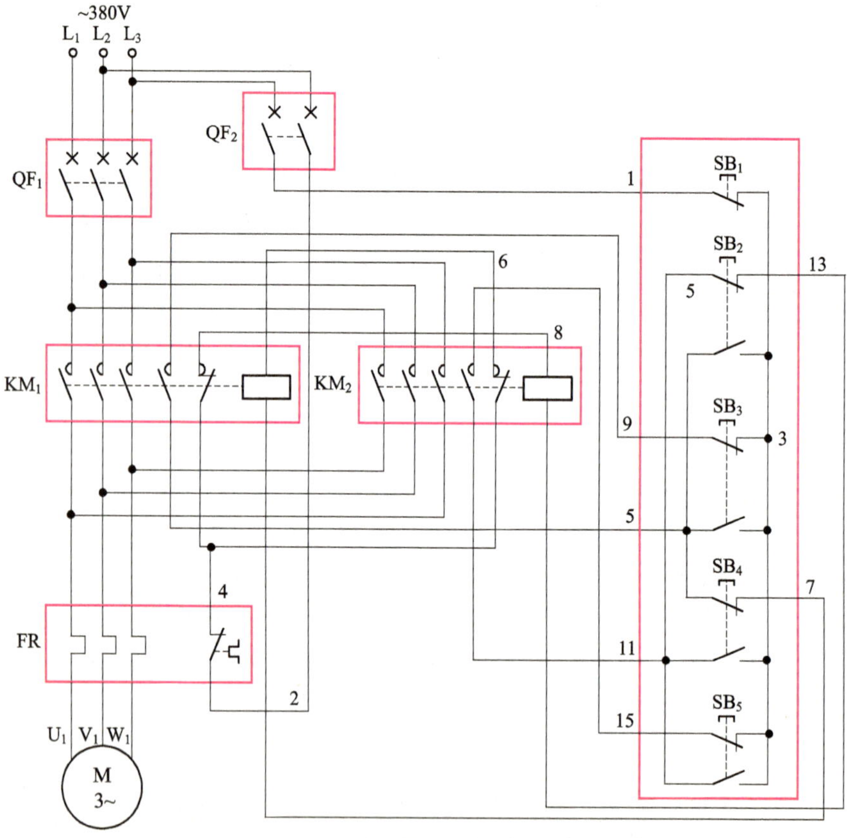

图 2.20 可逆点动与启动混合控制电路(一)现场接线

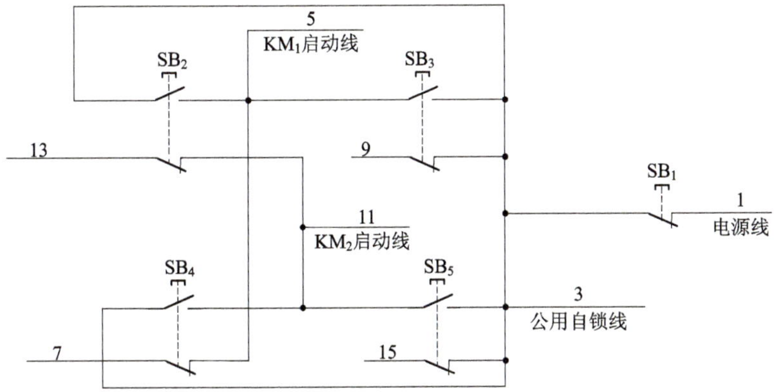

(a) 实际接线

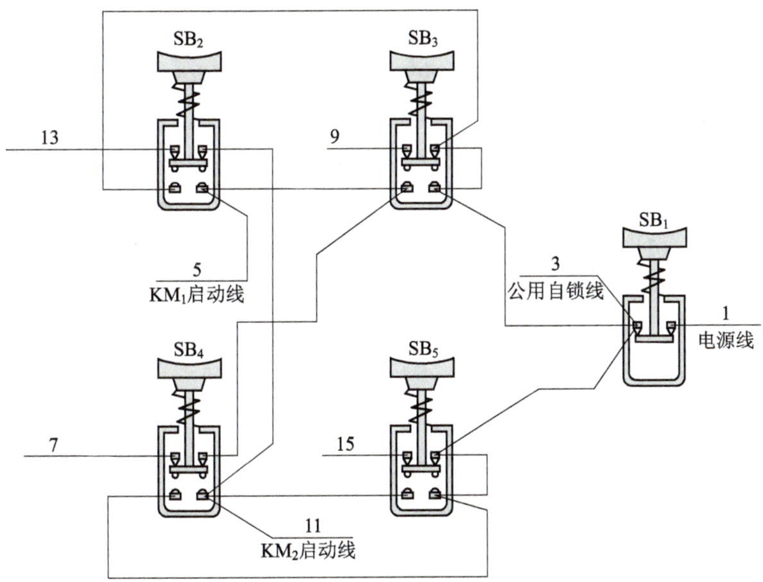

(b) 实物接线

图 2. 21　可逆点动与启动混合控制电路(一)按钮接线图

电路36 可逆点动与启动混合控制电路接线(二)

1. 工作原理

可逆点动与启动混合控制电路(二)原理图如图 2.22 所示。

· 正转点动

按下按钮 SB_2 不放手，SB_2 的一组常闭触点(1-11)断开，切断自锁回路；SB_2 的另一组常开触点(1-5)闭合，使交流接触器 KM_1 线圈得电吸合，KM_1 三相主触点闭合，电动机得电正转启动运转。松开按钮 SB_2，KM_1 线圈断电释放，KM_1 三相主触点断开，电动机失电停止运转。至此完成正转点动控制。

· 正转启动连续运转

同时按下按钮 SB_1 和 SB_2，SB_2 的一组常开触点(1-5)闭合，接通了交流接触器 KM_1 线圈的回路电源，KM_1 线圈得电吸合，SB_2 的另一组常闭触点(1-11)断开，使其不能自锁，KM_1 的两组辅助常开触点(3-5、5-13)均闭合，为后续自锁做准备。因 SB_1、SB_2 均被按下，SB_1 和 SB_2 相串联的两组常开触点(1-15、15-17)闭合，接通了失电延时时间继电器 KT 线圈的回路电源，KT 线圈得电吸合，KT 失电延时断开的常开触点(1-3)立即闭合，与早已闭合的 KM_1 辅助常开触点(3-5)组成临时过渡自锁回路，将 KM_1 线圈回路自锁起来，这样，KM_1 三相主触点闭合，电动机得电正转启动运转。松开被按下的按钮 SB_1 和 SB_2，SB_2 的一组常闭触点(1-11)闭合，与早已闭合的 KM_1 辅助常开触点(5-13)组成运转后的自锁回路，此时 KM_1 线圈回路实际上具有两条自锁回路。在松开按钮 SB_1 和 SB_2 的同时，失电延时时间继电器 KT 线圈断电释放并开始延时，经过 KT 过一段延时(2s)后，KT 失电延时断开的常开触点(1-3)断开，将 KM_1 线圈的一路临时过渡自锁回路切除。至此，完成正转启动连续运转控制。

· 反转点动

按下按钮 SB_3 不放手，SB_3 的一组常闭触点(23-25)断开，切断自锁回路；SB_3 的另一组常开触点(21-27)闭合，使交流接触器 KM_2 线圈得电

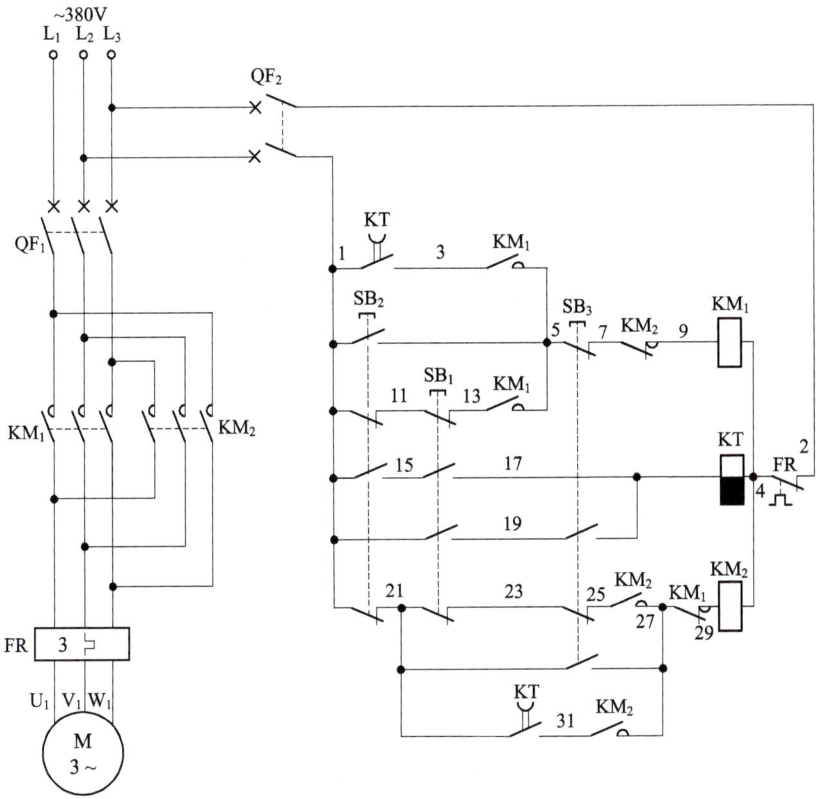

图 2.22　可逆点动与启动混合控制电路(二)原理图

吸合，KM_2 三相主触点闭合，电动机得电反转启动运转。松开按钮 SB_3，KM_2 线圈断电释放，KM_2 三相主触点断开，电动机失电停止运转。至此完成反转点动控制。

· 反转启动连续运转

同时按下按钮 SB_1 和 SB_3，SB_3 的一组常开触点(21-27)闭合，接通了交流接触器 KM_2 线圈的回路电源，KM_2 线圈得电吸合，SB_3 的另一组常闭触点(23-25)断开，使其不能自锁，KM_2 的两组辅助常开触点(25-27、27-31)均闭合，为后续自锁做准备。因 SB_1、SB_3 均被按下，SB_1 和 SB_3 相串联的两组常开触点(1-19、17-19)闭合，接通了失电延时时间继电器 KT 线圈的回路电源，KT 线圈得电吸合，KT 失电延时断开的常开触点(21-31)立即闭合，与早已闭合的 KM_2 辅助常开触点(27-31)组成临时过渡自锁回路，将 KM_2 线圈回路自锁起来，这样，KM_2 三相主触点闭合，电动机得电反转启动运转工作。松开按钮 SB_1 和 SB_3，SB_3 的一组常闭触点(23-25)闭合，与早已闭合的 KM_2 辅助常开触点(25-27)组成运转后的自锁回路，此时 KM_2 线圈回路实际上具有两条自锁回路。在松开按钮 SB_1 和 SB_3 的同时，失电延时时间继电器 KT 线圈断电释放并开始延时，经 KT 一段延时(2s)后，KT 失电延时断开的常开触点(21-31)断开，将 KM_2 线圈的一路临时过渡自锁回路切除。至此完成反转启动连续运转控制。

电路中，失电延时时间继电器 KT 具有两组失电延时断开的常开触点(1-3、21-31)，在正转操作时，虽然其两组触点都动作，但只有(1-3)起作用，而(21-31)无用；在反转操作时，只有(21-31)起作用，而(1-3)无用。

2. 现场接线

可逆点动与启动混合控制电路(二)现场接线如图 2.23 所示。

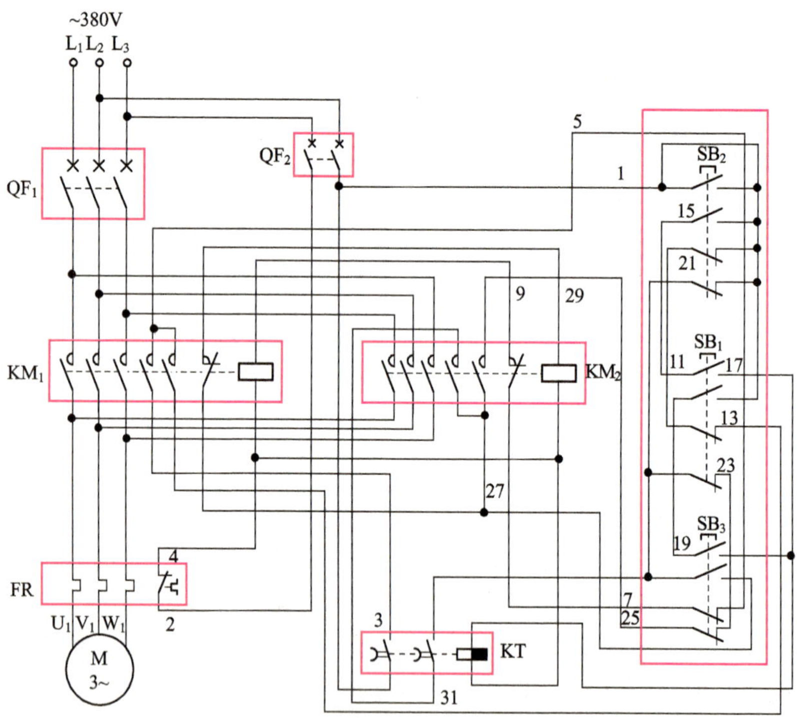

图 2.23 可逆点动与启动混合控制电路(二)现场接线

电路37 频敏变阻器可逆自动启动控制电路接线

1. 工作原理

频敏变阻器可逆自动启动控制电路原理图如图 2.24 所示。

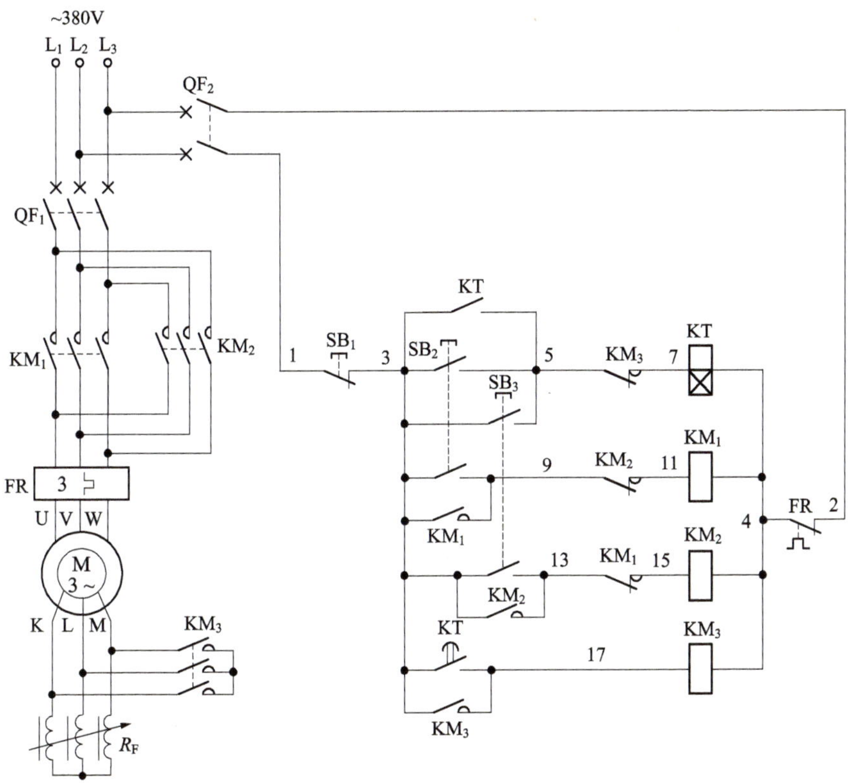

图 2.24　频敏变阻器可逆自动启动控制电路原理图

· 正转启动

正转启动时，按下正转启动按钮 SB_2，SB_2 的一组常开触点(3-9)闭合，使交流接触器 KM_1 线圈得电吸合且 KM_1 辅助常开触点(3-9)闭合自锁，KM_1 辅助常闭触点(13-15)断开，起互锁作用；KM_1 三相主触点闭合，电动机串联频敏变阻器 R_F 进行正转启动；在按下 SB_2 的同时，SB_2 的另一组常开触点(3-5)闭合，接通了得电延时时间继电器 KT 线圈的回路电源，KT 线圈得电吸合且 KT 不延时瞬动常开触点(3-5)闭合自锁，同时 KT 开始延时。随着电动机转速的逐渐提高，接近额定转速时，也就是 KT 延时结束时间，KT 得电延时闭合的常开触点(3-17)闭合，使交流接触器 KM_3 线圈得电吸合且 KM_3 辅助常开触点(3-17)闭合自锁，KM_3 辅助常闭触点(5-7)断开，切断 KT 线圈的回路电源，KT 线圈断电释放，KT 所有触点恢复原始状态；与此同时，KM_3 三相主触点闭合，将转子回路短接起来，电动机以额定转速正常运转。至此，完成正转启动自动控制过程。

· 正转停止

正转停止时，按下停止按钮 SB_1(1-3)，交流接触器 KM_1、KM_3 线圈断电释放，KM_1、KM_3 各自的三相主触点均断开，电动机失电正转停止运转。

· 反转启动

反转启动时，按下反转启动按钮 SB_3，SB_3 的一组常开触点(3-13)闭合，使交流接触器 KM_2 线圈得电吸合且 KM_2 辅助常开触点(3-13)闭合自锁，KM_2 辅助常闭触点(9-11)断开，起互锁作用。KM_2 三相主触点闭合，电动机串联频敏变阻器 R_F 进行反转启动。在按下 SB_3 的同时，SB_3 的另一组常开触点(3-5)闭合，接通了得电延时时间继电器 KT 线圈的回路电源，KT 线圈得电吸合且 KT 不延时瞬动常开触点(3-5)闭合自锁，同时 KT 开始延时。随着电动机转速的逐渐提高，接近其额定转速时，也就是 KT 延时结束时间，KT 得电延时闭合的常开触点(3-17)闭合，使交流接触器 KM_3 线圈得电吸合且 KM_3 辅助常开触点(3-17)闭合自锁，KM_3 辅助常闭触点(5-7)断开，切断 KT 线圈的回路电源，KT 线圈断电释放，KT 所有触点恢复原始状态。与此同时，KM_3 三相主触点闭合，将转子回路短接起来，电动机以额定转速正常运转。至此，完成反转启动自动控制过程。

· 反转停止

反转停止时，按下停止按钮 SB_1(1-3)，交流接触器 KM_2、KM_3 线圈断电释放，KM_2、KM_3 各自的三相主触点均断开，电动机失电反转停止运转。

2. 现场接线

频敏变阻器可逆自动启动控制电路现场接线如图 2.25 所示。

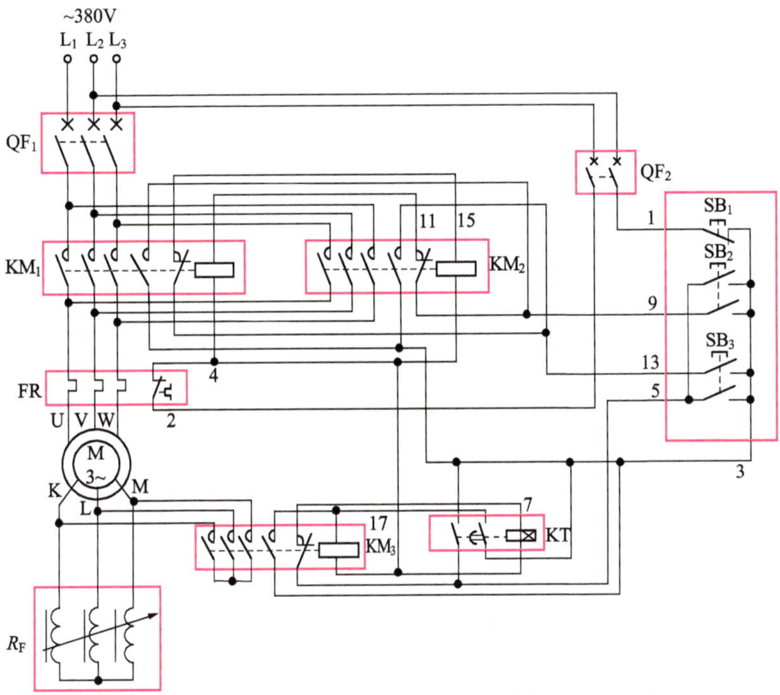

图 2.25 频敏变阻器可逆自动启动控制电路现场接线

电路 38 频敏变阻器可逆手动启动控制电路接线

1. 工作原理

频敏变阻器可逆手动启动控制电路原理图如图 2.26 所示。

· 正转启动

正转启动时，按下正转启动按钮 SB_2(3-5)，交流接触器 KM_1 线圈得电吸合且 KM_1 辅助常开触点(3-5)闭合自锁；KM_1 辅助常闭触点(9-11)

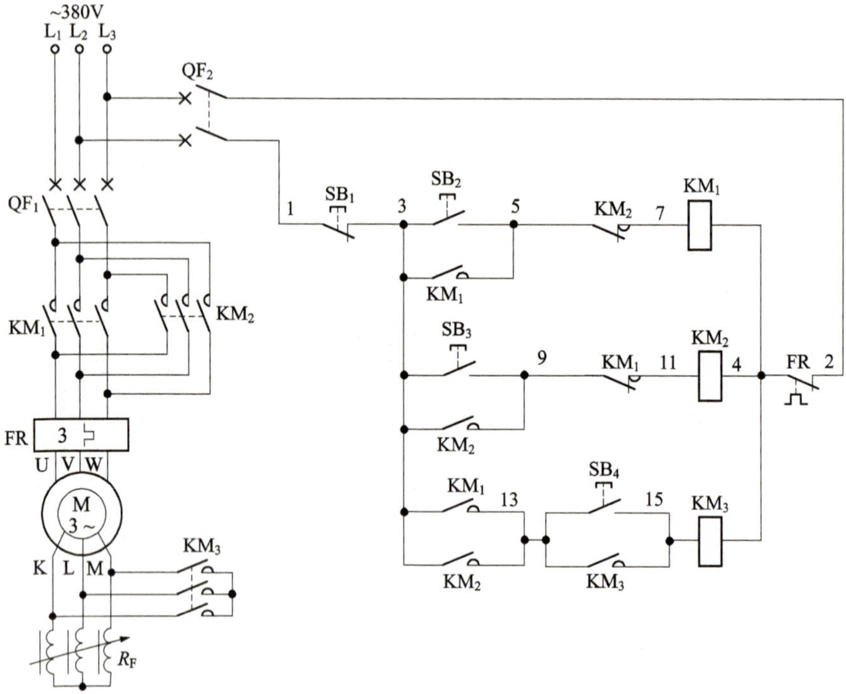

图 2.26 频敏变阻器可逆手动启动控制电路原理图

断开，起互锁作用；KM_1 辅助常开触点(3-13)闭合，为运转控制做准备；KM_1 三相主触点闭合，电动机得电转子串入频敏变阻器 R_F 进行正转启动。随着电动机转速的不断提高，升至额定转速时，再按下运转按钮 SB_4(13-15)，交流接触器 KM_3 线圈得电吸合且 KM_3 辅助常开触点(13-15)闭合自锁，KM_3 三相主触点闭合，将转子回路频敏变阻器 R_F 短接起来，电动机以额定转速正转运转。

· 反转启动

反转启动时，按下反转启动按钮 SB_3(3-9)，交流接触器 KM_2 线圈得电吸合且 KM_2 辅助常开触点(3-9)闭合自锁；KM_2 辅助常闭触点(5-7)断开，起互锁作用；KM_2 辅助常开触点(3-13)闭合，为运转控制做准备；KM_2 三相主触点闭合，电动机得电转子串入频敏变阻器 R_F 进行反转启动。随着电动机转速的不断提高，升至额定转速时，再按下运转按钮 SB_4(13-15)，交流接触器 KM_3 线圈得电吸合且 KM_3 辅助常开触点(13-15)闭合自锁，KM_3 三相主触点闭合，将转子回路频敏变阻器 R_F 短接起来，电动机以额定转速反转运转。

· 停　止

停止时，无论是正转还是反转，均按下停止按钮 SB_1(1-3)，切断正转(KM_1+KM_3)或反转(KM_2+KM_3)交流接触器线圈的回路电源，其各自的线圈断电释放，各自的三相主触点断开，电动机失电停止运转。

本电路的特点是，启动完毕后，仅有一只有五对主触点的交流接触器 KM_2 线圈吸合工作，以节省 KM_1 线圈消耗的电能。

2. 现场接线

频敏变阻器可逆手动启动控制电路现场接线如图 2.27 所示。

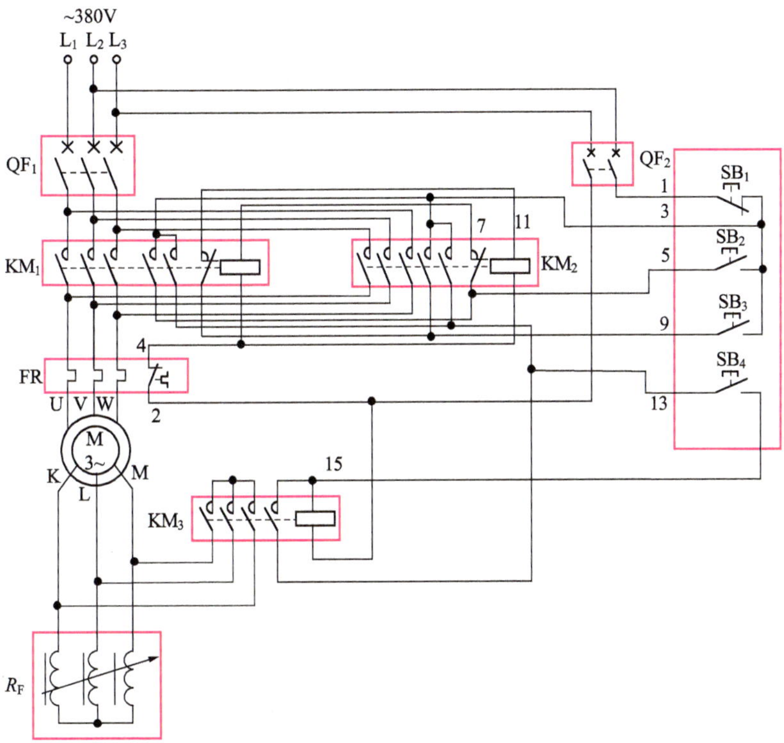

图 2.27　频敏变阻器可逆手动启动控制电路现场接线

电路39 频敏变阻器正反转手动控制电路接线

1. 工作原理

频敏变阻器正反转手动控制电路原理图如图 2.28 所示。

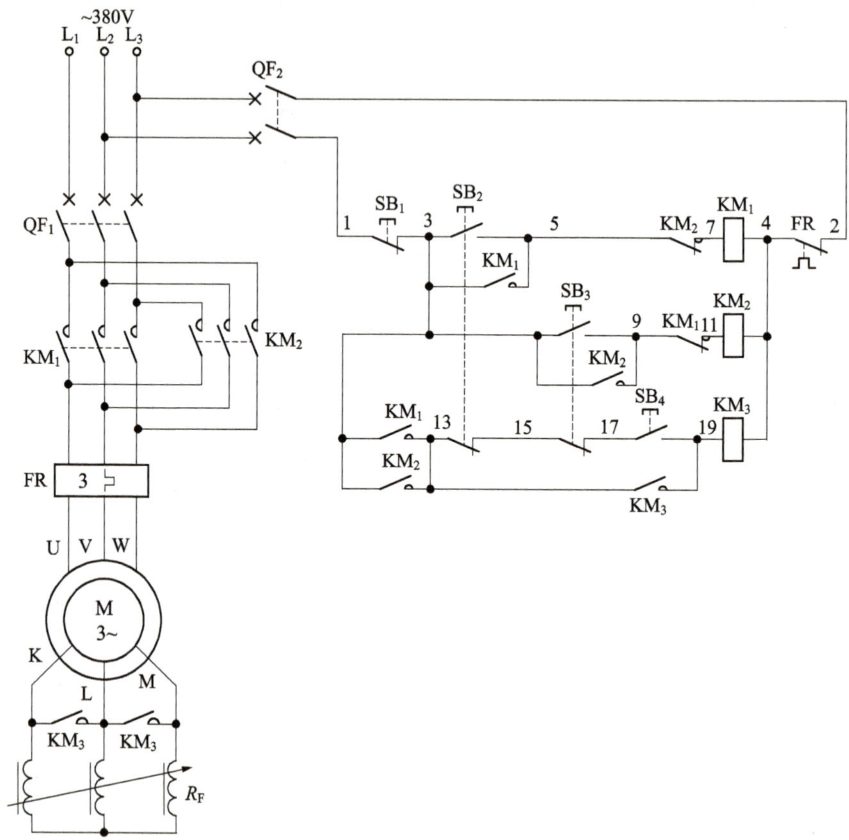

图 2.28 频敏变阻器正反转手动控制电路原理图

· 正转启动

按下正转启动按钮 SB_2，SB_2 的一组常闭触点(13-15)断开，以防止在启动时同时按下运转按钮 SB_4(17-19)而出现直接全压启动的情况；SB_2

的另一组常开触点(3-5)闭合,接通了交流接触器 KM_1 线圈的回路电源,KM_1 线圈得电吸合且 KM_1 辅助常开触点(3-5)闭合自锁,KM_1 三相主触点闭合,电动机转子串频敏变阻器 R_F 正转启动。在 KM_1 线圈得电吸合时,KM_1 串联在 KM_2 线圈回路中的辅助常闭触点(9-11)断开,起到互锁作用;KM_1 串联在 KM_3 线圈回路中的辅助常开触点(3-13)闭合,为运转操作做准备。当电动机的转速升至接近额定转速时,再按下运转按钮 SB_4(17-19),交流接触器 KM_3 线圈得电吸合且 KM_3 辅助常开触点(13-19)闭合自锁,KM_3 三相主触点闭合,将转子回路频敏变阻器 R_F 短接起来,电动机以额定转速正转运转。

· 正转停止

按下停止按钮 SB_1(1-3),切断了交流接触器 KM_1、KM_3 线圈的回路电源,KM_1、KM_3 线圈断电释放,KM_1、KM_3 各自的三相主触点断开,电动机失电正转停止运转。

· 反转启动

按下反转启动按钮 SB_3,SB_3 的一组常闭触点(15-17)断开,以防止在启动时同时按下运转按钮 SB_4(17-19)而出现直接全压启动的情况;SB_3 的另一组常开触点(3-9)闭合,接通了交流接触器 KM_2 线圈的回路电源,KM_2 线圈得电吸合且 KM_2 辅助常开触点(3-9)闭合自锁,KM_2 三相主触点闭合,电动机转子串频敏变阻器 R_F 反转启动。在 KM_2 线圈得电吸合时,KM_2 串联在 KM_1 线圈回路中的辅助常闭触点(5-7)断开,起到互锁作用;KM_2 串联在 KM_3 线圈回路中的辅助常开触点(3-13)闭合,为运转操作做准备。当电动机的转速升至接近额定转速时,按下运转按钮 SB_4(17-19),交流接触器 KM_3 线圈得电吸合且 KM_3 辅助常开触点(13-19)闭合自锁,KM_3 三相主触点闭合,将转子回路频敏变阻器 R_F 短接起来,电动机以额定转速反转运转。

· 反转停止

按下停止按钮 SB_1(1-3),切断了交流接触器 KM_2、KM_3 线圈的回路电源,KM_2、KM_3 线圈断电释放,KM_2、KM_3 各自的三相主触点断开,电动机失电反转停止运转。

2. 现场接线

频敏变阻器正反转手动控制电路现场接线如图 2.29 所示。

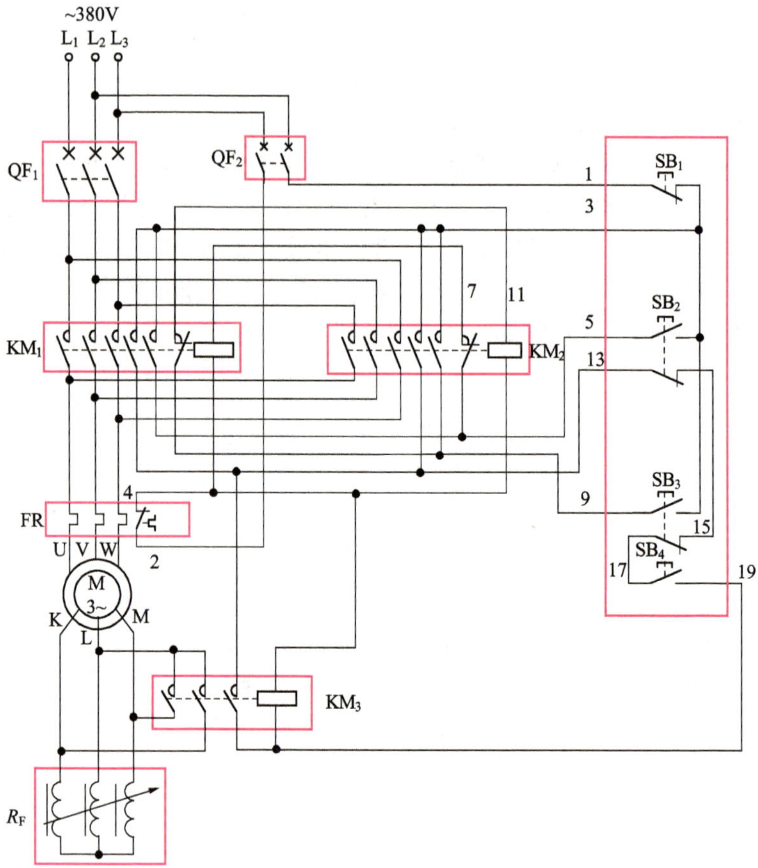

图 2.29 频敏变阻器正反转手动控制电路现场接线

电路40 频敏变阻器正反转自动控制电路接线

1. 工作原理

本电路采用一只得电延时时间继电器来控制绕线转子电动机实现频敏变阻器正反转启动自动控制(图 2.30)。

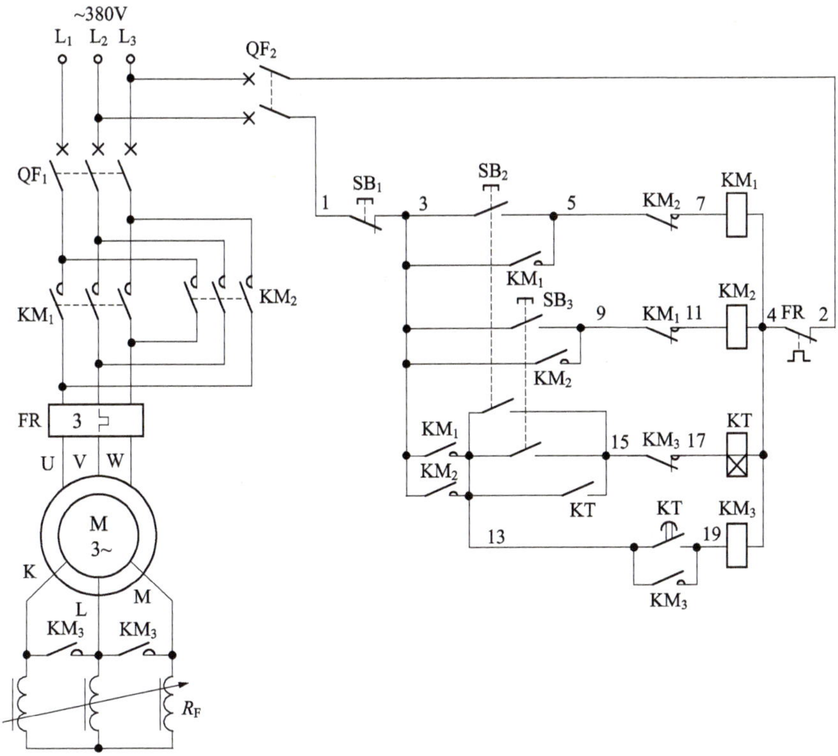

图 2.30 频敏变阻器正反转自动控制电路原理图

· 正转自动启动控制

按下正转启动按钮 SB_2，SB_2 的一组常开触点(3-5)闭合，使交流接触器 KM_1 线圈得电吸合且 KM_1 辅助常开触点(3-5)闭合自锁，KM_1 三相主触点闭合，电动机绕线转子串联频敏变阻器 R_F 启动。在 KM_1 线圈得电吸合的同时，KM_1 串联在 KM_2 线圈回路中的辅助常闭触点(9-11)断开，起到互锁作用；KM_1 辅助常开触点(3-13)闭合，为接通延时转换用得电延时时间继电器 KT 线圈做准备。在按下正转启动按钮 SB_2 的同时，SB_2 的另一组常开触点(13-15)闭合，使得电延时时间继电器 KT 线圈得电吸合，且 KT 不延时瞬动常开触点(13-15)闭合自锁，KT 开始延时。经 KT 一段延时后，KT 得电延时闭合的常开触点(13-19)闭合，接通了交流接触器 KM_3 线圈的回路电源，KM_3 线圈得电吸合且 KM_3 辅助常开触点(13-19)闭合自锁，KM_3 三相主触点闭合，将频敏变阻器 R_F 短接起来，电动机启动完毕转入正常全压运转。在 KM_3 线圈得电吸合的同时，KM_3 串联在 KT 线圈回路中的辅助常闭触点(15-17)断开，切断了得电延时时间继电器 KT 线圈的回路电源，KT 线圈断电释放，其所有触点恢复原始状态。

· 反转自动启动控制

若电动机处于正转运转时需反转，必须先将正转停下来后方可进行。此时，先按下停止按钮 SB_1(1-3)，交流接触器 KM_1、KM_3 线圈断电释放，KM_1、KM_3 各自的三相主触点断开，电动机失电正转停止运转。再按下反转启动按钮 SB_3，SB_3 的一组常开触点(3-9)闭合，使交流接触器 KM_2 线圈得电吸合且 KM_2 辅助常开触点(3-9)闭合自锁，KM_2 三相主触点闭合，电动机绕线转子串联频敏变阻器 R_F 启动。在 KM_2 线圈得电吸合的同时，KM_2 串联在 KM_1 线圈回路中的辅助常闭触点(5-7)断开，起到互锁作用；KM_2 辅助常开触点(3-13)闭合，使得电延时时间继电器 KT 线圈得电吸合，且 KT 不延时瞬动常开触点(13-15)闭合自锁，KT 开始延时。经 KT 一段延时后，KT 得电延时闭合的常开触点(13-19)闭合，接通了交流接触器 KM_3 线圈的回路电源，KM_3 线圈得电吸合且 KM_3 辅助常开触点(13-19)闭合自锁，KM_3 三相主触点闭合，将频敏变阻器 R_F 短接起来，电动机启动完毕转入正常全压运转。在 KM_3 线圈得电吸合的同时，KM_3 串联在 KT 线圈回路中的辅助常闭触点(15-17)断开，使 KT 线圈断电释放退出运行。

2. 现场接线

频敏变阻器正反转自动控制电路现场接线如图 2.31 所示。

电路41 防止相间短路的正反转控制电路接线(一)

1. 工作原理

防止相间短路的正反转控制电路(一)原理图如图 2.32 所示。首先合上主回路断路器 QF_1、控制回路断路器 QF_2，为电路工作提供准备

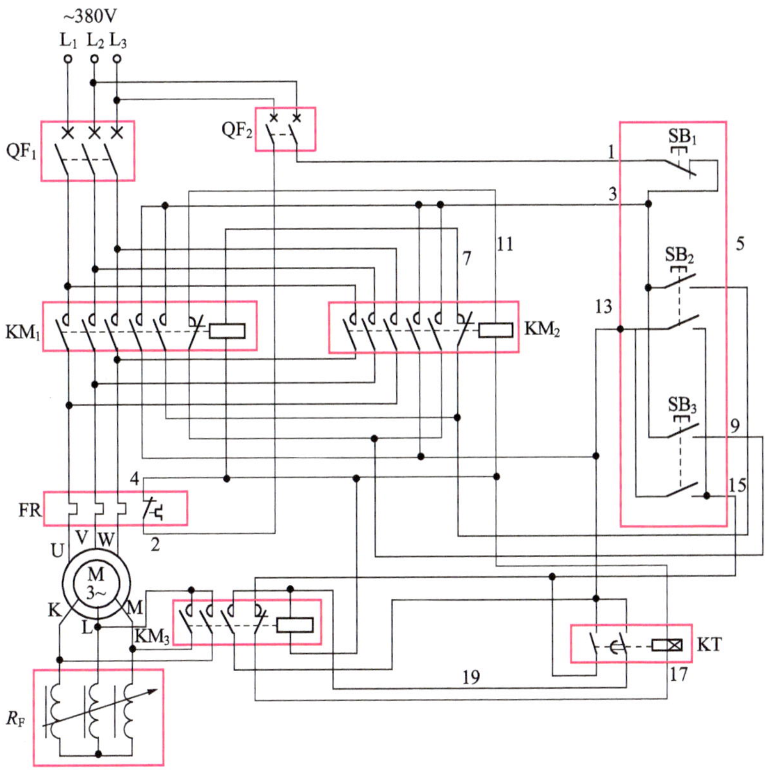

图 2.31　频敏变阻器正反转自动控制电路现场接线

条件。

本电路与常用的具有按钮常闭触点互锁、接触器常闭触点互锁的电路基本相同，不同的是分别利用 KM_1 或 KM_2 各自的一组辅助常开触点(3-13)来控制交流接触器 KM 线圈的回路电源，使其在选择好正转或反转之后再将 KM 投入进去，以此延长正反转选择后与电动机电源的转换时间，达到防止相间短路之目的。从主回路看，正转交流接触器 KM_1 与反转交流接触器 KM_2 是并联关系(但需换相)，再与交流接触器 KM 相串联，这样从电路中不难看出，正转时 KM_1 先工作，KM 再工作；而反转时则是 KM_2 先工作，KM 再工作，以延长转换时间。

· 正转启动

按下正转启动按钮 SB_2，SB_2 的一组常闭触点(9-11)断开，切断反转交流接触器 KM_2 线圈的回路电源，起到互锁作用；SB_2 的另外一组常开

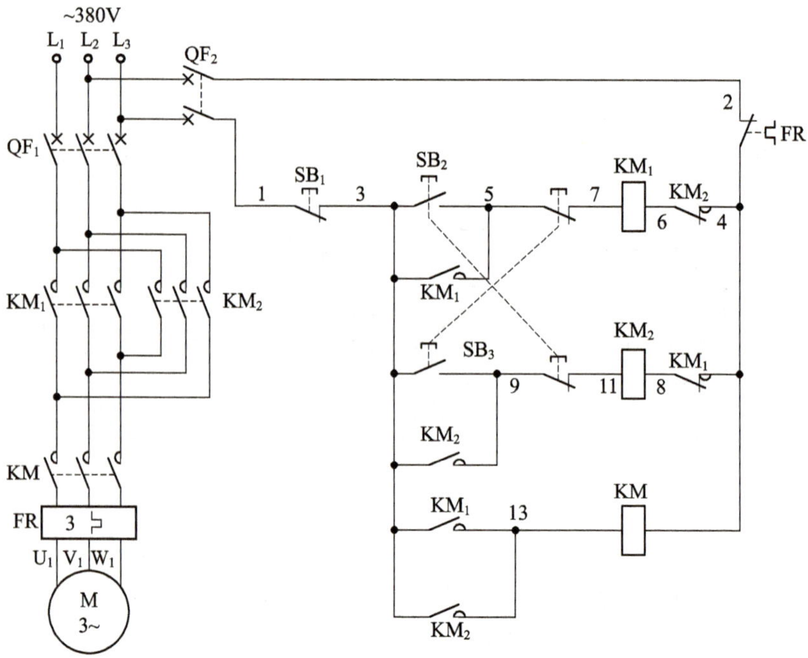

图 2.32 防止相间短路的正反转控制电路(一)原理图

触点(3-5)闭合，接通了正转交流接触器 KM_1 线圈的回路电源，KM_1 线圈得电吸合且 KM_1 辅助常开触点(3-5)闭合自锁，KM_1 三相主触点先闭合(说明正转选择已完成)，同时 KM_1 辅助常开触点(3-13)闭合，再接通延长转换时间用交流接触器 KM 线圈的回路电源，KM 线圈得电吸合，KM 三相主触点随后紧跟着也闭合(就是利用 KM_1 与 KM 之间的转换时间来防止相间短路事故的发生)，这时电动机绕组才会得以三相交流 380V 电源而正常运转。

· 反转启动

当电动机处于正转运转后，若需进行反转启动，则不需按下停止按钮 SB_1(1-3)，直接按动反转启动按钮 SB_3，SB_3 的一组常闭触点(5-7)断开，切断了正转交流接触器 KM_1 线圈回路电源，KM_1 线圈断电释放，KM_1 三相主触点断开，电动机失电正转停止运转；与此同时，延长转换时间用交流接触器 KM 线圈也断电释放，KM 三相主触点断开，为下一次重新工作做准备。在按下反转启动按钮 SB_3 的同时，SB_3 的另外一组常开触点

(3-9)闭合，接通了反转交流接触器 KM_2 线圈的回路电源，KM_2 线圈得电吸合且 KM_2 辅助常开触点(3-9)闭合自锁，KM_2 三相主触点闭合(说明反转选择已完成，此时因延长转换时间用交流接触器 KM 动作滞后于 KM_2，所以在 KM_2 先闭合时是不带负载的，不会出现正反转换相时的弧光相间短路问题)，同时 KM_2 辅助常开触点(3-13)闭合，再接通延长转换时间用交流接触器 KM 线圈的回路电源，KM 三相主触点紧跟着也闭合，给电动机提供三相交流 380V 电源，这时电动机绕组得电反转运转。

注意，当电动机处于反转运转后，若需进行正转启动，与反转启动操作相同。

2. 现场接线

防止相间短路的正反转控制电路(一)现场接线如图 2.33 所示。按钮接线如图 2.34 所示。

电路 42　防止相间短路的正反转控制电路接线(二)

1. 工作原理

防止相间短路的正反转控制电路(二)原理图如图 2.35 所示。首先合上主回路断路器 QF_1、控制回路断路器 QF_2，为电路工作提供准备条件。

· 正转启动

按下正转启动按钮 SB_2，SB_2 的一组常闭触点(13-15)断开，切断反转交流接触器 KM_2 线圈的回路电源，起到互锁作用；SB_2 的另一组常开触点(3-5)闭合，正转交流接触器 KM_1 线圈得电吸合且 KM_1 辅助常开触点(3-7)闭合自锁，KM_1 三相主触点闭合，电动机得电正转启动运转。在电动机得电运转的同时，中间继电器 KA 线圈得电吸合，KA 分别串联在正转启动回路或反转启动回路中的两组常闭触点(5-7、11-13)断开，将限制正转启动按钮 SB_2 或反转启动按钮 SB_3 的启动操作，但不影响电路的停止工作。

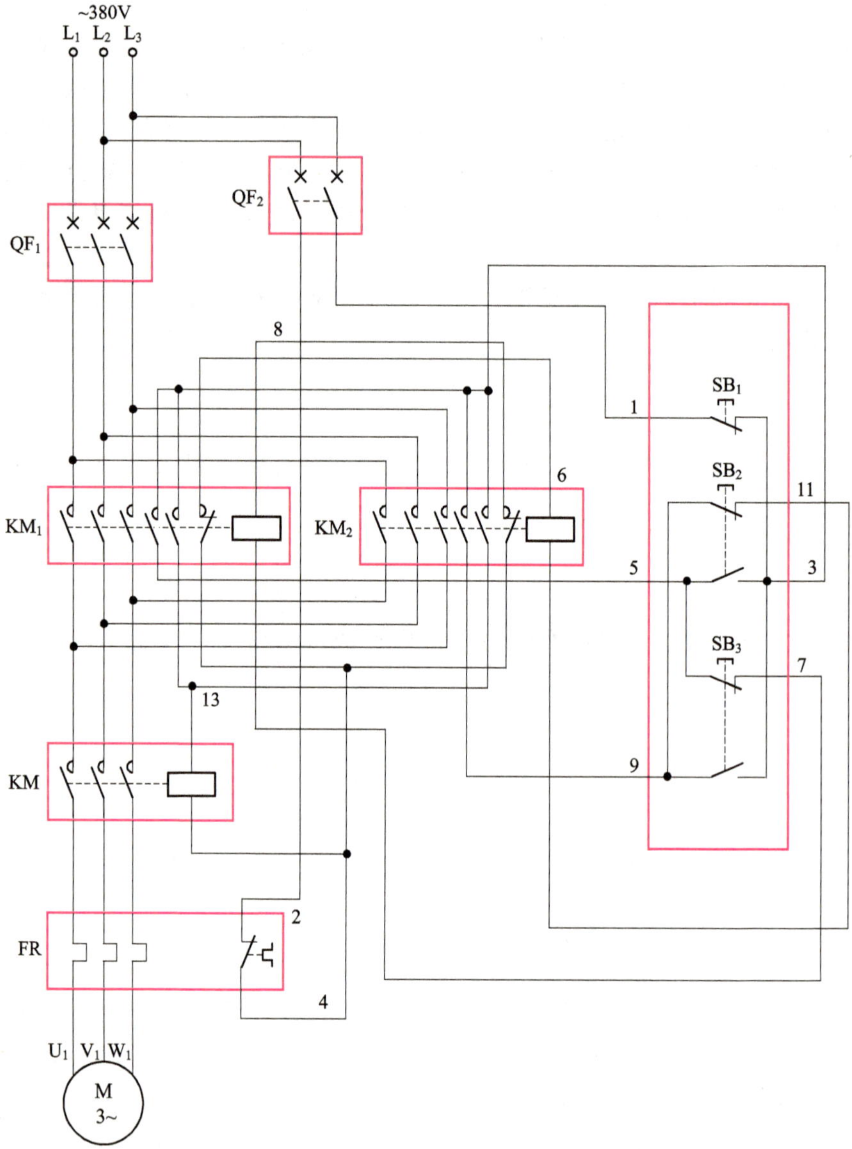

图 2.33 防止相间短路的正反转控制电路(一)现场接线

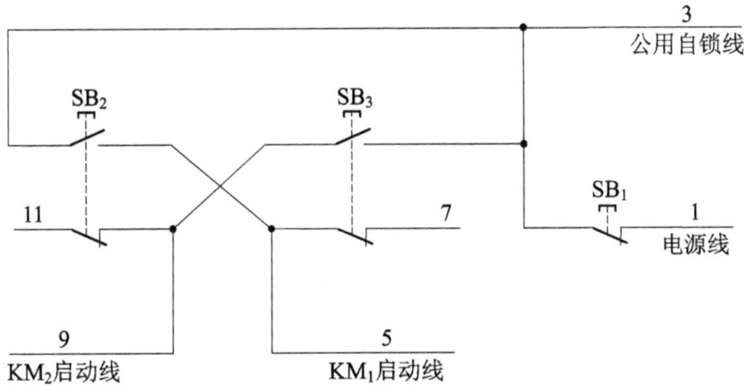

(a) 实际接线

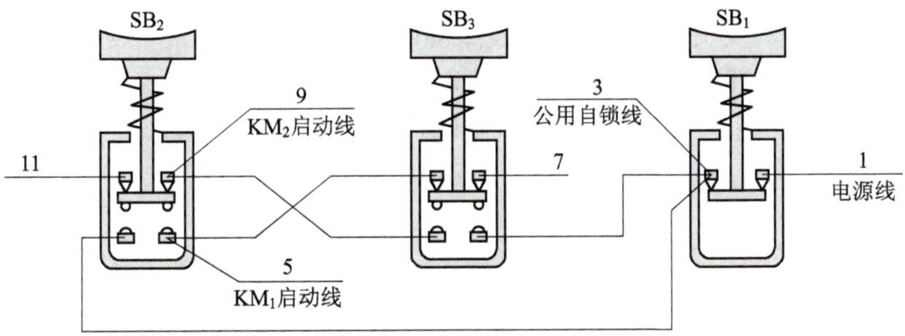

(b) 实物接线

图 2.34　防止相间短路的正反转控制电路(一)按钮接线图

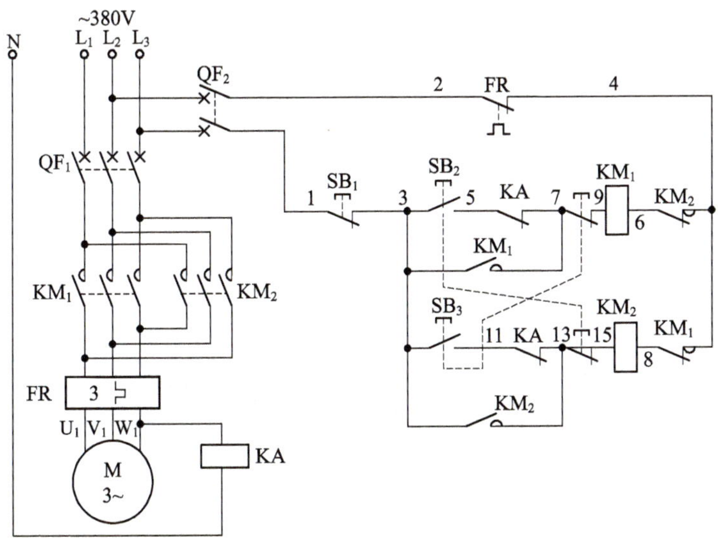

图 2.35　防止相间短路的正反转控制电路(二)原理图

· 反转启动

电动机处于正转运转后，欲反转操作，则按下反转启动按钮 SB_3，SB_3 的一组常闭触点(7-9)断开，切断正转交流接触器 KM_1 线圈的回路电源，正转交流接触器 KM_1 线圈则必须先断电释放，KM_1 三相主触点断开，电动机失电停止运转。同时，中间继电器 KA 线圈也随之断电释放，KA 的两组常闭触点(5-7、11-13)也恢复原始常闭状态，为反转提供通路。这样，经过中间继电器 KA 的转换，避免了交流接触器在正反转转换时很可能因电动机启动电流很大而引起的弧光短路。当 KA 常闭触点恢复常闭状态后，SB_3 的另一组常开触点(3-11)(早已闭合，等待与 KA 常闭触点一起接通反转交流接触器 KM_2 线圈的回路电源)接通了反转交流接触器 KM_2 线圈的回路电源，KM_2 线圈得电吸合且 KM_2 辅助常开触点(3-13)闭合自锁，KM_2 三相主触点闭合，电动机得电反转启动运转。

· 停止操作

无论电动机处于正转运转还是反转运转，要停止操作，只需按下停止按钮 SB_1(1-3)，则正转交流接触器 KM_1 或反转交流接触器 KM_2 线圈断电释放，KM_1 或 KM_2 各自的三相主触点断开，电动机失电停止运转。

2. 现场接线

防止相间短路的正反转控制电路(二)现场接线如图 2.36 所示。按钮接线如图 2.37 所示。

电路43 利用转换开关预选的正反转启停控制电路接线

1. 工作原理

利用转换开关预选的正反转启停控制电路原理图如图 2.38 所示。首先合上主回路断路器 QF_1、控制回路断路器 QF_2，为电路工作提供准备条件。

· 正转启动

首先将预选正反转转换开关 SA 置于上端(4-6)，为正转启动运转做

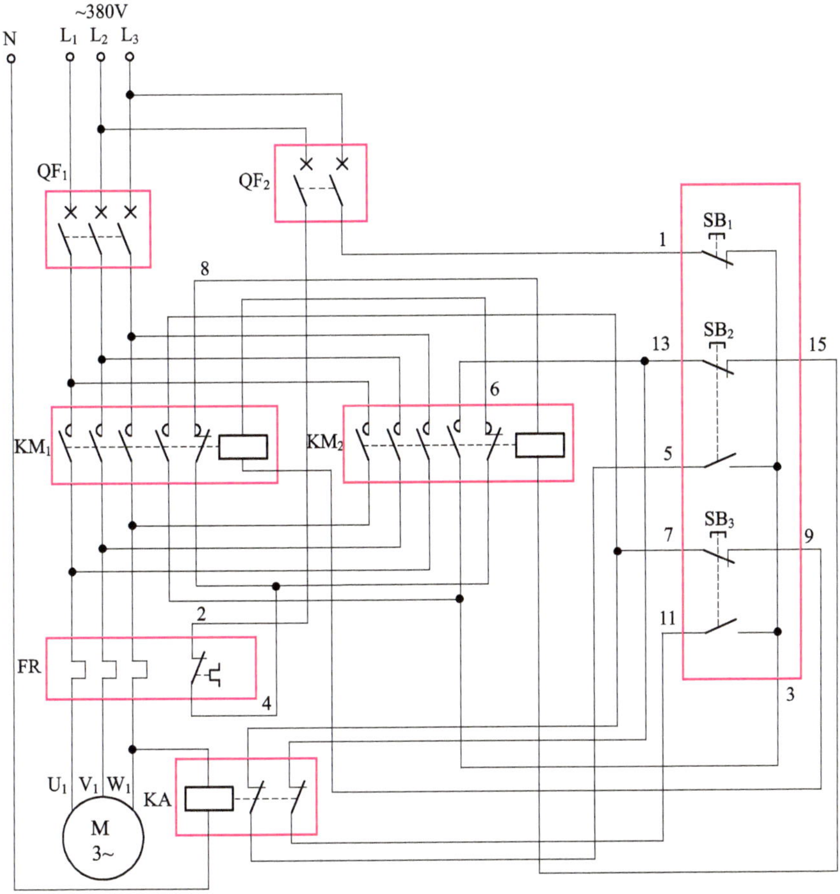

图 2.36　防止相间短路的正反转控制电路(二)现场接线

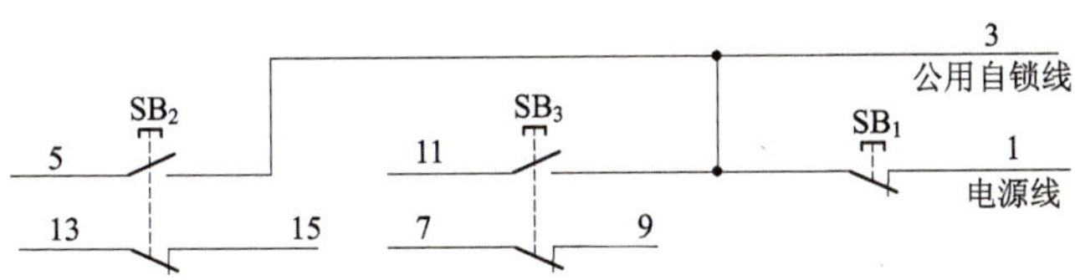

(a) 实际接线

图 2.37　防止相间短路的正反转控制电路(二)按钮接线图

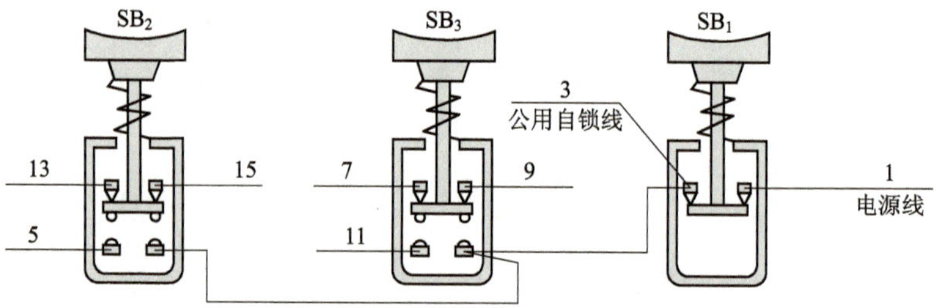

(b) 实物接线

续图 2.37

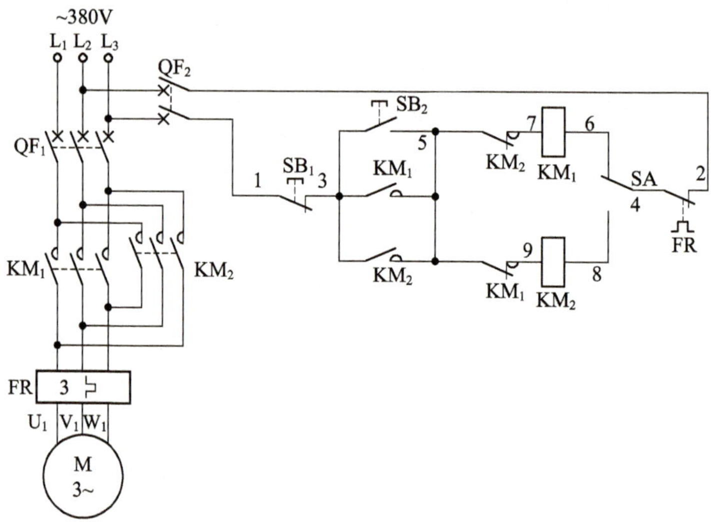

图 2.38　利用转换开关预选的正反转启停控制电路原理图

准备。按下启动按钮 SB_2(3-5)，正转交流接触器 KM_1 线圈得电吸合且 KM_1 辅助常开触点(3-5)闭合自锁，KM_1 三相主触点闭合，电动机得电正转运转，拖动设备正转工作。在 KM_1 线圈得电吸合后，KM_1 串联在反转交流接触器 KM_2 线圈回路中的辅助常闭触点(5-9)先断开，起到互锁保护作用。

· 正转停止

按下停止按钮 SB_1(1-3)或将预选正反转转换开关 SA 置于下端(4-8)后再返回到上端(4-6)时(也就是说，将 SA 转换开关由原来所处的位置向相反的位置改变一下后，再回到原来所处的位置上)，正转交流接

触器 KM_1 线圈断电释放，KM_1 三相主触点断开，电动机失电正转运转停止。

· 反转启动

首先将预选正反转转换开关 SA 置于下端(4-8)，为反转启动运转做准备工作。按下启动按钮 SB_2(3-5)，反转交流接触器 KM_2 线圈得电吸合且 KM_2 辅助常开触点(3-5)闭合自锁，KM_2 三相主触点闭合，电动机得电反转运转，拖动设备反转工作。在 KM_2 线圈得电吸合后，KM_2 串联在正转交流接触器 KM_1 线圈回路中的辅助常闭触点(5-7)先断开，起到互锁保护作用。

· 反转停止

按下停止按钮 SB_1(1-3)或将预选正反转转换开关 SA 置于上端(4-6)后再返回到下端(4-8)时(也就是说，将 SA 转换开关由原来所处的位置向相反的位置改变一下后，再回到原来所处的位置上)，反转交流接触器 KM_2 线圈断电释放，KM_2 三相主触点断开，电动机失电反转运转停止。

2. 现场接线

利用转换开关预选的正反转启停控制电路现场接线如图 2.39 所示。按钮接线如图 2.40 所示。

电路 44　用电弧联锁继电器延长转换时间的正反转控制电路接线

1. 工作原理

用电弧联锁继电器延长转换时间的正反转控制电路原理图如图 2.41 所示。首先合上主回路断路器 QF_1、控制回路断路器 QF_2，为电路工作提供准备条件。

· 正转启动

按下正转启动按钮 SB_2，SB_2 的一组常闭触点(13-15)断开，起到按钮

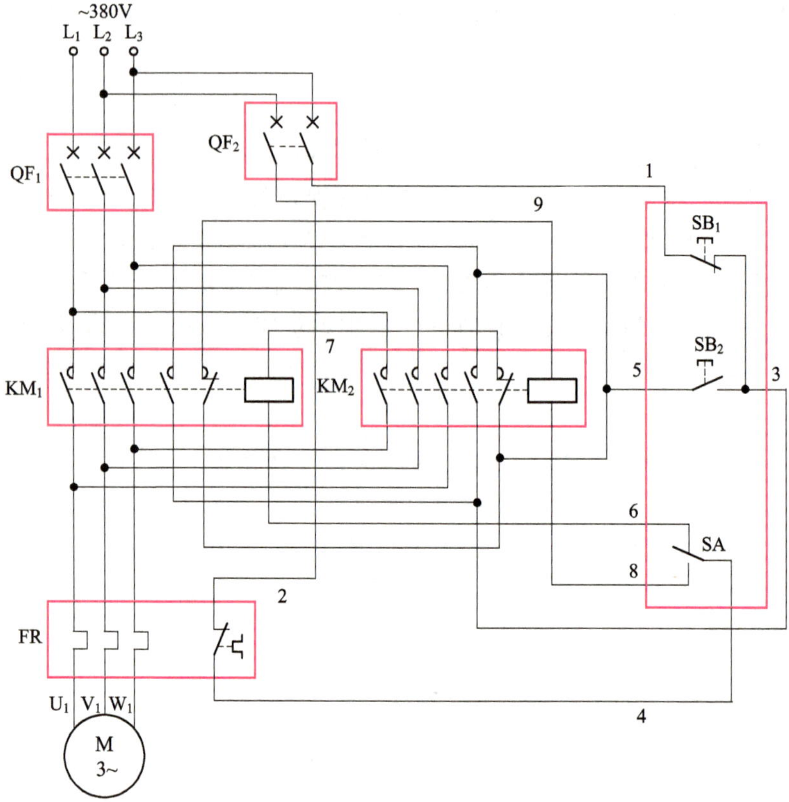

图 2.39 利用转换开关预选的正反转启停控制电路现场接线

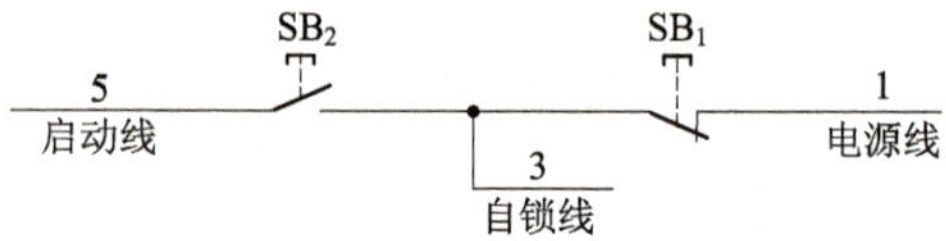

(a) 实际接线

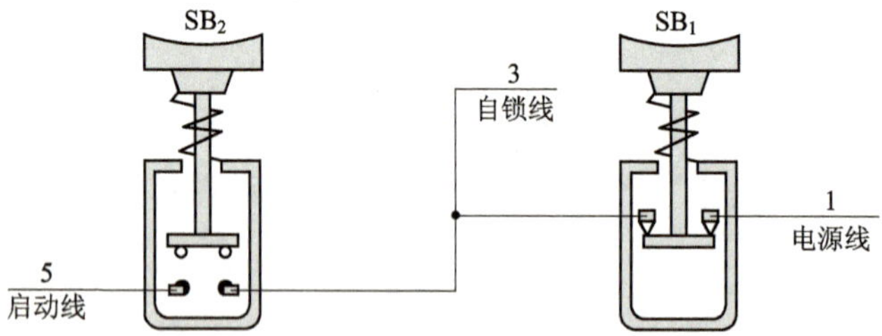

(b) 实物接线

图 2.40 利用转换开关预选的正反转启停控制电路按钮接线图

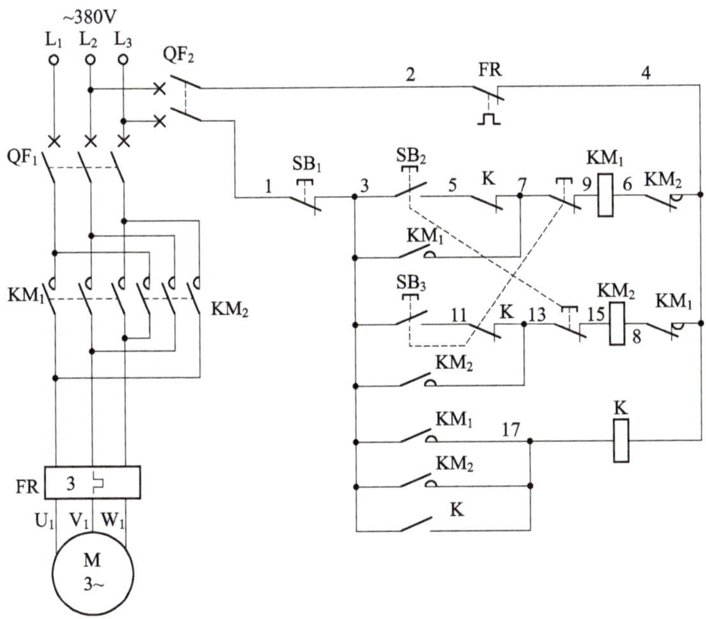

图 2.41　用电弧联锁继电器延长转换时间的正反转控制电路原理图

常闭触点互锁作用；SB_2 的一组常开触点（3-5）闭合，正转交流接触器 KM_1 线圈得电吸合且 KM_1 辅助常开触点（3-7）闭合自锁，KM_1 三相主触点闭合，电动机得电正转运转；与此同时，KM_1 辅助常开触点（3-17）闭合，接通了电弧联锁继电器 K 线圈的回路电源使其得电吸合，且 K 常开触点（3-17）闭合自锁，K 分别串联在正转启动按钮 SB_2 或反转启动按钮 SB_3 操作回路中的常闭触点（5-7、11-13）均断开，使其不能再进行正反转启动操作，起到限制作用。

· 反转启动

若电动机已正转运转，欲直接操作反转启动按钮 SB_3，因电弧联锁继电器 K 常闭触点的作用而无法进行操作，所以必须先按下停止按钮 SB_1（1-3），正转交流接触器 KM_1 线圈断电释放，KM_1 三相主触点断开，电动机失电正转停止运转；在按下停止按钮 SB_1 的同时，电弧联锁继电器 K 线圈也断电释放，K 串联在各启动回路中的常闭触点（5-7、11-13）恢复常闭状态，以此延长其转换时间，达到正反转操作因过快而限制出现电弧短路问题的效果。当 K 常闭触点（11-13）恢复后，方可操作反转启动按钮

SB_3，SB_3 的一组常闭触点(7-9)断开，起到按钮常闭触点互锁作用；SB_3 的一组常开触点(3-11)闭合，反转交流接触器 KM_2 线圈得电吸合且 KM_2 辅助常开触点(3-13)闭合自锁，KM_2 三相主触点闭合，电动机得电反转运转；与此同时，KM_2 辅助常开触点(3-17)闭合，接通了电弧联锁继电器 K 线圈的回路电源，使其得电吸合且 K 常开触点(3-17)闭合自锁，K 分别串联在正转启动按钮 SB_2 或反转启动按钮 SB_3 操作回路中的常闭触点(5-7、11-13)均断开，使其不能再进行正反转启动操作，起到限制作用。

· 停　止

无论正转或反转运转，需停止时，按下停止按钮 SB_1(1-3)，正转交流接触器 KM_1 和电弧联锁继电器 K，或反转交流接触器 KM_2 和电弧联锁继电器 K 线圈断电释放，KM_1 或 KM_2 各自的三相主触点断开，电动机失电正转或反转运转停止。

2. 现场接线

用电弧联锁继电器延长转换时间的正反转控制电路现场接线如图 2.42 所示。按钮接线如图 2.43 所示。

电路45 自动往返循环控制电路接线(一)

1. 工作原理

自动往返循环控制电路(一)原理图如图 2.44 所示。首先合上主回路断路器 QF_1、控制回路断路器 QF_2，为电路工作提供准备条件。

· 正转启动

按下正转启动按钮 SB_2(3-5)，正转交流接触器 KM_1 线圈得电吸合且 KM_1 辅助常开触点(3-5)闭合自锁，KM_1 三相主触点闭合，电动机得电正转运转，拖动工作台向左移动。同时 KM_1 串联在 KM_2 线圈回路中的辅助常闭触点(4-8)断开，起到互锁保护作用。

· 正转停止

按下停止按钮 SB_1(1-3)，正转交流接触器 KM_1 线圈断电释放，KM_1

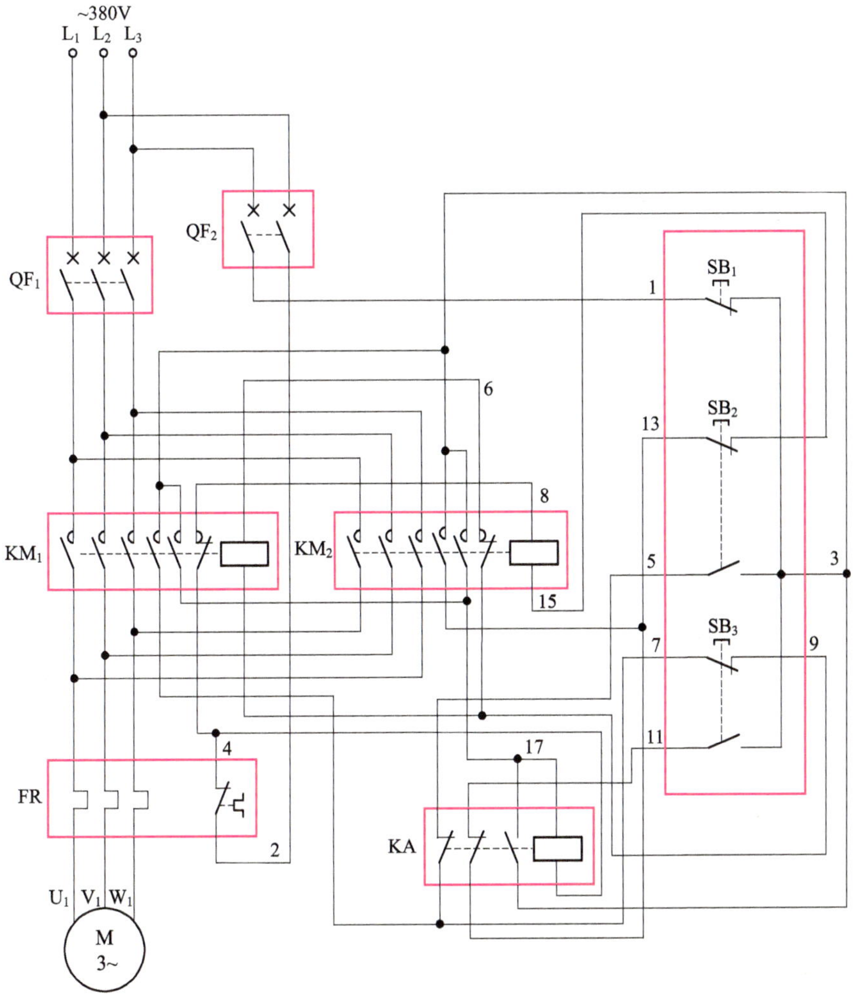

图 2.42　用电弧联锁继电器延长转换时间的正反转控制电路现场接线

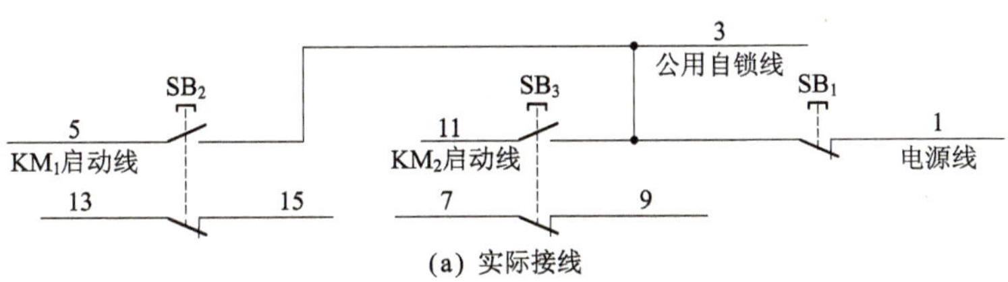

图 2.43　用电弧联锁继电器延长转换时间的正反转控制电路按钮接线图

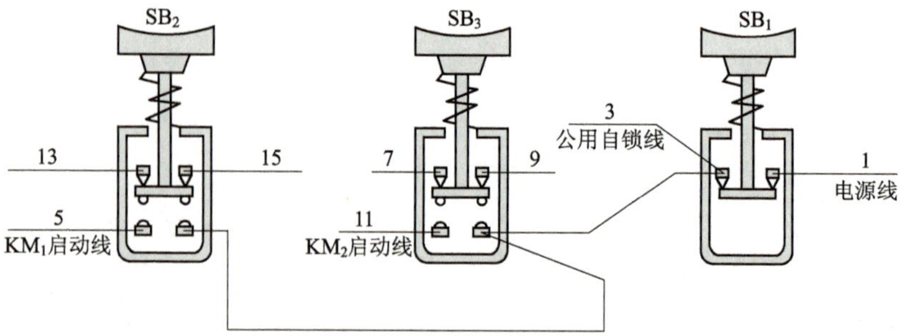

(b) 实物接线

续图 2.43

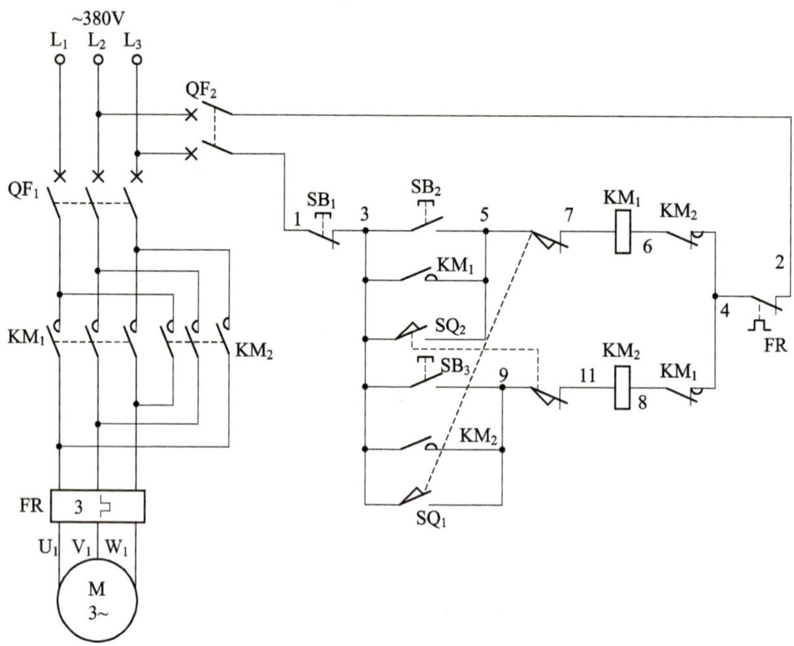

图 2.44 自动往返循环控制电路(一)原理图

三相主触点断开,电动机失电停止运转,拖动工作台向左移动停止。

· 反转启动

按下反转启动按钮 SB_3(3-9),反转交流接触器 KM_2 线圈得电吸合且 KM_2 辅助常开触点(3-9)闭合自锁,KM_2 三相主触点闭合,电动机得电反转运转,拖动工作台向右移动。同时 KM_2 串联在 KM_1 线圈回路中的辅助常闭触点(4-6)断开，起到互锁保护作用。

· 反转停止

按下停止按钮 SB_1(1-3)，反转交流接触器 KM_2 线圈断电释放，KM_2 三相主触点断开，电动机失电停止运转，拖动工作台向右移动停止。

· 自动往返控制

按下正转启动按钮 SB_2(3-5)，正转交流接触器 KM_1 线圈得电吸合且 KM_1 辅助常开触点(3-5)闭合自锁，KM_1 三相主触点闭合，电动机得电正转运转，拖动工作台向左移动。当工作台向左移动到位时，碰块触及左端行程开关 SQ_1，SQ_1 的一组常闭触点(5-7)断开，切断正转交流接触器 KM_1 线圈的回路电源，KM_1 三相主触点断开，电动机失电正转停止运转，工作台向左移动停止；与此同时，SQ_1 的另外一组常开触点(3-9)闭合，接通了反转交流接触器 KM_2 线圈的回路电源，KM_2 线圈得电吸合且 KM_2 辅助常开触点(3-9)闭合自锁，KM_2 三相主触点闭合，电动机得电反转运转，拖动工作台向右移动(在碰块离开行程开关 SQ_1 后，SQ_1 恢复原始状态)。当工作台向右移动到位时，碰块触及右端行程开关 SQ_2，SQ_2 的一组常闭触点(9-11)断开，切断反转交流接触器 KM_2 线圈的回路电源，KM_2 三相主触点断开，电动机失电反转停止运转，工作台向右移动停止；与此同时，SQ_2 的另外一组常开触点(3-5)闭合，接通了正转交流接触器 KM_1 线圈的回路电源，KM_1 线圈得电吸合且 KM_1 辅助常开触点(3-5)闭合自锁，KM_1 三相主触点闭合，电动机得电又正转运转了，拖动工作台向左移动(在碰块离开行程开关 SQ_2 后，SQ_2 恢复原始状态)……如此循环，完成自动往返控制。

· 自动往返停止

按下停止按钮 SB_1(1-3)，正转交流接触器 KM_1 或反转交流接触器 KM_2 线圈断电释放，KM_1 或 KM_2 各自的三相主触点断开，电动机失电停止运转，拖动工作台停止工作。

2. 现场接线

自动往返循环控制电路(一)现场接线如图 2.45 所示。按钮接线如图 2.46 所示。

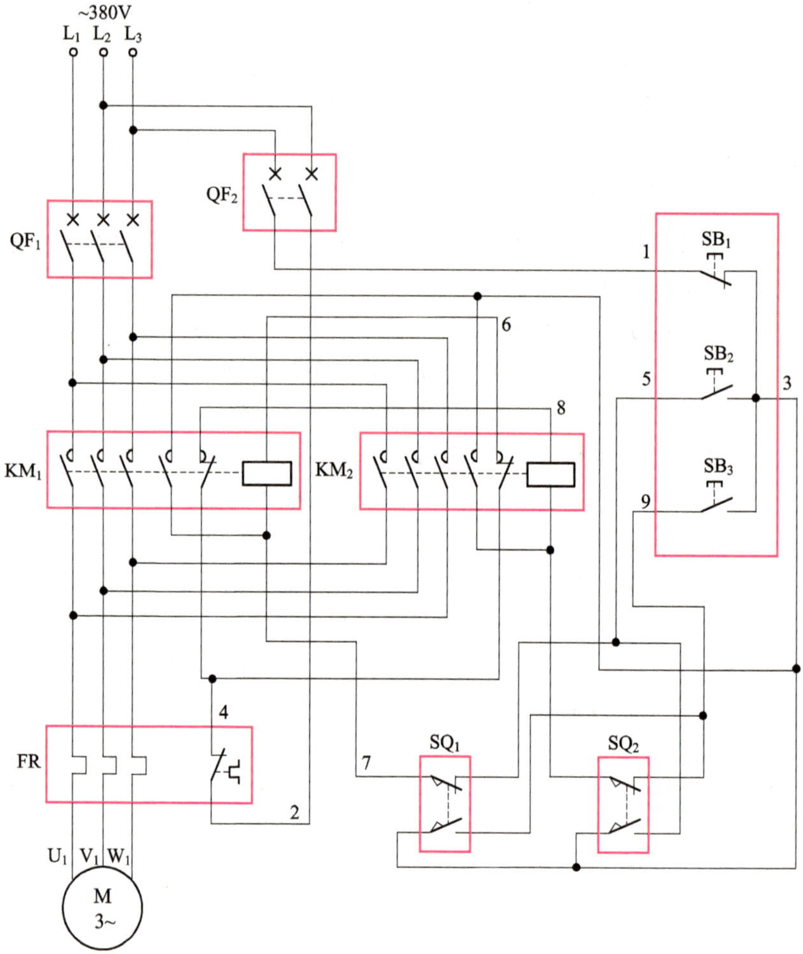

图 2.45 自动往返循环控制电路(一)现场接线

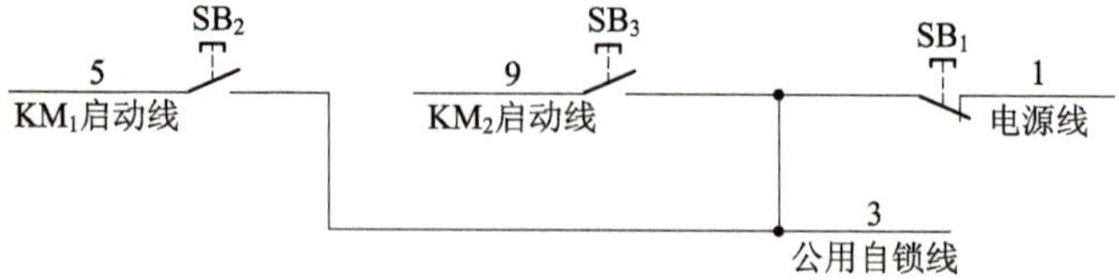

(a) 实际接线

图 2.46 自动往返循环控制电路(一)按钮接线图

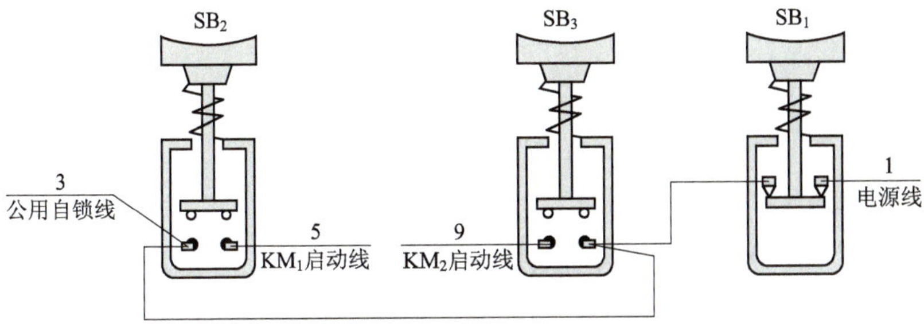

(b) 实物接线

续图 2.46

电路 46　自动往返循环控制电路接线(二)

1. 工作原理

自动往返循环控制电路(二)原理图如图 2.47 所示。首先合上主回路断路器 QF_1、控制回路断路器 QF_2，为电路工作提供准备条件。

· 正转启动

按下正转启动按钮 SB_2(7-9)，正转交流接触器 KM_1 线圈得电吸合且 KM_1 辅助常开触点(7-9)闭合自锁，KM_1 三相主触点闭合，电动机得电正转运转，拖动工作台向左移动。

· 正转停止

按下停止按钮 SB_1(5-7)，正转交流接触器 KM_1 线圈断电释放，KM_1 三相主触点断开，电动机失电停止运转，拖动工作台向左移动停止。

· 反转启动

按下反转启动按钮 SB_3(7-13)，反转交流接触器 KM_2 线圈得电吸合且 KM_2 辅助常开触点(7-13)闭合自锁，KM_2 三相主触点闭合，电动机得电反转运转，拖动工作台向右移动。

· 反转停止

按下停止按钮 SB_1(5-7)，反转交流接触器 KM_2 线圈断电释放，KM_2

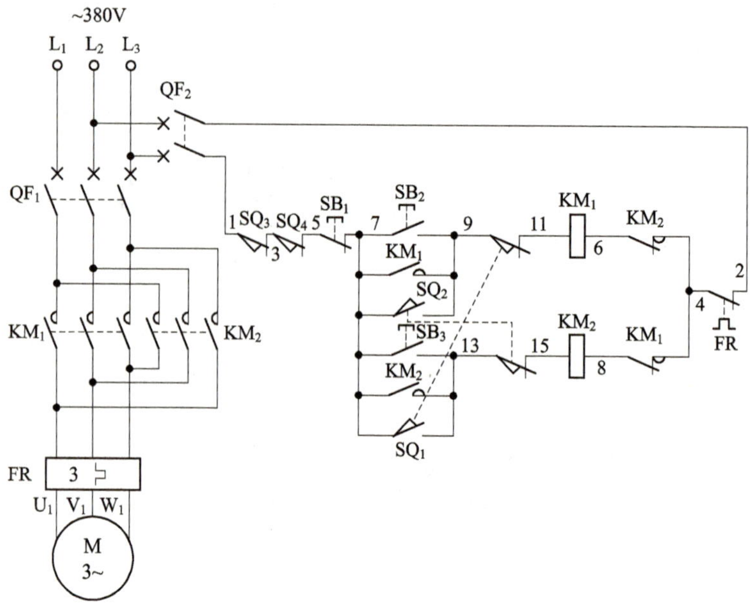

图 2.47 自动往返循环控制电路(二)原理图

三相主触点断开，电动机失电停止运转，拖动工作台向右移动停止。

· 自动往返控制

按下正转启动按钮 SB_2(7-9)，正转交流接触器 KM_1 线圈得电吸合且 KM_1 辅助常开触点(7-9)闭合自锁，KM_1 三相主触点闭合，电动机得电正转运转，拖动工作台向左移动。当工作台向左移动到位时，碰块触及左端行程开关 SQ_1，SQ_1 的一组常闭触点(9-11)断开，切断正转交流接触器 KM_1 线圈的回路电源，KM_1 线圈断电释放，KM_1 三相主触点断开，电动机失电正转停止运转，工作台向左移动停止；与此同时，SQ_1 的另外一组常开触点(7-13)闭合，接通了反转交流接触器 KM_2 线圈的回路电源，KM_2 线圈得电吸合且 KM_2 辅助常开触点(7-13)闭合自锁，KM_2 三相主触点闭合，电动机得电反转运转，拖动工作台向右移动(当碰块离开行程开关 SQ_1 后，SQ_1 恢复原始状态)。当工作台向右移动到位时，碰块触及右端行程开关 SQ_2，SQ_2 的一组常闭触点(13-15)断开，切断反转交流接触器 KM_2 线圈的回路电源，KM_2 线圈断电释放，KM_2 三相主触点断开，电动机失电反转停止运转，工作台向右移动停止；与此同时，SQ_2 的另外一组常开触点(7-9)闭合，接通了正转交流接触器 KM_1 线圈的回路电源，

KM_1 线圈得电吸合且 KM_1 辅助常开触点(7-9)闭合自锁，KM_1 三相主触点闭合，电动机又得电正转运转了，拖动工作台向左移动(当碰块离开行程开关 SQ_2 后，SQ_2 恢复原始状态)……如此循环。

2. 现场接线

自动往返循环控制电路(二)现场接线如图 2.48 所示。按钮接线如图 2.49 所示。

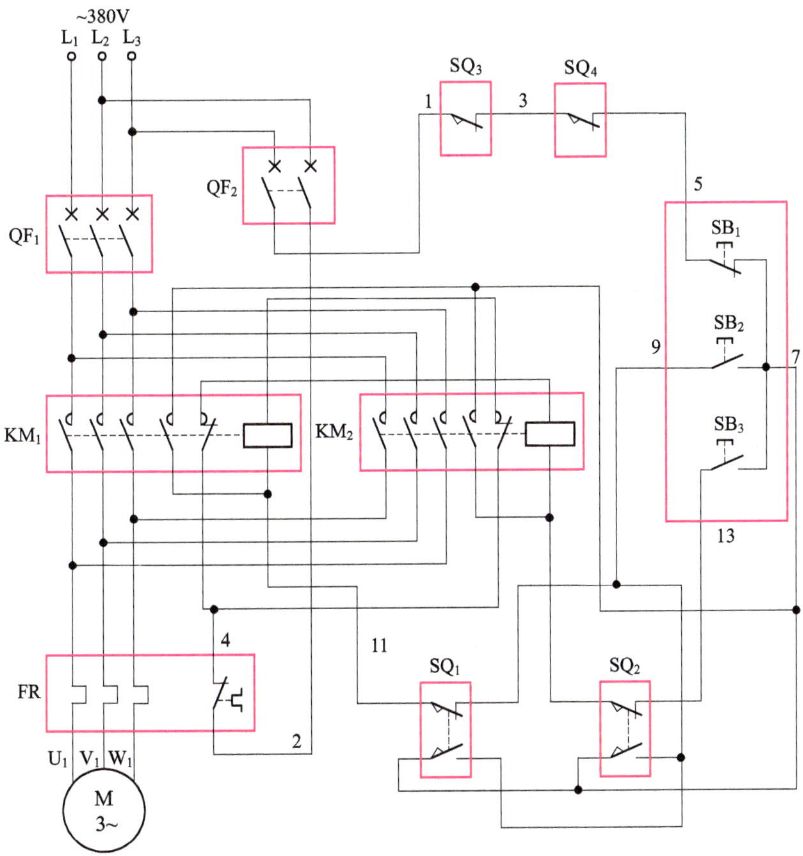

图 2.48　自动往返循环控制电路(二)现场接线

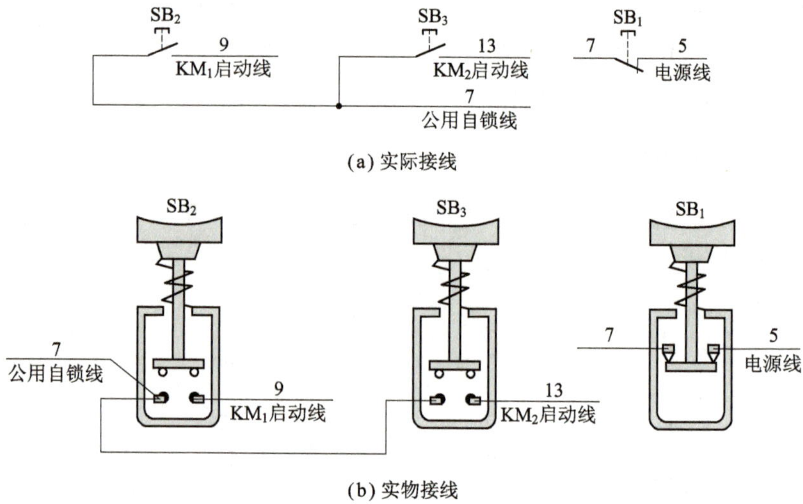

图 2.49　自动往返循环控制电路(二)按钮接线图

电路47　往返循环自动回到原位停止控制电路接线

1. 工作原理

往返循环自动回到原位停止控制电路原理图如图 2.50 所示。无论是从哪一端启动，即无论是(工作台左移)正转还是反转(工作台右移)，最终必须完成一个循环后回到原位自动停止。

合上断路器 QF_1、QF_2，电源兼停止指示灯 HL_1 亮，说明电源正常。

· 工作台左移再返回到位自动停止控制

按下工作台左移启动按钮 SB_2，SB_2 的一组常开触点(5-11)闭合，接通了失电延时时间继电器 KT_1 线圈的回路电源，KT_1 线圈得电吸合且 KT_1 不延时瞬动常开触点(5-11)闭合自锁，同时 KT_1 失电延时断开的常开触点(19-27)瞬时闭合，为限制继续往返循环做准备；在按下 SB_2 的同时，SB_2 的另一组常开触点(5-7)闭合，接通了交流接触器 KM_1 线圈的回路电源，KM_1 线圈得电吸合且 KM_1 辅助常开触点(5-7)闭合自锁，KM_1 三

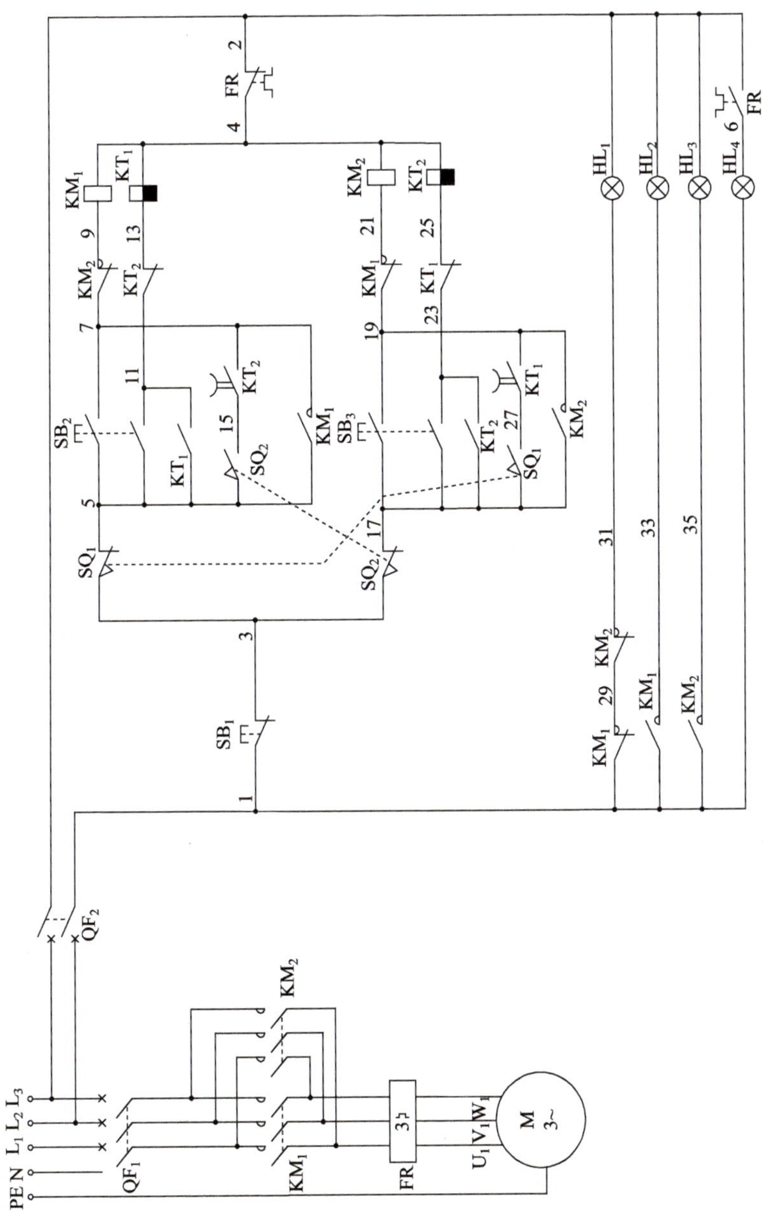

图 2.50　往返循环自动回到原位停止控制电路原理图

相主触点闭合，电动机得电正转运转，带动工作台向左移动，与此同时 KM_1 串联在 KM_2 线圈回路中的辅助常闭触点(19-21)先断开，起到互锁保护作用。在 KM_1 线圈得电吸合的同时，KM_1 辅助常闭触点(1-29)断开，指示灯 HL_1 灭，KM_1 辅助常开触点(1-33)闭合，指示灯 HL_2 亮，说明电动机已得电正转运转了，也就是说工作台向左进行移动。

当工作台向左移动到位时，行程开关 SQ_1 被撞块触动压合，此时 SQ_1 的一组常闭触点(3-5)断开，切断了交流接触器 KM_1、失电延时时间继电器 KT_1 线圈的回路电源，KM_1、KT_1 线圈断电释放，KM_1 三相主触点断开，电动机失电正转停止运转；与此同时，KT_1 开始延时(设定延时时间为 3s)。在 KM_1 线圈断电释放时，指示灯 HL_2 灭，HL_1 亮，说明电动机正转停止运转了。在行程开关 SQ_1 被撞块触动压合的同时，SQ_1 的另一组常开触点(17-27)闭合，与正在延时还未断开的 KT_1 失电延时断开的常开触点(19-27)形成闭合回路，使交流接触器 KM_2 线圈得电吸合且 KM_2 辅助常开触点(17-19)闭合自锁，KM_2 三相主触点闭合，电动机得电反转运转，带动工作台向右移动，与此同时，KM_2 串联在 KM_1 线圈回路中的辅助常闭触点(7-9)先断开，起到互锁保护作用。在 KM_2 线圈吸合的同时，KM_2 辅助常闭触点(29-31)断开，指示灯 HL_1 灭，KM_2 辅助常开触点(1-35)闭合，指示灯 HL_3 亮，说明电动机已得电反转运转了，也就是说，工作台向右开始返回了。

经 KT_1 延时后(仅 3s 左右)，KT_1 失电延时断开的常开触点(19-27)断开，保证工作台回到原位后不再进行循环控制做先前准备。也就是说，在 SQ_1 被触动后 3s 内 KT_1 失电延时断开的常开触点(19-27)就必须先断开。

当工作台返回到位时，行程开关 SQ_2 被撞块触动压合，此时 SQ_2 的一组常闭触点(3-17)断开，切断了交流接触器 KM_2 线圈的回路电源，KM_2 线圈断电释放，KM_2 三相主触点断开，电动机失电反转停止运转，从而使工作台停止移动。在行程开关 SQ_2 被撞块触动压合的同时，SQ_2 的另一组常开触点(5-15)闭合，为下次循环做准备。在 KM_2 线圈断电释放的同时，指示灯 HL_3 灭，HL_1 亮，说明电动机反转停止运转了。

至此，工作台左移再返回到位自动停止控制结束。

· 工作台右移再返回到位自动停止控制

按下工作台右移启动按钮 SB_3，SB_3 的一组常开触点(17-23)闭合，接通了失电延时时间继电器 KT_2 线圈的回路电源，KT_2 线圈得电吸合且 KT_2 不延时瞬动常开触点(17-23)闭合自锁，同时 KT_2 失电延时断开的常开触点(7-15)瞬时闭合，为限制继续往返循环做准备；在按下 SB_3 的同时，SB_3 的另一组常开触点(17-19)闭合，接通了交流接触器 KM_2 线圈的回路电源，KM_2 线圈得电吸合且 KM_2 辅助常开触点(17-19)闭合自锁，KM_2 三相主触点闭合，电动机得电反转运转，带动工作台向右移动，与此同时 KM_2 串联在 KM_1 线圈回路中的辅助常闭触点(7-9)先断开，起到互锁保护作用。在 KM_2 线圈得电吸合的同时，KM_2 辅助常闭触点(29-31)断开，指示灯 HL_1 灭，KM_2 辅助常开触点(1-35)闭合，指示灯 HL_3 亮，说明电动机已得电反转运转了，也就是说工作台向右进行移动。

当工作台向右移动到位时，行程开关 SQ_2 被撞块触动压合，此时 SQ_2 的一组常闭触点(3-17)断开，切断了交流接触器 KM_2、失电延时时间继电器 KT_2 线圈的回路电源，KM_2、KT_2 线圈断电释放，KM_2 三相主触点断开，电动机失电反转停止运转；与此同时，KT_2 开始延时(设定延时时间为 3s 内)。在 KM_2 线圈断电释放时，指示灯 HL_3 灭，HL_1 亮，说明电动机停止运转了。在行程开关 SQ_2 被撞块触动压合的同时，SQ_2 的另一组常开触点(5-15)闭合，与正在延时还未断开的 KT_2 失电延时断开的常开触点(7-15)形成闭合回路，使交流接触器 KM_1 线圈得电吸合且 KM_1 辅助常开触点(5-7)闭合自锁，KM_1 三相主触点闭合，电动机得电正转运转，带动工作台向左移动，与此同时，KM_1 串联在 KM_2 线圈回路中的辅助常闭触点(19-21)先断开，起到互锁保护作用。在 KM_1 线圈得电吸合的同时，KM_1 辅助常闭触点(1-29)断开，指示灯 HL_1 灭，KM_1 辅助常开触点(1-33)闭合，指示灯 HL_2 亮，说明电动机已得电正转运转了，也就是说工作台向左开始返回了。

经 KT_2 延时后(仅 3s 左右)，KT_2 失电延时断开的常开触点(7-15)断开，保证工作台回到原位后不再进行循环控制。也就是说在 SQ_2 被触动后 3s 内，KT_2 失电延时断开的常开触点(7-15)就必须先断开。

当工作台返回到位时，行程开关 SQ_1 被撞块触动压合，此时 SQ_1 的一组常闭触点(3-5)断开，切断了交流接触器 KM_1 线圈的回路电源，KM_1 线圈断电释放，KM_1 三相主触点断开，电动机失电正转停止运转，从而使工作台停止移动。在行程开关 SQ_1 被撞块触动压合的同时，SQ_1 的另一组常开触点(17-27)闭合，为下次循环做准备。在 KM_1 线圈断电释放的同时，指示灯 HL_2 灭，HL_1 亮，说明电动机正转停止运转了。

至此，工作台右移再返回到位，自动停止控制结束。

电路中失电延时时间继电器 KT_1、KT_2 的延时时间为 1～3s，以行程开关 SQ_1 或 SQ_2 动作能转换成功即可。欲需中途停止，则按下停止按钮 SB_1(1-3)即可。

2. 现场接线

往返循环自动回到原位停止控制电路现场接线如图 2.51 所示。行程开关实际接线如图 2.52 所示。

电路48 仅用一只行程开关实现自动往返控制电路接线

1. 工作原理

仅用一只行程开关实现自动往返控制电路原理图如图 2.53 所示。首先合上主回路断路器 QF_1、控制回路断路器 QF_2，为电路工作提供准备条件。

· 正转启动

按下启动按钮 SB_2(3-5)，中间继电器 KA 线圈得电吸合且 KA 常开触点(3-5)闭合自锁，为自动往返控制提供控制电源做准备。此时，行程开关 SQ 的一组常闭触点(5-7)闭合，接通了正转交流接触器 KM_1 线圈的回路电源，KM_1 线圈得电吸合，KM_1 三相主触点闭合，电动机得电正转运转，拖动工作台向左移动。

· 反转启动

当工作台向左移动碰触到行程开关 SQ 时，SQ 动作转态，SQ 的一组常闭触点(5-7)断开，切断了正转交流接触器 KM_1 线圈的回路电源，正转交流接触器 KM_1 线圈断电释放，KM_1 三相主触点断开，电动机正转运转停止；与此同时，SQ 的另一组常开触点(5-9)闭合，接通了反转交流接触器 KM_2 线圈的回路电源，反转交流接触器 KM_2 线圈得电吸合，KM_2 三相主触点闭合，电动机得电反转运转，拖动工作台向右移动。当工作台向右移动碰触到行程开关 SQ 时，SQ 动作转态，SQ 触点恢复原始状态；此

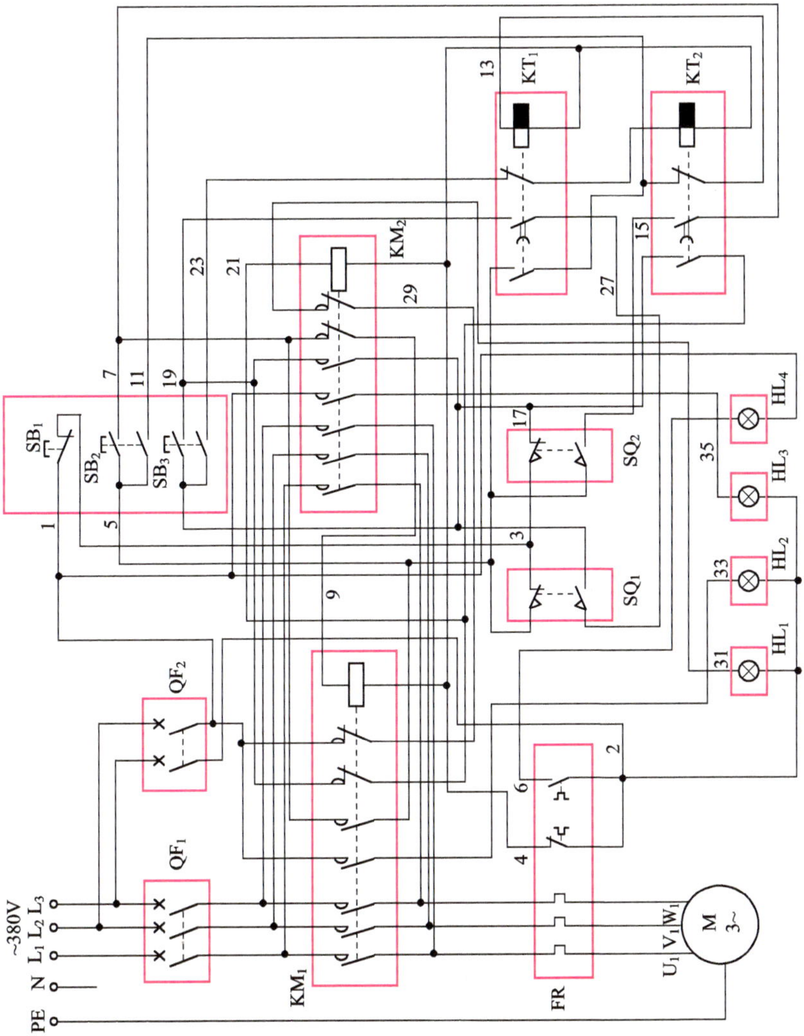

图 2.51　往返循环自动回到原位停止控制电路现场接线

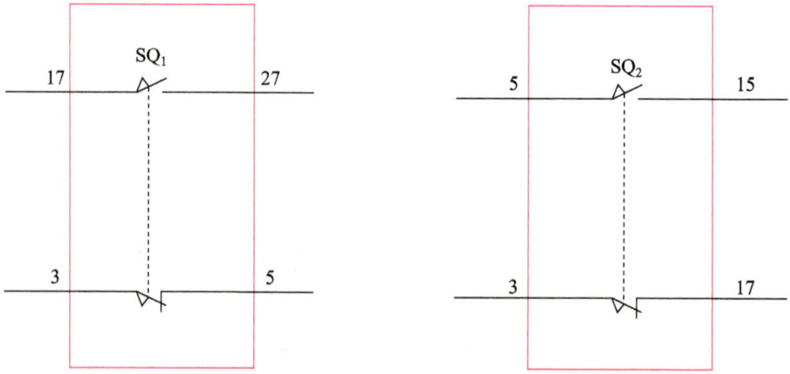

图 2.52 往返循环自动回到原位停止控制电路行程开关实际接线

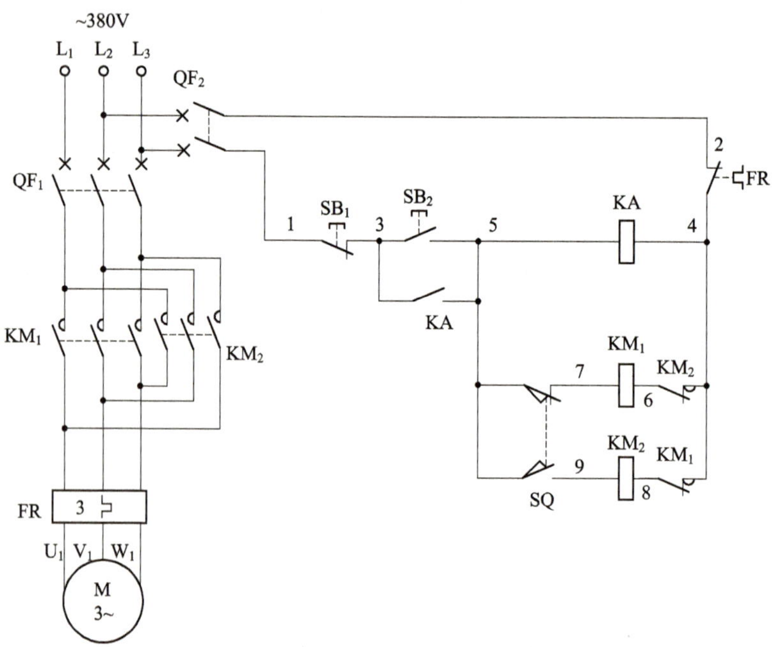

图 2.53 仅用一只行程开关实现自动往返控制电路原理图

时 SQ 的一组常开触点(5-9)断开，切断了反转交流接触器 KM_2 线圈的回路电源，KM_2 三相主触点断开，电动机反转运转停止，拖动工作台向右移动停止；而正转交流接触器 KM_1 线圈在行程开关 SQ 的另一组常闭触点(5-7)的作用下又得电吸合，KM_1 三相主触点闭合，电动机得电正转运转，又拖动工作台向左移动，如此这般循环下去。

· 停　止

按下停止按钮 SB_1(1-3)，中间继电器 KA 线圈断电释放，KA 常开触点(3-5)断开，解除自锁，从而切断控制回路交流接触器 KM_1 或 KM_2 线圈的回路电源，KM_1 或 KM_2 线圈断电释放，KM_1 或 KM_2 各自的三相主触点断开，电动机失电停止运转。

2. 现场接线

仅用一只行程开关实现自动往返控制电路现场接线如图 2.54 所示。按钮接线如图 2.55 所示。

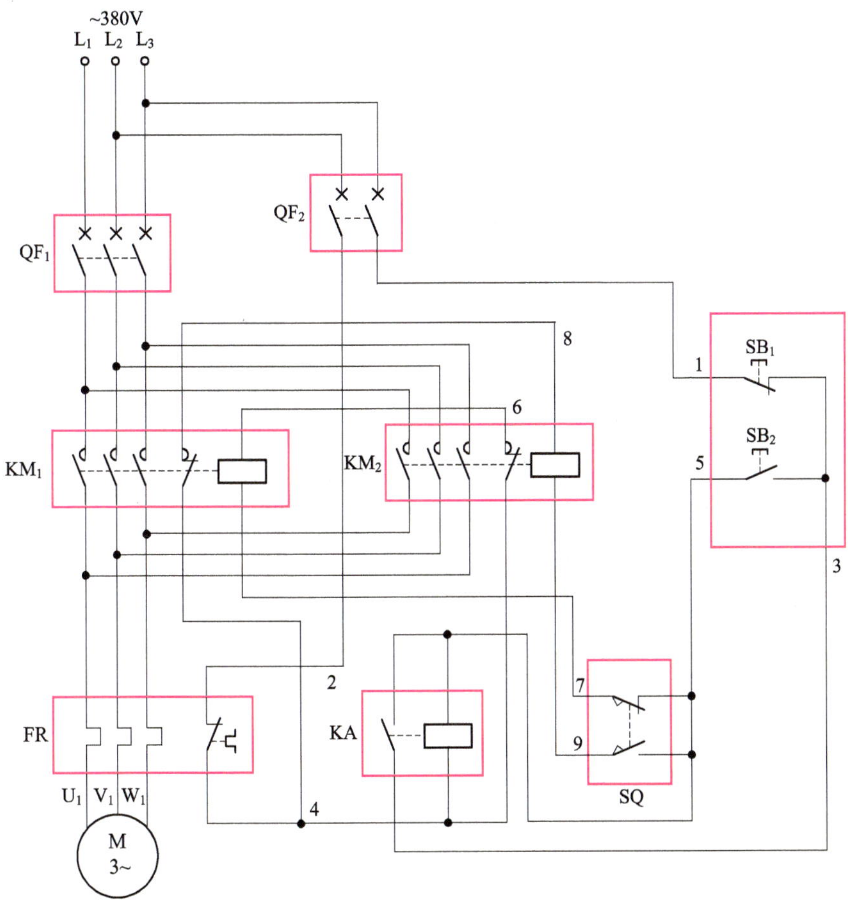

图 2.54　仅用一只行程开关实现自动往返控制电路现场接线

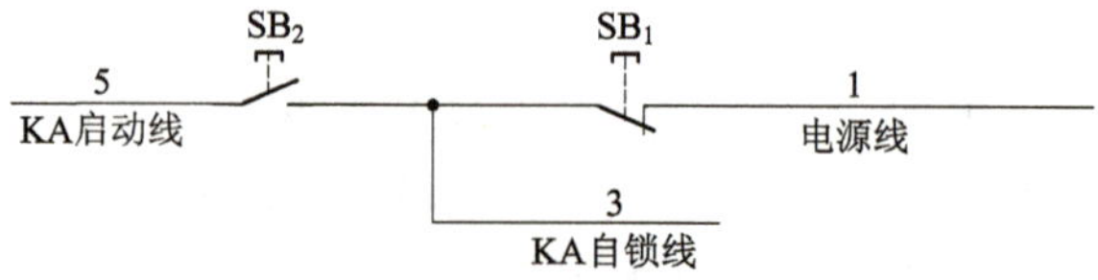

(a) 实际接线

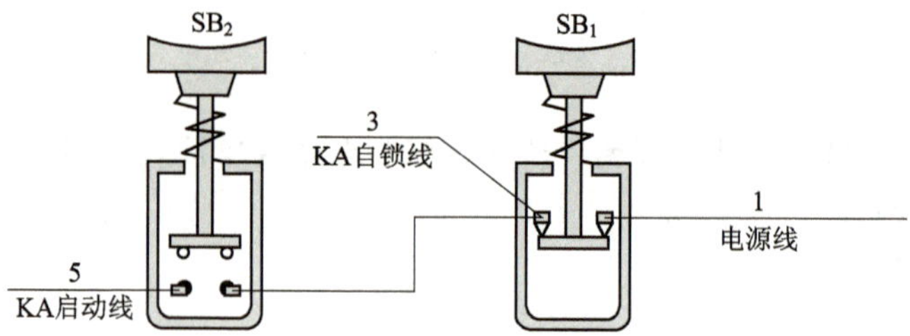

(b) 实物接线

图 2.55　仅用一只行程开关实现自动往返控制电路按钮接线图

电路49　用两只交流固态继电器控制单相电动机正反转电路接线

用两只交流固态继电器控制单相电动机正反转电路现场接线如图2.56所示，将正反转选择控制开关S置于“1”时，电动机正转运转；S置于“2”时，电动机反转运转；S置于“0”时，电动机停止运转。

注意：换向时不要直接进行正反转操作，必须先将选择控制开关S停留在“0”位置后再拨至另一转向。

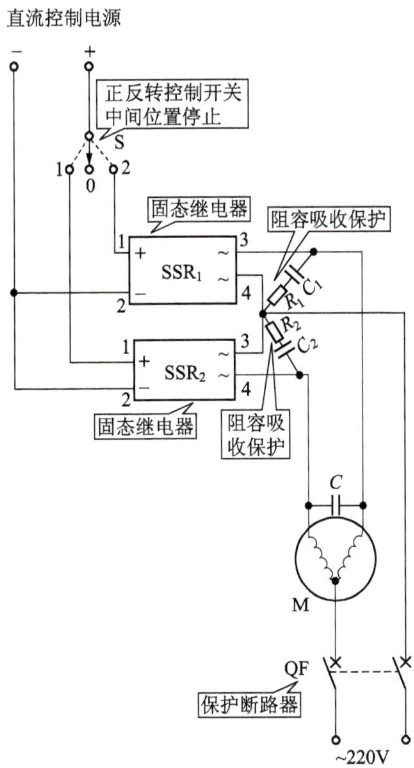

图 2.56 用两只交流固态继电器控制单相电动机正反转电路现场接线

Chapter 3

电动机制动控制电路接线

电路50 单向运转反接制动控制电路接线(一)

1. 工作原理

单向运转反接制动控制电路(一)原理图如图3.1所示。

· 启　动

按下启动按钮 SB_2(3-5),交流接触器 KM_1 线圈得电吸合且 KM_1 辅助常开触点(3-5)闭合,KM_1 三相主触点闭合,电动机得电启动运转。在交流接触器 KM_1 线圈得电吸合时,KM_1 串联在 KM_2 线圈回路中的辅助常闭触点(11-13)首先断开,起到互锁保护作用。

· 制　动

将停止按钮 SB_1 按到底,SB_1 的一组常闭触点(1-3)断开,切断了交流接触器 KM_1 线圈的回路电源,KM_1 线圈断电释放,KM_1 三相主触点断开,电动机失电但仍靠惯性继续转动;同时 KM_1 辅助常闭触点(11-13)恢复常闭,为接通 KM_2 和 KT 线圈回路做准备。在按下停止按钮 SB_1 的同时,SB_1 的另一组常开触点(1-9)闭合,接通了交流接触器 KM_2 和得电延时时间继电器 KT 线圈的回路电源,KM_2、KT 线圈得电吸合

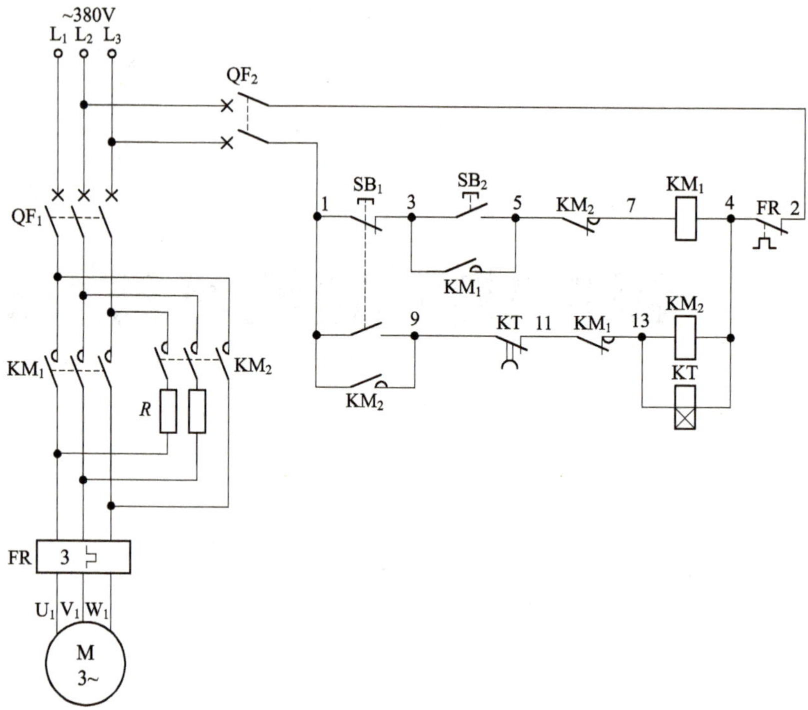

图 3.1 单向运转反接制动控制电路(一)原理图

且 KM_2 辅助常开触点(1-9)闭合自锁,同时 KT 开始延时;这时 KM_2 三相主触点闭合,电动机绕组串联了不对称限流电阻 R 后而反转运转,电动机得以反接制动电源后转速骤降。经 KT 一段延时后,KT 得电延时断开的常闭触点(1-9)断开,切断交流接触器 KM_2 和得电延时时间继电器 KT 线圈的回路电源,KM_2、KT 线圈断电释放,KM_2 三相主触点断开,解除通入电动机绕组内的反接制动电源,电动机反接制动过程结束。

2. 现场接线

单向运转反接制动控制电路(一)现场接线如图 3.2 所示。

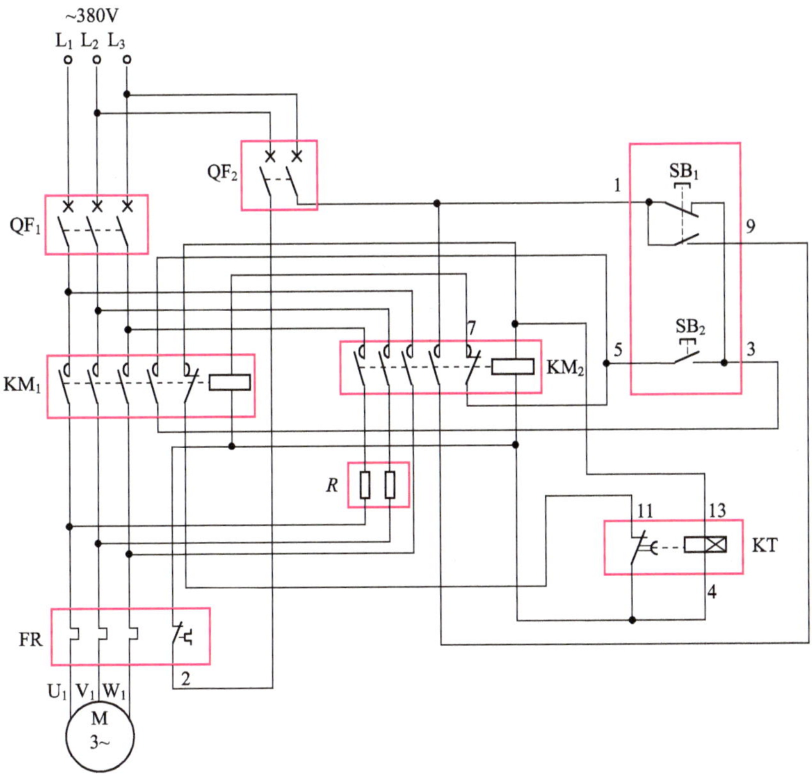

图 3.2　单向运转反接制动控制电路(一)现场接线

电路51 单向运转反接制动控制电路接线(二)

1. 工作原理

单向运转反接制动控制电路(二)原理图如图 3.3 所示。首先合上主回路断路器 QF_1、控制回路断路器 QF_2,为电路工作提供准备条件。

· 启　动

按下启动按钮 SB_2(3-5),交流接触器 KM_1 线圈得电吸合且 KM_1 辅助常开触点(3-5)闭合自锁,同时 KM_1 串联在制动用交流接触器 KM_2 线

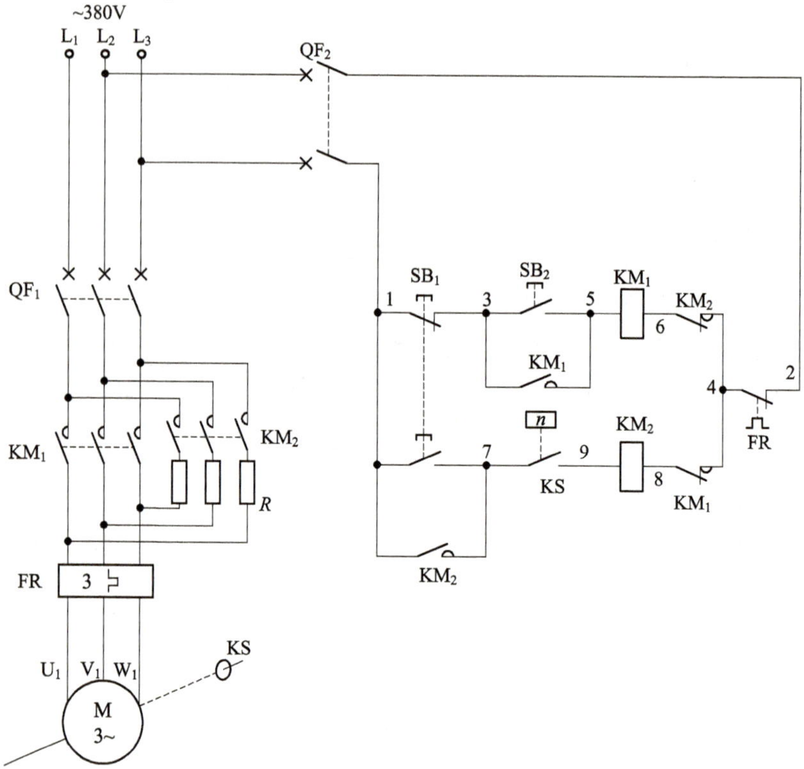

图 3.3 单向运转反接制动控制电路(二)原理图

圈回路中的辅助常闭触点(4-8)断开,对制动控制电路进行互锁;在 KM_1 线圈得电吸合的同时,KM_1 三相主触点闭合,电动机得电启动运转,当电动机的转速升至 120r/min 后,速度继电器 KS 控制常开触点(7-9)闭合,为停止时反接制动做准备。

· 自由停机

轻轻按下停止按钮 SB_1,SB_1 的一组常闭触点(1-3)断开,交流接触器 KM_1 线圈断电释放,KM_1 三相主触点断开,电动机失电,仍靠惯性继续转动,处于自由停机状态。

· 制　动

将停止兼制动按钮 SB_1 按到底,SB_1 的一组常闭触点(1-3)断开,切断了交流接触器 KM_1 线圈的回路电源,KM_1 线圈断电释放,KM_1 三相主触点断开，电动机失电仍靠惯性继续转动；与此同时，SB_1 的另外一组常开触点（1-7）闭合。注意，由于 KM_1 线圈已断电释放，KM_1 串联在 KM_2 线圈回路中的互锁辅助常闭触点（4-8）恢复常闭状态，此时交流接触器 KM_2 线圈得电吸合且 KM_2 辅助常开触点（1-7）闭合自锁，KM_2 三相主触点闭合，串联限流电阻器 R 对电动机进行反接制动，使电动机迅速停下来。当电动机的转速低至 100r/min 时，速度继电器 KS 常开触点（7-9）断开，切断了反接制动交流接触器 KM_2 线圈的回路电源，KM_2 线圈断电释放，KM_2 三相主触点断开，电动机反接制动电源解除，从而完成反接制动控制。

2. 现场接线

单向运转反接制动控制电路（二）现场接线如图 3.4 所示。按钮接线如图 3.5 所示。

电路 52　双向运转反接制动控制电路接线

1. 工作原理

双向运转反接制动控制电路原理图如图 3.6 所示。首先合上主回路断路器 QF_1、控制回路断路器 QF_2，为电路工作提供准备条件。

· 正转启动运转

按下正转启动按钮 SB_2（5-7），交流接触器 KM_1 线圈得电吸合且 KM_1 辅助常开触点（5-7）闭合自锁，KM_1 三相主触点闭合，电动机得电正转启动运转了。当电动机转速大于 120r/min 时，速度继电器 KS 动作，KS_2 常开触点（9-11）闭合，为反接制动做准备。

在 KM_1 线圈得电吸合后，KM_1 加在中间继电器 KA 线圈回路中的辅助常开触点（1-15）闭合，为正转反接制动做准备。

· 正转自由停车

轻轻按下停止按钮 SB_1，SB_1 的一组常闭触点（1-3）断开，使交流接触器 KM_1 线圈断电释放，KM_1 三相主触点断开，电动机失电正转停止运转，

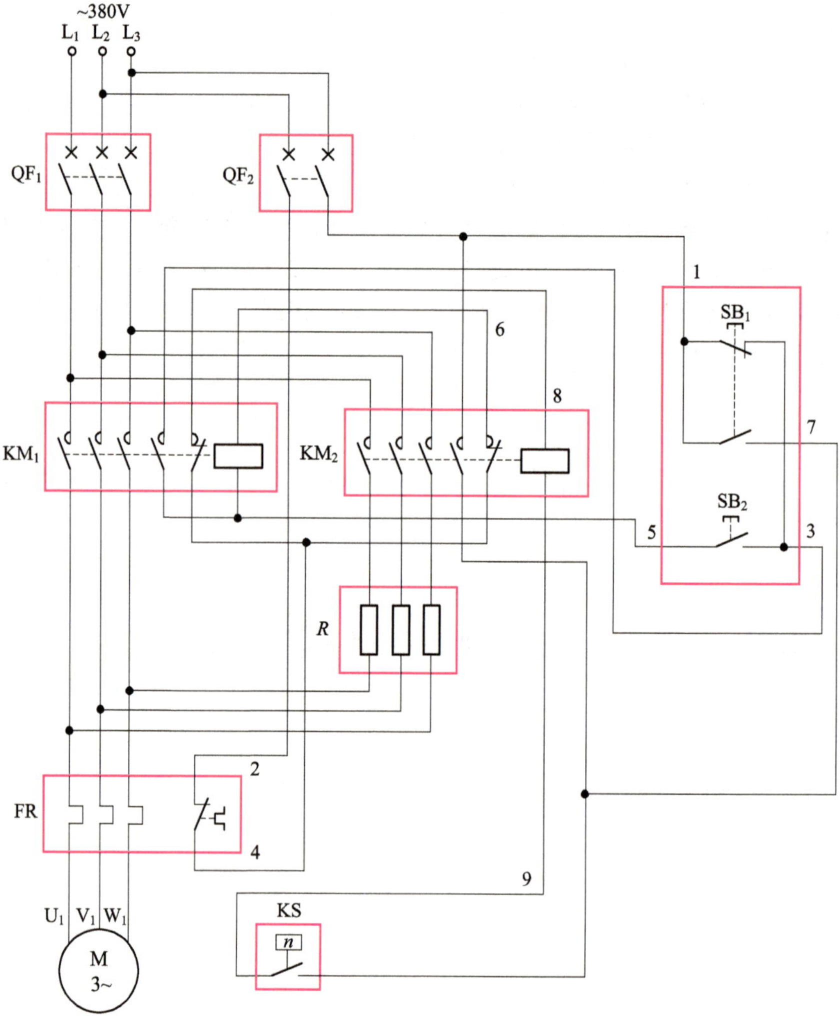

图 3.4　单向运转反接制动控制电路(二)现场接线

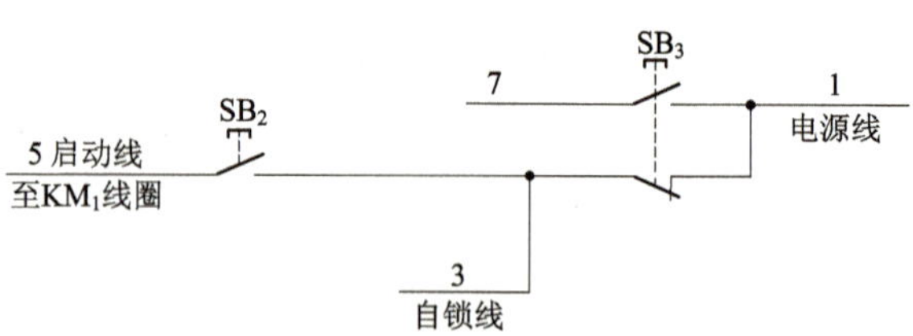

(a) 实际接线

图 3.5　单向运转反接制动控制电路(二)按钮接线

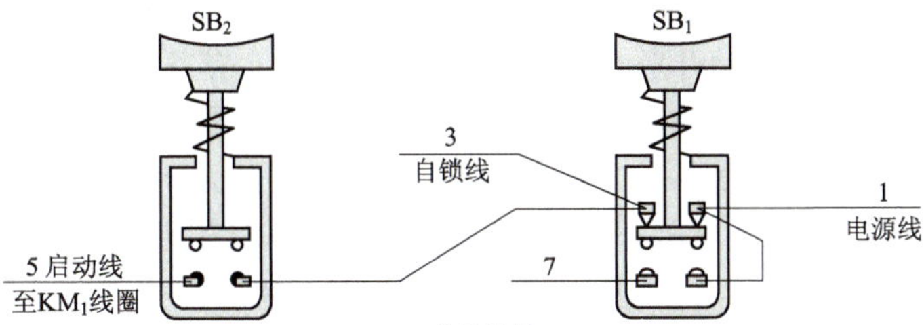

(b) 实物接线

续图 3.5

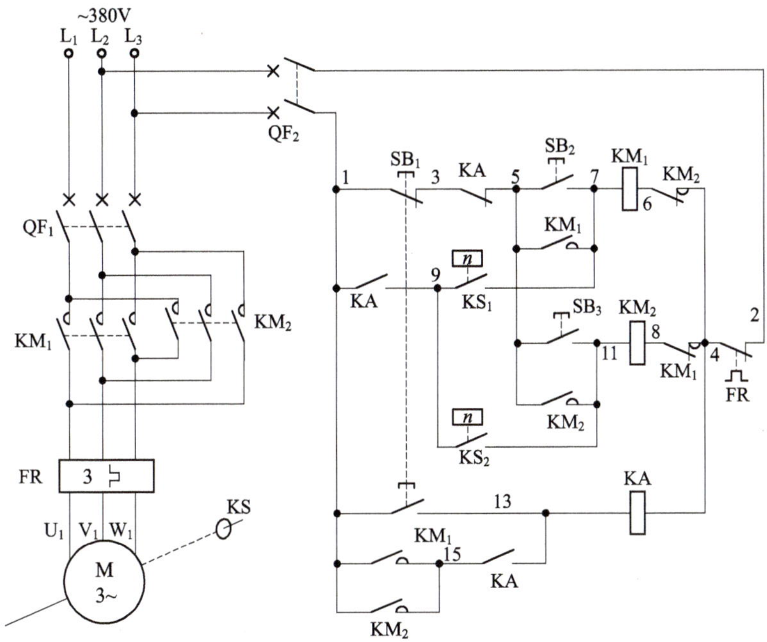

图 3.6　双向运转反接制动控制电路原理图

电动机处于无制动自由停车状态。由于 SB_1 的另一组常开触点(1-13)行程大于 SB_1 的另一组常闭触点(1-3)，所以轻轻按下时其常开触点(1-13)不会闭合。

· 正转反接制动

当电动机正转启动运转后，欲进行反接制动，则将停止按钮 SB_1 按到底，SB_1 的一组常闭触点(1-3)断开，切断了交流接触器 KM_1 线圈回路电源，KM_1 三相主触点断开，电动机失电仍靠惯性继续转动；同时，SB_1 的一组常开触点(1-13)闭合，接通了中间继电器KA线圈回路电源，KA线圈得电吸合且KA常开触点(13-15)闭合自锁，KA串联在速度继电器常开触点回路中的常开触点(1-9)闭合，为电动机反接制动提供控制准备条件，此时，速度继电器KS_2控制常开触点(9-11)仍处于闭合状态，使交流接触器KM_2线圈得电吸合，KM_2三相主触点闭合，电动机得电反转启动运转，使电动机在刚刚正转失电停止后又突然反加上反相序的三相电源，从而使电动机的转速迅速降下来，当电动机的转速低至100r/min时，速度继电器KS_2常开触点(9-11)恢复常开状态，交流接触器KM_2线圈断电释放，KM_2三相主触点断开，电动机失电停止运转，至此，完成正转运转反接制动过程。

· 反转启动运转

按下反转启动按钮SB_3(5-11)，交流接触器KM_2线圈得电吸合且KM_2辅助常开触点(5-11)闭合自锁，KM_2三相主触点闭合，电动机得电反转启动运转了。当电动机转速大于120r/min时，速度继电器KS动作，其KS_1常开触点(7-9)闭合，为反接制动做准备。

在KM_2线圈得电吸合后，KM_2加在中间继电器KA线圈回路中的辅助常开触点(1-15)闭合，为反转反接制动做准备。

· 反转自由停车

轻轻按下停止按钮SB_1，交流接触器KM_2线圈断电释放，KM_2三相主触点断开，电动机失电反转停止运转，电动机处于无制动自由停车状态。

· 反转反接制动

电动机反转启动运转后，欲进行反接制动，则将停止按钮SB_1按到底，SB_1的一组常闭触点(1-3)断开，切断了交流接触器KM_2线圈回路电源，KM_2三相主触点断开，电动机失电仍靠惯性继续转动；同时SB_1的另一组常开触点(1-13)闭合，接通了中间继电器KA线圈回路电源，KA线圈得电吸合且KA常开触点(13-15)闭合自锁，KA串联在速度继电器常开触点回路中的常开触点(1-9)闭合，为电动机反接制动提供控制准备条件，此时，速度继电器KS_1控制常开触点(7-9)仍处于闭合状态，使交流接触器KM_1线圈得电吸合，KM_1三相主触点闭合，电动机得电正转启动运转，使电动机在刚刚反转失电停止后又突然反加上正相序的三相电源，从而使电动机的转速迅速降下来，当电动机的转速低至 100r/min 时，速度继电器 KS_1 常开触点(7-9)恢复常开状态，交流接触器 KM_1 线圈断电释放，KM_1 三相主触点断开，电动机失电停止运转，至此，完成反转运转反接制动过程。

2. 现场接线

双向运转反接制动控制电路现场接线如图 3.7 所示。按钮接线如图 3.8 所示。

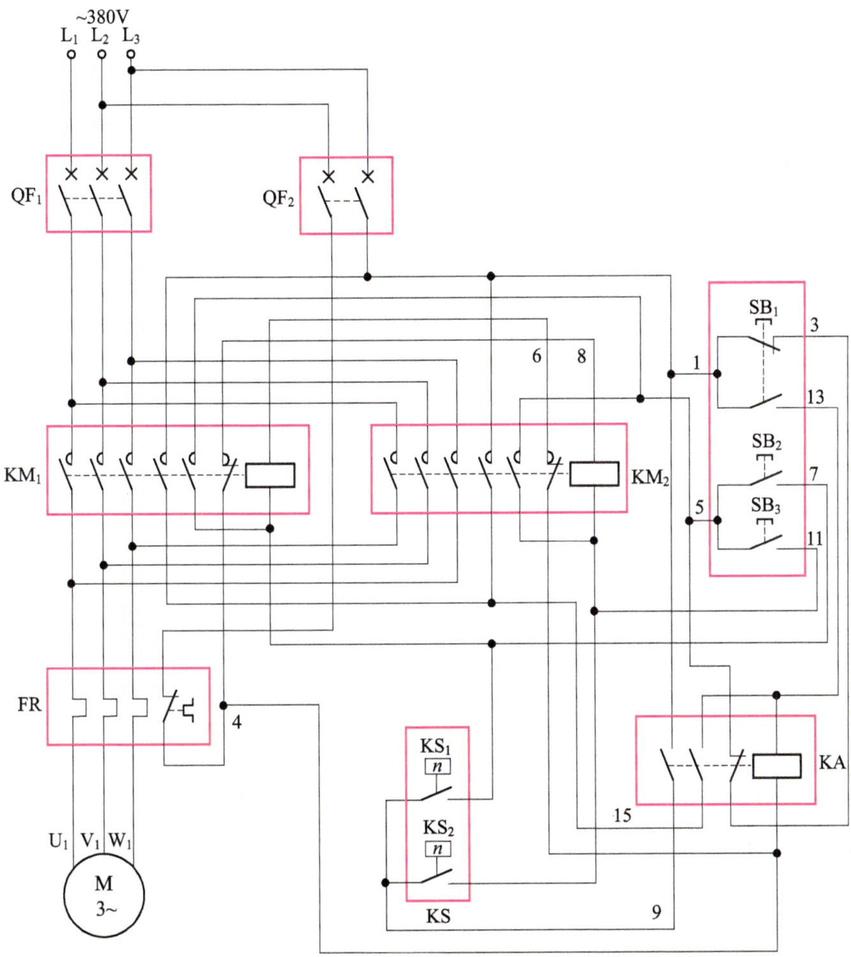

图 3.7　双向运转反接制动控制电路现场接线

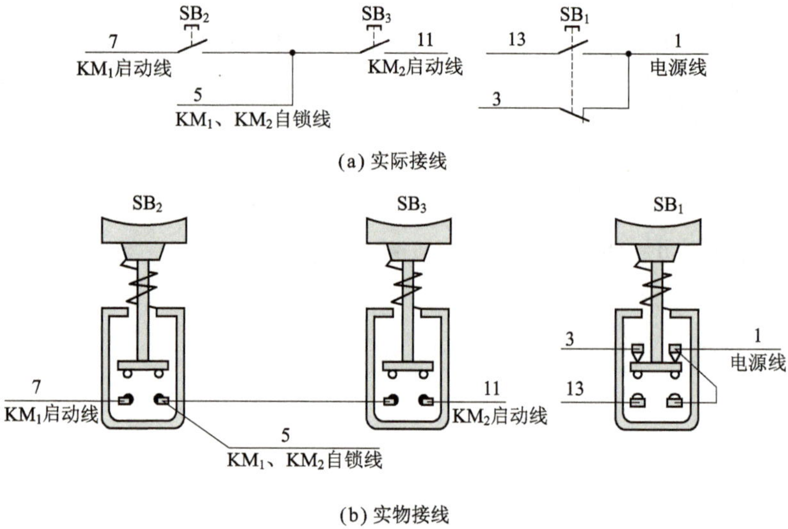

图 3.8 双向运转反接制动控制电路按钮接线图

电路53 电磁抱闸制动控制电路接线

1. 工作原理

电磁抱闸制动控制电路原理图如图 3.9 所示。

· 启 动

按下启动按钮 SB_2，交流接触器 KM_1 线圈得电吸合且 KM_1 辅助常开触点闭合自锁，KM_1 三相主触点闭合，电磁抱闸线圈 YB 先得电，闸瓦先松开闸轮，由于 KM_1 辅助常开触点闭合，使交流接触器 KM_2 线圈得电吸合，KM_2 三相主触点闭合，电动机得电运转工作。

· 停 止

按下停止按钮 SB_1，交流接触器 KM_1、KM_2 线圈断电释放，其各自的三相主触点均断开，电动机以及电磁抱闸线圈均失电，在抱闸闸瓦的作用下迅速制动。

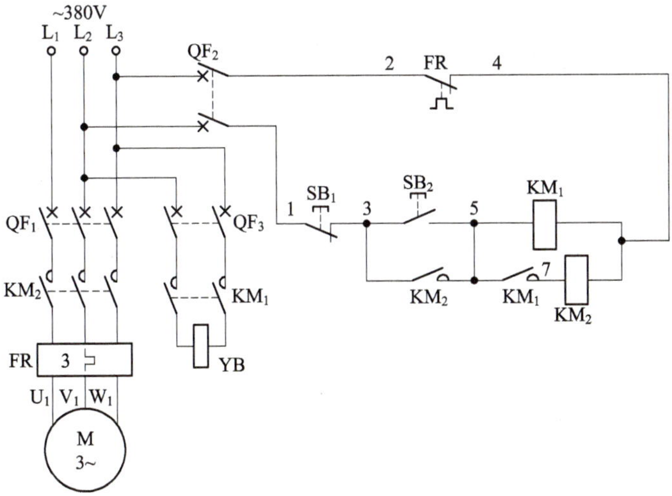

图 3.9　电磁抱闸制动控制电路原理图

2. 现场接线

电磁抱闸制动控制电路现场接线如图 3.10 所示。

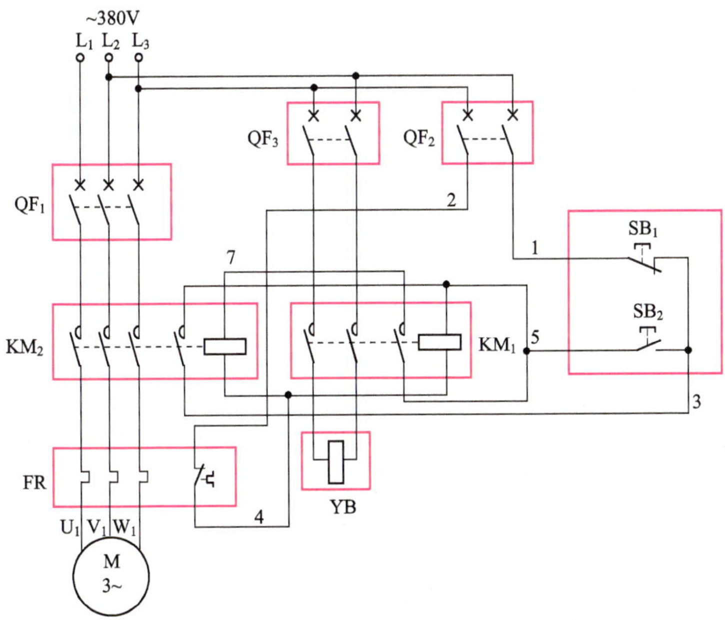

图 3.10　电磁抱闸制动控制电路现场接线

电路54 单管整流能耗制动控制电路接线

1. 工作原理

单管整流能耗制动控制电路原理图如图 3.11 所示。首先合上主回路断路器 QF_1、控制回路断路器 QF_2，为电路工作提供准备条件。

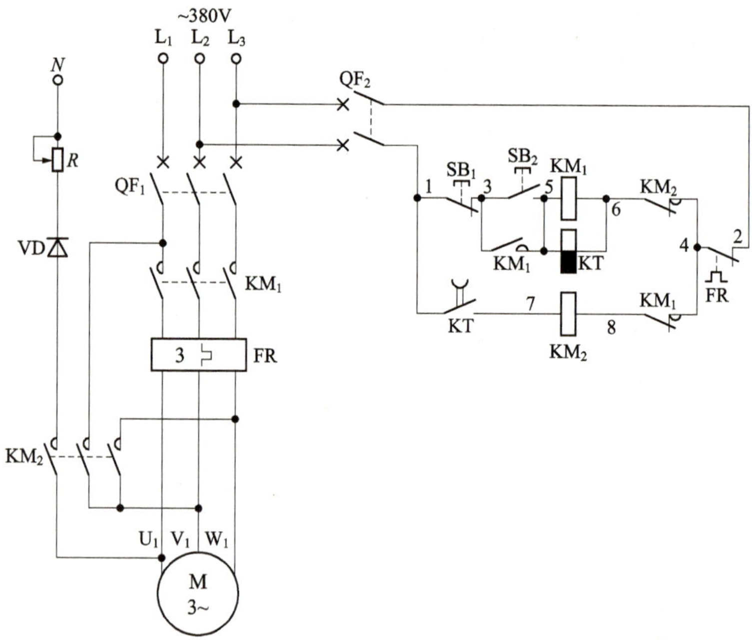

图 3.11 单管整流能耗制动控制电路原理图

· 启 动

按下启动按钮 SB_2(3-5)，交流接触器 KM_1 和失电延时时间继电器 KT 线圈均得电吸合且 KM_1 辅助常开触点(3-5)闭合自锁。需提醒的是，在 KM_1 线圈得电吸合时，KM_1 串联在交流接触器 KM_2 线圈回路中的辅助常闭触点(4-8)先断开，起到互锁保护作用。在 KM_1、KT 线圈得电吸合且 KM_1 辅助常开触点(3-5)闭合自锁后，KT 失电延时断开的常开触点(1-7)也瞬时闭合，为停止时进行能耗制动做好准备。与此同时，KM_1 三相主触点闭合，电动机得电运转工作，拖动设备运转。

· 制　动

按下停止按钮 SB_1(1-3)，交流接触器 KM_1、失电延时时间继电器 KT 线圈均断电释放，KT 开始延时，KM_1 三相主触点断开，电动机绕组失电，仍靠惯性继续转动。与此同时，KM_1 串联在交流接触器 KM_2 线圈回路中的辅助常闭触点(4-8)恢复常闭状态，使交流接触器 KM_2 线圈得电吸合，KM_2 三相主触点闭合，将制动直流电源通入电动机绕组内，使其产生一静止制动磁场，让电动机立即停止下来，从而完成能耗制动工作。经 KT 延时后(其延时间可根据实际情况而定，通常为 1～3s)，KT 失电延时断开的常开触点(1-7)恢复常开状态，切断了交流接触器 KM_2 线圈的回路电源，KM_2 线圈断电释放，KM_2 三相主触点断开，切除制动直流电源，至此，能耗制动自动结束。

2. 现场接线

单管整流能耗制动控制电路现场接线如图 3.12 所示。按钮接线如图 3.13 所示。

电路 55　全波整流单向能耗制动控制电路接线

1. 工作原理

全波整流单向能耗制动控制电路原理图如图 3.14 所示。首先合上主回路断路器 QF_1、制动回路断路器 QF_2、控制回路断路器 QF_3，为电路工作提供准备条件。

· 启　动

按下启动按钮 SB_2(3-5)，交流接触器 KM_1 线圈得电吸合且 KM_1 辅助常开触点(3-5)闭合自锁，KM_1 三相主触点闭合，电动机得电启动运转。

· 自由停车

轻轻按下停止按钮 SB_1，交流接触器 KM_1 线圈断电释放，KM_1 三相主触点断开，电动机失电处于自由停车状态，也就是说，电动机虽然失电

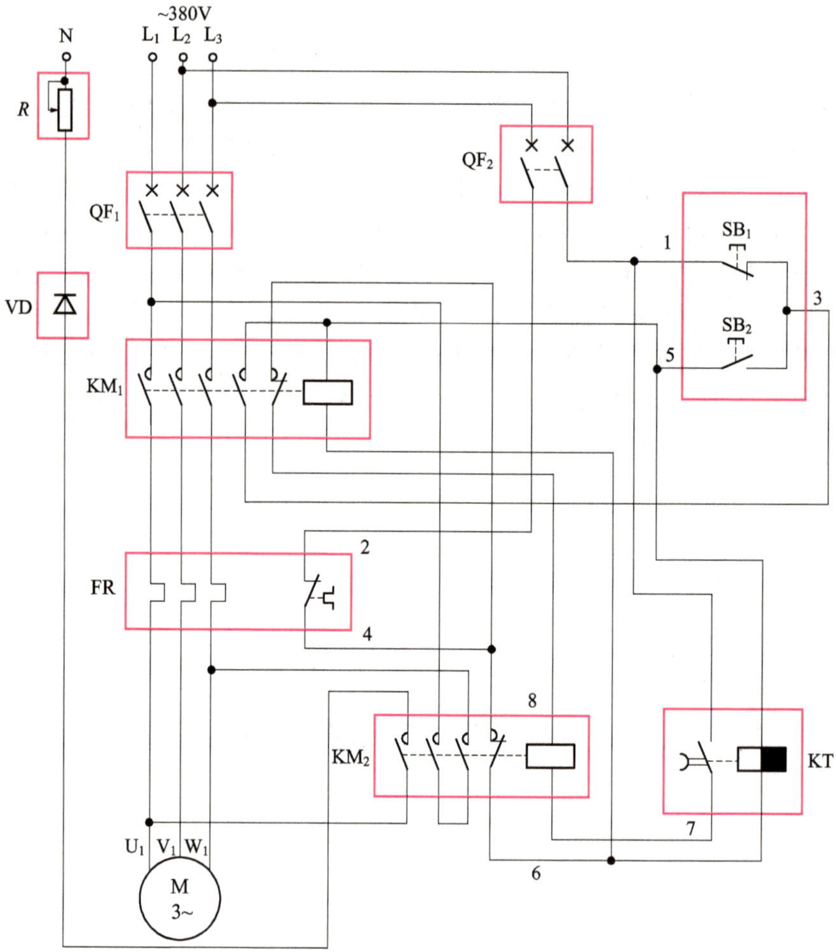

图 3.12　单管整流能耗制动控制电路现场接线

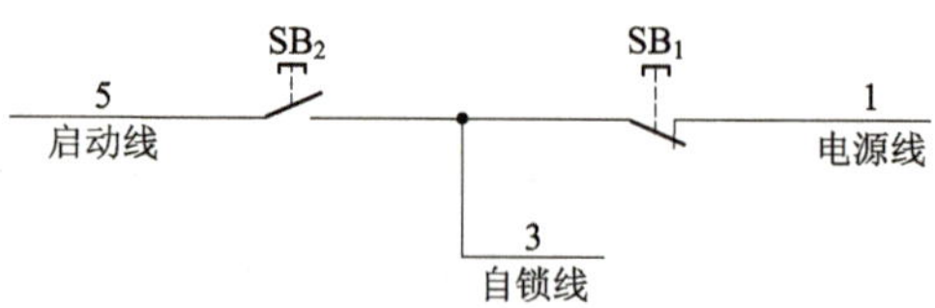

(a) 实际接线

图 3.13　单管整流能耗制动控制电路按钮接线图

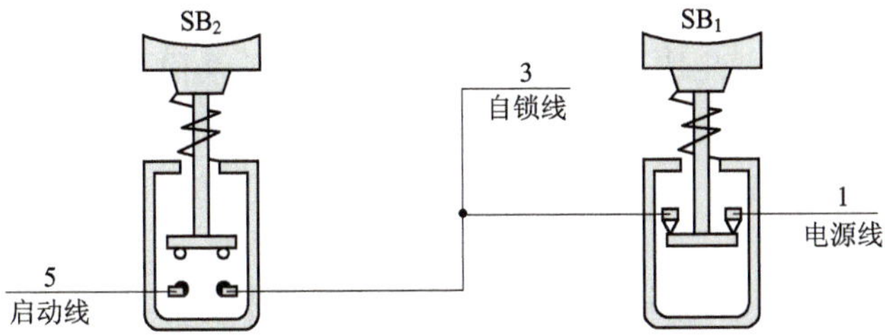

(b) 实物接线

续图 3.13

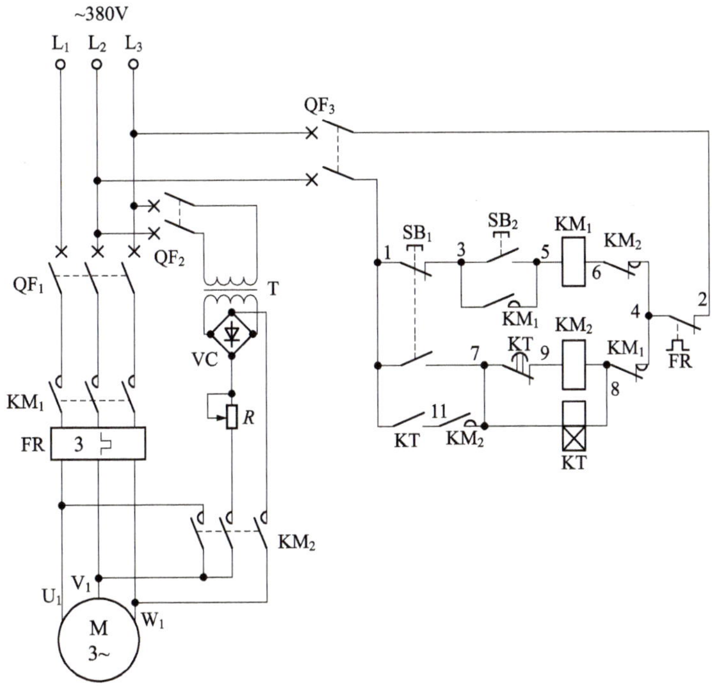

图 3.14　全波整流单向能耗制动控制电路原理图

但仍在惯性的作用下逐渐缓慢地停止下来。

- 制动停车

将停止按钮 SB_1 按到底，SB_1 的一组常闭触点(1-3)断开，交流接触器 KM_1 线圈断电释放，KM_1 三相主触点断开，电动机失电处于自由停车状态；同时，SB_1 的另一组常开触点(1-7)闭合，交流接触器 KM_2 线圈和得电延时时间继电器 KT 线圈同时得电吸合且 KM_2 辅助常开触点(7-11)、KT

不延时瞬动常开触点(1-11)均闭合自锁，KM_2 三相主触点闭合，接通直流电源，电动机在直流电源的作用下产生静止制动磁场而快速停止下来。经 KT 延时后，自动切断制动控制回路电源，电动机制动过程结束。

2. 现场接线

全波整流单向能耗制动控制电路现场接线如图 3.15 所示。按钮接线如图 3.16 所示。

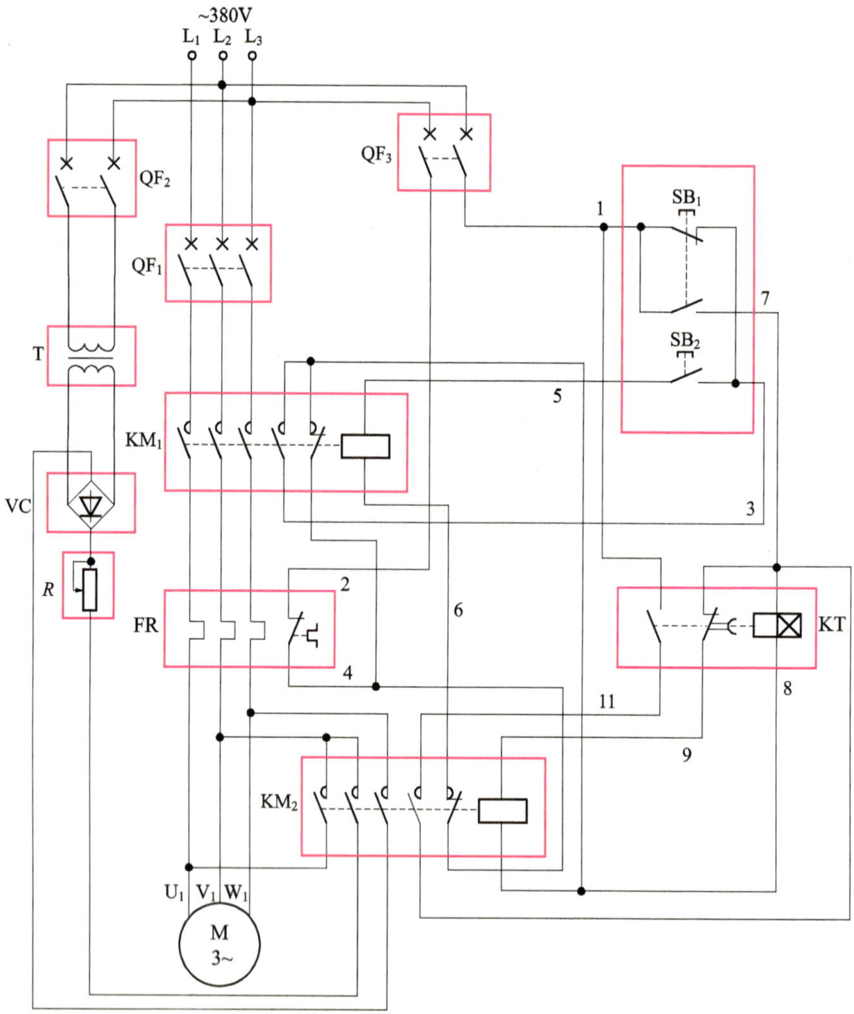

图 3.15 全波整流单向能耗制动控制电路现场接线

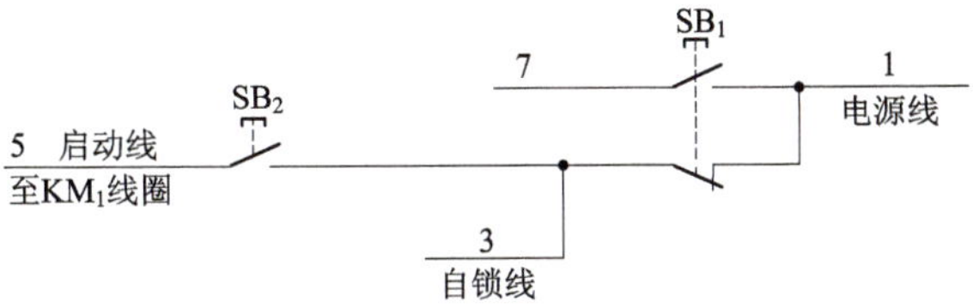

(a) 实际接线

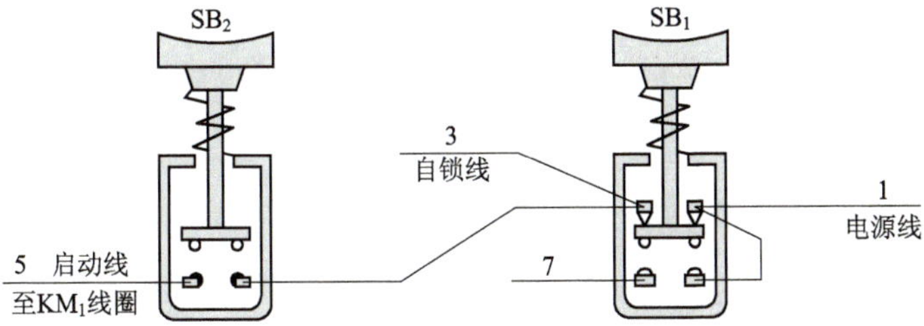

(b) 实物接线

图 3.16　全波整流能耗制动控制电路按钮接线图

Chapter 4

保护及预警电路接线

电路56 浪涌保护器(SPD)应用接线

目前,由雷电而引起的线路过电压问题实在令人头痛,由此引发的故障、火灾会造成巨大的经济损失。

为解决上述问题,人们想了很多方法,但最有效的方法是在线路上加装浪涌保护器(其外形见图 4.1)。这样,当线路中出现过电压时,浪涌保护器会动作,起到保护作用,如图 4.2 所示。

根据 GB 50057-1994《建筑物防雷设计规范》规定:

(1) Ⅰ类(D 级)作为信息设备保护。

(2) Ⅱ类(C 级)作为家用电器、仪器仪表保护。

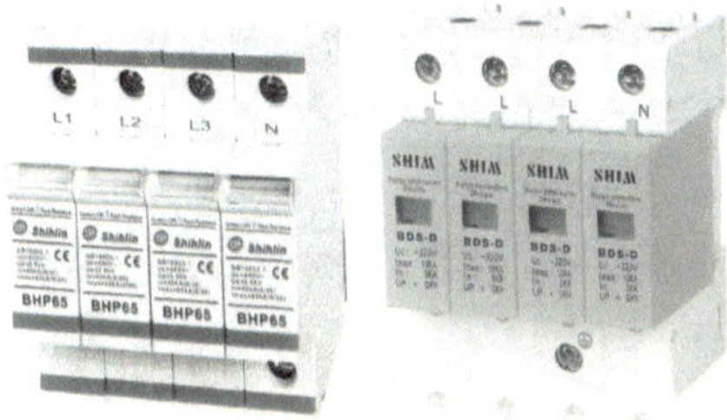

图 4.1 浪涌保护器外形

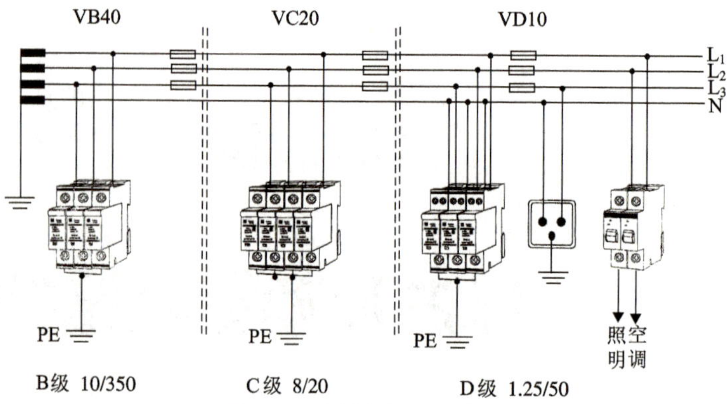

图 4.2 浪涌保护器工作图

(3) Ⅲ类(B 级)作为配电盘以及分支断路器保护。

(4) Ⅳ类(A 级)作为变压器出口总配电柜保护。

在电路未出现过电压时,由于此保护器内部采用非线性电子器件,所以保护器为高阻抗状态。只有在线路遭到雷击或电网电压过高时,出现过电压,该保护器才迅速导通(纳秒级),使线路中的浪涌电流通过 PE 线泄放至大地,从而保护了电气设备免受过电压危害。倘若施加在浪涌保护上的过电压消失,则此保护器又恢复到高阻抗状态,可继续作为线路保护,从而使电路正常工作。

通常采用 TH-35mm 导轨安装,装拆更换极为方便。当器件失效时,会及时显示出来,正常时为绿色,失效时为红色,以提醒及时更换。目前生产的浪涌保护器还附有故障遥控报警及声光报警等功能。

系统防雷工程示意图如图 4.3 所示。

CDY1 系列浪涌保护器外接线端示意图如图 4.4 所示。

安装 TH-35mm 导轨如图 4.5 所示。

浪涌保护器在 TT、TN、IT 系统的应用如图 4.6~图 4.11 所示。对于 TT 接地系统,采用浪涌保护器加气体放电器。对于 TN-C、TN-S、TN-C-S 接地系统,采用浪涌保护器。

安装时应避免串联接地,如图 4.12 所示。

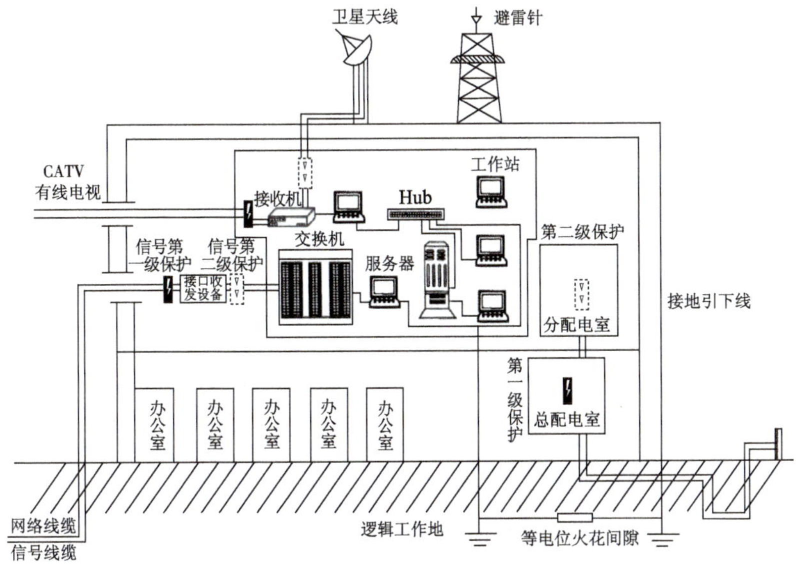

图 4.3　系统防雷工程示意图

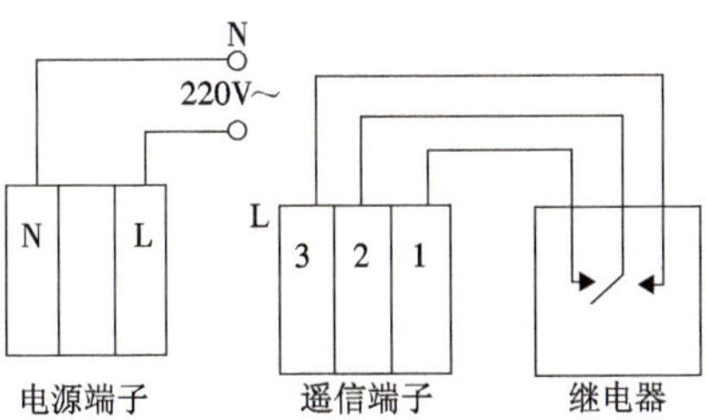

图 4.4　CDY1 系列浪涌保护器外接线端示意图

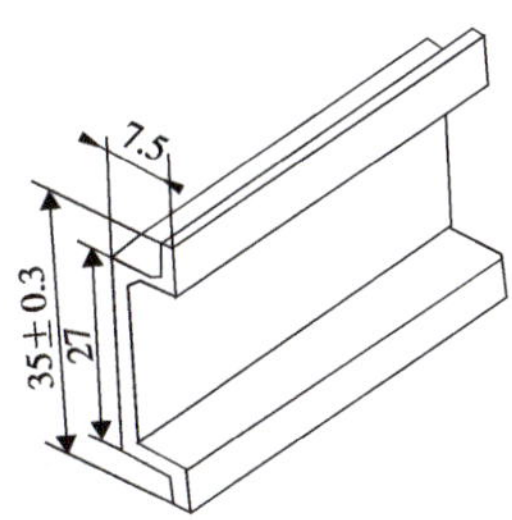

图 4.5　TH-35mm 导轨

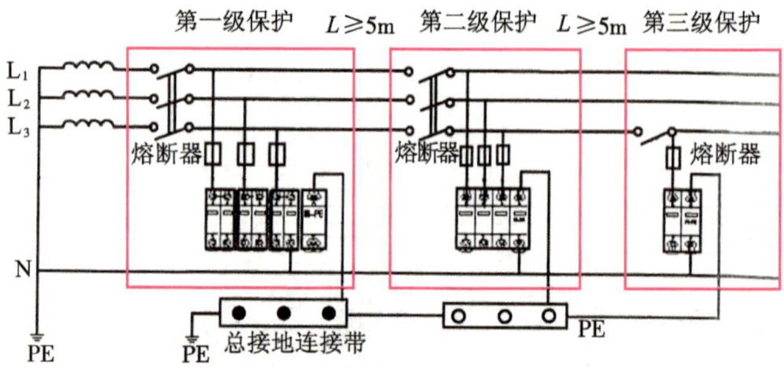

说明：L1、L2、L3 为相线；N 为中性线；PE 为接地线

图 4.6 浪涌保护器应用示例(一)

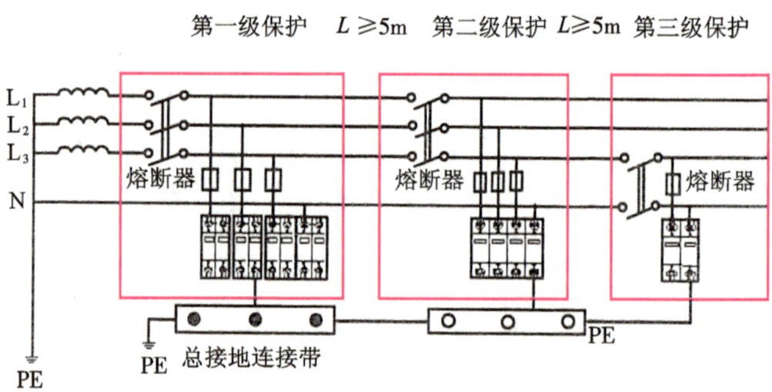

说明：L1、L2、L3 为相线；N 为中性线；PE 为接地线

图 4.7 浪涌保护器应用示例(二)

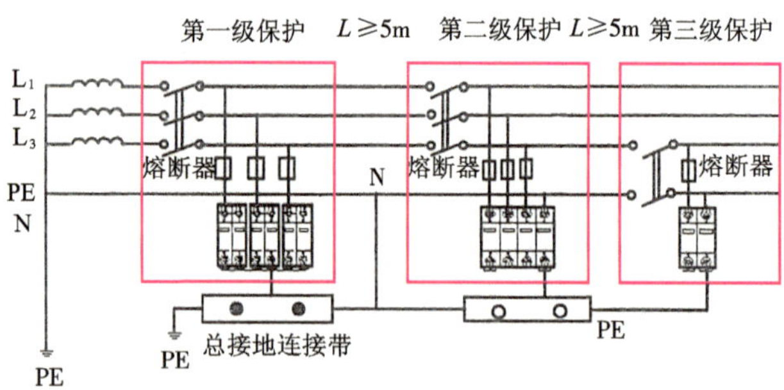

说明：L1、L2、L3 为相线；N 为中性线；PE 为接地线

图 4.8 浪涌保护器应用示例(三)

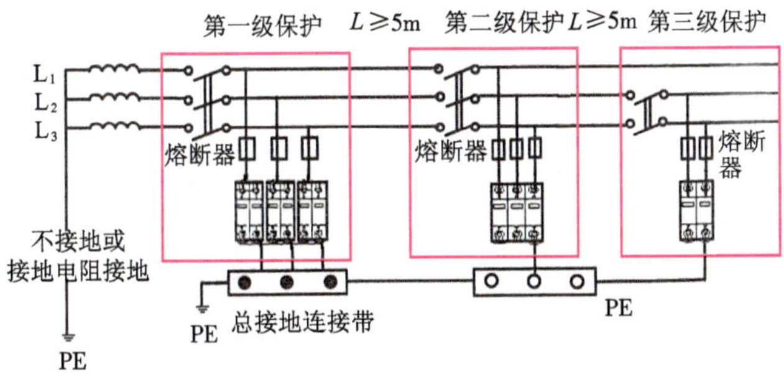

图 4.9　浪涌保护器应用示例(四)

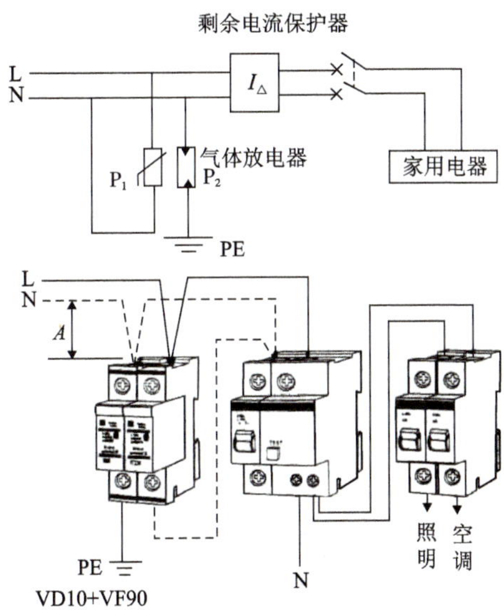

图 4.10　浪涌保护器应用示例(五)

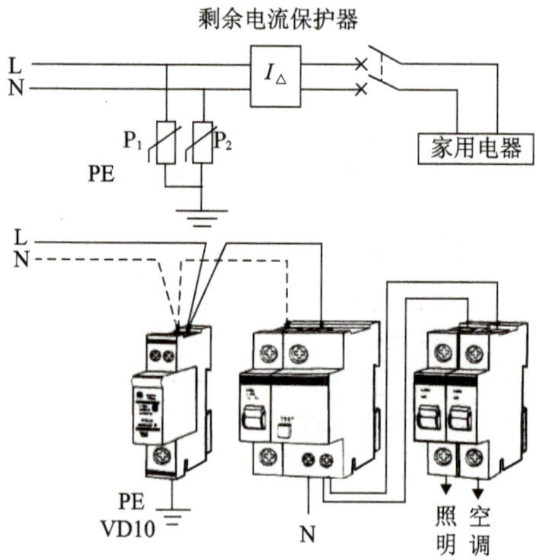

图 4.11 浪涌保护器应用示例(六)

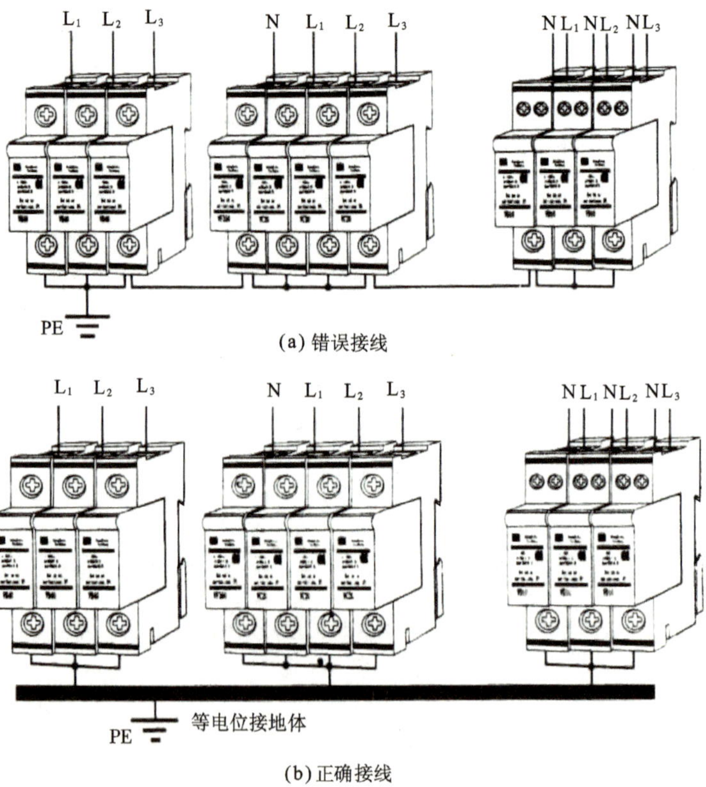

图 4.12 浪涌保护器现场接线

电路 57 浪涌保护器在 TT 接地系统中的安装方式

浪涌保护器在 TT 接地系统中的安装方式如图 4.13 所示。

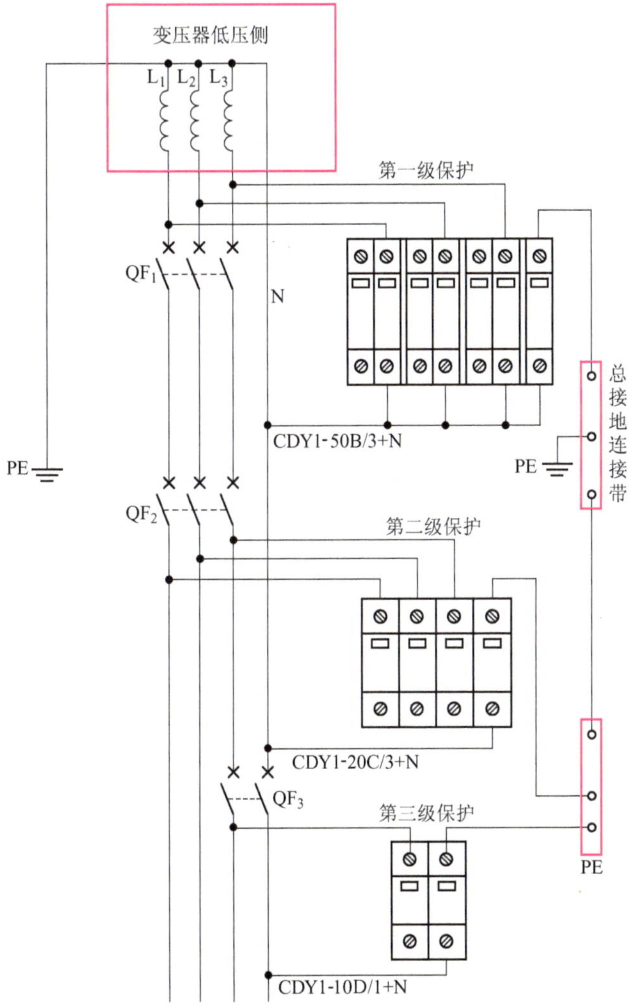

图 4.13　浪涌保护器在 TT 接地系统中的安装方式

电路58 浪涌保护器在IT接地系统中的安装方式

浪涌保护器在 IT 接地系统中的安装方式如图 4.14 所示。

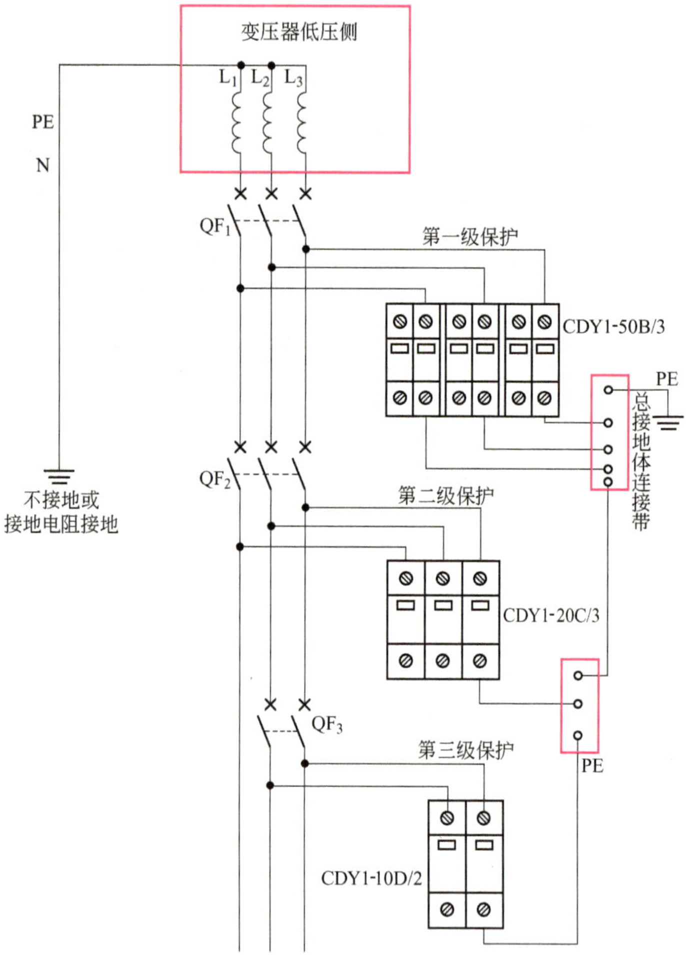

图 4.14 浪涌保护器在 IT 接地系统中的安装方式

电路 59　浪涌保护器在 TN-S 接地系统中的安装方式

浪涌保护器在 TN-S 接地系统中的安装方式如图 4.15 所示。

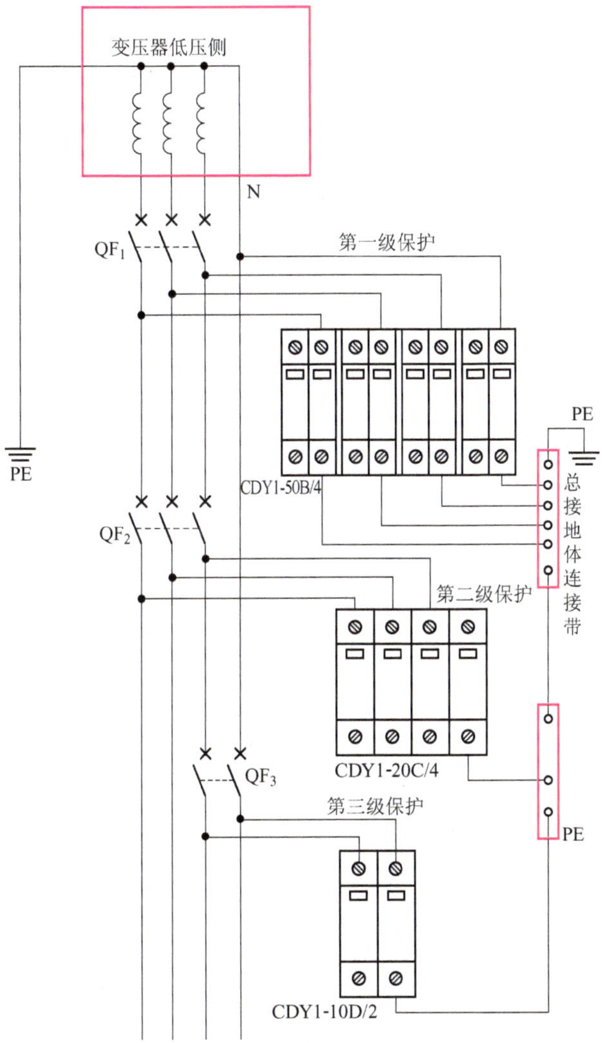

图 4.15　浪涌保护器在 TN-S 接地系统中的安装方式

电路60 浪涌保护器在TN-C-S接地系统中的安装方式

浪涌保护器在 TN-C-S 接地系统中的安装方式如图 4.16 所示。

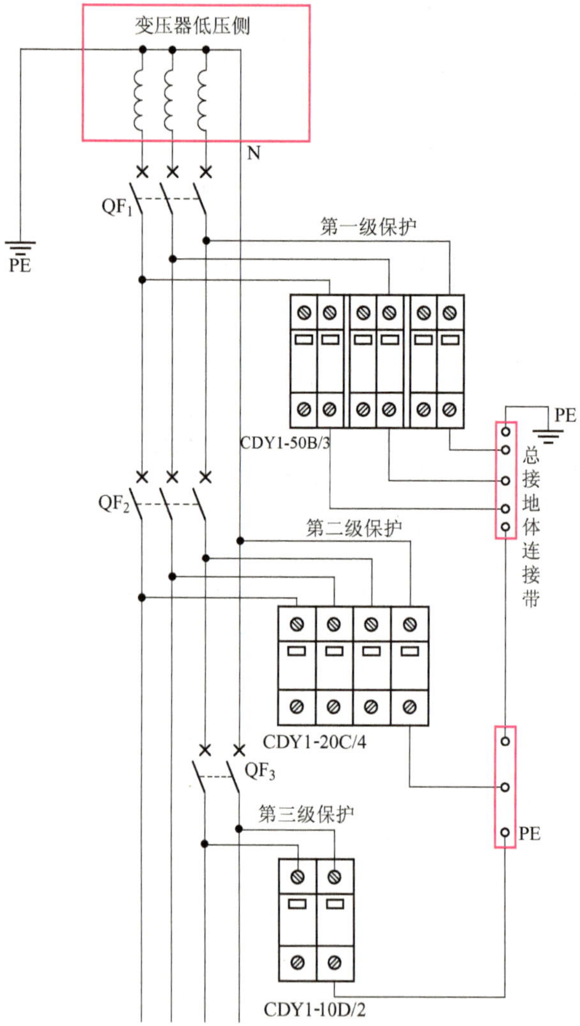

图 4.16 浪涌保护器在 TN-C-S 接地系统中的安装方式

电路 61　带热继电器过载保护的点动控制电路接线

1. 工作原理

带热继电器过载保护的点动控制电路原理图如图 4.17 所示，其工作原理与单向点动控制电路基本相同，仅有一点不同就是带有热继电器作为电动机过载保护。可以这样讲，该电路在所有点动电路中是设计最合理、安全性最高的。它不但具有短路保护 QF_1、QF_2，还带有过载保护。当电动机过载时，热继电器 FR 内的双金属片受热弯曲，推动常闭触点动作断开控制电路，以保护电动机不会因过载而烧坏。

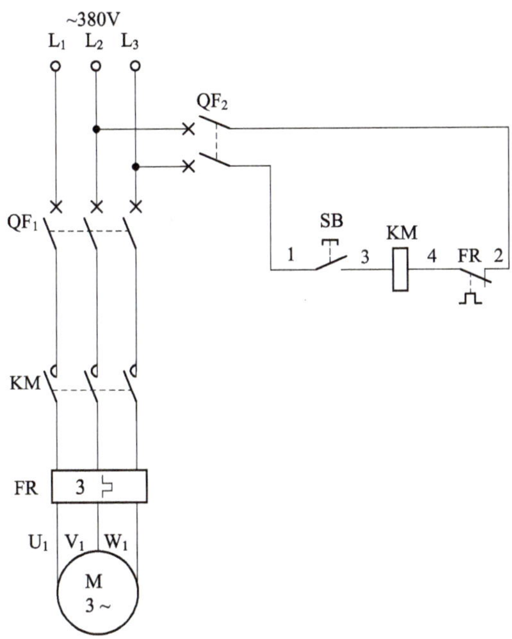

图 4.17　带热继电器过载保护的点动控制电路原理图

2. 现场接线

带热继电器过载保护的点动控制电路现场接线如图 4.18 所示。按钮实际接线如图 4.19 所示。

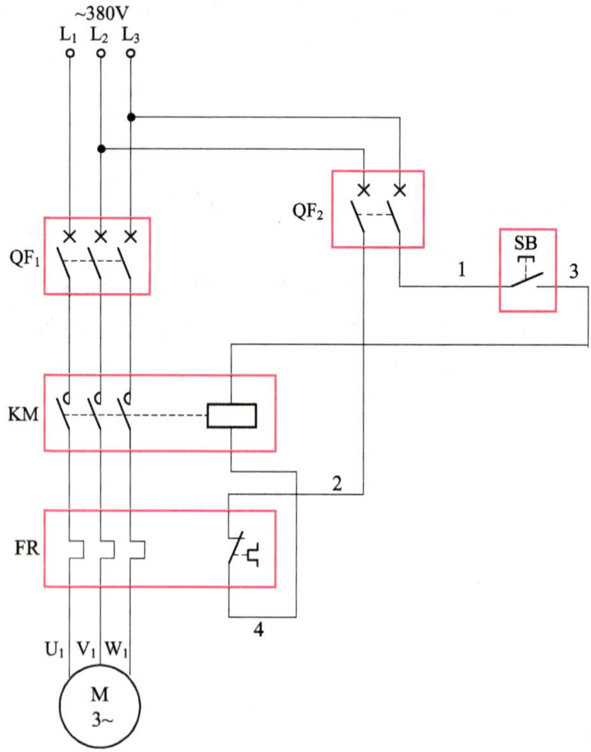

图 4.18　带热继电器过载保护的点动控制电路现场接线

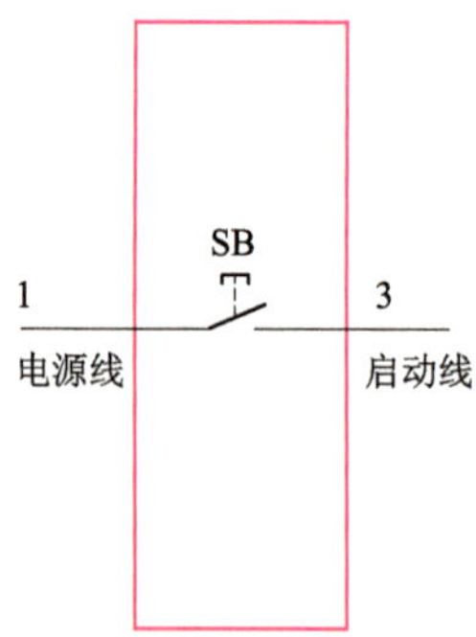

图 4.19　带热继电器过载保护的点动控制电路按钮实际接线

电路 62 具有三重互锁保护的正反转控制电路接线

1. 工作原理

具有三重互锁保护的正反转控制电路原理图如图 4.20 所示。首先合上主回路断路器 QF_1、控制回路断路器 QF_2，为电路工作提供准备条件。

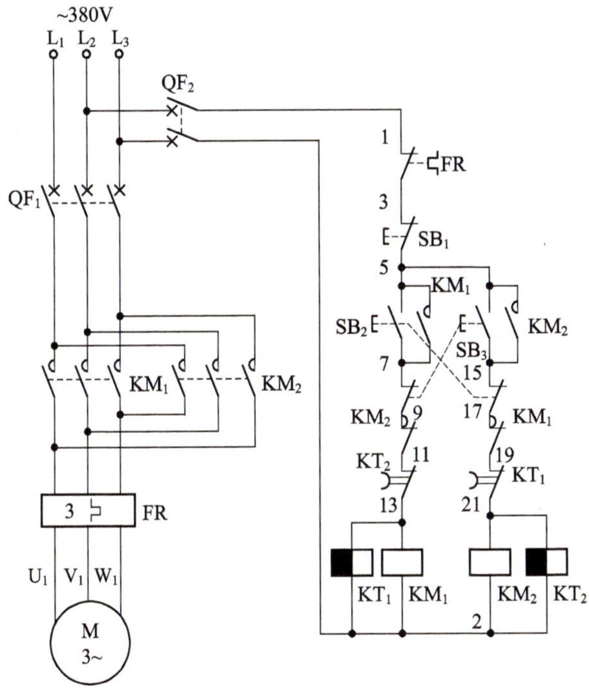

图 4.20　具有三重互锁保护的正反转控制电路原理图

所谓三重互锁，即按钮常闭触点互锁、交流接触器常闭触点互锁、失电延时时间继电器失电延时闭合的常闭触点互锁，此电路互锁程度极高。

· 正转启动控制

按下正转启动按钮 SB_2，首先 SB_2 的一组串联在反转交流接触器 KM_2 线圈回路中的常闭触点(15-17)断开，切断了反转交流接触器 KM_2 线圈的回路电源，起到按钮互锁作用；此时 SB_2 的另外一组常开触点(5-

7)闭合，使正转交流接触器 KM_1 和失电延时时间继电器 KT_1 线圈均得电吸合且 KM_1 辅助常开触点(5-7)闭合自锁。在 KM_1、KT_1 线圈得电吸合的同时，KM_1 串联在反转交流接触器 KM_2 线圈回路中的辅助常闭触点(17-19)断开，起到交流接触器常闭触点互锁保护作用；与此同时，KT_1 串联在反转交流接触器 KM_2 线圈回路中的失电延时闭合的常闭触点(19-21)立即断开，反转交流接触器 KM_2 线圈回路处于断开状态，此作用为失电延时闭合的常闭触点互锁。由于电路中加入了三重互锁，安全互锁程度极高，这样就保证了在正转工作时，反转控制回路是得不到工作条件的。此时正转交流接触器 KM_1 三相主触点闭合，电动机得电正转运转，拖动设备正转工作。

· 正转停止控制

按下停止按钮 SB_1(3-5)，正转交流接触器 KM_1 和失电延时时间继电器 KT_1 线圈均断电释放，KM_1 三相主触点断开，切断了电动机的正转电源，电动机失电停止运转，拖动设备停止工作；在 KM_1 线圈断电释放的同时，KM_1 串联在反转交流接触器 KM_2 线圈回路中的辅助常闭触点(17-19)恢复常闭状态，为反转控制回路工作提供条件，此时若再按下反转启动按钮 SB_3，反转交流接触器 KM_2 线圈也不会得电吸合。这是因为还有一个互锁装置未解除，也就是说，在 KT_1 失电延时时间继电器线圈断电的同时，KT_1 开始延时，KT_1 串联在反转交流接触器 KM_2 线圈回路中的失电延时闭合的常闭触点(19-21)开始延时恢复，经 KT_1 延时(一般为 3s)后，KT_1 失电延时闭合的常闭触点(19-21)才能恢复常闭状态，这样才允许进行反转回路启动操作。

· 反转启动控制

按下反转启动按钮 SB_3，首先 SB_3 的一组串联在正转交流接触器 KM_1 线圈回路中的常闭触点(7-9)断开，切断了正转交流接触器 KM_1 线圈回路电源，起到按钮互锁作用；此时 SB_3 的另外一组常开触点(5-15)闭合，使反转交流接触器 KM_2 和失电延时时间继电器 KT_2 线圈均得电吸合且 KM_2 辅助常开触点(5-15)闭合自锁。在 KM_2、KT_2 线圈得电吸合的同时，KM_2 串联在正转交流接触器 KM_1 线圈回路中的辅助常闭触点(9-11)断开，起到交流接触器常闭触点互锁保护作用；与此同时，KT_2 串联在正转交流接触器 KM_1 线圈回路中的失电延时闭合的常闭触点(11-

13)立即断开，正转交流接触器 KM_1 线圈回路处于断开状态，此作用为失电延时闭合的常闭触点互锁。由于电路中加入了三重互锁，安全互锁程度极高，这样就保证了在反转工作时，正转控制回路是得不到工作条件的。此时反转交流接触器 KM_2 三相主触点闭合，电动机得电反转运转，拖动设备反转工作。

· 反转停止控制

按下停止按钮 SB_1(3-5)，反转交流接触器 KM_2 和失电延时时间继电器 KT_2 线圈均断电释放，KM_2 三相主触点断开，切断了电动机的反转电源，电动机失电停止运转，拖动设备停止工作，在 KM_2 线圈断电释放的同时，KM_2 串联在正转交流接触器 KM_1 线圈回路中的辅助常闭触点(9-11)恢复常闭状态，为正转控制回路工作提供条件，此时若再按下正转启动按钮 SB_2，正转交流接触器 KM_1 线圈也不会得电吸合。这是因为还有一个互锁装置未解除，也就是说，在 KT_2 失电延时时间继电器线圈断电的同时，KT_2 开始延时，KT_2 串联在正转交流接触器 KM_1 线圈回路中的失电延时闭合的常闭触点(11-13)开始延时恢复，经 KT_2 延时(一般为3s)后，KT_2 失电延时闭合的常闭触点(11-13)才能恢复常闭状态，这样才允许进行正转回路启动操作。

2. 现场接线

具有三重互锁保护的正反转控制电路现场接线如图 4.21 所示。按钮接线如图 4.22 所示。

电路63 防止抽水泵空抽保护电路接线

1. 工作原理

防止抽水泵空抽保护电路原理图如图 4.23 所示。合上主回路保护断路器 QF_1、控制回路保护断路器 QF_2、控制变压器保护断路器 QF_3，电动机停止兼电源指示灯 HL_1 亮，说明电动机已停止且电源有电，若此时指示灯 HL_3 亮，则说明水池内有水。若水池有水，探头 A、B 被水短接，

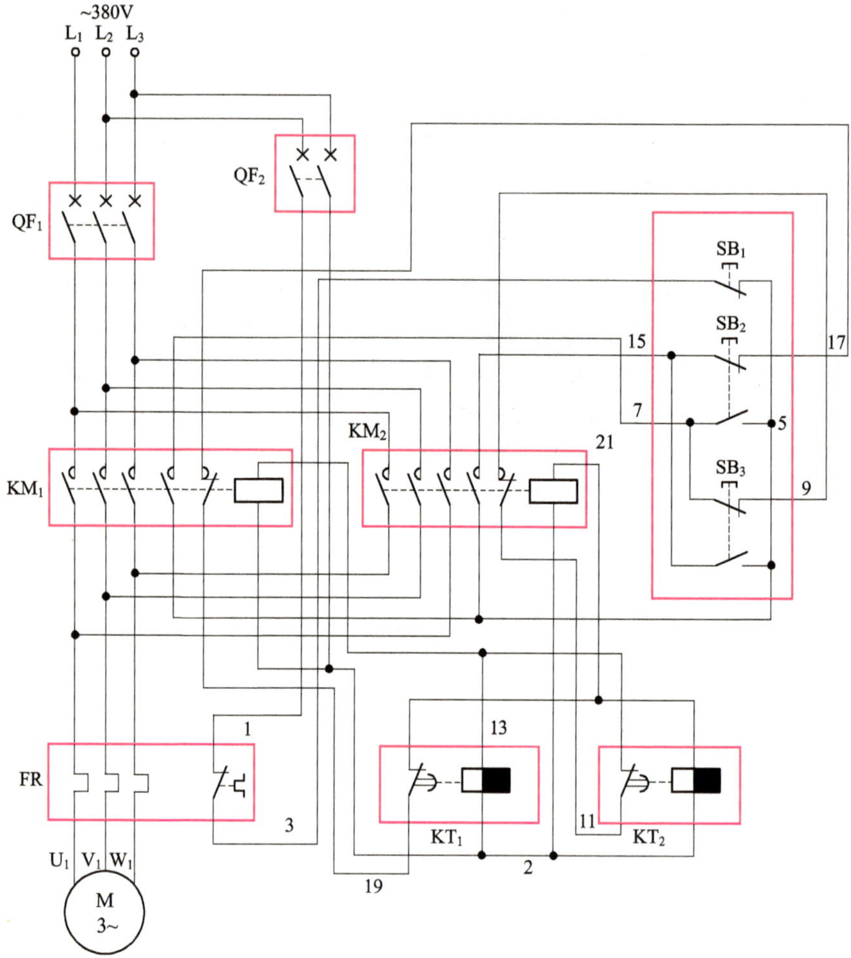

图 4.21 具有三重互锁保护的正反转控制电路现场接线

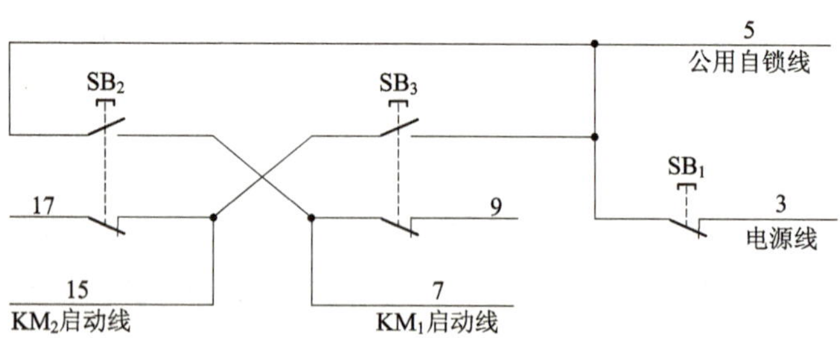

(a) 实际接线

图 4.22 具有三重互锁保护的正反转控制电路按钮接线图

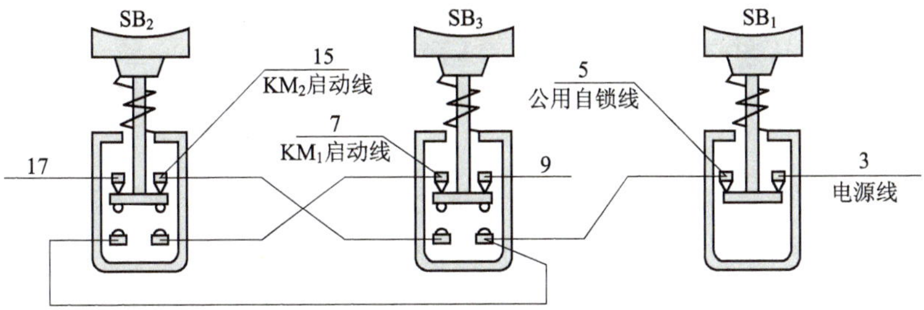

(b) 实物接线

续图 4.22

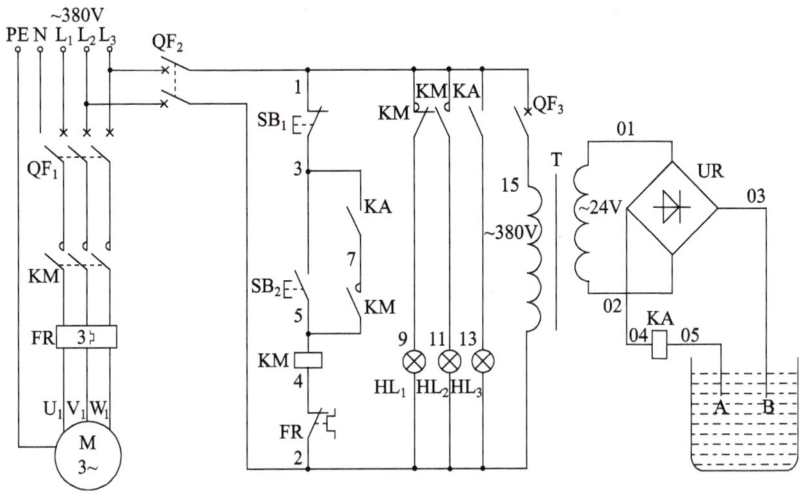

图 4.23　防止抽水泵空抽保护电路原理图

小型灵敏继电器 KA 线圈得电吸合，KA 的两组常开触点均闭合，一组常开触点(1-13)闭合，为水池有水指示，另一组常开触点(3-7)闭合，作为 KM 自锁信号，为允许自锁提供条件。启动时，按下启动按钮 SB_2(3-5)，交流接触器 KM 线圈得电吸合且 KM 辅助常开触点(5-7)闭合自锁，KM 三相主触点闭合，水泵电动机得电启动运转，带动水泵进行抽水；同时指示灯 HL_1 灭，HL_2 亮，说明水泵电动机已运转了。当水池内无水时，探头 A、B 悬空，小型灵敏继电器 KA 线圈断电释放，KA 的一组常开触点(3-7)断开，切断交流接触器 KM 线圈的回路电源，KM 线圈断电释放，KM 三相主触点断开，水泵电动机失电停止运转，水泵停止抽水；同时，指示灯 HL_2 灭，HL_1 亮，说明水泵电动机已停止运转了；同时，KA 的另外一组常开触点(1-13)断开，指示灯 HL_3 灭，说明水池已无水。通过以上控制可有效地起到防止抽水泵空抽现象，起到保护作用。

2. 现场接线

防止抽水泵空抽保护电路现场接线如图 4.24 所示。按钮接线图如图 4.25 所示。

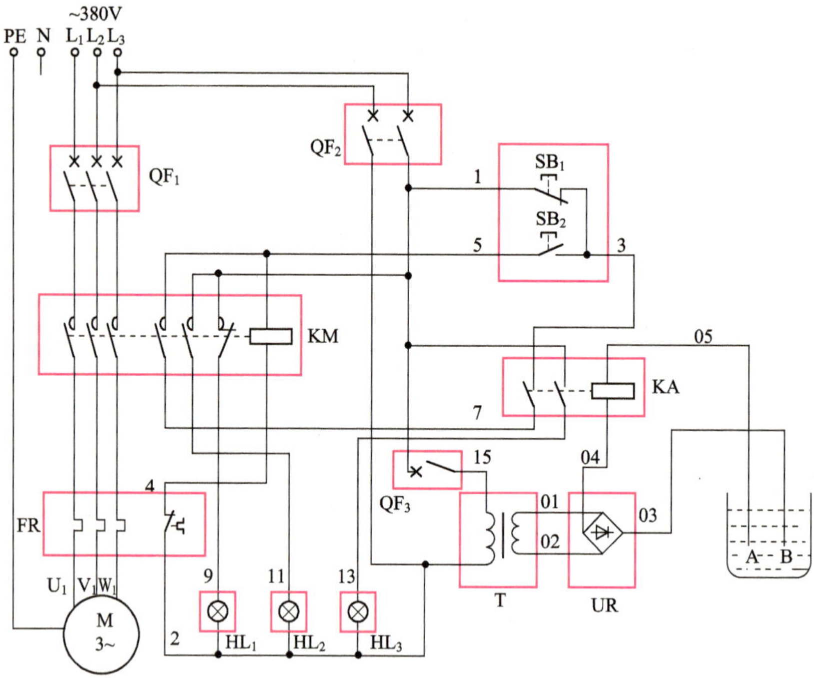

图 4.24 防止抽水泵空抽保护电路现场接线

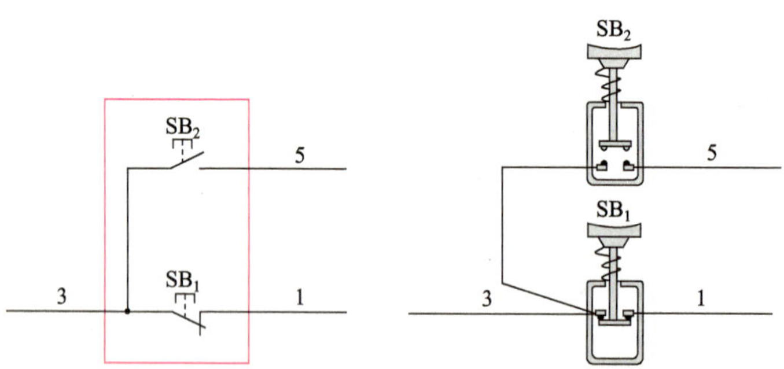

(a) 实际接线　　(b) 实物接线

图 4.25 防止抽水泵空抽保护电路按钮接线图

电路 64　电动机过电流保护电路接线

1. 工作原理

电动机过电流保护电路原理图如图 4.26 所示。

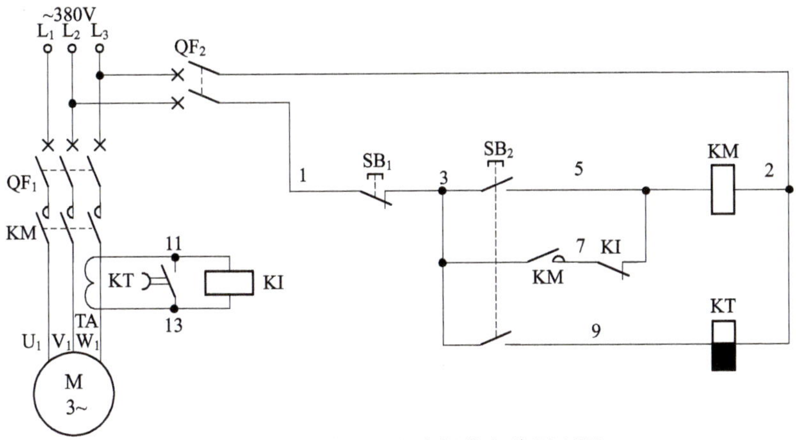

图 4.26　电动机过电流保护电路原理图

· 启　动

启动时，按下启动按钮 SB_2 后又松开，SB_2 的一组常开触点（3-5）闭合，交流接触器 KM 线圈得电吸合；与此同时，SB_2 的另一组常开触点（3-9）闭合，使得失电延时时间继电器 KT 线圈得电吸合后又断电释放并开始延时，KT 失电延时断开的常开触点（11-13）立即闭合，将过电流继电器 KI 线圈短接起来，以防止在启动时，由于电动机启动电流很大，造成过电流继电器 KI 线圈吸合而出现误动作。此时，KM 辅助常开触点（3-7）闭合，与 KI 常闭触点（5-7）共同组成 KM 线圈的自锁回路，KM 三相主触点闭合，电动机得电启动运转。经 KT 一段延时，电动机启动后，其电流降为额定电流，KT 失电延时断开的常开触点（11-13）断开；过电流继电器投入工作，为电动机出现过电流起到保护作用做准备。

· 过电流

电动机正常启动运转后，出现过电流时，电流互感器 TA 感应到电流增大，使电流继电器 KI 线圈吸合动作，KI 串联在交流接触器 KM 线圈回路中的常闭触点(5-7)断开，切断其自锁回路，KM 线圈断电释放，KM 三相主触点断开，电动机失电停止运转，从而起到过电流保护作用。

2. 现场接线

电动机过电流保护电路现场接线如图 4.27 所示。

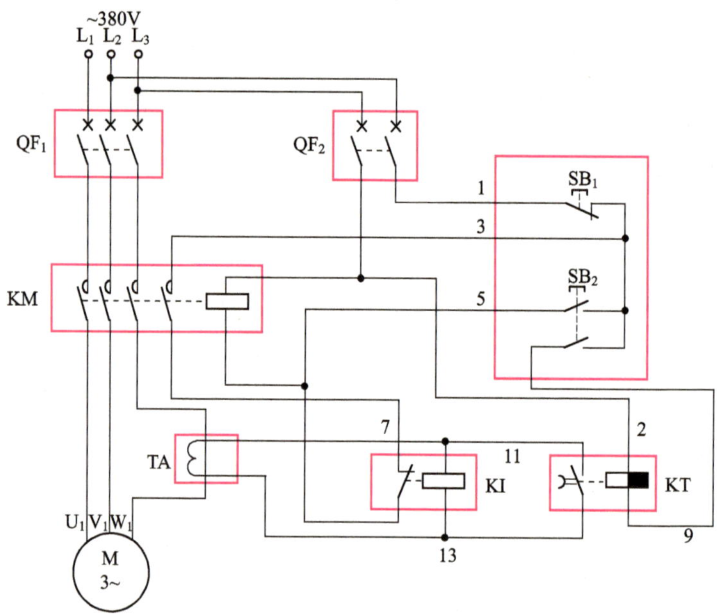

图 4.27 电动机过电流保护电路现场接线

电路65 电动机绕组过热保护电路接线

1. 工作原理

电动机绕组过热保护电路原理图如图 4.28 所示。

· 启 动

启动时，按下启动按钮 SB_2(5-7)，交流接触器 KM 线圈得电吸合且

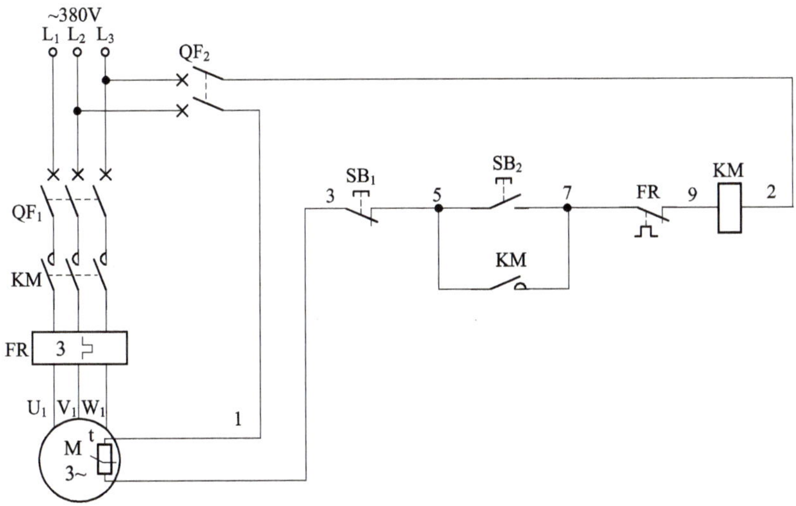

图 4.28　电动机绕组过热保护电路原理图

KM 辅助常开触点(5-7)闭合自锁，KM 三相主触点闭合，电动机得电启动运转。

· 绕组过热

当电动机绕组温度过高时，嵌在电动机绕组内的正温度系数热敏电阻(1-3)就会呈高阻状态，切断交流接触器 KM 线圈的回路电源，KM 线圈断电释放，KM 三相主触点断开，电动机失电停止运转，从而起到保护作用。

2. 现场接线

电动机绕组过热保护电路现场接线如图 4.29 所示。

电路 66　电动机断相保护电路接线

1. 工作原理

电动机断相保护电路原理图如图 4.30 所示。

· 启　动

按下启动按钮 SB_2(3-5)，交流接触器 KM 线圈得电吸合，KM 三相主

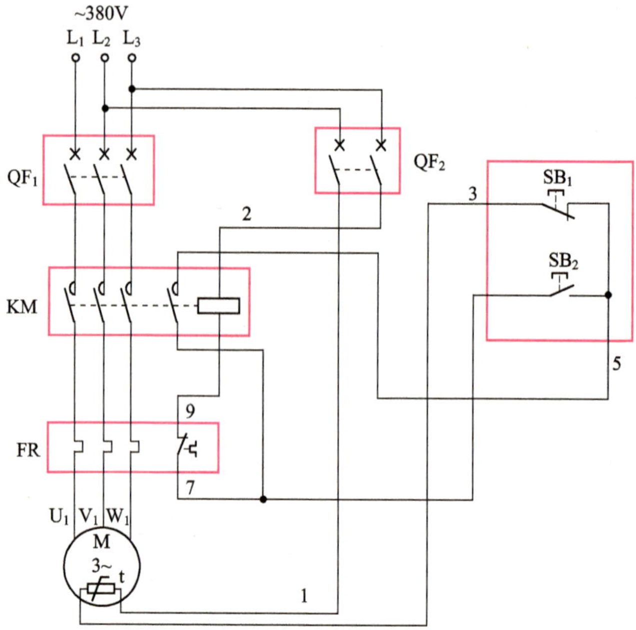

图 4.29 电动机绕组过热保护电路现场接线

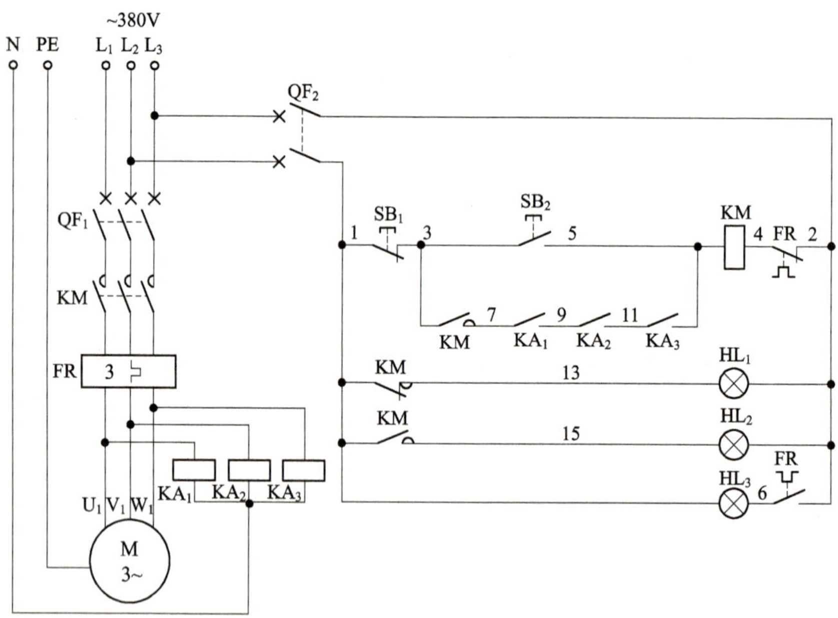

图 4.30 电动机断相保护电路原理图

触点闭合，电动机得电启动运转，若此时三相电源无缺相，则三只中间继电器 KA_1、KA_2、KA_3 线圈均得电吸合，KA_1、KA_2、KA_3 各自的常开触点(7-9、9-11、5-11)均闭合，与已闭合的 KM 辅助常开触点(3-7)共同自锁，这样电动机正常启动运转。同时 KM 辅助常闭触点(1-13)断开，指示灯 HL_1 灭，KM 辅助常开触点(1-15)闭合，指示灯 HL_2 亮，说明电动机已启动运转了。

· 断　相

当三相电源出现断相时，接在断相回路中的中间继电器的线圈就会断电释放，其串联在 KM 自锁回路中的常开触点就会断开，切断吸合工作的交流接触器 KM 线圈回路电源，KM 线圈断电释放，KM 三相主触点断开，电动机失电停止运转，起到断相保护作用。

2. 现场接线

电动机断相保护电路现场接线如图 4.31 所示。

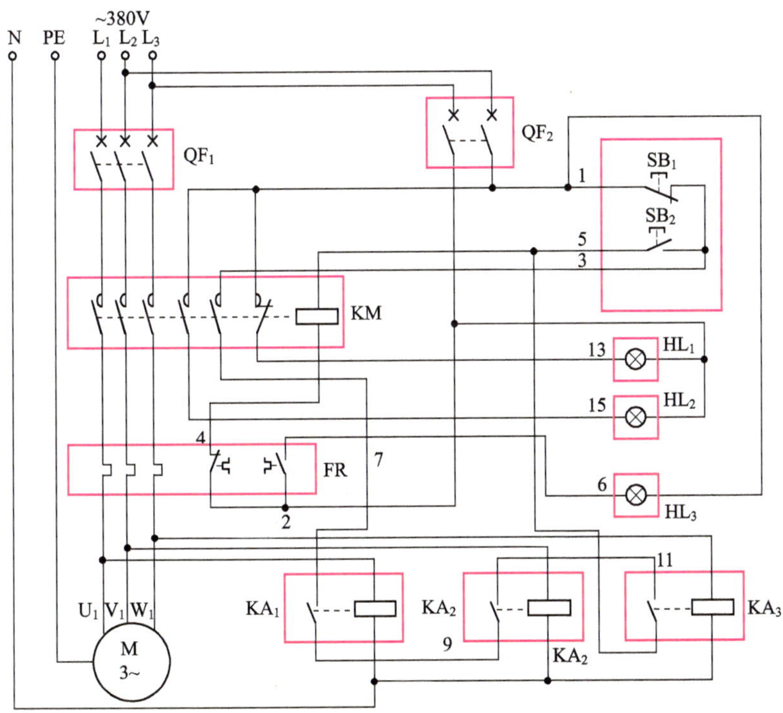

图 4.31　电动机断相保护电路现场接线

电路67 用三只欠电流继电器作电动机断相保护电路接线

1. 工作原理

图 4.32 所示电路采用三只欠电流继电器作为三相异步电动机的断相保护，其工作原理如下。

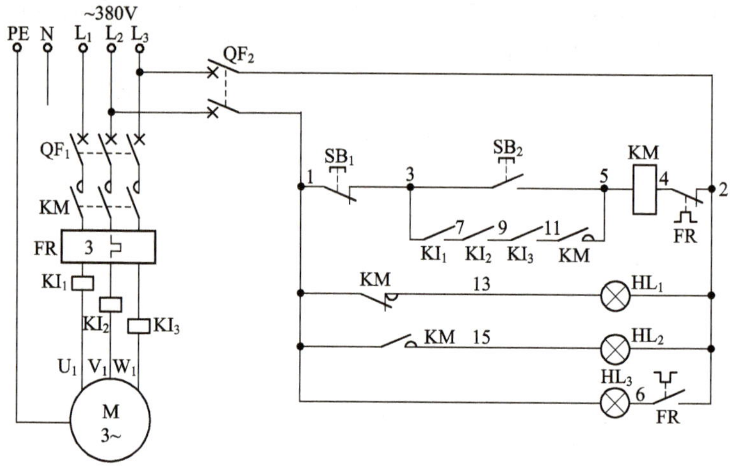

图 4.32 用三只欠电流继电器作电动机断相保护电路原理图

· 启 动

按下启动按钮 SB_2(3-5)，交流接触器 KM 线圈得电吸合，KM 三相主触点闭合，电动机得电启动运转；当电动机电流大于欠电流继电器 KI_1、KI_2、KI_3 整定电流时(其电流为电动机正常运转电流)，欠电流继电器 KI_1、KI_2、KI_3 线圈吸合动作，其三只欠电流继电器的常开触点 KI_1(3-7)、KI_2(7-9)、KI_3(9-11)均闭合，与 KM 辅助常开触点(5-11)(已闭合)共同形成自锁回路，使交流接触器 KM 线圈继续得电吸合工作，电动机继续得电运转。同时指示灯 HL_1 灭、HL_2 亮，说明电动机已启动运转。

· 发生断相

接在断相回路上的欠电流继电器线圈将会释放，其串联在交流接触器 KM 线圈回路中的常开触点断开，使交流接触器 KM 线圈断电释放，

KM 三相主触点断开，电动机失电停止运转，从而起到断相保护作用。同时，指示灯 HL_2 灭、HL_1 亮，说明电动机已停止运转。

· 电动机短路

主回路断路器 QF_1 将动作脱扣，从而切断电动机电源。

· 电动机过载

热继电器 FR 动作，其常闭触点(2-4)断开，切断 KM 线圈的回路电源，KM 线圈断电释放，KM 三相主触点断开，使电动机脱离三相电源而停止；同时 FR 常开触点(2-6)闭合，指示灯 HL_3 亮，说明电动机已过载了。

2. 现场接线

用三只欠电流继电器作电动机断相保护电路现场接线如图 4.33 所示。

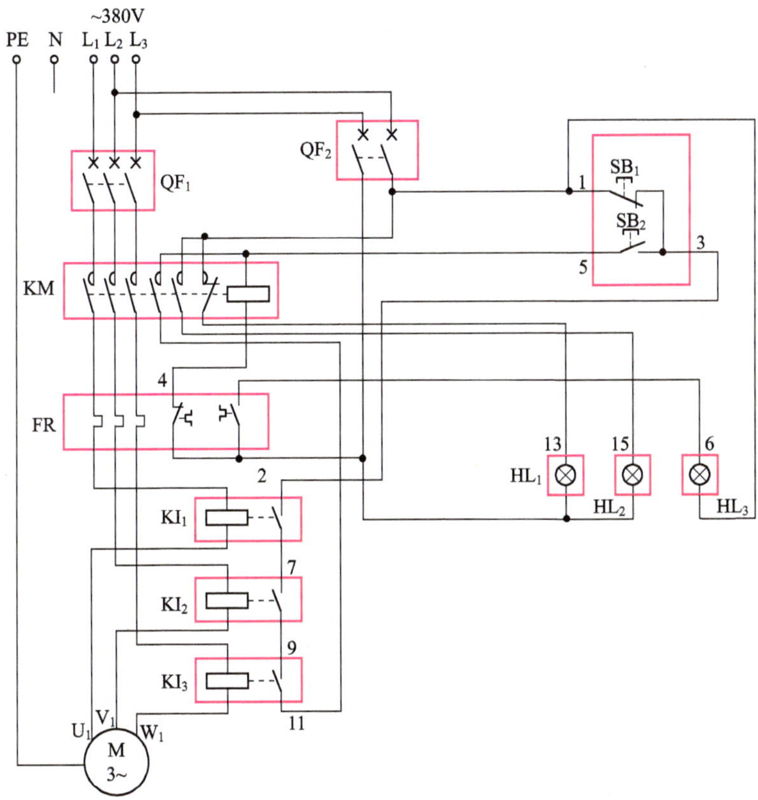

图 4.33　用三只欠电流继电器作电动机断相保护电路现场接线

电路68 开机信号预警电路接线(一)

1. 工作原理

开机信号预警电路(一)原理图如图 4.34 所示。

启动时,按下启动按钮 SB_2(3-5),得电延时时间继电器 KT 线圈得电吸合且 KT 不延时瞬动常开触点(3-5)闭合自锁,KT 开始延时。此时,预警电铃 HA 鸣响,预警灯 HL 点亮,进行开机信号预警。经 KT 一段延时后,KT 得电延时闭合的常开触点(5-9)闭合,接通交流接触器 KM 线圈的回路电源,KM 线圈得电吸合且 KM 辅助常开触点(3-9)闭合自锁,KM 三相主触点闭合,电动机得电启动运转。与此同时,KM 串联在得电延时时间继电器 KT 线圈回路中的辅助常闭触点(5-7)断开,切断 KT 线圈的回路电源,KT 线圈断电释放并解除自锁,预警电铃 HA 停止鸣响。预警灯 HL 熄灭,开机预警结束。

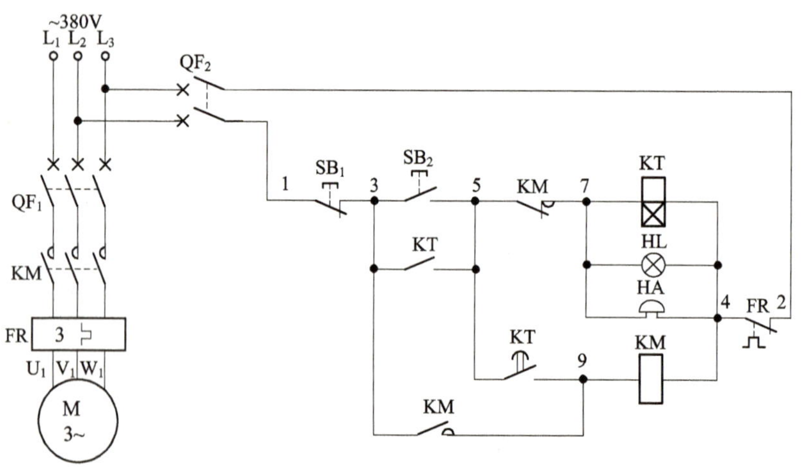

图 4.34 开机信号预警电路(一)原理图

2. 现场接线

开机信号预警电路(一)现场接线如图 4.35 所示。

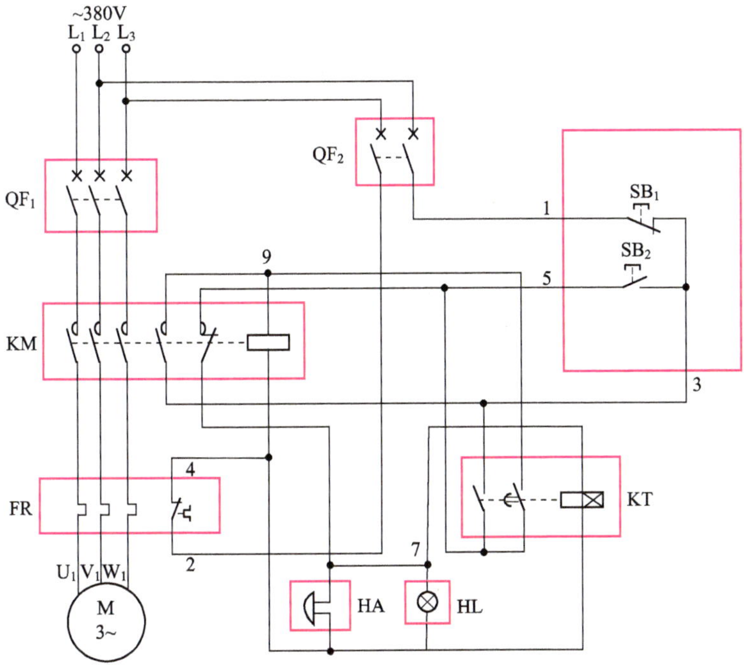

图 4.35　开机信号预警电路(一)现场接线

电路 69　开机信号预警电路接线(二)

1. 工作原理

开机信号预警电路(二)原理图如图 4.36 所示。

开机时,按下启动按钮 SB_2(3-5),中间继电器 KA 和得电延时时间继电器 KT 线圈得电吸合且 KA 常开触点(3-5)闭合自锁,KT 开始延时。此时 KA 常开触点(1-11)闭合,预警电铃 HA 响,预警灯 HL 亮,以告知人们此机要启动了,注意安全。

经 KT 一段延时后,KT 得电延时闭合的常开触点(3-9)闭合,接通交流接触器 KM 线圈的回路电源,KM 线圈得电吸合且 KM 辅助常开触点(3-9)闭合自锁,KM 三相主触点闭合,电动机得电启动运转。与此同时,

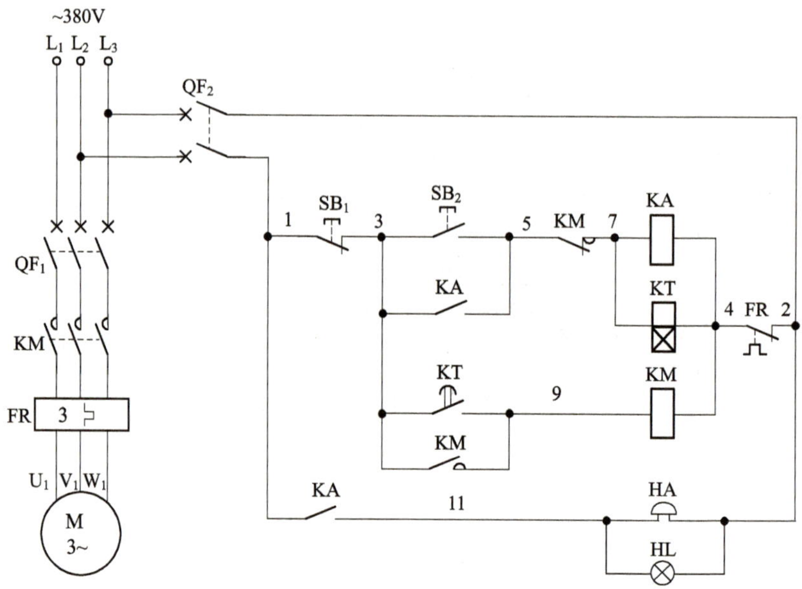

图 4.36 开机信号预警电路(二)

KM 辅助常闭触点(5-7)断开,使中间继电器 KA 和得电延时时间继电器 KT 线圈均断电释放,其各自的所有触点恢复原始状态,KA 常开触点(1-11)断开,预警灯 HL 熄灭,预警电铃 HA 停响,预警信号解除。

2. 现场接线

开机信号预警电路(二)现场接线如图 4.37 所示。

电路70 SSPORR 固态断相继电器保护电路接线

1. 工作原理

SSPORR 固态断相继电器保护电路原理图如图 4.38 所示。

· 正常工作

按下启动按钮 SB_2,中间继电器 KA 线圈得电吸合,KA 所有常开触点全部闭合,其中 KA 的三只常开触点闭合,将电源 L_1、L_2、L_3 分别与

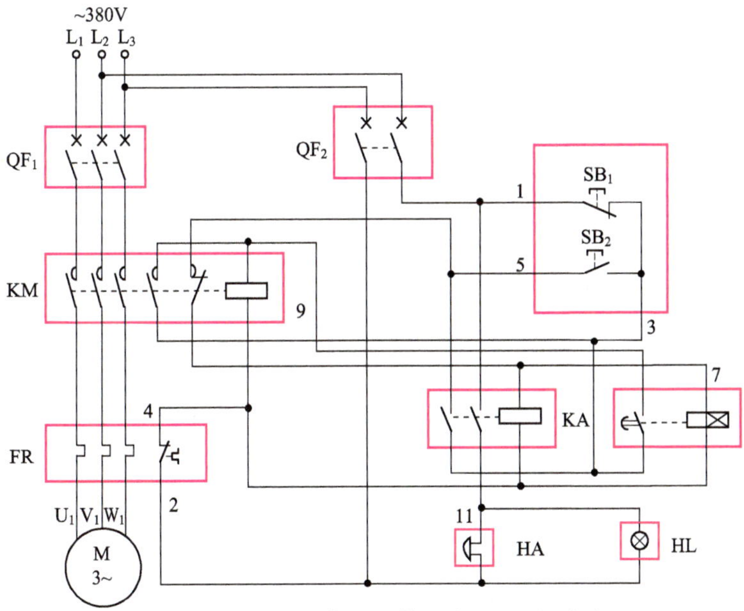

图 4.37　开机信号预警电路(二)现场接线

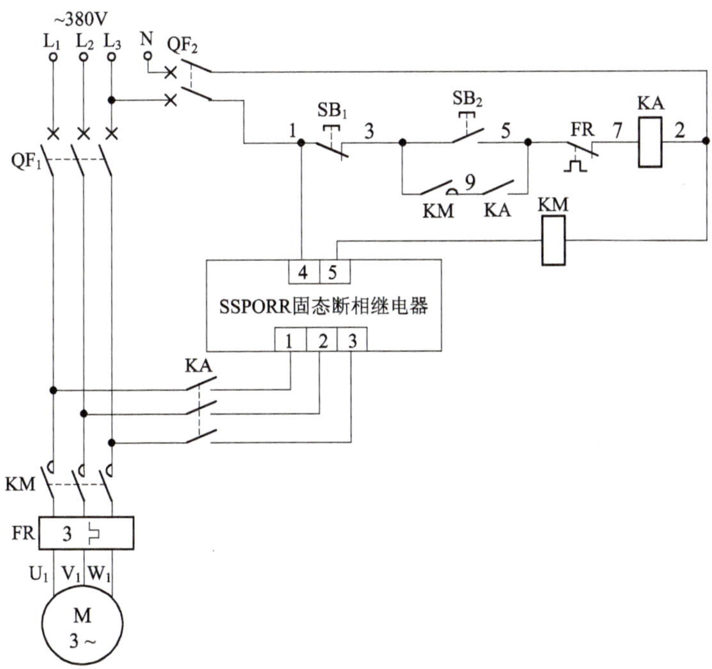

图 4.38　SSPORR 固态断相继电器保护电路原理图

SSPORR 固态继电器端子上的 1、2、3 连接，SSPORR 通电工作，其端子 4、5 接通，使交流接触器 KM 线圈得电吸合，KM 辅助常开触点闭合，与早已闭合的 KA 常开触点共同将中间继电器 KA 线圈回路自锁起来，KM 三相主触点闭合，电动机得电正常启动运转。

· 电源断相

SSPORR 固态断相继电器将检测到故障信号，其端子 4、5 关断，从而切断交流接触器 KM 线圈的回路电源，KM 线圈断电释放，KM 辅助常开触点断开，切断中间继电器 KA 线圈的自锁回路，KA 线圈断电释放，同时 KM 三相主触点断开，电动机失电停止运转，起到断相保护作用。

2. 现场接线

SSPORR 固态断相继电器保护电路现场接线如图 4.39 所示。

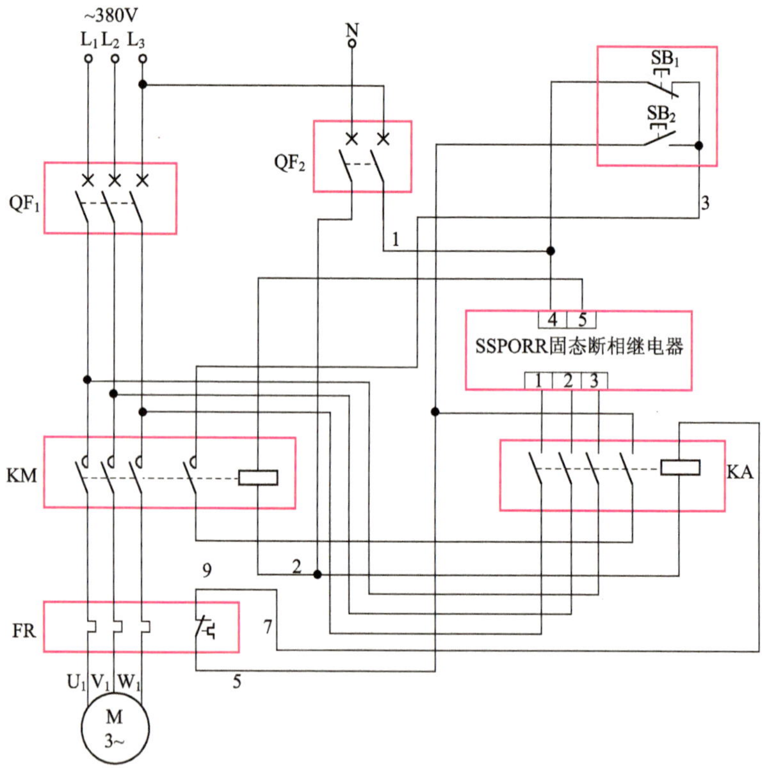

图 4.39 SSPORR 固态断相继电器保护电路现场接线

电路71 XJ2 系列断相与相序保护器电路接线

1. 工作原理

XJ2 系列断相与相序保护器电路原理图如图 4.40 所示。

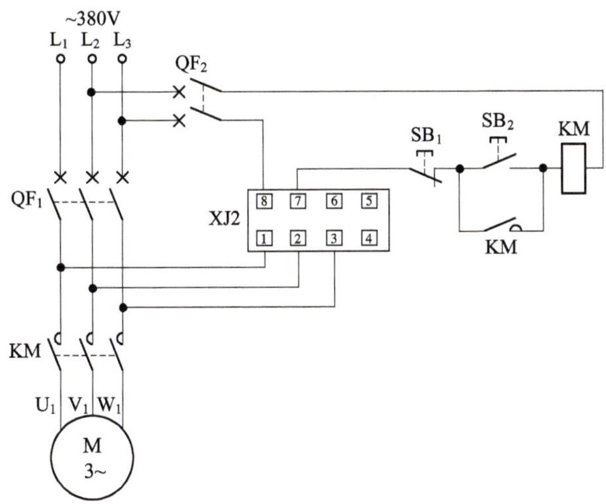

图 4.40 XJ2 系列断相与相序保护器电路原理图

2. 现场接线

XJ2 系列断相与相序保护器电路现场接线如图 4.41 所示。

电路72 XJ11 系列断相与相序保护继电器电路接线

1. 工作原理

XJ11 系列断相与相序保护继电器电路原理图如图 4.42 所示。

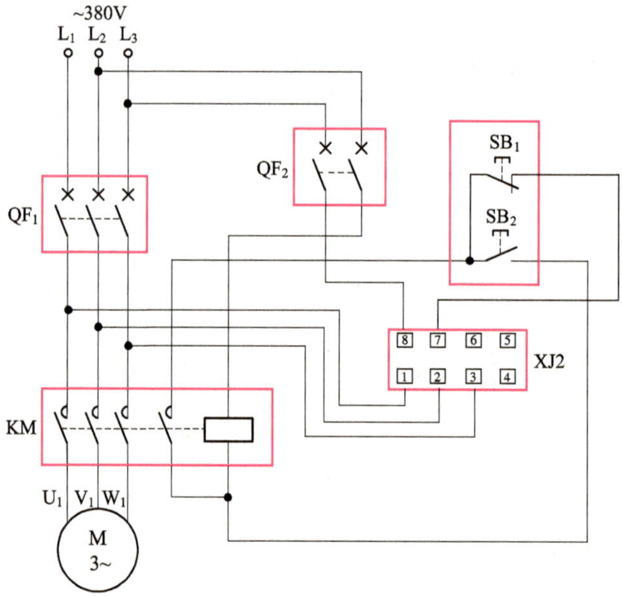

图 4.41 XJ2 系列断相与相序保护器电路现场接线

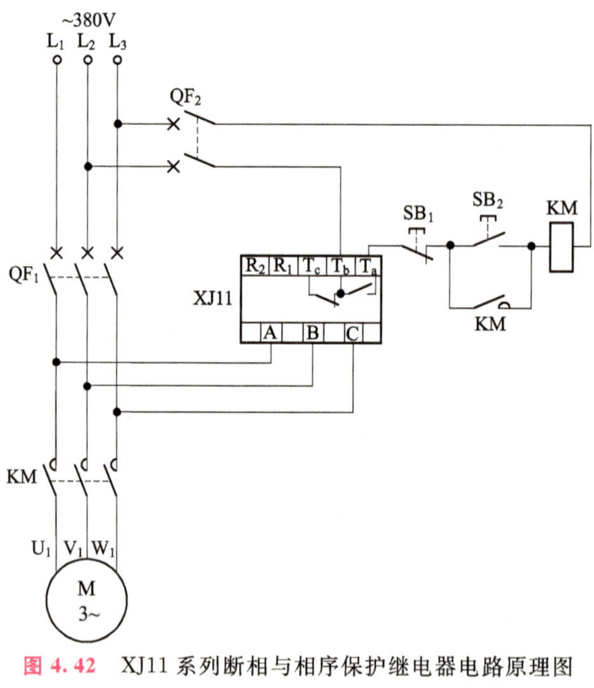

图 4.42 XJ11 系列断相与相序保护继电器电路原理图

2. 现场接线

XJ11 系列断相与相序保护继电器电路现场接线如图 4.43 所示。

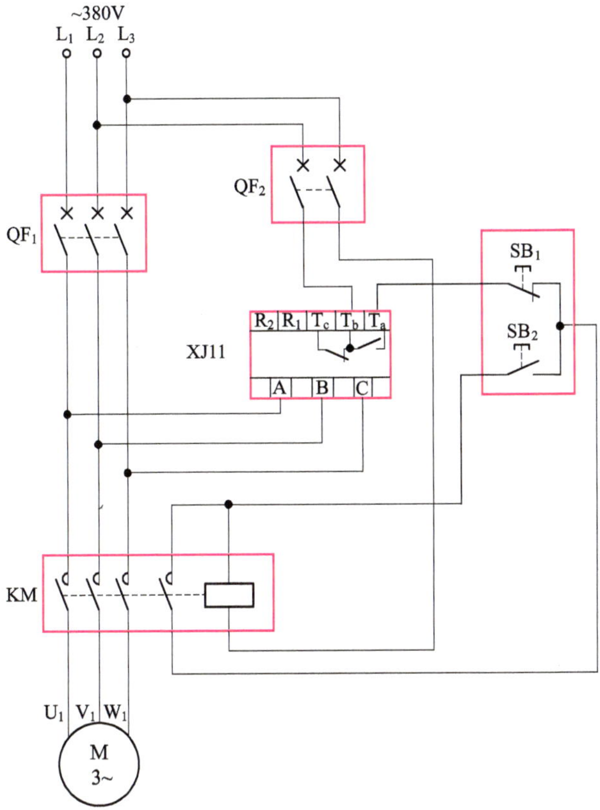

图 4.43　XJ11 系列断相与相序保护继电器电路现场接线

电路 73　XJ3 系列断相与相序保护继电器电路接线

1. 工作原理

XJ3 系列断相与相序保护继电器具有断相、相序错误保护功能，其电路原理图如图 4.44 所示。

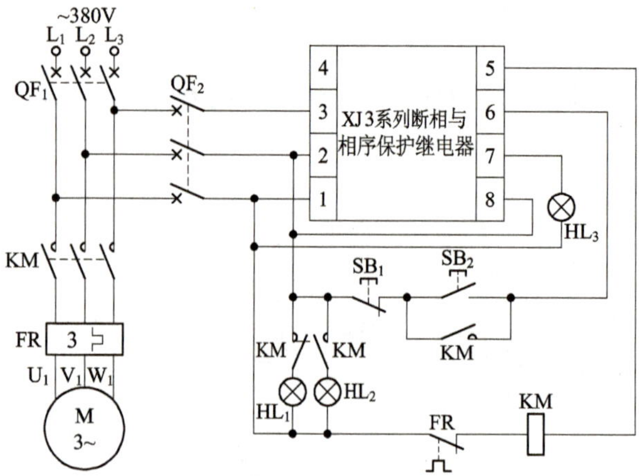

图 4.44 XJ3 系列断相与相序保护继电器电路原理图

2. 现场接线

XJ3 系列断相与相序保护继电器电路现场接线如图 4.45 所示。

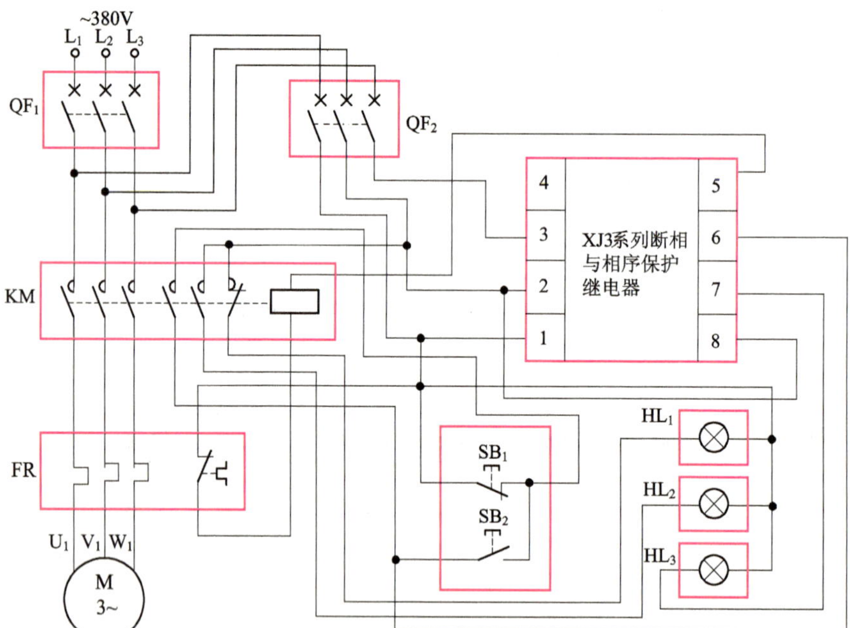

图 4.45 XJ3 系列断相与相序保护继电器电路现场接线

电路74 GT-JDG1(工泰产品)电动机保护器应用电路接线

大家知道,热继电器通常作为电动机过载、断相(必须是带有断相保护的热继电器)保护,但是在电动机出现三相不平衡或堵转时,不能及时起到保护作用,往往会使电动机因得不到保护而烧毁。而GT-JDG1(工泰产品)保护器可解决上述问题,它实际上是一个集断相、过载、堵转、三相不平衡等保护为一体的综合保护器,是替代过载热继电器的极佳产品。

GT-JDG1保护器应用电路很简单,在端子95、98外接一个启动、停止控制电路,与交流接触器线圈串联即可。注意,95、98端子实际上就是保护器输出的无源常开保护触点,只要有故障,保护器就动作,内部继电器就吸合动作,其常闭触点断开,通过端子95、98连接至外面,控制外接交流接触器线圈断电,从而断开电动机三相电源,起到保护作用。如图4.46(a)所示,电路中变压器可不用,而直接采用220V或380V交流接触器,但交流接触器线圈电压必须与其控制电压相同。现场接线如图4.47(a)所示。

本例中介绍的电路是GT-JDG1-16型产品,实际选型时可根据电动机功率自行选择,通常有16A、20A、120A、160A和600A等多种型号供选择。在使用过程中,有时电动机功率较大,而手头上现有的保护器容量较小,不能直接应用,可采用配合电流互感器的方式解决。具体电路如图4.46(b)所示,现场接线如图4.47(b)所示。

现对图4.46(a)所示电路进行简单原理叙述。工作时,按下启动按钮SB_2(3-5),交流接触器KM线圈得电吸合且其辅助常开触点(3-5)闭合自锁,说明电动机及电源均无故障(内部继电器的常开触点已在操作之前闭合了),此时,交流接触器KM三相主触点闭合,电动机得电运转工作。

当电路出现断相、过载、堵转、三相不平衡等故障时,保护器内部继电器动作,端子95、98内部触点断开,从而切断了外接交流接触器KM线圈的回路电源,KM线圈断电释放,KM三相主触点断开,电动机失电停止运转,从而起到保护作用。

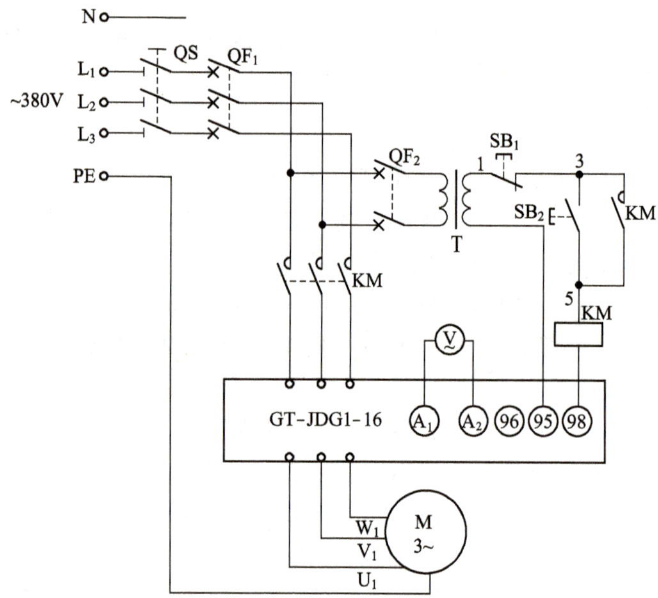

(a) 常用应用电路

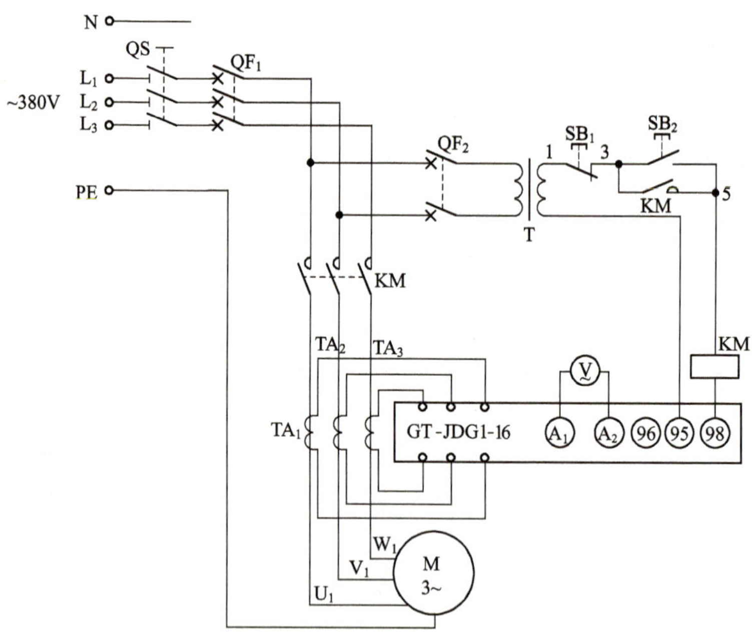

(b) 配合电流互感器使用的应用电路

图 4.46　GT-JDG1(工泰产品)电动机保护器应用电路

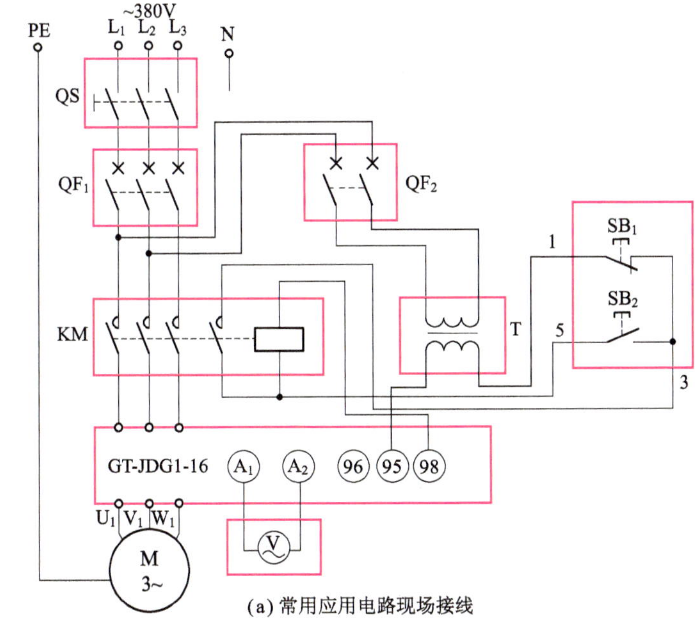

(a) 常用应用电路现场接线

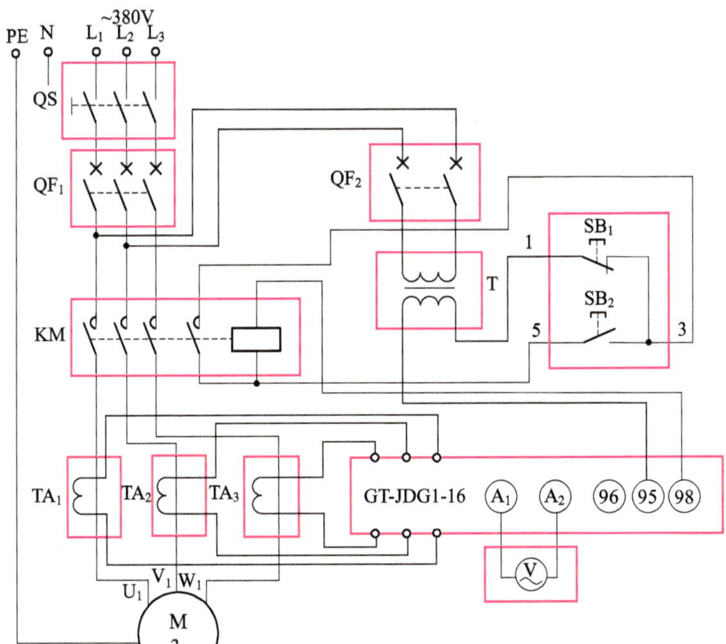

(b) 配合电流互感器使用的应用电路现场接线

图 4.47　GT-JDG1(工泰产品)电动机保护器应用电路现场接线

电路75　新中兴 GDH-30 数显智能电动机保护器应用电路接线

1. 工作原理

新中兴 GDH-30 数显智能电动机保护器除了具有过载、断相、堵转等保护功能外，还能有效地对电路进行三相电流不平衡度监视、三相电流的动态监视、最大电流值监视及启动时间监视。所以说，此保护器是一种理想的智能型电动机保护器。其应用电路如图 4.48 所示。

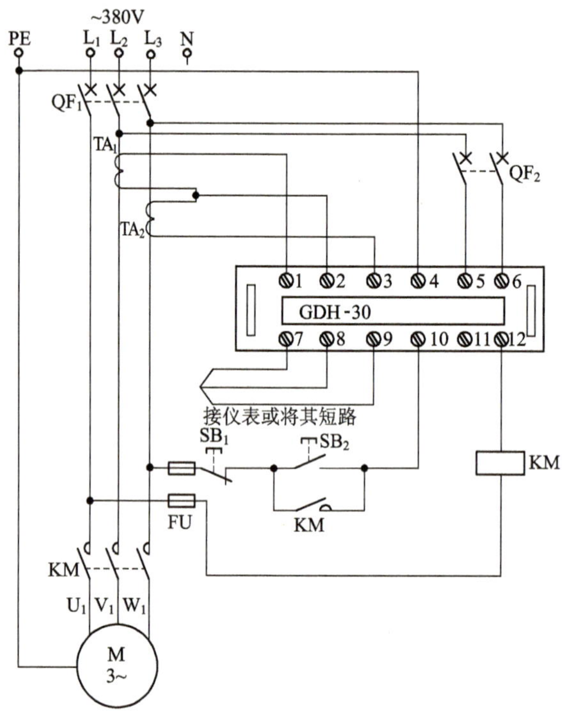

图 4.48　新中兴 GDH-30 数显智能电动机保护器应用电路

首先对 GDH-30 产品的外接端子作一介绍：端子 1、2、3 接电流互感器 TA_1、TA_2；端子 4 接地 PE 线；端子 5、6 接工作电源，本电路为 380V；端子 7、8、9 串接仪表，不用时必须将其用导线全部短接起来；端子 10、12 为内部继电器常闭触点，与外接控制电路串联即可。

当电路电源正常时，保护器内部继电器不动作，其常闭触点闭合，为启动控制做准备。此时，按下启动按钮 SB_2，交流接触器 KM 线圈得电吸合且 KM 辅助常开触点闭合自锁，KM 三相主触点闭合，电动机得以三相电源启动运转；当电路出现过载等故障时，电流互感器 TA_1、TA_2 互感电流变大，保护器动作，内部继电器线圈得电吸合，其常闭触点断开（端子 10、12），及时切断交流接触器 KM 线圈的回路电源，KM 线圈断电释放，KM 三相主触点断开，电动机失电停止运转，从而起到保护作用。

电路中，QF_1 断路器可根据电动机实际容量选择；QF_2 断路器通常可选用 DZ47-63 型 6A；熔断器 FU 可选用 RT14 或其他型号的产品，熔芯为 2A。

2. 现场接线

新中兴 GDH-30 数显智能电动机保护器应用电路现场接线如图 4.49 所示。

电路 76　JD-5 电动机综合保护器应用电路接线

1. 工作原理

JD-5 电动机综合保护器应用非常广泛，当电动机在运转过程中出现断相、过流时，综合保护器内部触点动作切断控制交流接触器 KM 线圈的回路电源，KM 线圈断电释放，KM 三相主触点断开，从而及时切断电动机电源，使其失电停止运转，起到保护作用。其应用电路如图 4.50 所示。

2. 现场接线

JD-5 电动机综合保护器应用电路现场接线如图 4.51 所示。

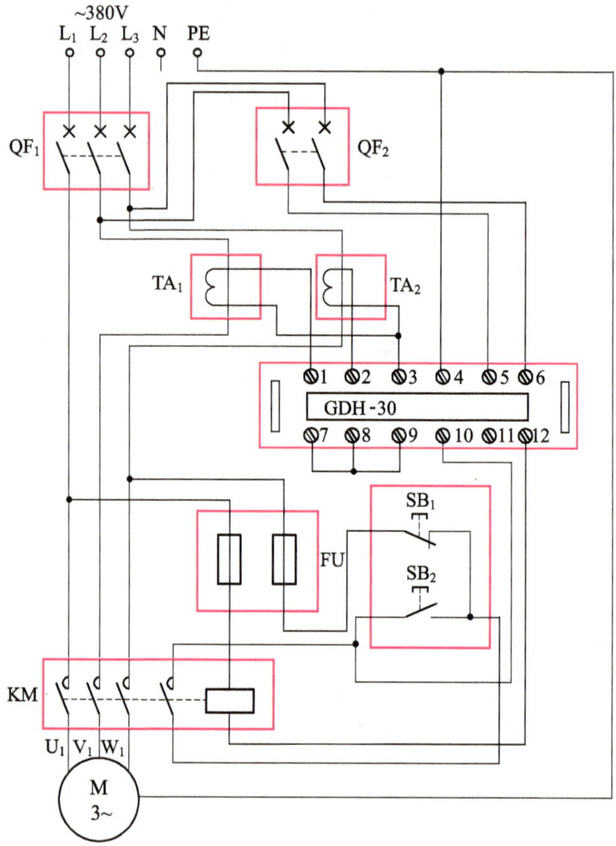

图 4.49 新中兴 GDH-30 数显智能电动机保护器应用电路现场接线

电路77 CDS11 系列电动机保护器应用电路接线

1. 工作原理

本节采用 CDS11 系列电动机保护器，在电动机发生过载、堵转、断相、三相不平衡等故障时起保护作用。图 4.52 所示为手动按钮控制的 CDS11 系列电动机保护器应用电路。

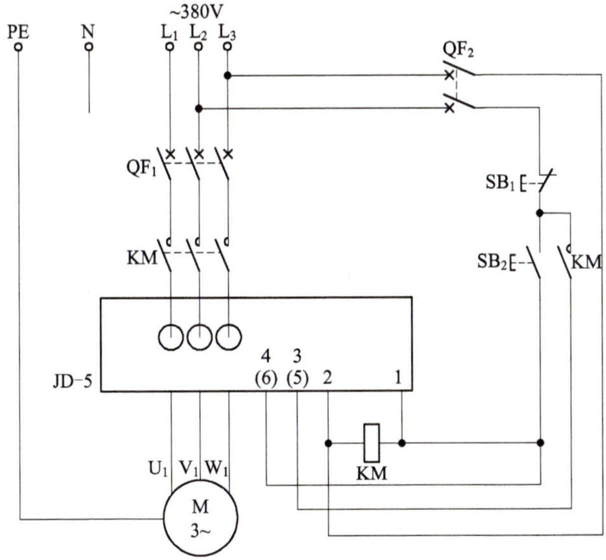

图 4.50　JD-5 电动机综合保护器应用电路

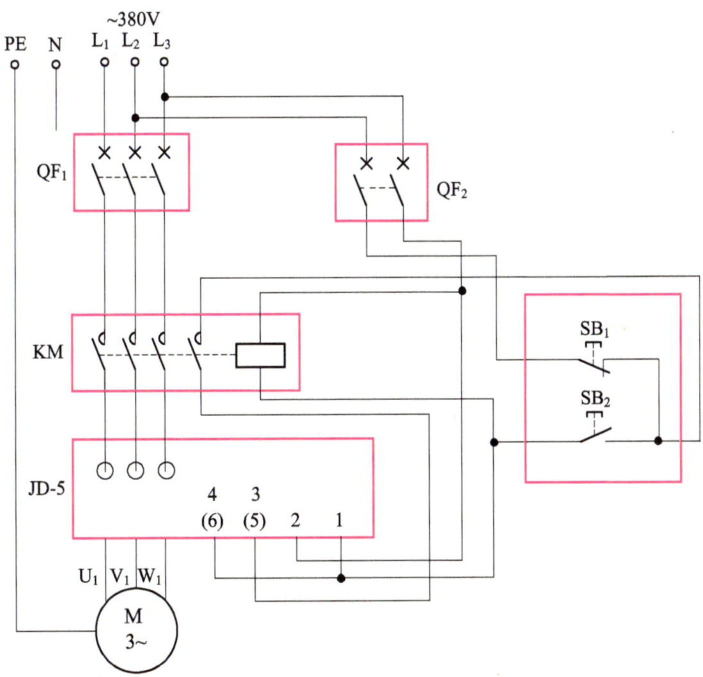

图 4.51　JD-5 电动机综合保护器应用电路现场接线

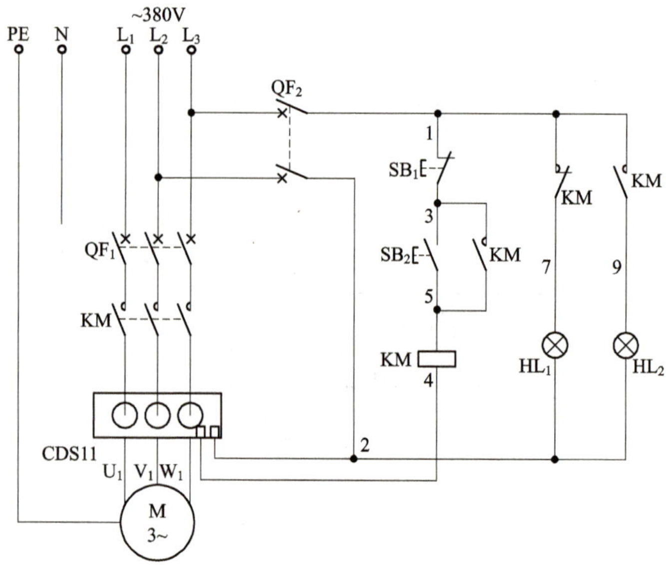

图 4.52 手动按钮控制的 CDS11 系列电动机保护器应用电路

· 启　动

启动时，按下启动按钮 SB_2(3-5)，交流接触器 KM 线圈得电吸合且 KM 辅助常开触点(3-5)闭合自锁，KM 三相主触点闭合，电动机得电运转工作，此时，电动机保护器投入电路运行；同时，KM 辅助常闭触点(1-7)断开，指示灯 HL_1 灭，KM 辅助常开触点(1-9)闭合，指示灯 HL_2 亮，说明电动机已启动运转了。

· 过　载

当电动机在运转过程中出现过载、堵转、断相或三相不平衡等故障时，CDS11 电动机保护器内部继电器动作，其内部常闭触点断开，切断交流接触器 KM 线圈的回路电源，KM 线圈断电释放，KM 三相主触点断开，电动机失电停止运转。同时 KM 辅助常开触点(1-9)断开，指示灯 HL_2 灭，KM 辅助常闭触点(1-7)闭合，指示灯 HL_1 亮，说明电动机已停止运转了。

2. 现场接线

CDS11 系列电动机保护器应用电路接线如图 4.53 所示。

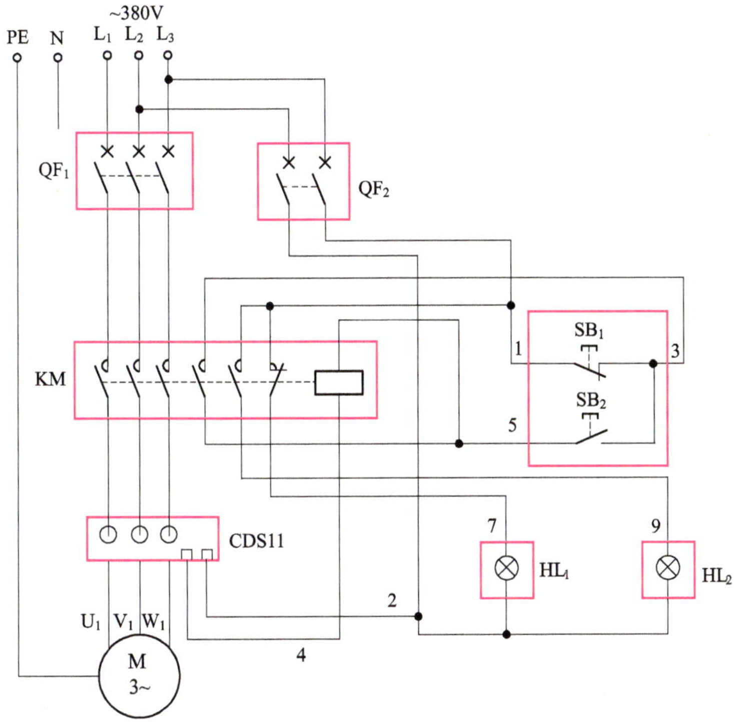

图 4.53 CDS11 系列电动机保护器应用电路现场接线

电路 78 CDS8 系列电动机保护器应用电路接线

1. 工作原理

有的设备对电源相序要求非常严格,不能出现相序错误,CDS8 系列电动机保护器具有此功能。其具体应用电路如图 4.54 所示。

图 4.54 中,HL_1 为电源兼作电动机停止指示灯;HL_2 为电动机运转指示灯;HL_3 为电动机断相、相序错误故障外接指示灯。

2. 现场接线

CDS8 系列电动机保护器应用电路现场接线如图 4.55 所示。

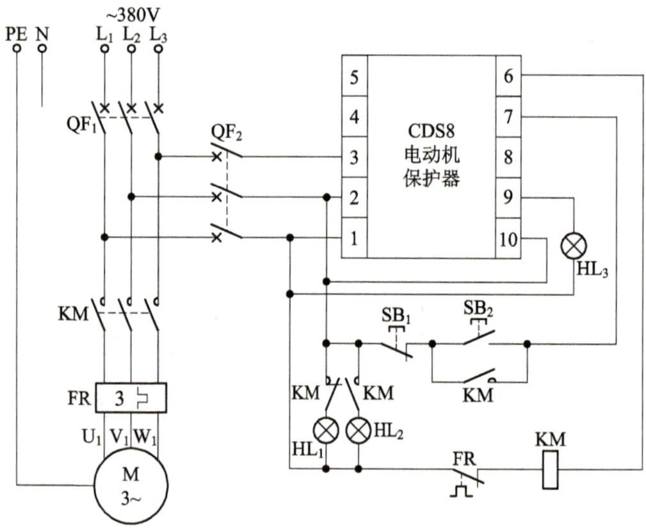

图 4.54 CDS8 系列电动机保护器应用电路

电路79 普乐特 MAM-A 系列电动机微电脑保护器应用电路接线

1. 工作原理

以微电脑控制器为核心元件的普乐特 MAM-A 系列电动机微电脑保护器，通过高精度 CT 来检测电流变化，经 A/D 转换后再经过微处理器处理和判断，对电动机进行有效的保护。该产品在电动机发生过载、断相、堵转、短路、三相不平衡等故障时具有可靠的保护作用，同时具有可选的欠载保护功能及定时停机功能。图 4.56 为普乐特 MAM-A 系列电动机微电脑保护器典型的实际应用电路。

· 启 动

合上断路器 QF_1、QF_2，接通电路电源，按下启动按钮 SB_2，交流接触器 KM 线圈通过保护器内部常闭触点 4、5 形成回路而得电吸合，且 KM 辅助常开触点闭合自锁，KM 三相主触点闭合，电动机得电运转工作。

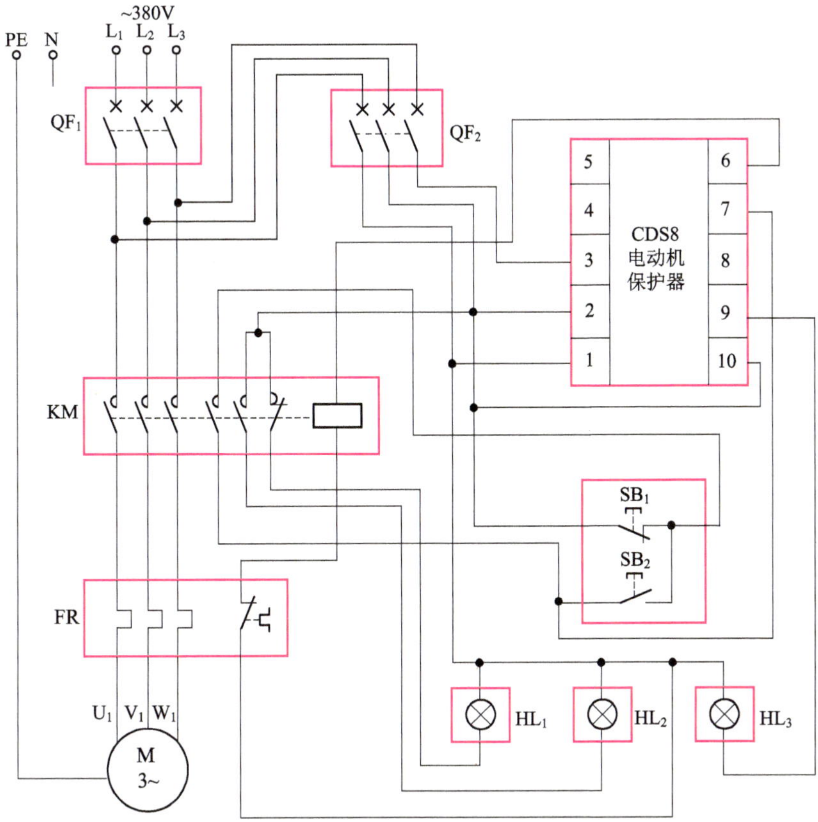

图 4.55　CDS8 系列电动机保护器应用电路现场接线

· 电动机过载、断相、堵转、短路、三相不平衡

保护器内部触点 4、5 断开，切断交流接触器 KM 线圈的回路电源，KM 线圈断电释放，KM 三相主触点断开，电动机失电停止运转，起到保护作用。同时保护器内部触点 3、4 接通，故障指示灯 HL 点亮，告知电动机出现故障。

· 有定时停机功能

按下启动按钮 SB_2，交流接触器 KM 线圈得电吸合且 KM 辅助常开触点闭合自锁，KM 三相主触点闭合，电动机得电启动运转。当定时停机时间结束时，保护器内部触点 4、5 断开，切断交流接触器 KM 线圈的回路电源，KM 线圈断电释放，KM 三相主触点断开，电动机失电停止运转，从

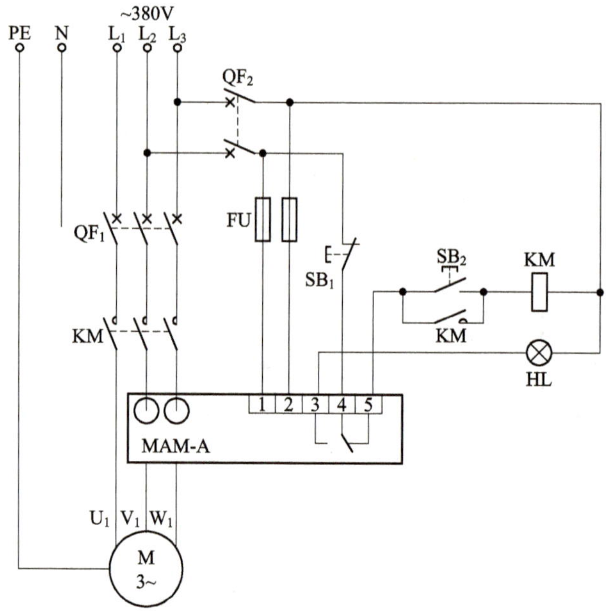

图 4.56 普乐特 MAM-A 系列电动机微电脑保护器应用电路

而完成定时停机功能。

· 有欠载功能

按下启动按钮 SB_2，交流接触器 KM 线圈得电吸合且 KM 辅助常开触点闭合自锁，KM 三相主触点闭合，电动机得电启动运转。当保护器检测电流小于设定的欠载电流时，保护器延时 10s 后，其内部触点 4、5 断开，切断交流接触器 KM 线圈的回路电源，KM 线圈断电释放，KM 三相主触点断开，电动机失电停止运转。同时内部触点 3、4 接通，指示灯 HL 点亮，说明电动机已出现欠载故障。

2. 现场接线

普乐特 MAM-A 系列电动机微电脑保护器应用电路现场接线如图 4.57 所示。

电路79　普乐特MAM-A系列电动机微电脑保护器应用电路接线

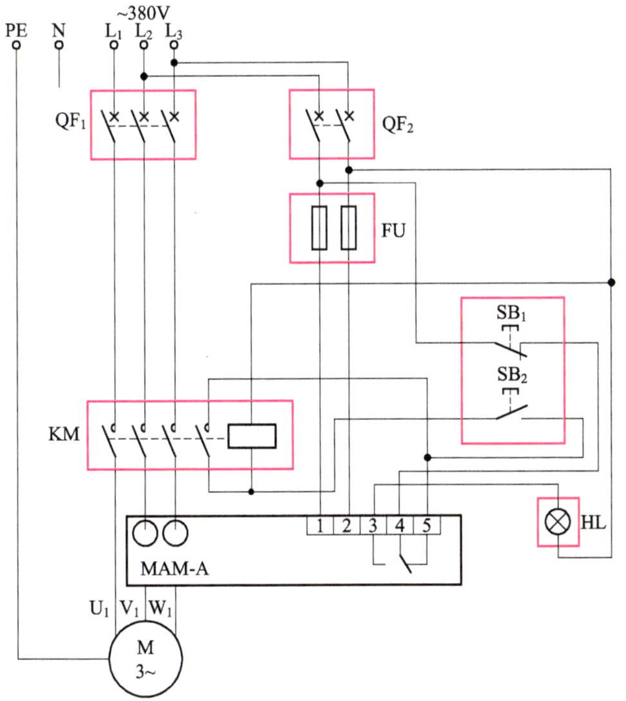

图4.57　普乐特MAM-A系列电动机微电脑保护器应用电路现场接线

Chapter 5

供排水电路接线

电路80 供排水手动/定时控制电路接线

1. 工作原理

在众多的供排水控制电路中，通常都采用手动或液位自动控制。现在介绍一种供排水手动/定时控制电路(图5.1)，该电路的最大优点是每天可分多时段通断(一般为10个通断，因生产厂家不同，有的产品为16个通断)，操作起来更人性化，通断时间可任意设置。

· 手动控制

将手动/定时选择开关SA置于手动位置(1-3)，按下启动按钮SB_2(5-7)，交流接触器KM线圈得电吸合且KM辅助常开触点(5-7)闭合自锁，KM三相主触点闭合，电动机得电启动运转。

· 定时自动控制

将自动/定时选择开关SA置于定时位置(1-9)，并将时控开关KG316T按要求参照说明书设置好。到了定时开机时间时，时控开关KG316T内部继电器线圈吸合动作，接通进、出两端，交流接触器KM线圈得电吸合，KM三相主触点闭合，电动机得电启动运转工作；到了定时

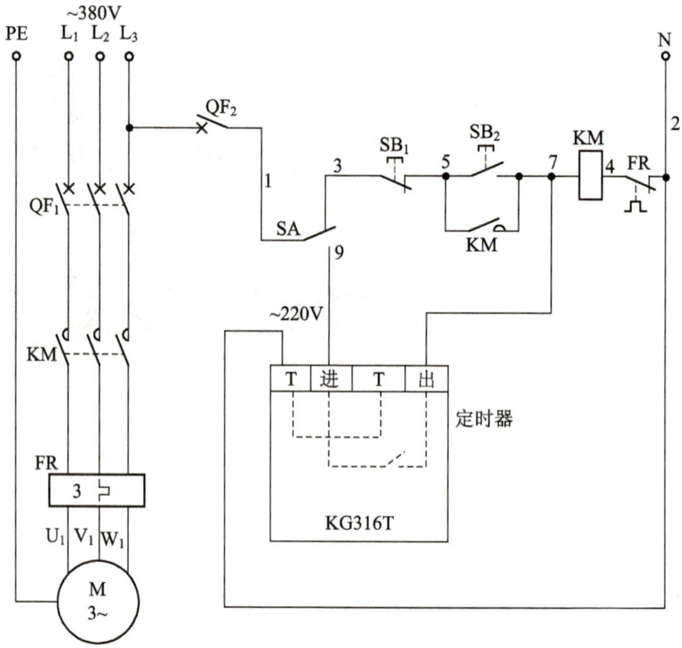

图 5.1 供排水手动/定时控制电路原理图

关机时间时，KG316T 内部继电器线圈断电释放，其触点断开进、出两端，从而切断了交流接触器 KM 线圈的回路电源，KM 线圈断电释放，KM 三相主触点断开，电动机失电停止运转。

2. 现场接线

供排水手动/定时控制电路现场接线如图 5.2 所示。

电路81 可任意手动启动、停止的自动补水控制电路接线

1. 工作原理

本电路实际上就是利用电接点压力表来实现的自动补水控制电路（图 5.3）。它与其他同类电路不同之处是，在压力上限与下限之间可任意对控制电路进行手动启动、手动停止操作。

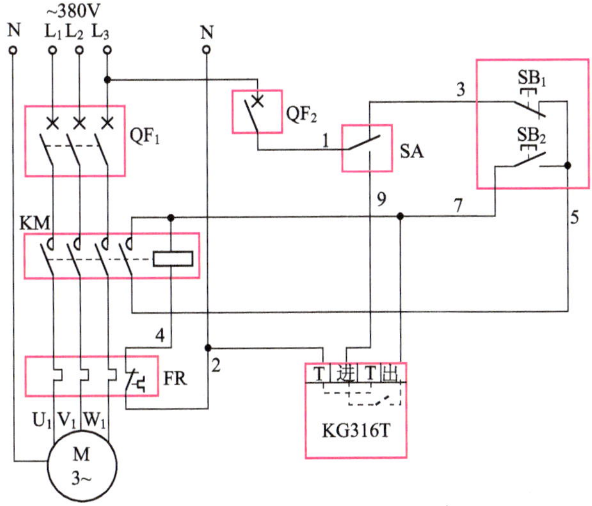

图 5.2 供排水手动/定时控制电路现场接线

需注意的是，当压力低于下限时能自动启动、当压力高于上限时能自动停止。

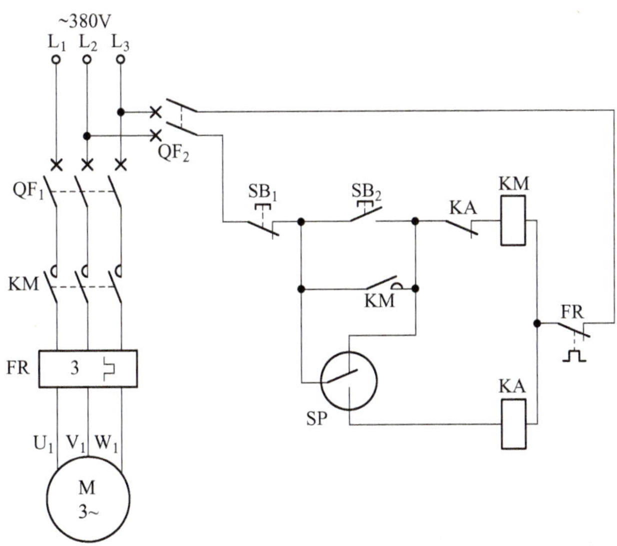

图 5.3 可任意手动启动、停止的自动补水控制电路原理图

2. 现场接线

可任意手动启动、停止的自动补水控制电路现场接线如图 5.4 所示。

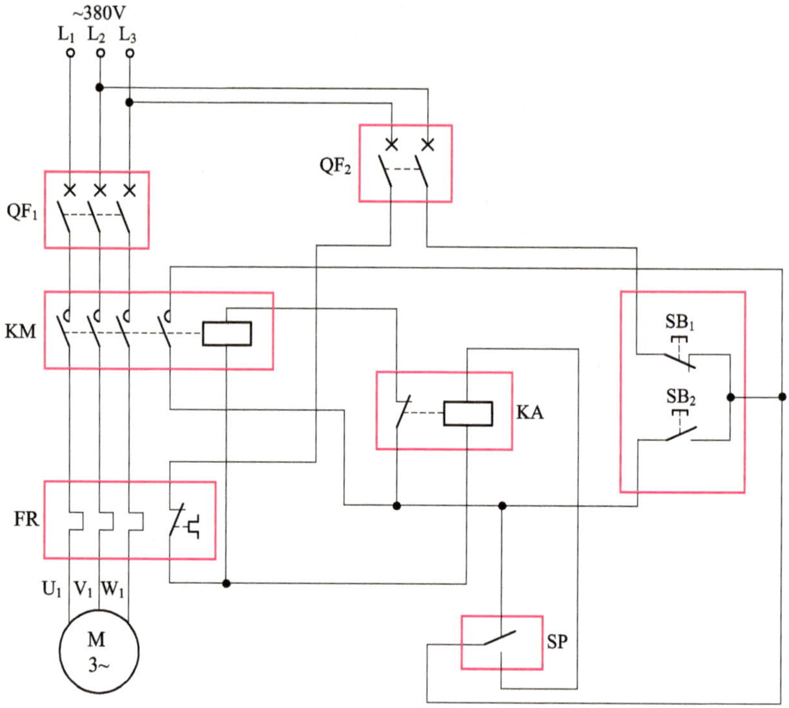

图 5.4 可任意手动启动、停止的自动补水控制电路现场接线

电路82 具有手动/自动控制功能的排水控制电路接线

1. 工作原理

本例采用 JYB714 电子式液位继电器控制排水电路，具有手动/自动双重控制方式，电路原理图如图 5.5 所示。

· 自动控制

将自动/手动选择开关 SA 置于自动位置时，SA(1-3)闭合，利用

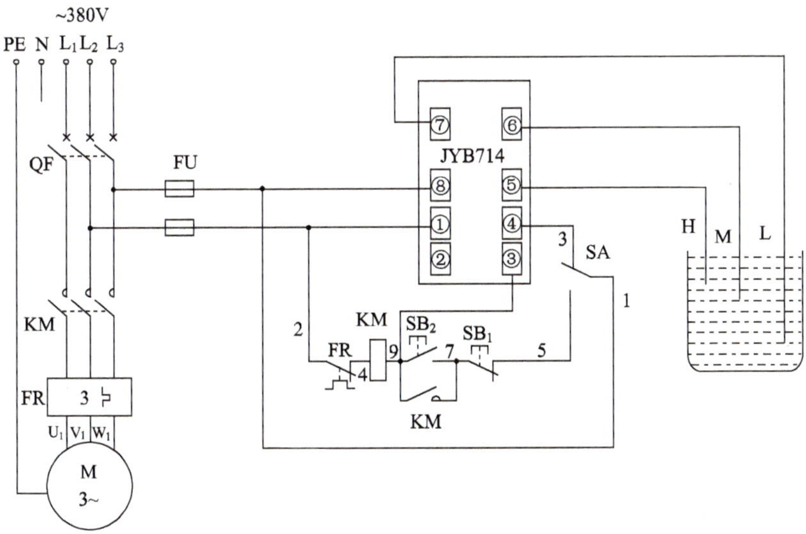

图 5.5　具有手动/自动控制功能的排水控制电路原理图

JYB714 电子式液位继电器来进行自动控制。当水位升至高水位时，液位继电器 JYB714 的内部继电器线圈断电释放，其③、④脚内部继电器常闭触点闭合，交流接触器 KM 线圈得电吸合，KM 三相主触点闭合，电动机得电运转，水泵进行排水。

当液位降至低水位时，液位继电器 JYB714 的内部继电器线圈得电吸合，其 ③、④脚断开，切断交流接触器 KM 线圈电源，KM 线圈断电释放，水泵电动机失电而停止排水。至此，实现自动排水控制。

· 手动控制

将自动/手动选择开关 SA 置于手动位置时，SA(1-3)断开、(1-5)闭合，按下启动按钮 SB_2(7-9)，交流接触器 KM 线圈得电吸合，KM 辅助常开触点(7-9)闭合自锁，KM 三相主触点闭合，电动机得电运转，水泵进行排水。

需手动停止时，按下停止按钮 SB_1(5-7)，交流接触器 KM 线圈断电释放，KM 三相主触点断开，电动机失电而停止运转，水泵停止排水。

2. 现场接线

具有手动/自动控制功能的排水控制电路现场接线如图 5.6 所示。

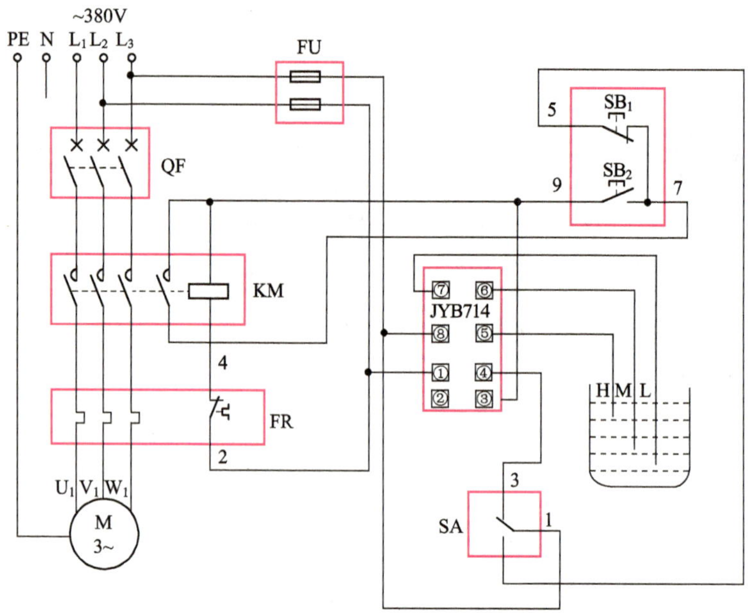

图 5.6 具有手动/自动控制功能的排水控制电路现场接线

电路83 具有手动操作定时、自动控制功能的供水控制电路接线

1. 工作原理

本例采用 JYB714 液位继电器控制供水电路，具有手动定时停止功能，电路原理图如图 5.7 所示。

· 液位自动控制

将手动/自动选择开关置于自动位置时，SA(1-3)闭合。

当蓄水池处于低水位时，液位继电器内部继电器动作，其②、③脚(内部常开触点)闭合，交流接触器 KM 线圈得电吸合，KM 三相主触点闭合，电动机得电运转，水泵开始供水。

当水位升至高水位时，液位继电器内部继电器线圈断电释放，其②、③脚断开，交流接触器 KM 线圈断电释放，KM 三相主触点断开，电动机

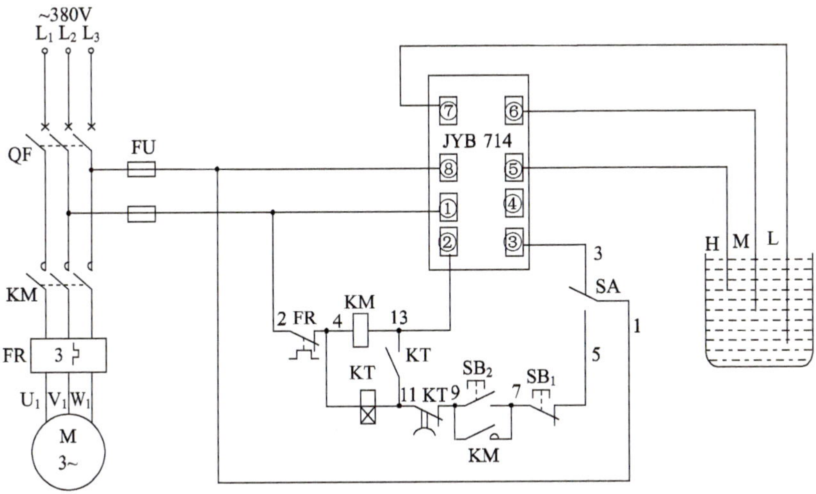

图 5.7　具有手动操作定时、自动控制功能的供水控制电路原理图

失电而停止运转，水泵停止供水。

· 手动启动、停止及定时停止控制

将手动/自动选择开关置于手动位置，SA(1-5)闭合。

启动时，按下启动按钮 SB_2(7-9)，得电延时时间继电器 KT 线圈得电吸合且 KT 开始延时，KT 不延时瞬动常开触点(11-13)闭合，交流接触器 KM 线圈得电吸合，KM 辅助常开触点(7-9)闭合自锁，KM 三相主触点闭合，电动机得电运转，水泵进行供水。

在 KT 延时时间内，若要手动停止水泵供水，则按下停止按钮 SB_1(5-7)，交流接触器 KM 线圈断电释放，KM 三相主触点断开，电动机失电而停止运转，水泵停止供水。

水泵电动机手动启动运转后，可按照预先设定的时间进行自动定时控制，经 KT 延时后，KT 得电延时断开的常闭触点(9-11)断开，切断交流接触器 KM、得电延时时间继电器 KT 线圈电源，KM、KT 线圈断电释放，KM 三相主触点断开，电动机失电停止运转，水泵自动停止供水。

2. 现场接线

具有手动操作定时、自动控制功能的供水控制电路现场接线如图 5.8 所示。

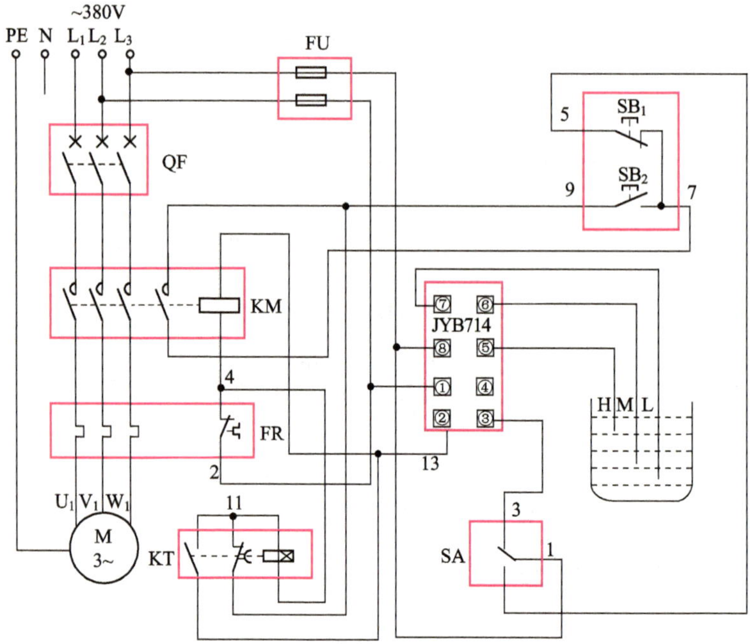

图 5.8 具有手动操作定时、自动控制功能的供水控制电路现场接线

电路84 具有手动操作定时、自动控制功能的排水控制电路接线

1. 工作原理

具有手动操作定时、自动控制功能的排水控制电路原理图如图 5.9 所示。

· 自动控制

将手动/自动选择开关 SA 置于自动位置时，SA(1-3)闭合，为自动控制做准备。

高水位时，液位继电器 JYB714 内部继电器线圈断电释放，内部常闭触点恢复常闭状态，③、④脚接通，交流接触器 KM 线圈得电吸合，KM 三相主触点闭合，电动机得电运转，水泵进行排水。

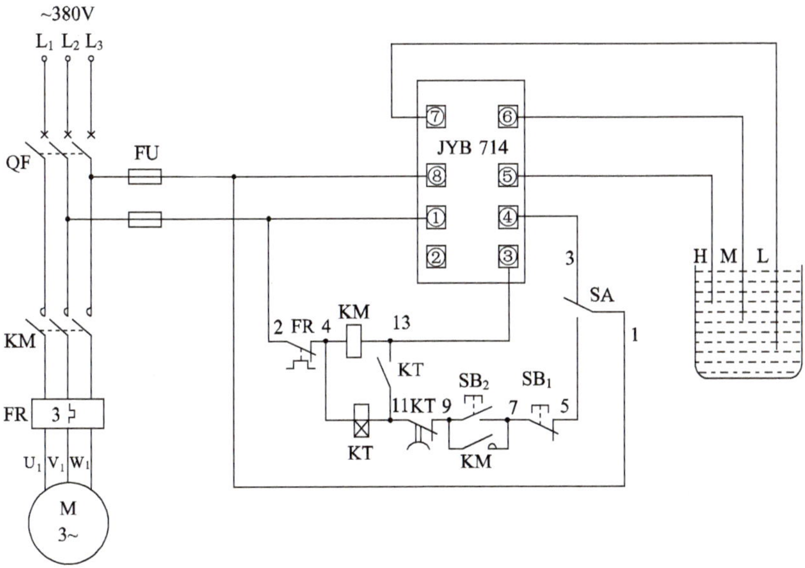

图 5.9　具有手动操作定时、自动控制功能的排水控制电路原理图

低水位时，液位继电器 JYB714 内部继电器线圈得电吸合，内部常闭触点断开，切断交流接触器 KM 线圈电源，KM 三相主触点断开，电动机失电而停止运转，水泵停止排水。

· 手动定时控制

将手动/自动选择开关 SA 置于手动位置时，SA(1-5)闭合，为手动定时控制做准备。

按下启动按钮 SB_2(7-9)，得电延时时间继电器 KT 线圈得电吸合且 KT 开始延时，KT 不延时瞬动常开触点(11-13)闭合，使交流接触器 KM 线圈得电吸合，KM 辅助常开触点(7-9)闭合自锁，KM 三相主触点闭合，电动机得电运转，水泵排水。

在 KT 延时时间内，若欲停止排水，则按下停止按钮 SB_1(5-7)，交流接触器 KM 线圈断电释放，KM 三相主触点断开，电动机失电而停止运转，水泵停止排水。经 KT 延时后，KT 得电延时断开的常闭触点(9-11)断开，切断得电延时时间继电器 KT、交流接触器 KM 线圈电源，KT、KM 线圈断电释放，KM 三相主触点断开，电动机失电而停止运转，水泵停止排水。

2. 现场接线

具有手动操作定时、自动控制功能的排水控制电路现场接线如图5.10所示。

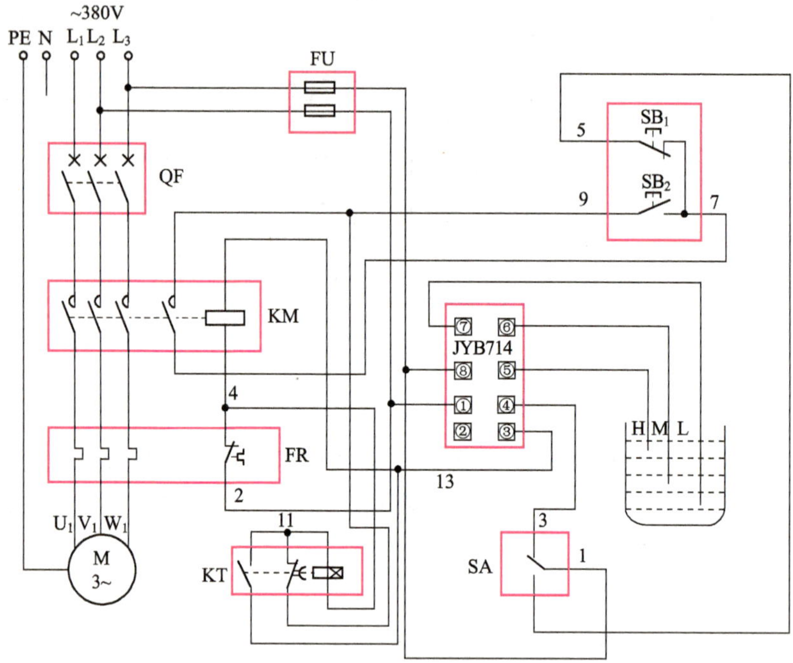

图5.10 具有手动操作定时、自动控制功能的排水控制电路现场接线

电路85 用电接点压力表配合变频器实现供水恒压调速电路接线

1. 工作原理

有些供水系统要求恒压供水，如果手头上有廉价的变频器，可与电接点压力表YX-150配合进行最简单的供水恒压调速。电路原理图如图5.11所示。

从图5.11中不难看出，电接点压力表SP的高端(也就是上限)接至第 3 频率端子 3DF 上，再通过调整变频器内部第 3 频率电位器 3FV 来设定较低的运转速度。需要注意的是，电接点压力表 SP 不能安装在用水量较大的管路中，使用过程中可根据实际情况确定安装位置，以保护压力控制信号的正常提供。

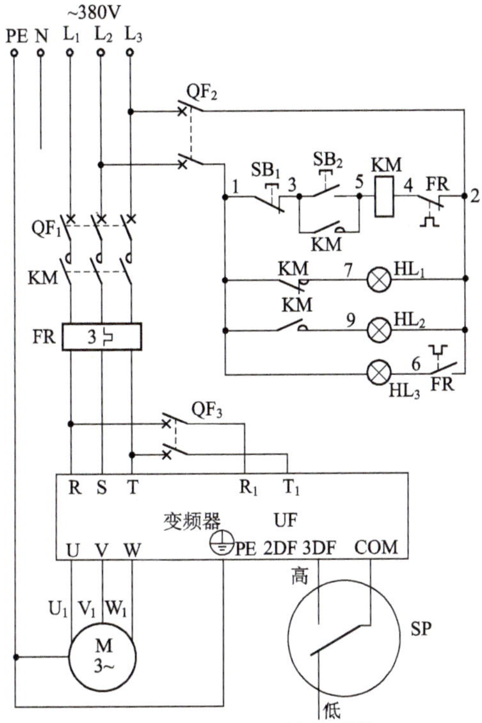

图 5.11　用电接点压力表配合变频器实现供水恒压调速电路原理图

· 启　动

按下启动按钮 SB_2(3-5)，交流接触器 KM 线圈得电吸合且 KM 辅助常开触点(3-5)闭合自锁，KM 三相主触点闭合，为变频器工作提供电源，同时 KM 辅助常闭触点(1-7)断开，电源指示灯 HL_1 灭，KM 辅助常开触点(1-9)闭合，运行指示灯 HL_2 亮，说明电路已运行。这时，变频器会按照设定的频率使电动机以一定速度运转，供水系统通过泵输出给水。随着管路水压的逐渐提高，当达到电接点压力表 SP 高端(上限)时，3DF 与 COM 连接，变频器的运行方式会按照预先设定的降速曲线降低水泵的运转速度，管路压力逐渐减小，电接点压力表 SP 高端（上限）与 COM 断开，变频器又按照预先设置的第 3 频率速度输出，水泵电动机又重新按照变频器升速曲线运转。如此这般地反复升速、降速，从而实现恒压供水调速。

· 停　止

按下停止按钮 SB_1（1-3），交流接触器 KM 线圈断电释放，KM 三相主触点断开，变频器脱离电源停止工作，电动机失电停止运转，同时指示灯 HL_2 灭、HL_1 亮，说明变频器已停止工作。

当电动机出现过载时，热继电器 FR 串联在交流接触器 KM 线圈回路中的常闭触点（2-4）断开，切断了交流接触器 KM 线圈的回路电源，KM 三相主触点断开，切断电动机三相电源，从而起到过载保护作用。同时热继电器 FR 常开触点（2-6）闭合，接通了过载指示灯 HL_3 回路电源，HL_3 亮，说明电动机已过载了。

2. 现场接线

用电接点压力表配合变频器实现供水恒压调速电路现场接线如图 5.12 所示。

电路 86 供水泵故障时备用泵自投电路接线

1. 工作原理

供水泵故障时备用泵自投电路原理图如图 5.13 所示。

低水位时，JYB714 电子式液位继电器内部继电器线圈得电吸合，其常开触点闭合，②、③为接通主泵电动机 M_1 控制交流接触器 KM_1 线圈的触点闭合，KM_1 线圈得电吸合，KM_1 三相主触点闭合，主泵电动机 M_1 得电运转，供水泵向水箱内供水。同时，KM_1 辅助常闭触点（1-3）断开，切断得电延时时间继电器 KT 线圈电源，使 KT 线圈不能得电吸合，主泵电动机 M_1 正常运转。

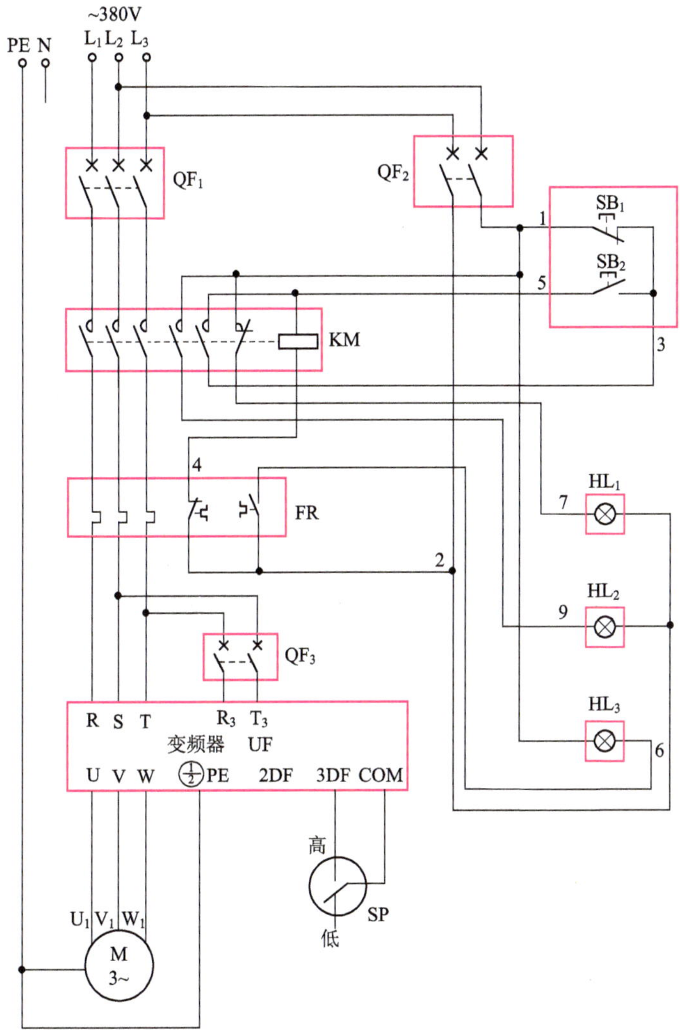

图 5.12　用电接点压力表配合变频器实现供水恒压调速电路现场接线

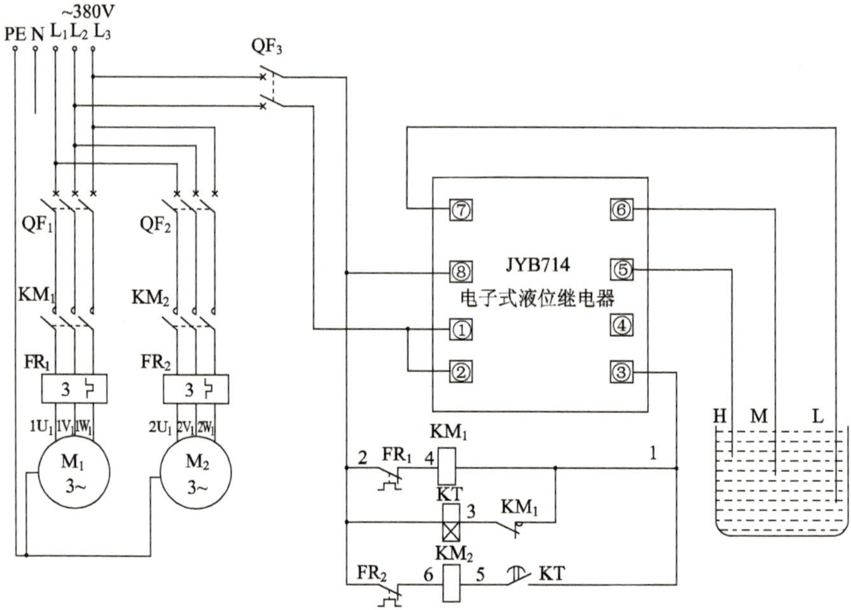

图 5.13 供水泵故障时备用泵自投电路原理图

当主泵电动机 M_1 运转过程中出现故障时，电动机电流增大，热继电器 FR_1 动作，FR_1 控制常闭触点(2-4)断开，切断主泵控制交流接触器 KM_1 线圈电源，KM_1 线圈断电释放，KM_1 三相主触点断开，使故障主泵电动机 M_1 失电停止运转；KM_1 辅助常闭触点(1-3)恢复常闭状态，接通得电延时时间继电器 KT 线圈电源，KT 线圈得电吸合且开始延时。

经 KT 延时后，KT 得电延时闭合的常开触点(1-5)闭合，接通备用泵电动机 M_2 控制交流接触器 KM_2 线圈电源，KM_2 线圈得电吸合，其三相主触点闭合，备用泵电动机 M_2 得电运转，供水泵向水箱内继续供水。

无论是主泵还是备用泵，当水箱内水位升至高水位时，JYB714 电子式液位继电器内部继电器线圈断电释放，其常开触点恢复常开，②、③脚断开，切断供水泵电动机控制交流接触器线圈电源，使水泵电动机失电而停止运转。

2. 现场接线

供水泵故障时备用泵自投电路现场接线如图 5.14 所示。

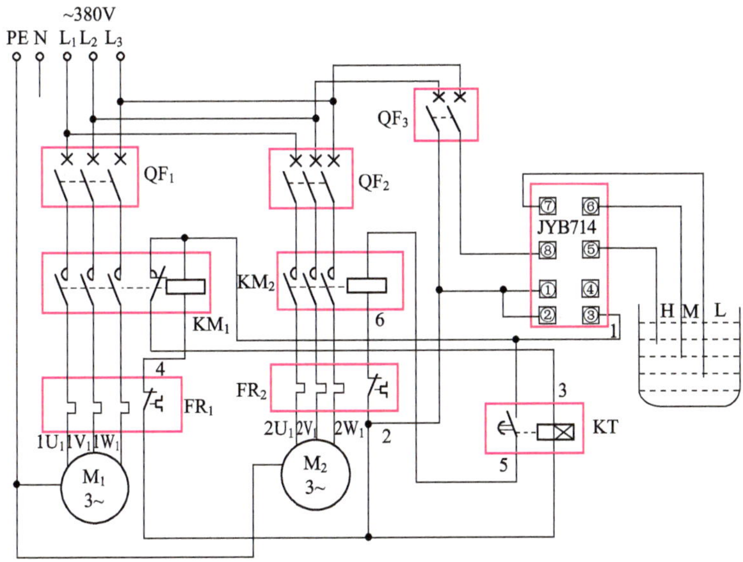

图 5.14　供水泵故障时备用泵自投电路现场接线

电路 87　排水泵故障时备用泵自投电路接线

1. 工作原理

在有些场合，当主排水泵故障时，需要备用泵自动快速投入运转。本例采用一只得电延时时间继电器完成备用泵自投控制，效果很理想，电路原理图如图 5.15 所示。

在平时主排水泵无故障时，若水位升至高水位，则液位继电器控制交流接触器 KM_1 线圈得电吸合，KM_1 三相主触点闭合，主排水泵电动机 M_1 得电运转，开始排水。

在排水过程中主排水泵出现过载时，过载保护热继电器 FR_1 动作，FR_1 常闭控制触点(2-4)断开，切断交流接触器 KM_1 线圈的回路电源，KM_1 线圈断电释放，KM_1 三相主触点断开，主排水泵电动机 M_1 失电停止运转；串联在得电延时时间继电器 KT 线圈回路中的 KM_1 辅助常闭触

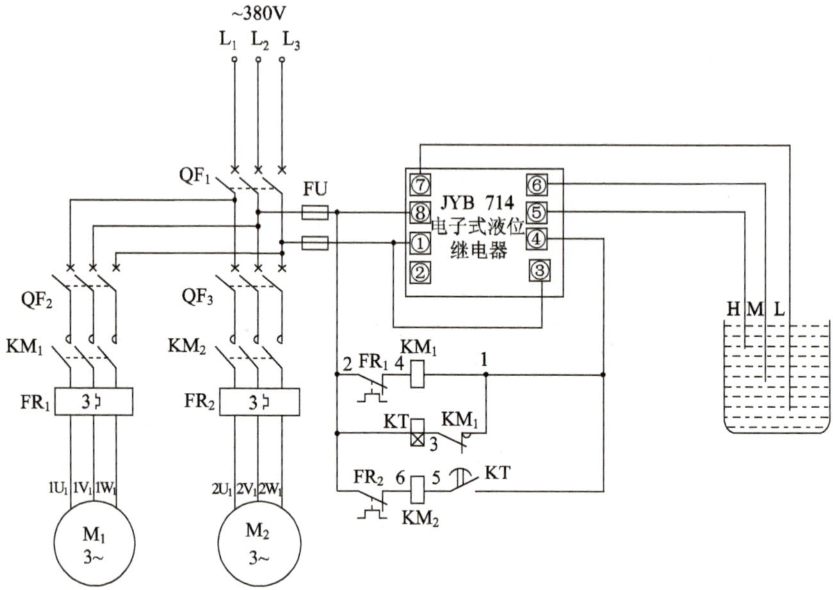

图 5.15 排水泵故障时备用泵自投电路原理图

点(1-3)恢复常闭状态(闭合),接通得电延时时间继电器 KT 线圈电源,KT 线圈得电吸合且开始延时。经 KT 延时(5s)后,KT 得电延时闭合的常开触点(1-5)闭合,接通备用泵控制交流接触器 KM_2 线圈电源,KM_2 线圈得电吸合,KM_2 三相主触点闭合,备用泵电动机 M_2 自动快速投入使用。

当排除主排水泵电动机 M_1 的过载故障后,主排水泵电动机 M_1 仍自动优先投入运转,而备用泵电动机 M_2 则继续待命。

2. 现场接线

排水泵故障时备用泵自投电路现场接线如图 5.16 所示。

电路 88 供水泵手动/自动控制电路接线

1. 工作原理

供水泵手动/自动控制电路原理图如图 5.17 所示。

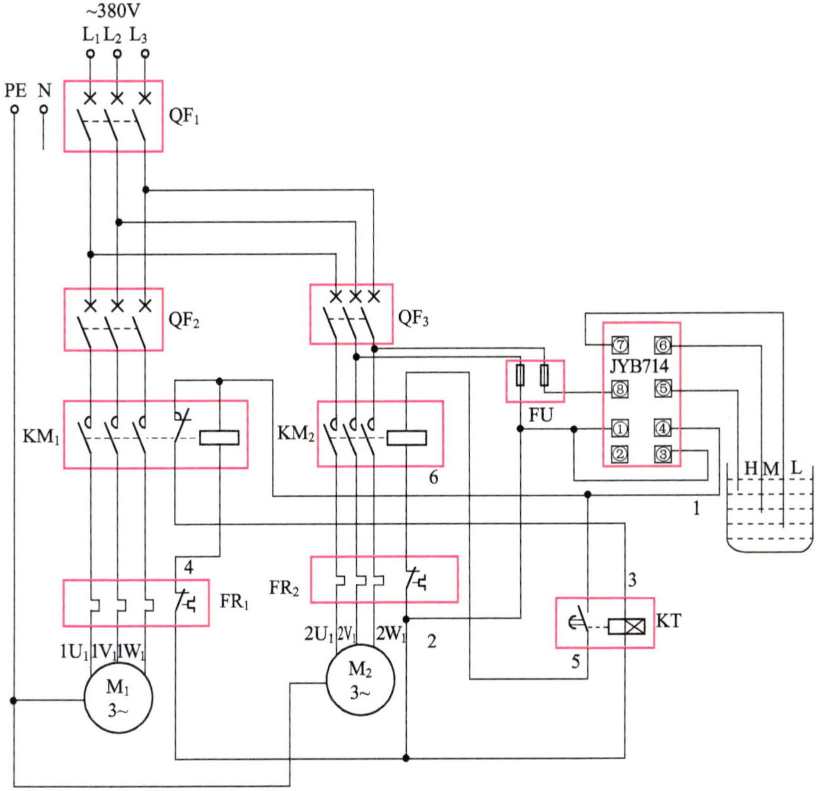

图 5.16　排水泵故障时备用泵自投电路现场接线

· 自动控制

当水池水位低至中水位 M 以下时，液位继电器 JYB714 内部继电器线圈吸合动作，其连至底座端子②、③上的常开触点闭合，接通交流接触器 KM 线圈的回路电源，KM 线圈得电吸合，KM 三相主触点闭合，供水泵电动机得电运转，带动供水泵向水池内供水；当水池内水位升至高水位 H 时，液位继电器 JYB714 内部继电器线圈断电释放，其连至底座端子②、③上的常开触点断开，切断交流接触器 KM 线圈的回路电源，KM 线圈断电释放，KM 三相主触点断开，供水泵电动机失电停止运转，供水泵停止向水池内供水，从而完成自动供水控制。

· 手动控制

启动时按下启动按钮 SB_2(5-7)，中间继电器 KA 线圈得电吸合且

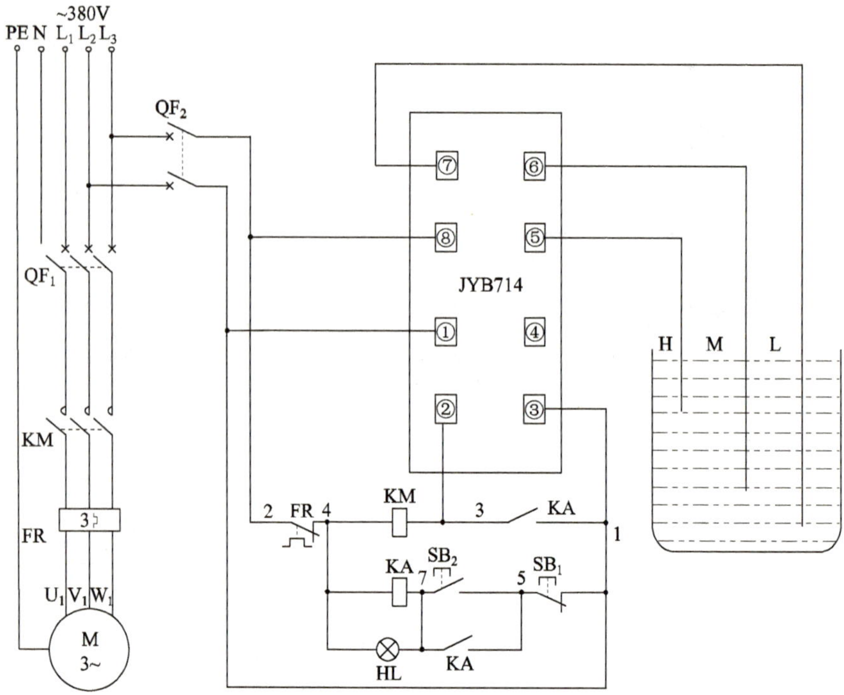

图 5.17 供水泵手动/自动控制电路原理图

KA 的两组常开触点(5-7,1-3)闭合自锁,接通了交流接触器 KM 线圈的回路电源,KM 线圈得电吸合,KM 三相主触点闭合,供水泵电动机得电运转,带动供水泵向水池内供水,同时指示灯 HL 亮,说明供水泵已运转工作了。停止时,则按下停止按钮 SB_1 (1-5),中间继电器 KA 线圈断电释放,KA 的两组常开触点(5-7、1-3)断开,切断交流接触器 KM 线圈的回路电源,KM 线圈断电释放,KM 三相主触点断开,供水泵电动机失电停止运转,供水泵停止向水池内供水,同时指示灯 HL 灭,说明供水泵已停止运转工作了,从而完成手动供水控制。

2. 现场接线

供水泵手动/自动控制电路现场接线如图 5.18 所示。

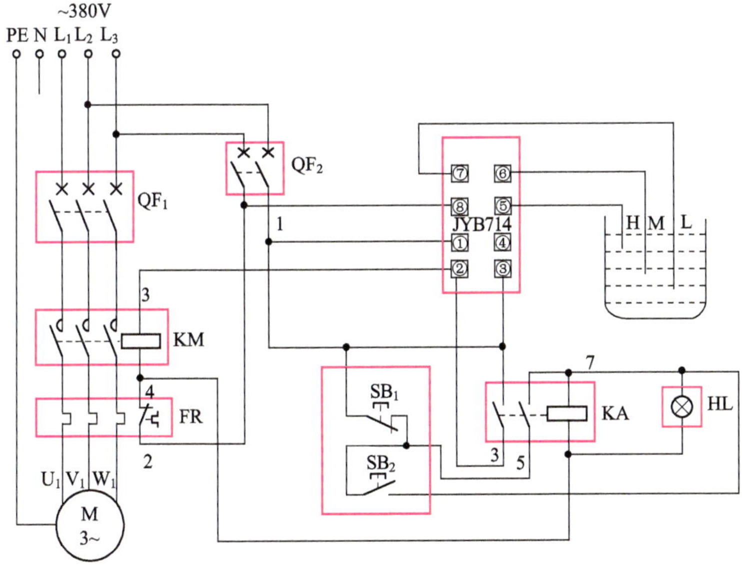

图 5.18　供水泵手动/自动控制电路现场接线

电路 89　排水泵手动/自动控制电路接线

1. 工作原理

排水泵手动/自动控制电路原理图如图 5.19 所示。

· 手动排水控制

手动排水时，按下排水启动按钮 SB_2(1-5)，中间继电器 KA 线圈得电吸合且 KA 的一组常开触点(1-5)闭合自锁，同时指示灯 HL 亮，说明已进行手动排水操作了。在 KA 线圈得电吸合的同时，KA 的另外一组常开触点(1-3)也闭合，使交流接触器 KM 线圈得电吸合，KM 三相主触点闭合，电动机得电运转工作，拖动排水泵由水池向外排水。需停止排水时，按下排水停止按钮 SB_1(5-7)，中间继电器 KA、交流接触器 KM 线圈均断电释放，KM 三相主触点断开，电动机失电停止运转，排水泵停止排水，同时指示灯 HL 灭，说明手动排水操作结束了。从而实现手动排水

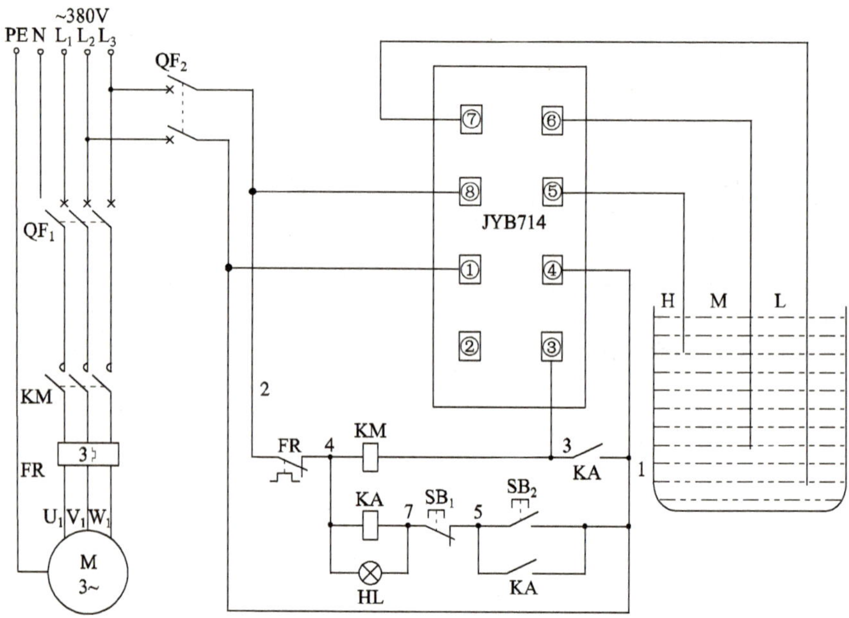

图 5.19 排水泵手动/自动控制电路原理图

控制。

- 自动排水控制

当水池内的水升至高水位时，探头探测高水位信号，使液位继电器 JYB714 内部继电器线圈断电释放，内部继电器连至底座端子③、④上的常闭触点恢复常闭状态，接通了交流接触器 KM 线圈的回路电源，KM 线圈得电吸合，KM 三相主触点闭合，电动机得电运转工作，拖动排水泵由水池向外自动排水。当水池内水位降至中水位以下时，探头探测出中水位以下信号，使液位继电器 JYB714 内部继电器线圈得电吸合，内部继电器连至底座端子③、④上的常闭触点断开，切断了交流接触器 KM 线圈的回路电源，KM 线圈断电释放，KM 三相主触点断开，电动机失电停止运转，排水泵自动停止排水。从而实现自动排水控制。

2. 现场接线

排水泵手动/自动控制电路现场接线如图 5.20 所示。

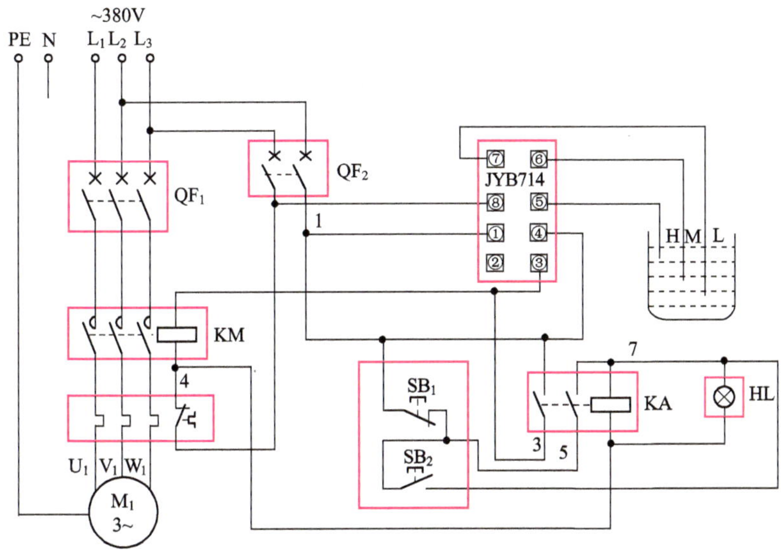

图 5.20 排水泵手动/自动控制电路现场接线

电路 90 电接点压力表自动控制电路接线

1. 工作原理

电接点压力表自动控制电路原理图如图 5.21 所示。

· 手动控制

将手动/自动选择开关置于手动位置，其他点(1-3)闭合，为手动控制做准备。手动启动时，按下启动按钮 SB_2，其常开触点(5-7)闭合，交流接触器 KM 线圈得电吸合，且 KM 的一组辅助常开触点(5-7)闭合自锁；KM 三相主触点闭合，电动机得电启动运转。

· 自动控制

将手动/自动选择开关置于自动位置，其触点(1-11)闭合，为自动控制做准备。当管路水压低于电接点压力表 SP 设置下限时，其触点(7-11)闭合，交流接触器 KM 线圈得电吸合，KM 的一组辅助常开触点(7-11)闭

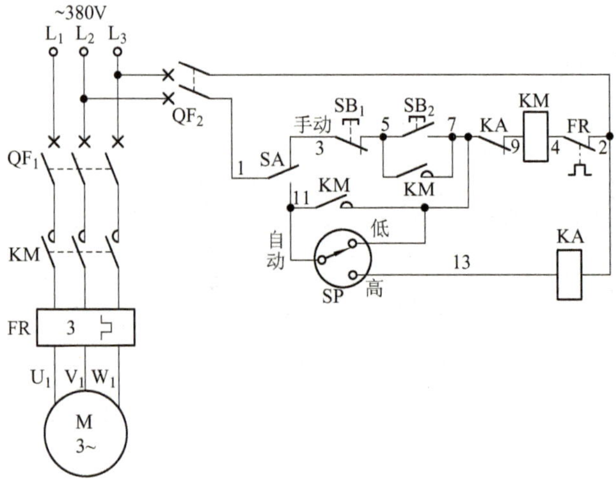

图 5.21 电接点压力表自动控制电路原理图

合自锁，KM 三相主触点闭合，电动机得电启动运转，带动水泵进行补水。当管路水压高于电接点压力表 SP 设置上限时，其他点(11-13)闭合，中间继电器 KA 线圈得电吸合，KA 常闭触点(7-9)断开，切断交流接触器 KM 线圈回路电源，KM 线圈断电释放，KM 三相主触点断开，电动机失电停止运转，水泵停转停止补水。当管路水压低于下限时，其 SP 触点(7-11)又闭合，交流接触器 KM 线圈又得电吸合，KM 的一组辅助常开触点(7-11)闭合，KM 三相主触点闭合，电动机又得电启动运转，又带动水泵进行补水，从而进行自动补水控制。

2. 现场接线

电接点压力表自动控制电路现场接线如图 5.22 所示。

电路 91 JYB-1、JYB-3 型电子式液位继电器接线

1. JYB-1 型电子式液位继电器单相供水接线

JYB-1 型电子式液位继电器单相供水电路原理图如图 5.23 所示。现场接线如图 5.24 所示。

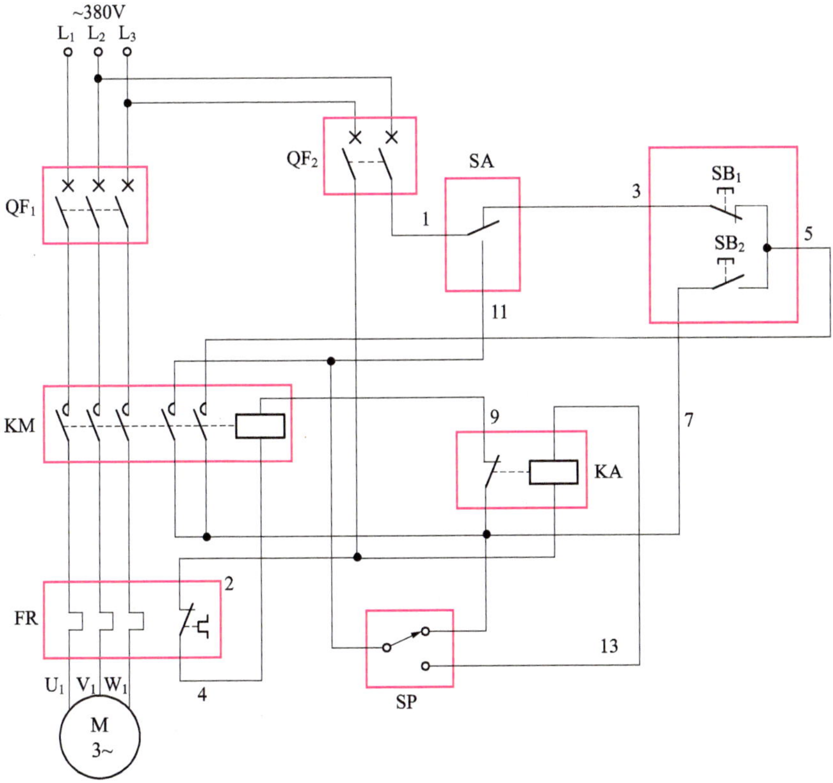

图 5.22　电接点压力表自动控制电路现场接线

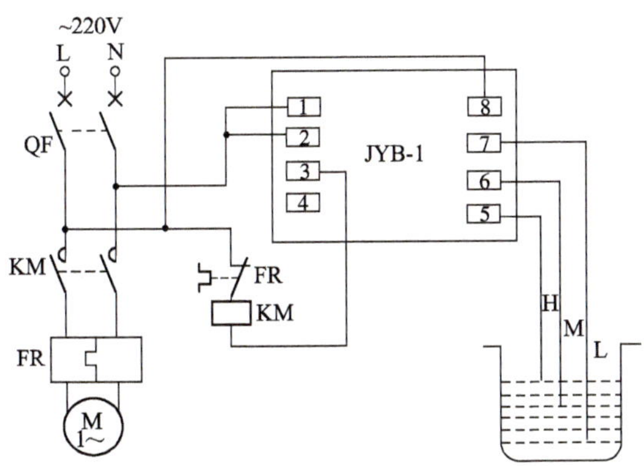

1，8接220V电源　2，3接内部继电器常开触点　5接高水位H电极
6接中水位M电极　7接低水位L电极

图 5.23　JYB-1 型电子式液位继电器单相供水电路原理图

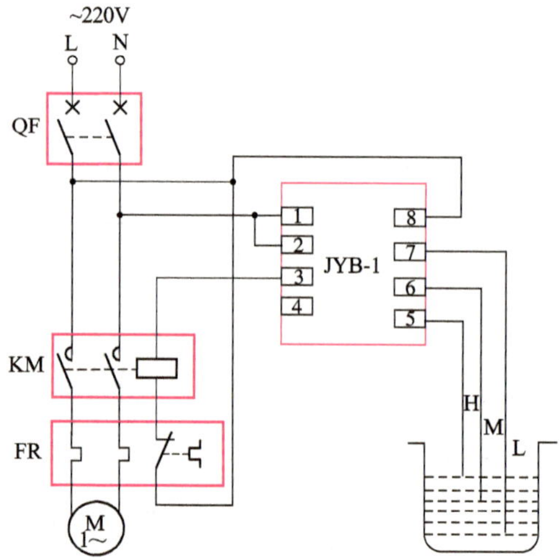

图 5.24 JYB-1 型电子式液位继电器单相供水电路现场接线

2. JYB-1 型电子式液位继电器三相供水接线

JYB-1 型电子式液位继电器三相供水电路原理图如图 5.25 所示。现场接线如图 5.26 所示。

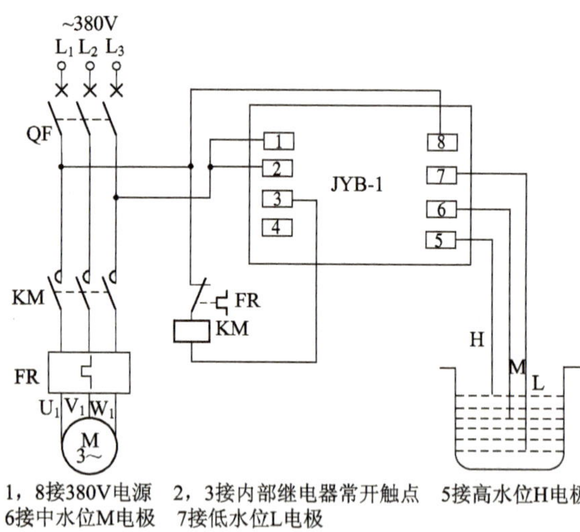

图 5.25 JYB-1 型电子式液位继电器三相供水电路原理图

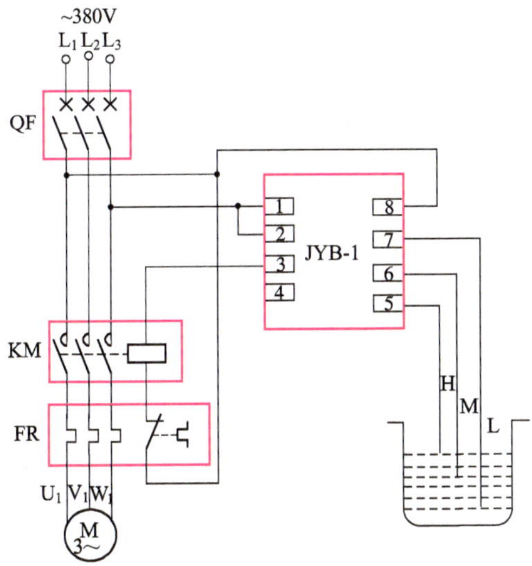

图 5.26　JYB-1 型电子式液位继电器三相供水电路现场接线

3. JYB-3 型电子式液位继电器单相供水接线

JYB-3 型电子式液位继电器单相供水电路原理图如图 5.27 所示。现场接线如图 5.28 所示。

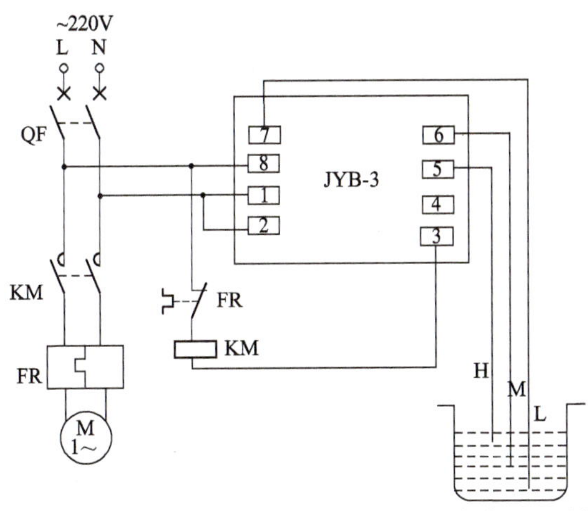

图 5.27　JYB-3 型电子式液位继电器单相供水电路原理图

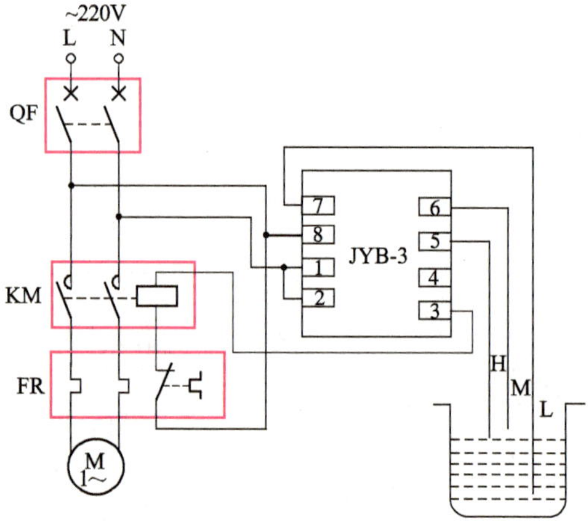

图 5.28 JYB-3 型电子式液位继电器单相供水电路现场接线

4. JYB-3 型电子式液位继电器三相供水接线

JYB-3 型电子式液位继电器三相供水电路原理图如图 5.29 所示。现场接线如图 5.30 所示。

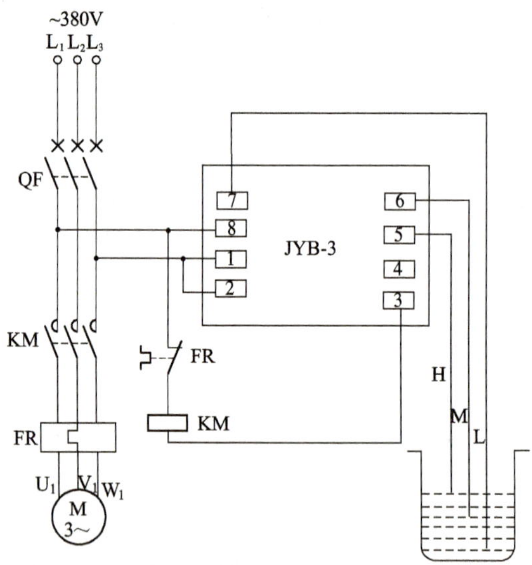

1，8接380V电源　2，3接内部继电器常开触点　5接高水位H电极
6接中水位M电极　7接低水位L电极

图 5.29 JYB-3 型电子式液位继电器三相供水电路原理图

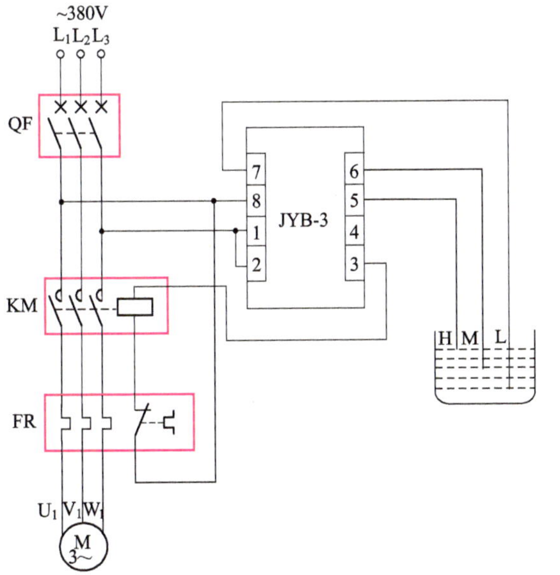

图 5.30　JYB-3 型电子式液位继电器三相供水电路现场接线

5. JYB-3 型电子式液位继电器单相排水接线

JYB-3 型电子式液位继电器单相排水电路原理图如图 5.31 所示。现场接线如图 5.32 所示。

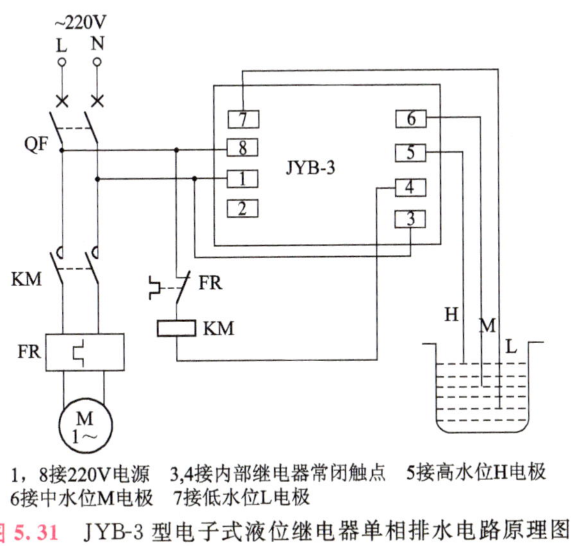

图 5.31　JYB-3 型电子式液位继电器单相排水电路原理图

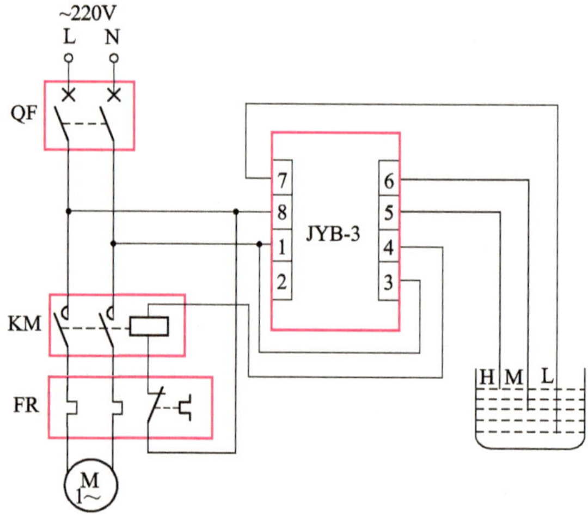

图 5.32 JYB-3 型电子式液位继电器单相排水电路现场接线

在不通电时，端子 3 和 4 为常闭，2 和 3 为常开。

6. JYB-3 型电子式液位继电器三相排水接线

JYB-3 型电子式液位继电器三相排水电路原理图如图 5.33 所示。现场接线如图 5.34 所示。

在不通电时，端子 3 和 4 为常闭，2 和 3 为常开。

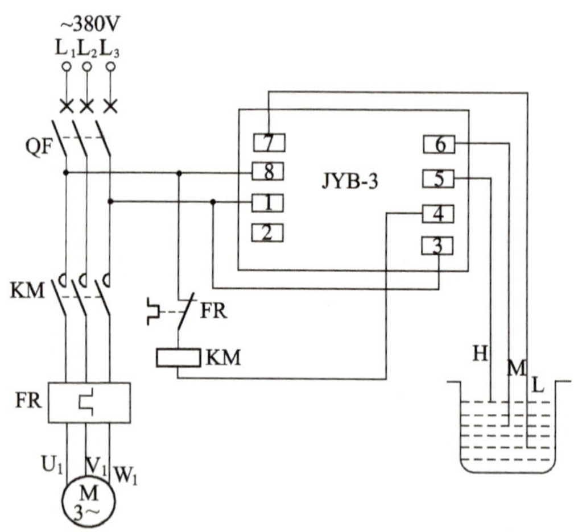

1，8接380V电源 3，4接内部继电器常闭触点 5接高水位H电极
6接中水位M电极 7接低水位L电极

图 5.33 JYB-3 型电子式液位继电器三相排水电路原理图

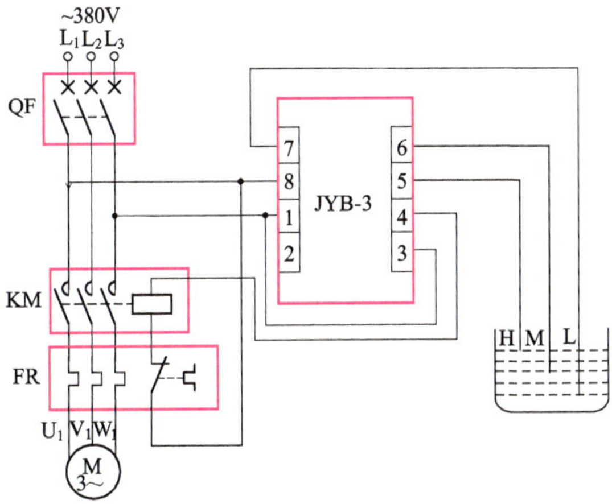

图 5.34　JYB-3 型电子式液位继电器三相排水电路现场接线

电路 92　JYB714 型电子式液位继电器接线

1. JYB714 型电子式液位继电器单相供水接线

JYB714 型电子式液位继电器单相供水电路原理图如图 5.35 所示。现场接线如图 5.36 所示。

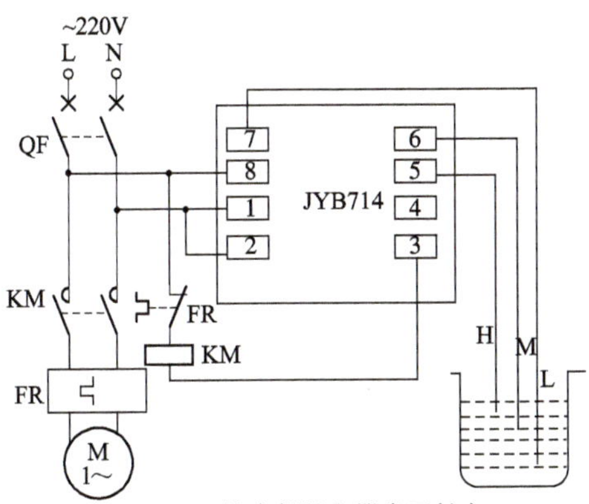

1,8 接 220V 电源　2,3 接内部继电器常开触点

5 接高水位 H 电极　6 接中水位 M 电极　7 接低水位 L 电极

图 5.35　JYB714 型电子式液位继电器单相供水电路原理图

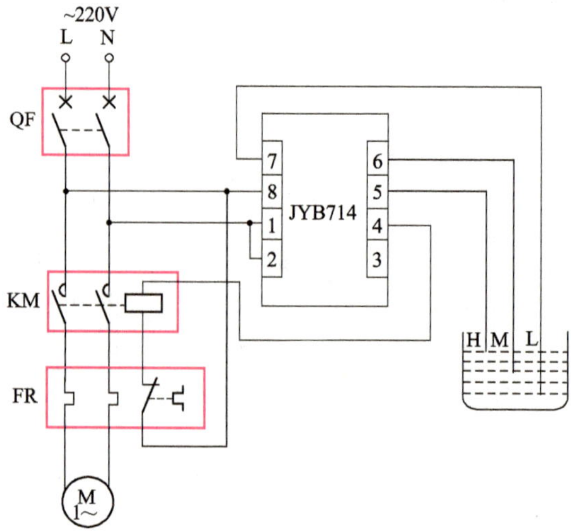

图 5.36 JYB714 型电子式液位继电器单相供水电路现场接线

2. JYB714 型电子式液位继电器三相供水接线

JYB714 型电子式液位继电器三相供水电路原理图如图 5.37 所示。现场接线如图 5.38 所示。

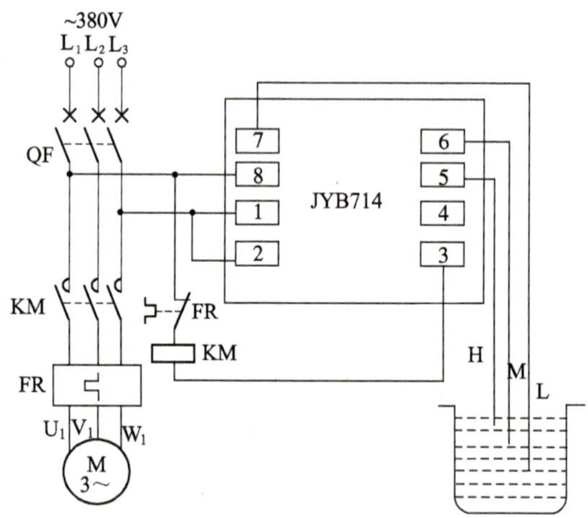

1,8 接 380V 电源　2,3 接内部继电器常开触点
5 接高水位 H 电极　6 接中水位 M 电极
7 接低水位 L 电极

图 5.37 JYB714 型电子式液位继电器三相供水电路原理图

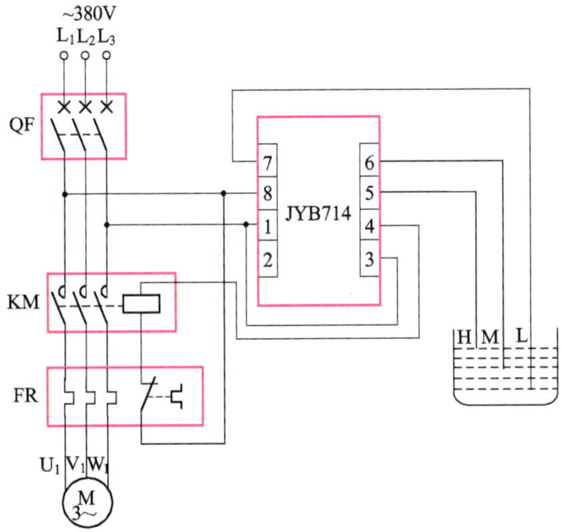

图 5.38　JYB714 型电子式液位继电器三相供水电路现场接线

3. JYB714 型电子式液位继电器单相排水接线

JYB714 型电子式液位继电器单相排水电路原理图如图 5.39 所示。现场接线如图 5.40 所示。

在不通电时，端子 3 和 4 为常闭，2 和 3 为常开。

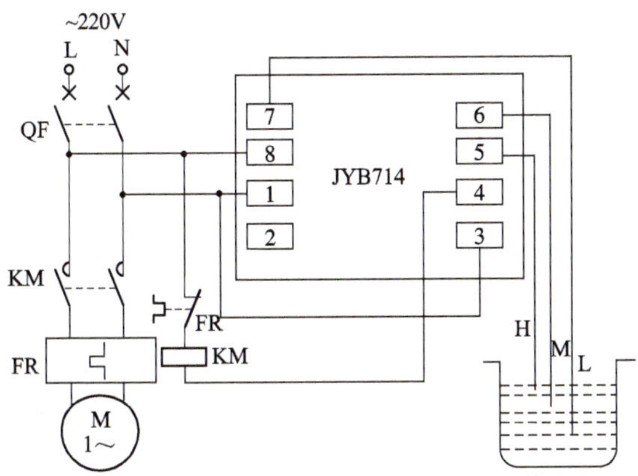

1,8 接 220V 电源　3,4 接内部继电器常闭触点　5 接高水位 H 电极
6 接中水位 M 电极　7 接低水位 L 电极

图 5.39　JYB714 型电子式液位继电器单相排水电路原理图

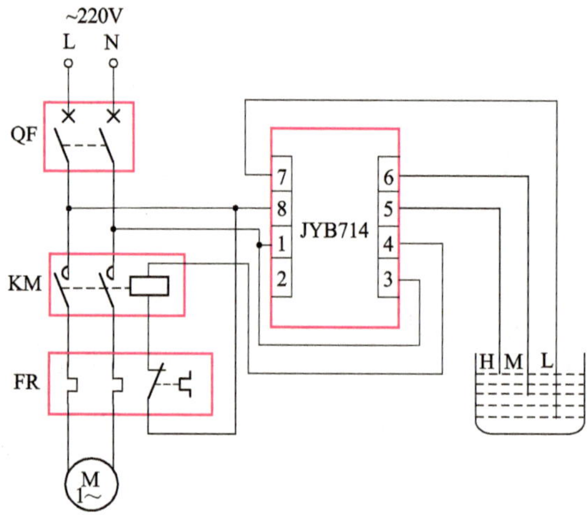

图 5.40 JYB714 型电子式液位继电器单相排水电路现场接线

4. JYB714 型电子式液位继电器三相排水接线

JYB714 型电子式液位继电器三相排水电路原理图如图 5.41 所示。现场接线如图 5.42 所示。

在不通电时，端子 3 和 4 为常闭，2 和 3 为常开。

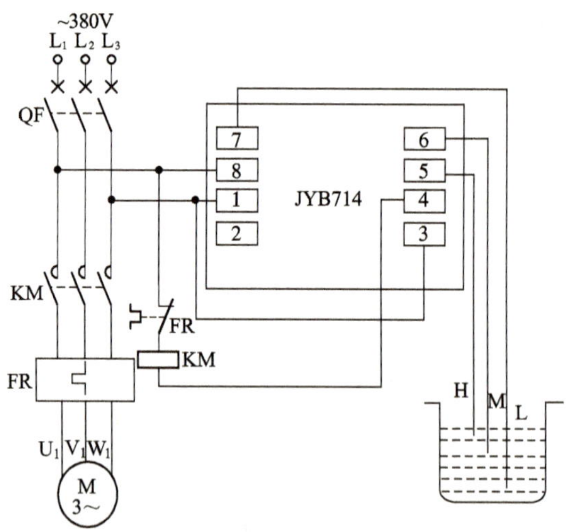

1,8 接 380V 电源 3,4 接内部继电器常闭触点 5 接高水位 H 电极
6 接中水位 M 电极 7 接低水位 L 电极

图 5.41 JYB714 型电子式液位继电器三相排水电路原理图

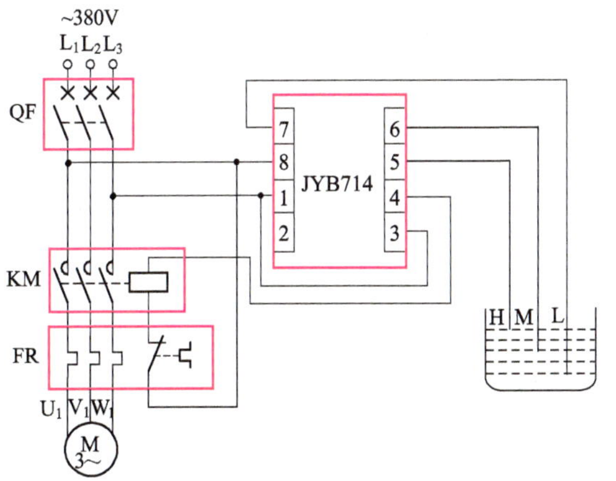

图 5.42　JYB714 型电子式液位继电器三相排水电路现场接线

电路 93　正泰 NJYW1 型液位继电器(110/220V)供水方式接线

正泰 NJYW1 型液位继电器(110/220V)供水方式接线如图 5.43 所示。

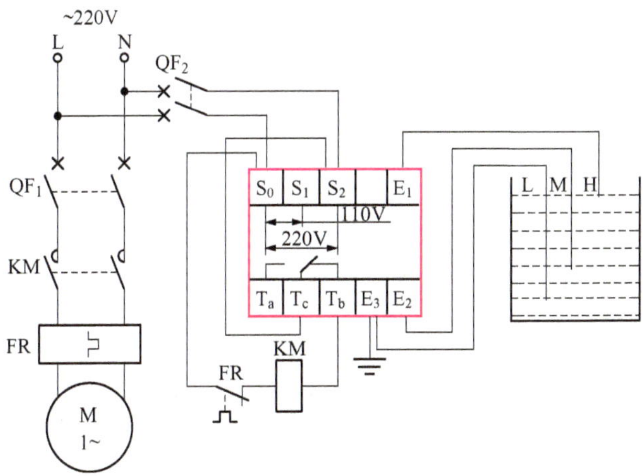

图 5.43　正泰 NJYW1 型液位继电器(110/220V)供水方式接线

电路94 正泰 NJYW1 型液位继电器(110/220V)排水方式接线

正泰 NJYW1 型液位继电器(110/220V)排水方式接线如图 5.44 所示。

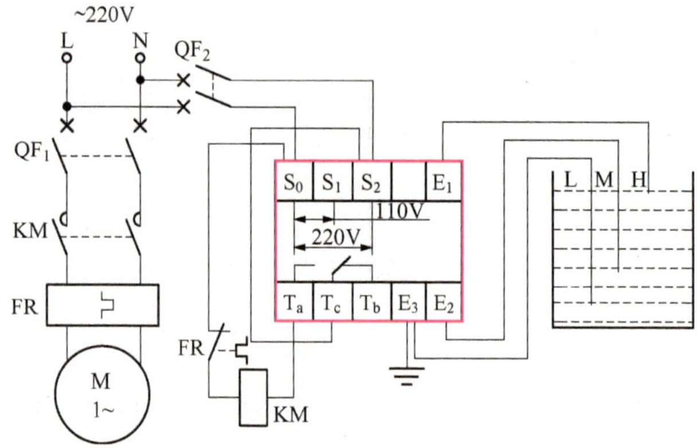

图 5.44　正泰 NJYW1 型液位继电器(110/220V)排水方式接线

电路95 正泰 NJYW1 型液位继电器(220/380V)供水方式接线

正泰 NJYW1 型液位继电器(220/380V)供水方式接线如图 5.45 所示。

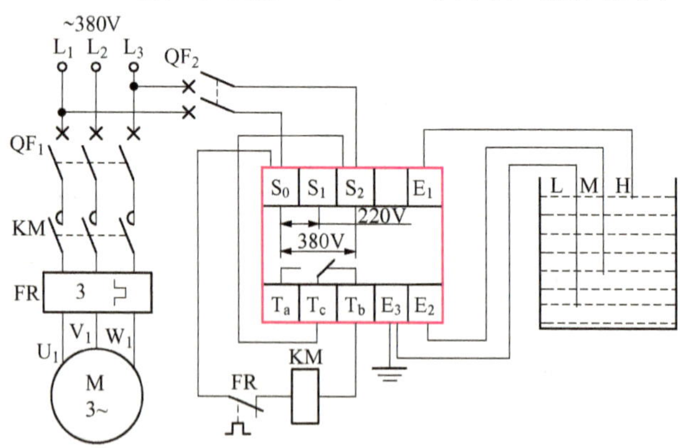

图 5.45　正泰 NJYW1 型液位继电器(220/380V)供水方式接线

电路 96　正泰 NJYW1 型液位继电器(220/380V)排水方式接线

正泰 NJYW1 型液位继电器(220/380V)排水方式接线如图 5.46 所示。

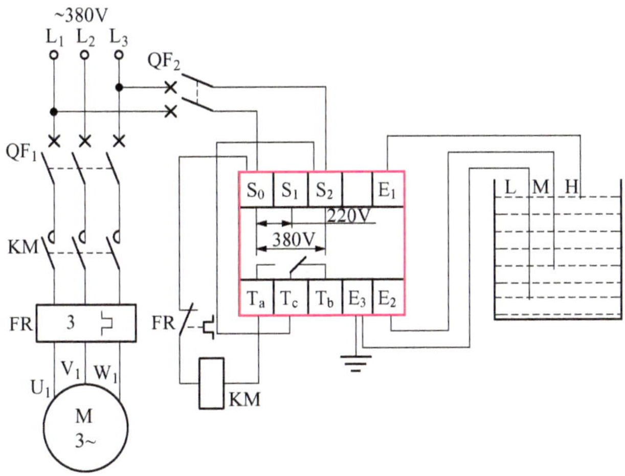

图 5.46　正泰 NJYW1 型液位继电器(220/380V)排水方式接线

电路 97　正泰 NJYW1 型液位继电器上、下池水位控制 220V 接线

正泰 NJYW1 型液位继电器上、下池水位控制 220V 接线如图 5.47 所示。

电路 98　正泰 NJYW1 型液位继电器上、下池水位控制 380V 接线

正泰 NJYW1 型液位继电器上、下池水位控制 380V 接线如图 5.48 所示。

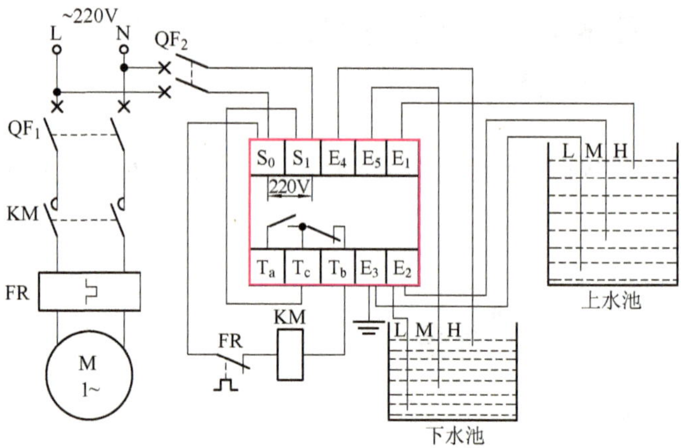

图 5.47 正泰 NJYW1 型液位继电器上、下池水位控制 220V 接线

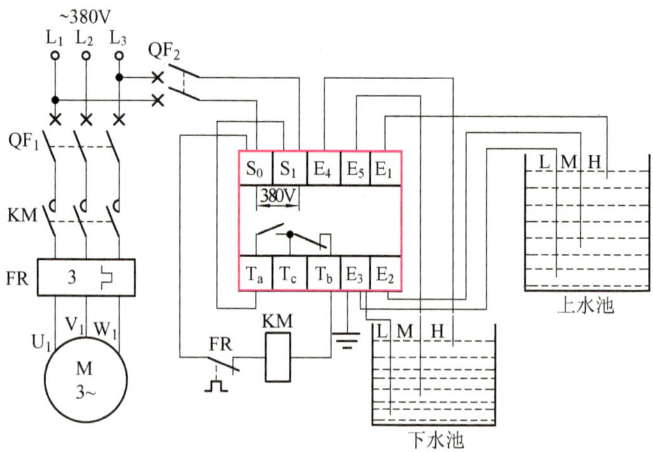

图 5.48 正泰 NJYW1 型液位继电器上、下池水位控制 380V 接线

电路 99 水塔、水池联动上水控制电路接线

水塔、水池联动上水控制电路现场接线如图 5.49 所示。

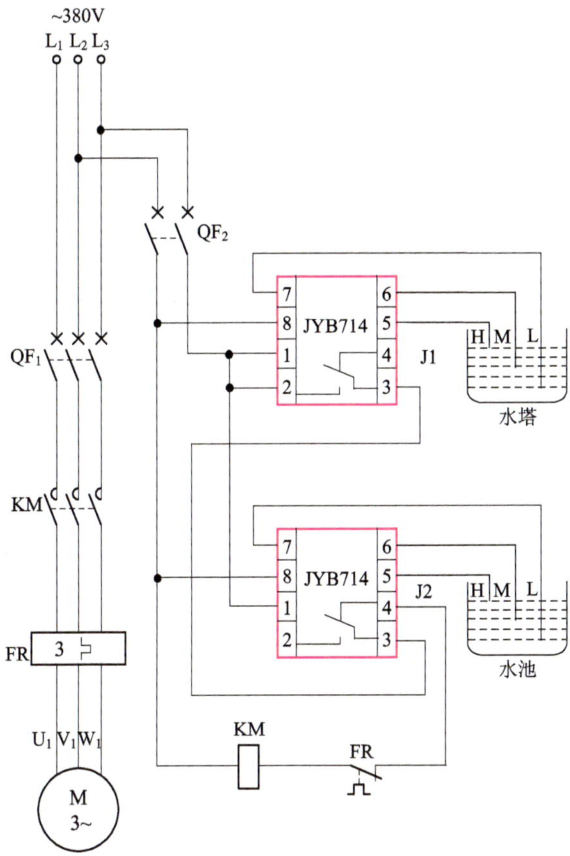

图 5.49　水塔、水池联动上水控制电路接线

Chapter 6

速度控制电路接线

电路100 2Y/2Y双速电动机手动控制电路接线

2Y/2Y双速电动机定子绕组接线如图 6.1 所示，绕组引出端为 9 根线。

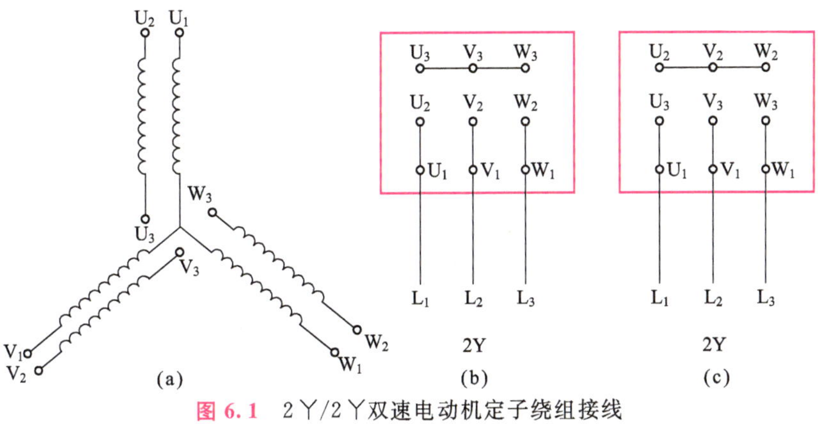

图 6.1 2Y/2Y双速电动机定子绕组接线

· 第一组 2Y接线

首先将引出端 U_3、V_3、W_2 短接起来，再分别将引出端 U_1、U_2 短接起来后通过 U_1 引出端接到三相交流电源的 L_1 相上，将引出端 V_1、V_2 短接起来后通过 V_1 引出端接到三相交流电源的 L_2 相上，将引出端 W_1、W_2

短接起来后通过 W_1 引出端接到三相交流电源的 L_3 相上，这样，电动机定子绕组为一种 2Y接法。

· 第二组 2Y接线

首先将引出端 U_2、V_2、W_2 短接起来，再分别将引出端 U_1、U_3 短接起来后通过 U_1 引出端接到三相交流电源的 L_1 相上，将引出端 V_1、V_3 短接起来后通过 V_1 引出端接到三相交流电源的 L_2 相上，将引出端 W_1、W_3 短接起来后通过 W_1 引出端接到三相交流电源的 L_3 相上，这样，电动机定子绕组接为另一种 2Y接法。

2Y/2Y双速电动机手动控制电路原理图如图 6.2 所示。

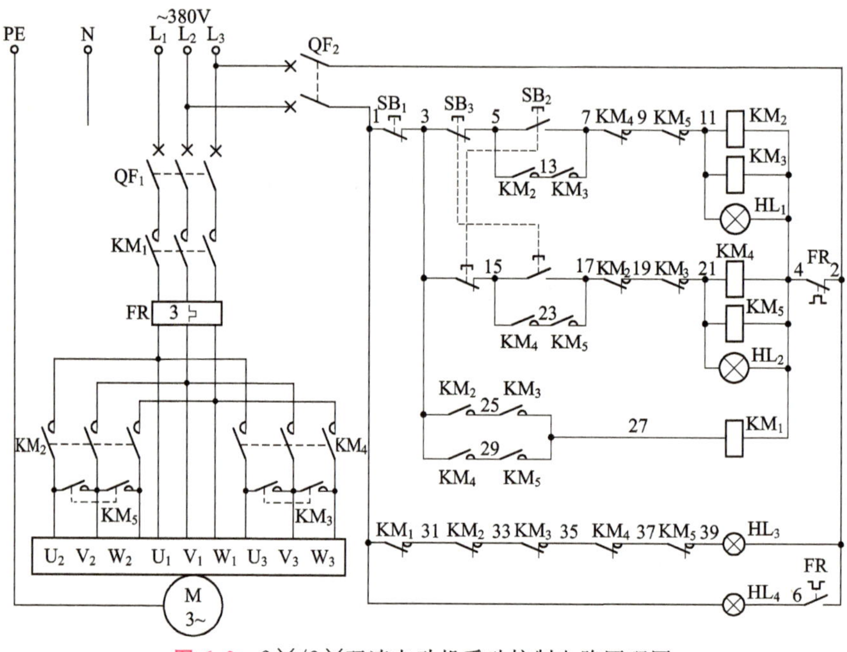

图 6.2 2Y/2Y双速电动机手动控制电路原理图

· 第一种速度启动

按下启动按钮 SB_2(5-7)，交流接触器 KM_2、KM_3 线圈得电吸合且 KM_2、KM_3 辅助常开触点(5-13、7-13)闭合自锁，KM_2、KM_3 串联在 KM_1 线圈回路中的辅助常开触点(3-25、25-27)闭合，KM_1 线圈也得电吸合，这样，交流接触器 KM_2 三相主触点分别将 U_1、U_2，V_1、V_2，W_1、W_2 分别短接后接至电源交流接触器 KM_1 三相主触点的下端，交流接触器 KM_3 主

触点将 U_3、V_3、W_3 短接起来，组成第一种 2Y接法，KM_1 三相主触点闭合，电动机得电以第一种速度启动。同时指示灯 HL_3 灭、HL_1 亮，说明电动机以第一种速度启动运转了。

· 第二种速度启动

按下启动按钮 SB_3，SB_3 的一组常闭触点(3-5)断开，切断 KM_2、KM_3 及 KM_1 线圈回路电源，使其断电释放；KM_2、KM_3、KM_1 三相主触点断开，电动机失电停止运转；与此同时，SB_3 的另一组常开触点(15-17)闭合，交流接触器 KM_4、KM_5 线圈得电吸合且 KM_4、KM_5 辅助常开触点(15-23、17-23)闭合自锁，KM_4、KM_5 串联在 KM_1 线圈回路中的辅助常开触点(3-29、27-29)闭合，KM_1 线圈也得电吸合，这样，交流接触器 KM_4 三相主触点分别将 U_1、U_3，V_1、V_3、W_1、W_3 短接起来后接至电源交流接触器 KM_1 三相主触点的下端，交流接触器 KM_5 将 U_2、V_2、W_2 短接起来，组成第二种 2Y接法，KM_1 三相主触点闭合，电动机得电以第二种速度启动。同时指示灯 HL_3 灭、HL_2 亮，说明电动机以第二种速度启动运转了。

· 停　止

停止时，只需按下停止按钮 SB_1(1-3)即可。

电路 101　△/△双速电动机手动控制电路接线

△/△双速电动机定子绕组接线如图 6.3 所示，绕组引出端有 9 根线。

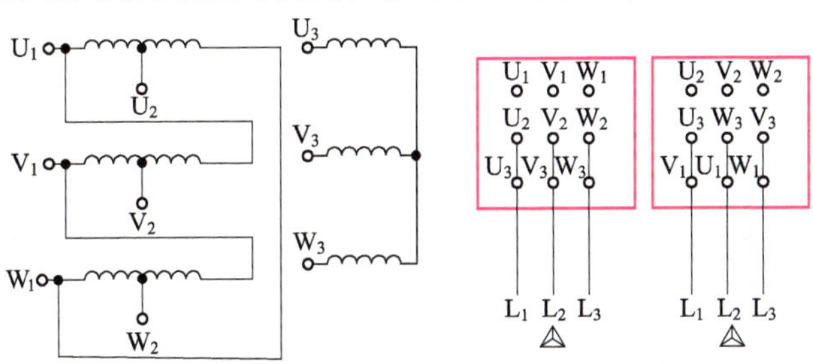

图 6.3　△/△双速电动机定子绕组接线

· 第一种△接线

将引出端 U_2、U_3 短接后接到三相交流电源的 L_1 相上，将引出端

V_2、V_3 短接后接到三相交流电源的 L_2 相上，将引出端 W_2、W_3 短接后接到三相交流电源的 L_3 相上，余下的 U_1、V_1、W_1 悬空不接，电动机定子绕组为一种△接法。

· 第二种△接线

将引出端 V_1、U_3 短接后接到三相交流电源的 L_1 相上，将引出端 U_1、W_3 短接后接到三相交流电源的 L_2 相上，将 W_1、W_3 短接后接到三相交流电源的 L_3 相上，余下的 U_2、V_2、W_2 悬空不接，电动机定子绕组为另一种△接法。

对于△/△双速电动机手动控制电路，实际上很简单，只要弄清楚第一种△连接和第二种△连接方式就可以加以控制了。也就是说，利用交流接触器 KM_1 主触点将三相交流电源 L_1、L_2、L_3 分别接至电动机定子绕组引出端 U_3、V_3、W_3，然后再利用交流接触器 KM_2 的主触点分别短接 U_3、U_2，V_3、V_2，W_3、W_2 即可，这样，可将交流接触器 KM_1、KM_2 两只线圈并联工作，控制第一种△接，也就是第一种速度控制；再利用交流接触器 KM_3 主触点将三相交流电源 L_1、L_2、L_3 分别接至电动机定子绕组引出端 U_3、W_3、V_3（注意电源倒相了，即电源相序改变了），然后再利用交流接触器 KM_4 的主触点分别短接 V_1、U_3，U_1、W_3，W_1、V_3 即可，这样，可使交流接触器 KM_3、KM_2 两只线圈并联工作，控制第二种△接，也就是第二种速度控制。

现给出简单实用的△/△双速电动机手动控制电路（图 6.4），并对工作原理加以叙述。

合上断路器 QF_1、QF_2，电源兼电动机停止指示灯 HL_3 亮，说明电源正常。

· 第一种速度△启动控制

按下启动按钮 SB_2，SB_2 的一组常闭触点(3-15)断开，切断交流接触器 KM_3、KM_4 线圈回路电源，使其不能工作，起到按钮常闭触点互锁作用；SB_2 的一组常开触点(5-7)闭合，接通交流接触器 KM_1、KM_2 线圈回路电源和指示灯 HL_1，交流接触器 KM_1、KM_2 线圈得电吸合且 KM_1、KM_2 各自的一组辅助常开触点(5-13，7-13)闭合自锁，指示灯 HL_1 亮，KM_1 三相主触点闭合，将三相交流电源 L_1、L_2、L_3 分别接至电动机引出端 U_3、V_3、W_3，KM_2 三相主触点闭合，将电动机引出端 U_3、U_2，V_3、V_2，W_3、W_2 分别短接，此时电

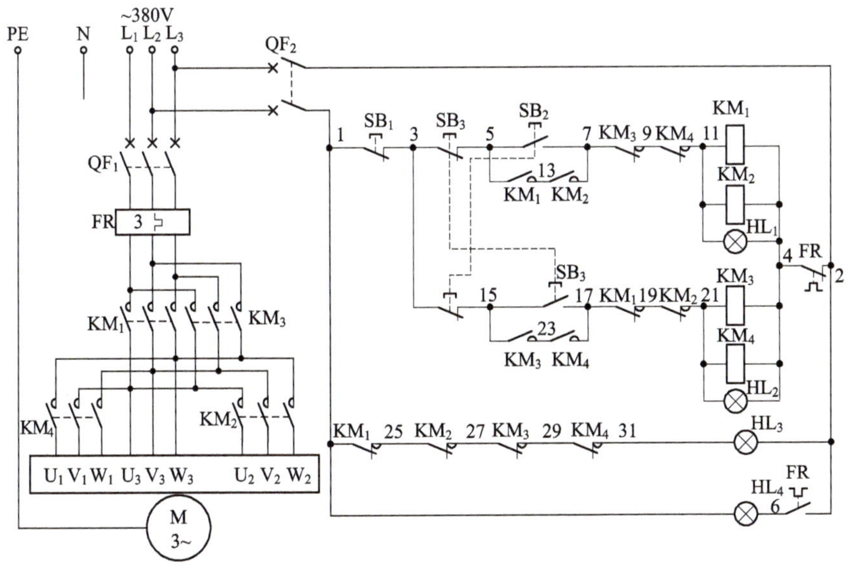

图 6.4 △/△双速电动机手动控制电路原理图

动机绕组被连接成第一种△接，电动机得电以第一种速度启动运转。同时，KM_1、KM_2 各自的一组辅助常闭触点(1-25、25-27)断开，指示灯 HL_3 灭，由于在交流接触器 KM_1、KM_2 线圈得电吸合的同时，指示灯 HL_1 就被点亮，说明电动机按第一种速度△接运转了。

· 第二种速度△启动控制

按下启动按钮 SB_3，SB_3 的一组常闭触点(3-5)断开，切断交流接触器 KM_1、KM_2 线圈回路电源，使 KM_1、KM_2 线圈断电释放，KM_1、KM_2 各自的三相主触点断开，解除对电动机的供电及对各引出端的短接；SB_3 的一组常开触点(15-17)闭合，接通交流接触器 KM_3、KM_4 线圈回路电源和指示灯 HL_2，交流接触器 KM_3、KM_4 线圈得电吸合且 KM_3、KM_4 各自的一组辅助常开触点(15-23、17-23)闭合自锁，指示灯 HL_2 亮，KM_3 三相主触点闭合，将三相交流电源 L_1、L_2、L_3 分别接至电动机引出端 U_3、W_3、V_3 上(注意，电源相序倒相了)，KM_4 三相主触点闭合，将电动机引出端 V_1、U_3，U_1、W_3，W_1、V_3 分别短接，此时电动机绕组被连接成第二种△接，电动机得电以第二种速度启动运转。同时 KM_3、KM_4 各自的一组辅助常闭触点(27-29、29-31)断开，指示灯 HL_3 灭，由于在交流接触器 KM_3、KM_4 线圈得电的同时，指示灯 HL_3 就被点亮，说明电动机按第二种速度

△接运转了。

· 停　止

停止时，只需按下停止按钮 SB_1(1-3)即可。

电路102 2△/Y双速电动机(早期产品)控制电路接线

2△/Y双速电动机定子绕组接线如图 6.5(a)所示。2△/Y双速电动机控制电路原理图如图 6.5(b)所示。

· 低速启动

低速启动时，按下低速启动按钮 SB_2，SB_2 的一组常闭触点(17-19)断开，起到互锁作用；SB_2 的另一组常开触点(3-5)闭合，接通低速交流接触器 KM_1、KM_2、KM_3 线圈回路电源，KM_1、KM_2、KM_3 各自的一组辅助常开触点(3-13、13-15、5-15)闭合自锁，KM_1、KM_2、KM_3 各自的三相主触点闭合，其中 KM_1 三相主触点将电动机引出线 A、C、G 接至电源 L_1 上，KM_2 三相主触点将电动机引出线 B、D、F 接至电源 L_2 上，KM_3 三相主触点将电动机引出线 E、H 接至电源 L_3 上，电动机绕组通以三相交流电源接成 2△形，低速启动运转。同时 KM_1、KM_2、KM_3 串联在高速交流接触器 KM_4、KM_5 线圈回路中各自的辅助常闭触点(19-21、21-23、23-25)断开，起到互锁作用；KM_1、KM_2、KM_3 各自的另一组辅助常闭触点(1-29、29-31、31-33)断开，电源停止指示灯 HL_1 灭，KM_1、KM_2、KM_3 各自的另外一组辅助常开触点(1-39、39-41、41-43)闭合，指示灯 HL_2 亮，说明电动机已低速启动运转了。

· 高速启动

高速启动时，按下高速启动按钮 SB_3，SB_3 的一组常闭触点(5-7)断开，切断低速交流接触器 KM_1、KM_2、KM_3 线圈回路电源，KM_1、KM_2、KM_3 各自的三相主触点全部断开，电动机低速停止运转。与此同时，SB_3 的另一组常开触点(3-17)闭合，接通高速交流接触器 KM_4、KM_5 线圈回路电源，KM_4、KM_5 各自的一组辅助常开触点(3-27、17-27)闭合自锁，KM_4、KM_5 辅助常闭触点断开，起到互锁作用，KM_4、KM_5 各自的三相主触点闭合。其中

KM_4 三相主触点将电动机引出线 A、D、G 分别连接至三相电源的 L_1、L_2、L_3 上，KM_5 主触点将电动机引出线 C、F 短接起来，电动机绕组通以三相交流电源接成 Y 形高速运转。同时 KM_4、KM_5 辅助常开触点(1-45、45-47)闭合，指示灯 HL_3 亮，说明电动机转入高速启动运转了。

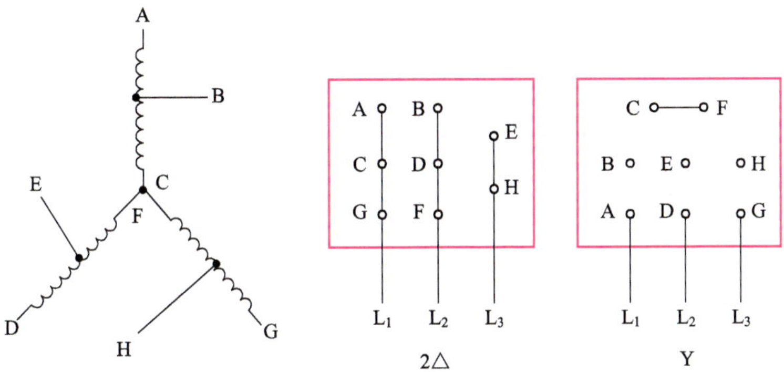

(a) 2△/Y双速电动机定子绕组接线

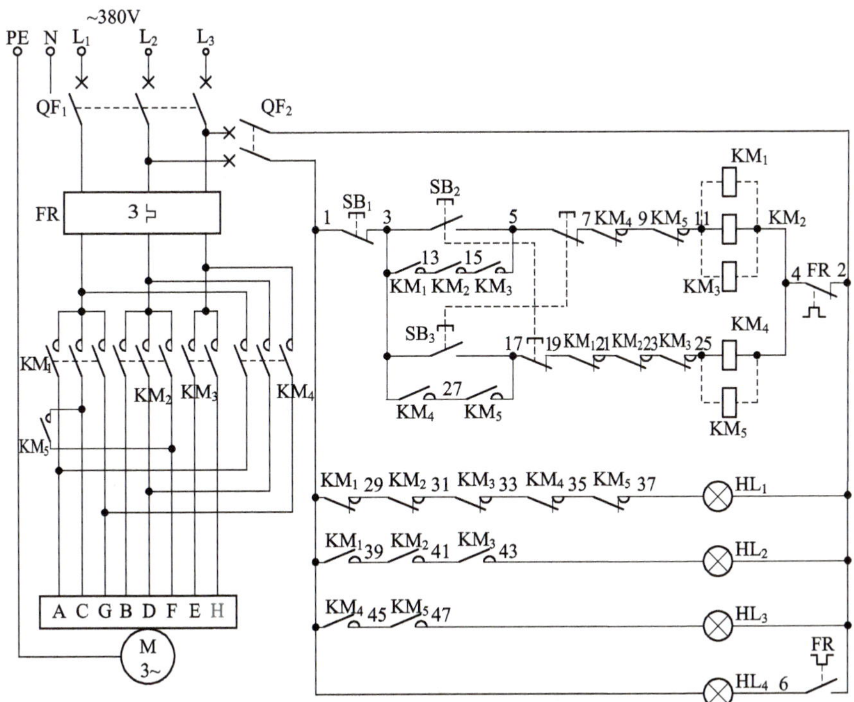

(b) 控制电路原理图

图 6.5　2△/Y双速电动机控制电路

电路103 2△/Y双速电动机手动控制电路接线

2△/Y双速电动机定子绕组接线如图 6.6 所示，绕组有 8 个出线端。

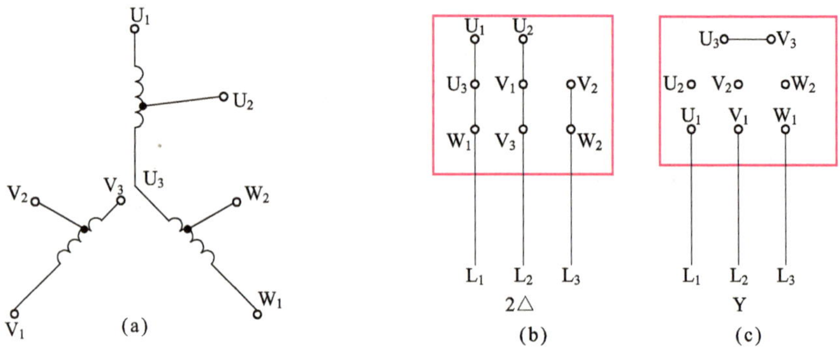

图 6.6 2△/Y双速电动机定子绕组接线

· Y形接法

将电动机出线端 U_3 和 V_3 短接起来，再将电动机出线端 U_1、V_1、W_1 分别接到三相交流电源的 L_1、L_2、L_3 相上，此时电动机定子绕组为Y形接法。

· 2△形接法

将电动机出线端 U_1、U_3、W_1 短接起来接至三相交流电源的 L_1 相上，再将电动机出线端 U_2、V_1、V_3 短接起来接至三相交流电源的 L_2 相上，最后将电动机出线端 V_2、W_2 短接起来接至三相交流电源的 L_3 相上，此时电动机定子绕组为 2△形接法。

图 6.7 所示为 2△/Y双速电动机手动控制电路原理图。

· Y形启动

按下启动按钮 SB_2，SB_2 的一组常闭触点(3-17)断开，切断交流接触器 KM_3、KM_4、KM_5 线圈回路电源，起到互锁作用；与此同时，SB_2 的另一组常开触点(5-7)闭合，接通交流接触器 KM_1、KM_2 线圈回路电源，KM_1、KM_2 串联在 KM_3、KM_4、KM_5 线圈回路中各自的一组辅助常闭触点(19-21、21-23)断开，起到互锁作用；KM_1、KM_2 各自的一组辅助常开触点(5-15、7-15)闭合自锁，KM_1、KM_2 各自的三相主触点分别闭合。其中，KM_1 三相主触点将电动机引线端 U_1、V_1、W_1 接到三相交流电源的 L_1、

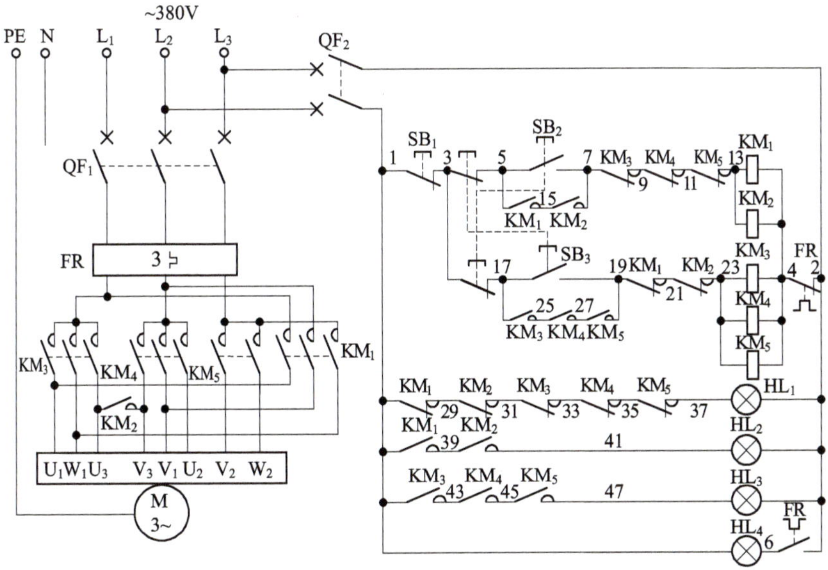

图 6.7　2△/Y双速电动机手动控制电路原理图

L_2、L_3 相上，KM_2 三相主触点将电动机引线端 U_3、V_3 短接起来，这样，电动机定子绕组连接成 Y 形启动运转。同时，KM_1、KM_2 各自的一组辅助常闭触点(1-29、29-31)断开，电源兼作停止指示灯 HL_1 灭，KM_1、KM_2 各自的一组辅助常开触点(1-39、39-41)闭合，Y形运转指示灯 HL_2 亮，说明电动机已按Y形接法启动运转了。

· 2△形启动

按下启动按钮 SB_3，SB_3 的一组常闭触点(3-5)断开，切断交流接触器 KM_1、KM_2 线圈回路电源，KM_1、KM_2 线圈断电释放，KM_1、KM_2 各自的三相主触点断开，电动机 Y 形运转停止；与此同时，SB_3 的另一组常开触点(17-19)闭合，交流接触器 KM_3、KM_4、KM_5 线圈得电吸合且 KM_3、KM_4、KM_5 各自的一组辅助常开触点(17-25、25-27、19-27)闭合自锁，KM_3、KM_4、KM_5 各自的三相主触点闭合。其中，KM_3 三相主触点将电动机引线端 U_1、W_1、U_3 短接起来后接至三相电源的 L_1 相上，KM_4 三相主触点将电动机引线端 V_3、V_1、U_2 短接起来后接至三相电源的 L_2 相上，KM_5 三相主触点将电动机引线端 V_2、W_2 短接起来后接至三相电源的 L_3 相上；这样，电动机定子绕组连接成 2△形启动运转。同时 KM_3、KM_4、KM_5 各自的一组辅助常闭触点(31-33、33-35、35-37)断开，电源兼停止指

示灯 HL_1 灭，KM_1、KM_2 各自的一组辅助常开触点(1-39、39-41)恢复常开状态，Y形运转指示灯 HL_2 灭，KM_3、KM_4、KM_5 各自的一组辅助常开触点(1-43、43-45、45-47)闭合，2△形运转指示灯 HL_3 亮，说明电动机以2△形启动运转了。

· 停 止

无论电动机是Y形运转还是2△形运转，停止时只要按下停止按钮 SB_1(1-3)，即可使电动机失电停止运转。

电路104 2丫/△双速电动机定子绕组的接线方法

现介绍2丫/△双速电动机定子绕组的接线方法。它实际上就是通过改变极对数来改变电动机的转速。也就是说其三相定子绕组接成△形时为低速，2丫形时为高速。

· 低速运转

电动机定子绕组有6个出线端，若只给 U_1、V_1、W_1 接三相380V电源，而 U_2、V_2、W_2 悬空，此时电动机定子绕组为△形接法，如图6.8(a)所示，电动机低速运转。

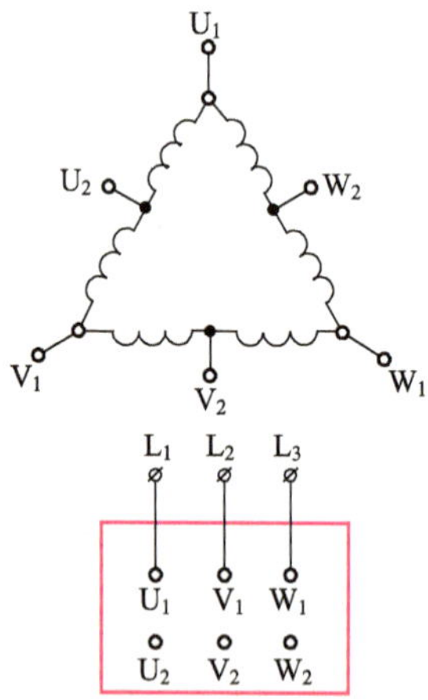

(a) 低速△形接法(4极)

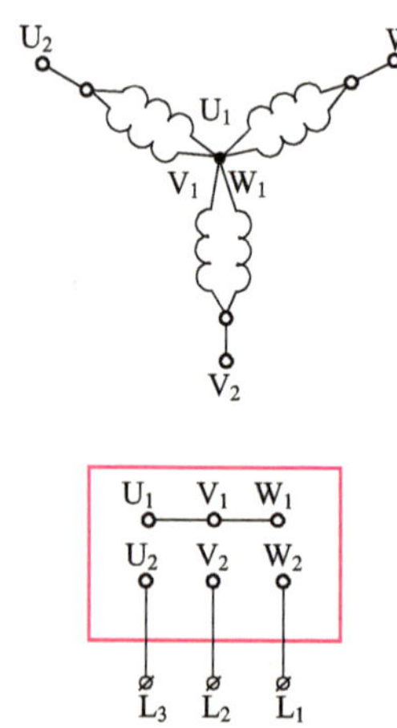

(b) 高速2丫形接法(2极)

图6.8 2丫/△双速电动机定子绕组接线

· 高速运转

若只给 U_2、V_2、W_2 接三相 380V 电源，而 U_1、V_1、W_1 人为短接起来（此点称为外接 Y 点），这时电动机定子绕组接成 2Y 形连接，如图 6.8(b)所示，电动机高速运转。

值得注意的是，为了保证低速、高速运转方向的一致，必须将高速绕组电源反过来。

电路 105　三速电动机定子绕组的接线方法

三速电动机的定子绕组为两套绕组共 10 个接线端，通过改变这 10 个接线端与电源的连接，就会变换成三种不同的转速，以满足生产工艺中不同转速的需要。

三速电动机定子绕组连接方法如图 6.9(a)所示。

· 低速时连接

将三相 380V 电源接到 U_1、V_1、W_1 端，并将 W_1 端和 U_3 端短接起来，剩下 6 个出线端悬空即可。此接法为△形接法，如图6.9(b)所示。

· 中速时连接

将三相 380V 电源接到 U_4、V_4、W_4 端，剩下 7 个出线端悬空即可。此接法为Y形接法，如图 6.9(c)所示。

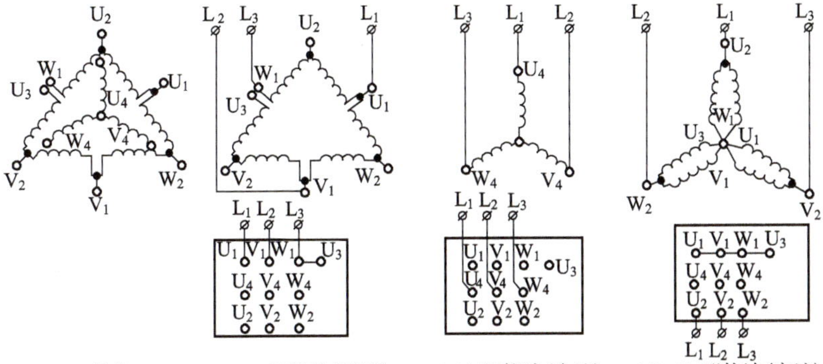

(a) 双绕组　(b) △形接法(低速)　(c) Y形接法(中速)　(d) 2Y形接法(高速)

图 6.9　三速电动机定子绕组接线

· 高速时连接

将三相 380V 接到 U_2、V_2、W_2 端，再将 U_1、V_1、W_1、U_3 全部短接起来，剩下 3 个出线端悬空即可。此接法为 2Y形接法，如图 6.9(d)所示。

电路106 用 FR-AT 三速设定操作箱控制的变频器调速电路接线

在很多场合，需多段速度控制，用 FR-AT 三速设定操作箱与变频器配合使用效率理想。可以很方便地通过外接三只开关 S_1、S_2、S_3 进行控制，使电动机通过变频器得出三种不同的转速，以满足不同的生产需求。需注意的是，FR-AT 三速设定操作箱与变频器通过端子②、⑤、⑩对应连接，必须用屏蔽线进行连接。

用 FR-AT 三速设定操作箱控制的变频器调速电路现场接线如图 6.10 所示。

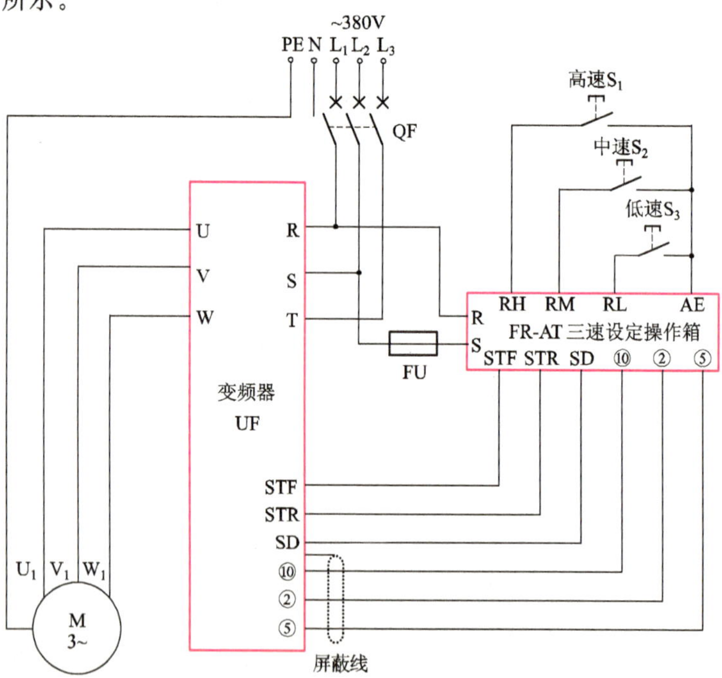

图 6.10 用 FR-AT 三速设定操作箱控制的变频器调速电路现场接线

电路107 用单相电源变频器控制三相电动机电路接线

用单相电源变频器控制三相电动机电路现场接线如图 6.11 所示。

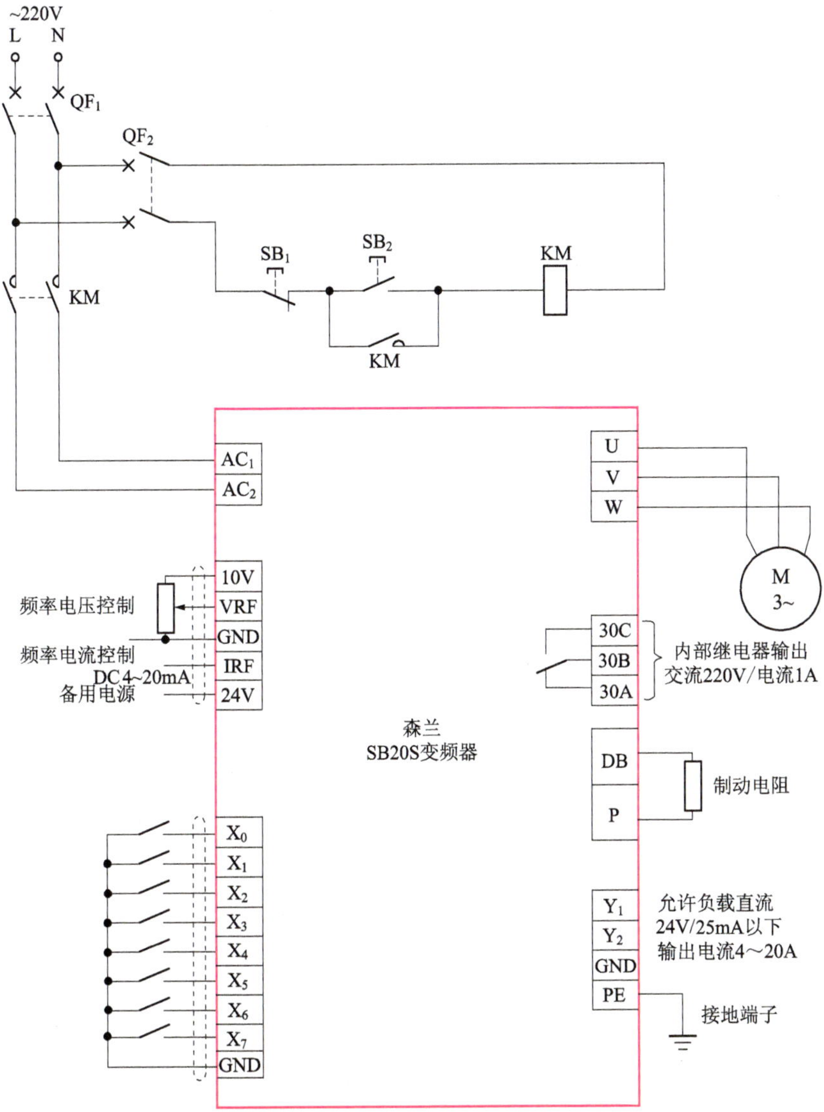

图 6.11　用单相电源变频器控制三相电动机电路现场接线

电路108 JD1A、JD1B型电磁调速控制器接线

JD1A、JD1B型电磁调速控制器的接线非常方便，所有输入、输出线都通过面板下方的7芯航空插座进行连接，插座各芯与相应各线的连接如图6.12所示。

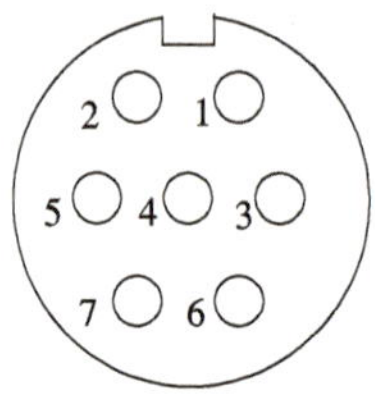

(a)

插头号码	连接对应的名称
1	电源～220V
2	
3	离合器激磁绕组 F_1 F_2
4	
5	测速发电机输出端 U V W
6	
7	

(b)

图6.12 JD1A、JD1B型电磁调速控制器插座各芯与相应各线的连接

1. JD1A、JD1B型电磁调速控制器的试运行

JD1A、JD1B型电磁调速控制器应按图6.13所示线路正确接线。

接通电源，合上面板上的主令开关，当转动面板上的转速指令电位器时，用100V以上的直流电压表测量面板上的输出量测点应有0～90V的突跳电压(因测速负反馈未加入时的开环放大倍数很大)，则认为开环时工作基本正常。

启动交流异步电动机(原动机)使系统闭环工作，此时电动机的输出转速应随面板上转速指令电位器的转动而变化。

2. JD1A、JD1B型电磁调速控制器的调整

· 转速表的校正

面板上的转速表的指示值正比于测速发电机的输出电压，由于每台测速发电机的输出电压有差异，必须根据电磁调速电动机的实际输出转

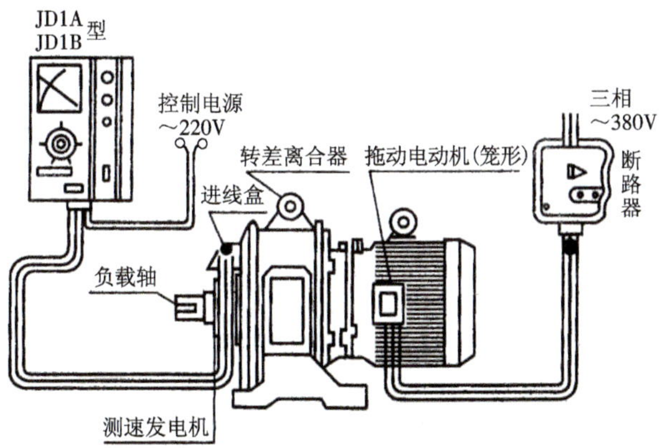

图 6.13 JD1A、JD1B 型电磁调速控制器现场接线

速对转速表进行校正。调节转速指令电位器，使电动机运转到某一转速时，用轴测试转速表或数字转速表测量电动机的实际输出转速，如果面板上的转速表所指示的值与实际转速不一致，可以调整面板上的"转速表校正"电位器，使之一致。

· 最高转速整定

此种整定方法就是对速度反馈量的调节，将速度指令电位器顺时针方向转至最大，并调节"反馈量调节"电位器，使其转速达到电磁调速电动机的最高额定转速(≤15kW 时为 1250r/min，≥15kW 时为 1320r/min)。

3. JD1A、JD1B 型电磁调速控制器的安装使用和维护

在测试开环工作状况时，7 芯航空插座的 3、4 芯接入负载后，输出才是 0～90V 的突跳电压；如果不接负载，输出电压可能不在上述范围内。

面板上的反馈量调节电位器应根据所控制的电动机进行适当的调节。反馈量调节过小，会使电动机失控；反馈量调节过大，会使电动机只能低速运行，不能升速。

面板上的转速表校准电位器在校正好后应将其锁定。否则，其逆时针转到底时，会使转速表不指示。

运行中，若发现电动机输出转速有周期性的摆动，可将 7 芯插头上接到励磁线圈的 3、4 线对调；对 JD1B 型，应调节电路板上的"比例"电位器，使之与机械惯性协调，以达到进一步的稳定。

Chapter 7

电容补偿器及控制电路接线

电路109 JKF8型智能低压无功补偿控制器应用接线(一)

JKF8 型智能低压无功补偿控制器应用(一)接线如图 7.1 所示。

电路110 JKF8型智能低压无功补偿控制器应用接线(二)

JKF8 型智能低压无功补偿控制器应用(二)接线如图 7.2 所示。

电路111 JKL1B电容补偿控制器接线

JKL1B 电容补偿控制器接线如图 7.3 所示。

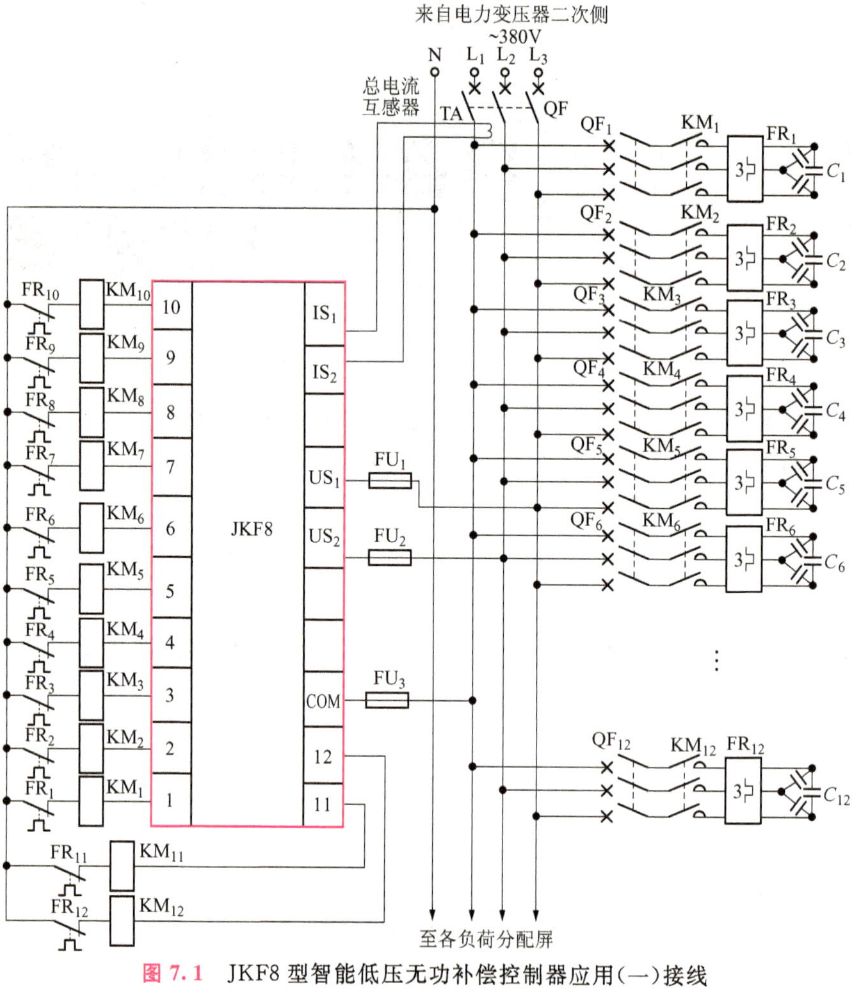

图 7.1 JKF8 型智能低压无功补偿控制器应用(一)接线

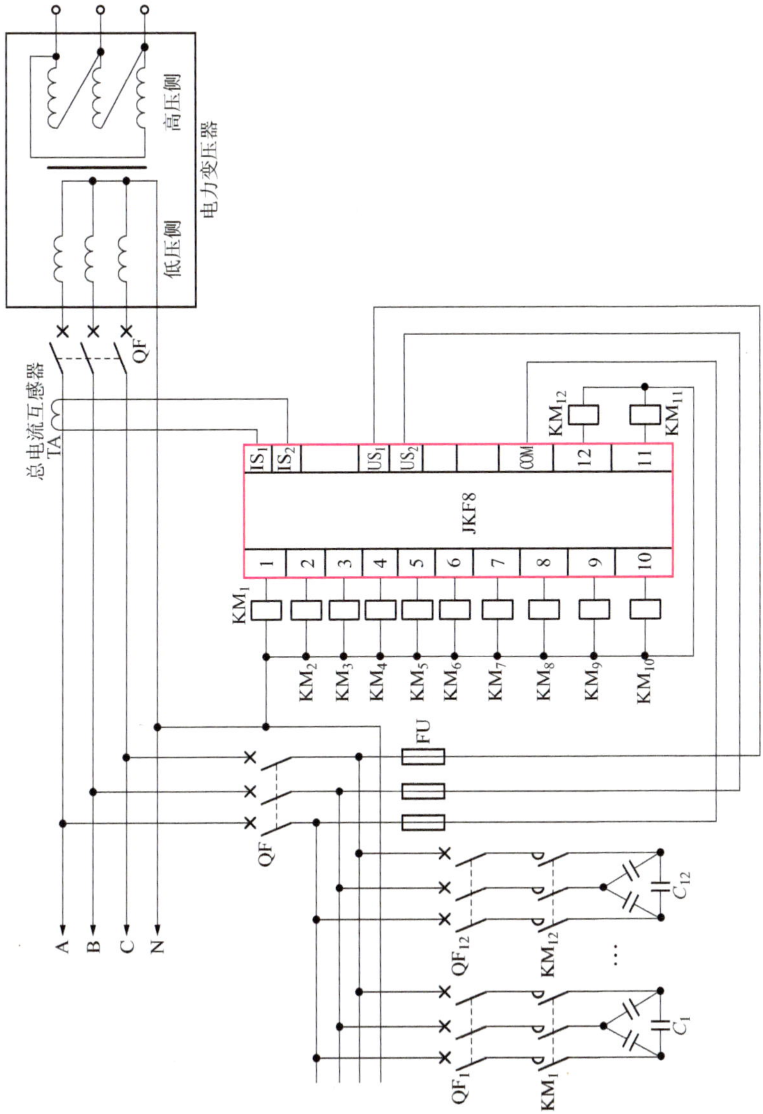

图 7.2 JKF8型智能低压无功补偿控制器应用（二）接线

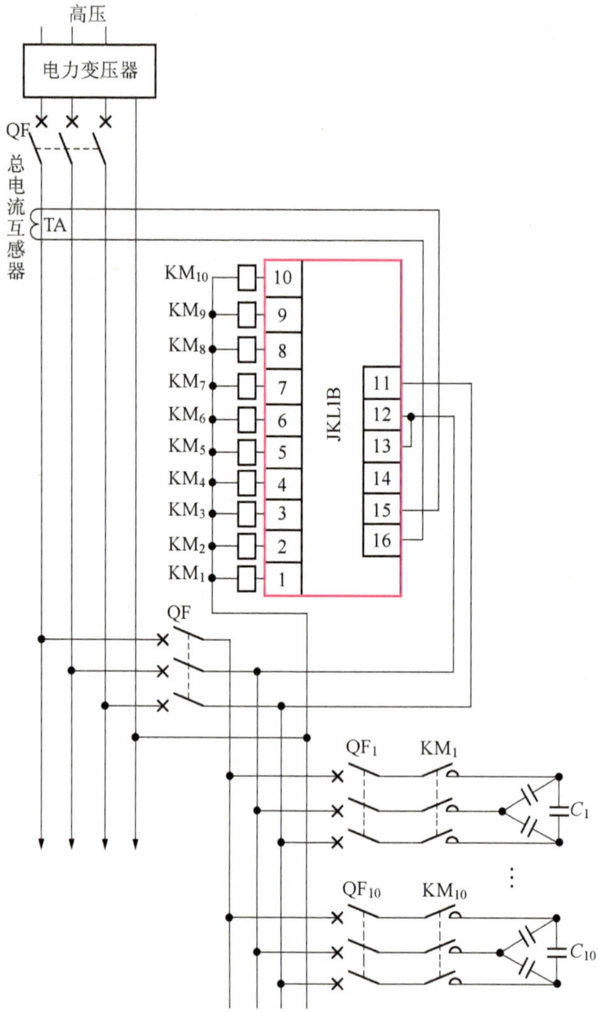

图 7.3　JKL1B 电容补偿控制器接线

电路 112　JKL3B 电容补偿控制器接线

JKL3B 电容补偿控制器接线如图 7.4 所示。

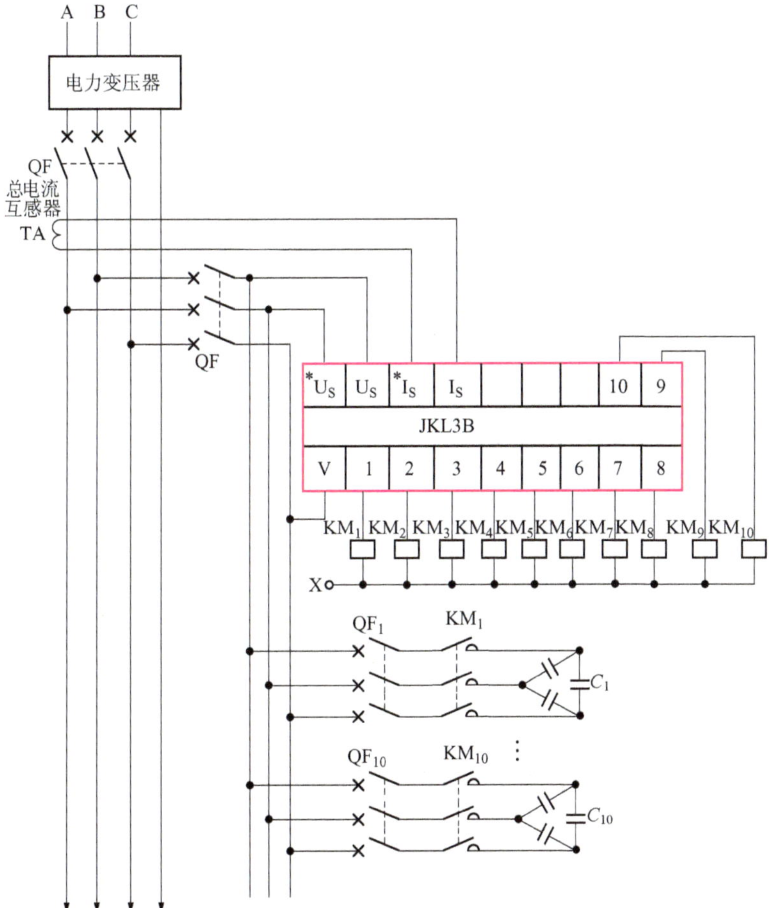

注：当KM_1~KM_{10}线圈电压为220V时，X接至N线上
当KM_1~KM_{10}线圈电压为380V时，X接至A相或B相上

图 7.4　JKL3B 电容补偿控制器接线

电路113 JKL5C 电容补偿控制器接线

JKL5C 电容补偿控制器接线如图 7.5 所示。

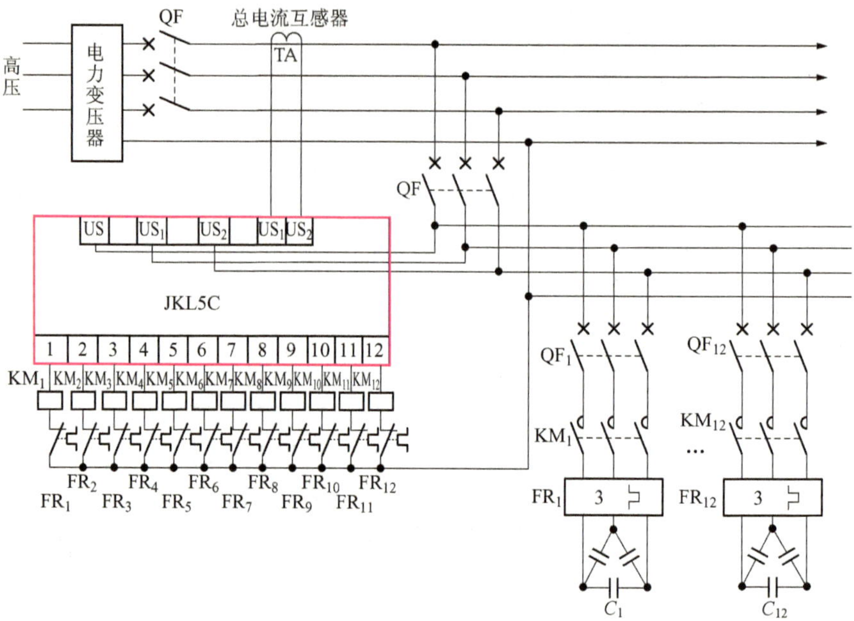

图 7.5 JKL5C 电容补偿控制器接线

电路114 JKW1B 电容补偿控制器接线

JKW1B 电容补偿控制器接线如图 7.6 所示。

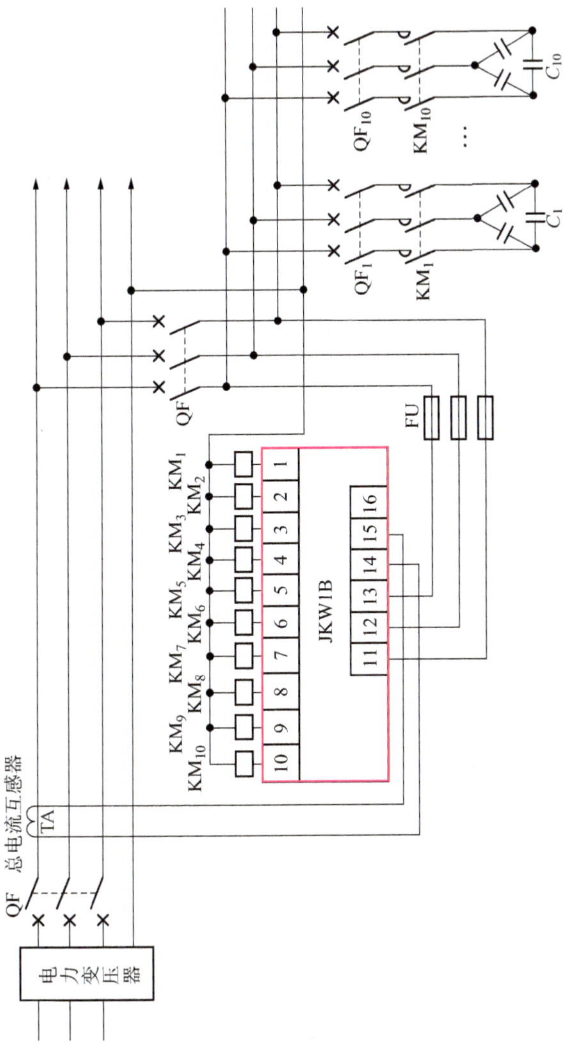

图 7.6 JKW1B电容补偿控制器接线

电路115 JKW5B 电容补偿控制器接线

JKW5B 电容补偿控制器接线如图 7.7 所示。

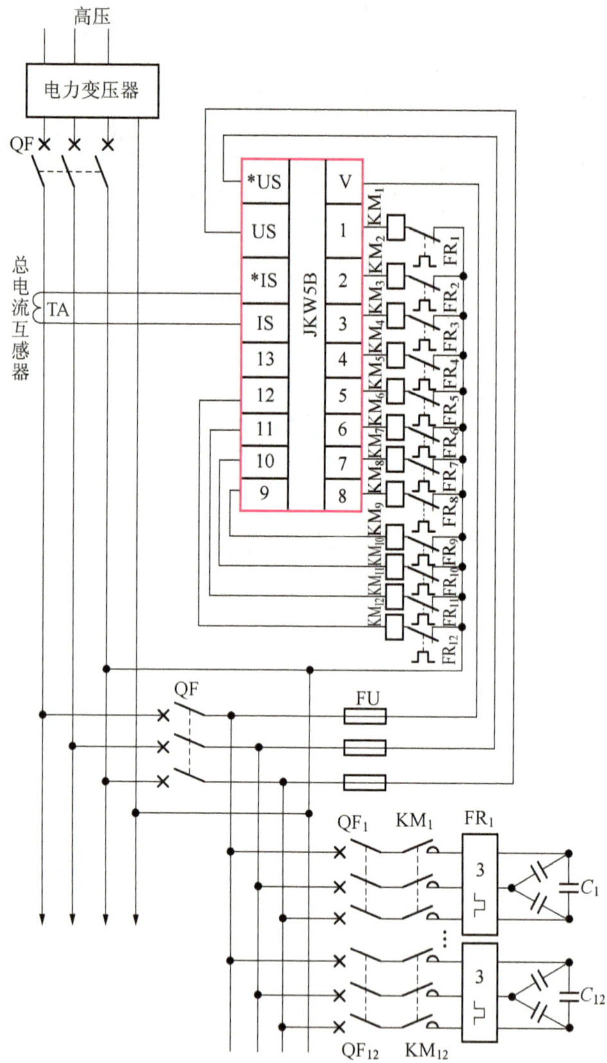

图 7.7 JKW5B 电容补偿控制器接线

电路 116　JKW5C 电容补偿控制器接线

JKW5C 电容补偿控制器接线如图 7.8 所示。

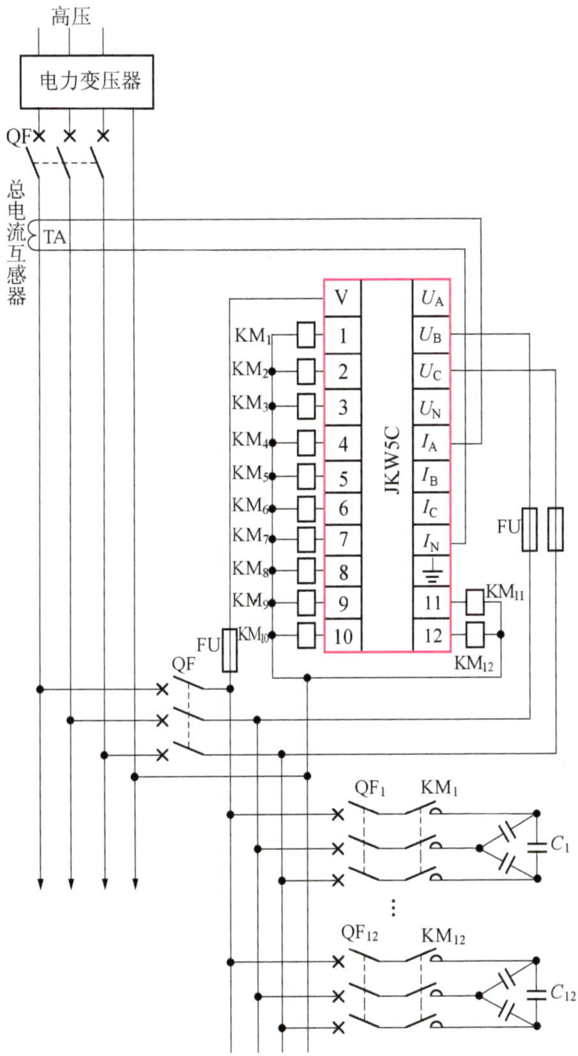

图 7.8　JKW5C 电容补偿控制器接线

电路117 JKW5S 电容补偿控制器接线

JKW5S 电容补偿控制器接线如图 7.9 所示。

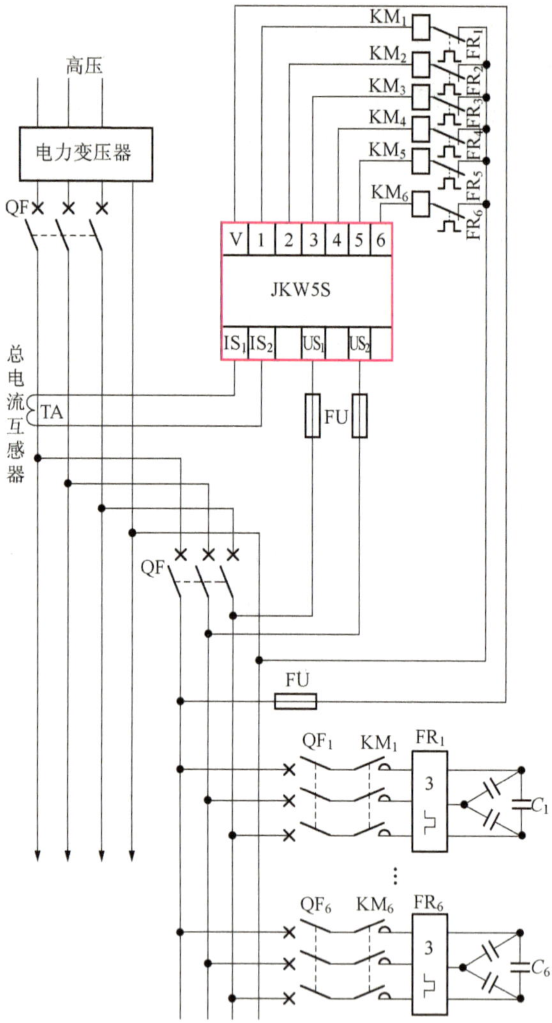

图 7.9 JKW5S 电容补偿控制器接线

电路118 NWKL1 系列智能型低压无功补偿控制器接线

NWKL1 系列智能型低压无功补偿控制器接线如图 7.10 所示。

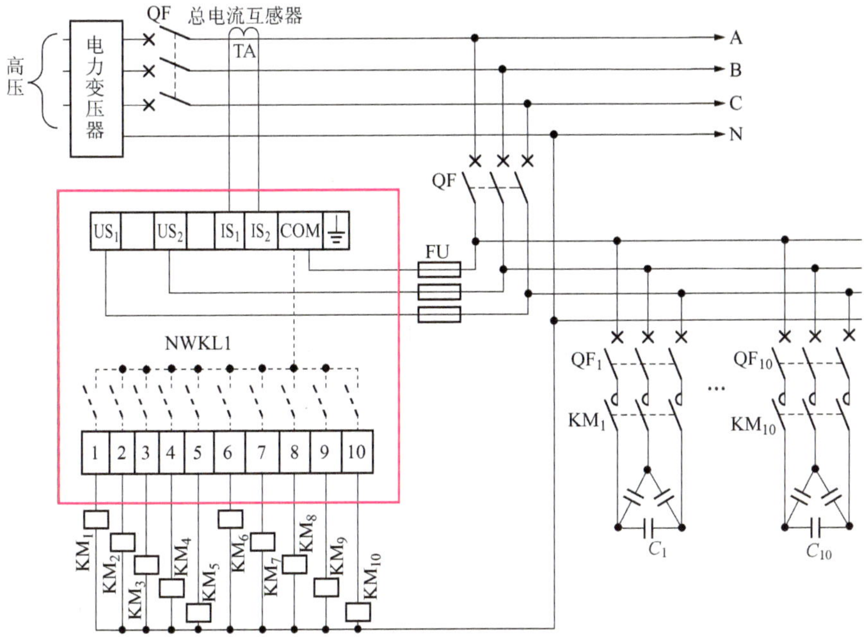

图 7.10 NWKL1 系列智能型低压无功补偿控制器接线

电路119 NWKL2 系列智能型无功补偿控制器接线

NWKL2 系列智能型无功补偿控制器接线如图 7.11 所示。

电路120 JKGC-6 型无功功率补偿自动控制器接线

JKGC-6 型无功功率补偿自动控制器接线如图 7.12 所示。

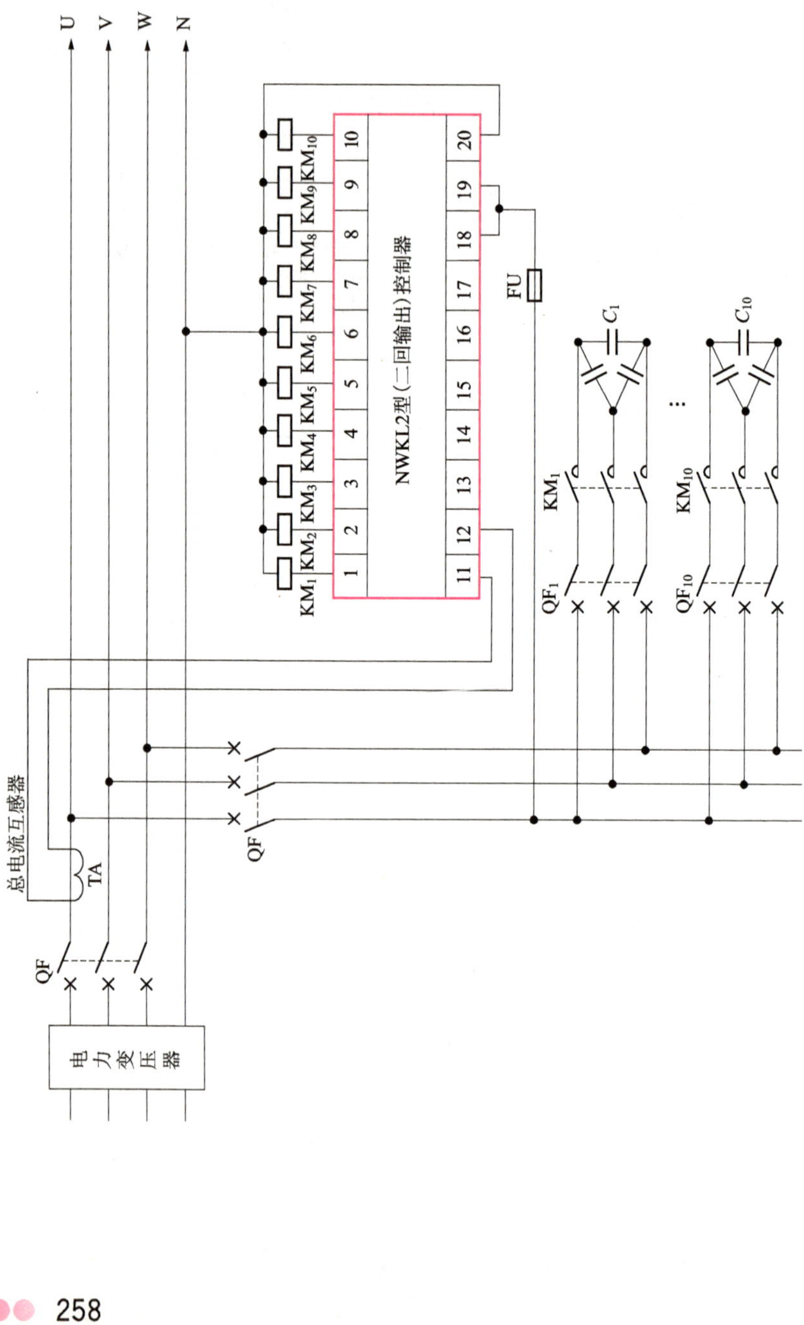

图 7.11　NWKL2系列智能型无功补偿控制器接线

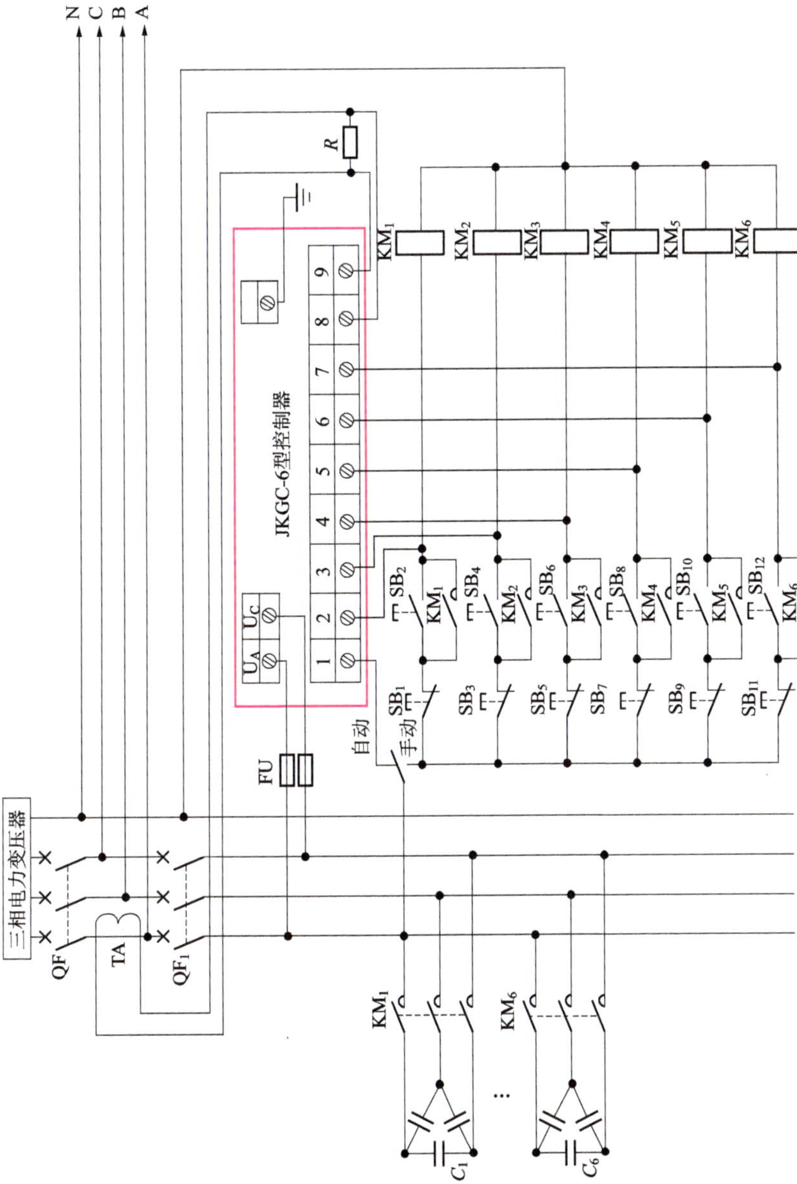

图 7.12 JKGC-6型无功功率补偿自动控制器接线

电路121 威斯康电容补偿控制器接线

威斯康电容补偿控制器接线如图7.13所示。

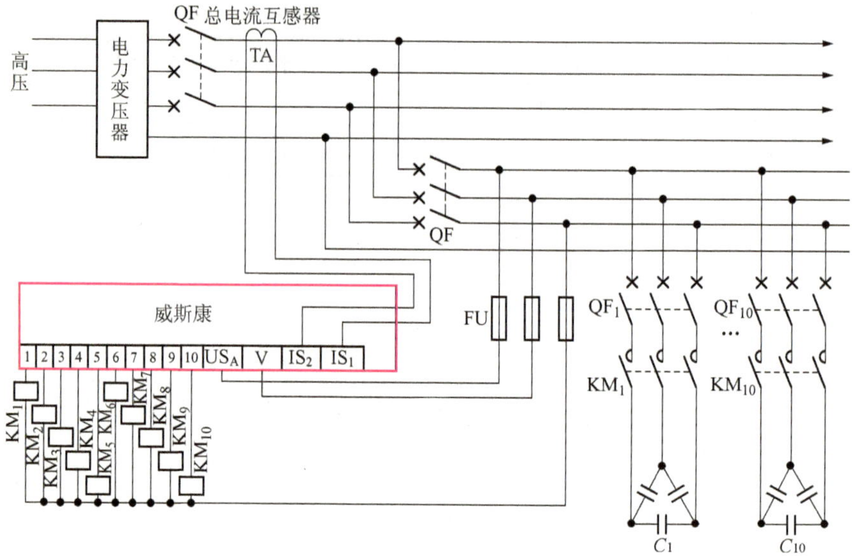

图7.13 威斯康电容补偿控制器接线

电路122 LW5-16/TM706/7 转换开关控制10路补偿电容器手动控制电路接线

本例采用LW5-16/D706/7型转换开关控制10路补偿电容器进行手动控制(图7.14)。

1. 手动从前向后逐台投入

当SA置于手动1(即1挡)位置时,触点⑦、⑧接通,交流接触器KM_1吸合,补偿电容器C_1投入运行工作。

当SA置于手动2位置时,触点⑦、⑧,⑨、⑩均接通,交流接触器KM_1、KM_2吸合,补偿电容器C_1、C_2投入运行工作。

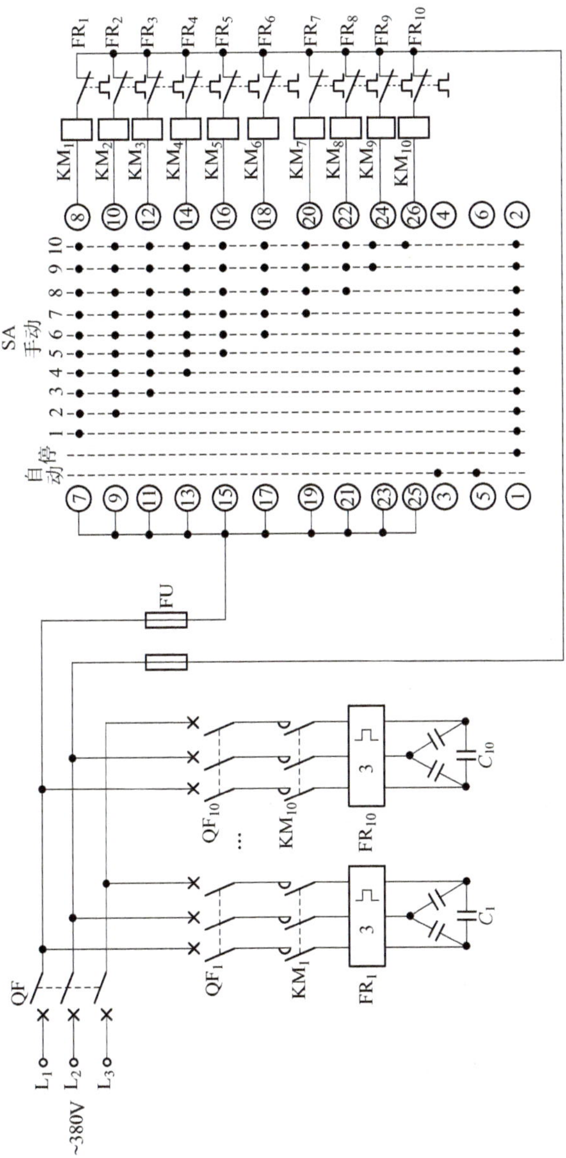

图 7.14　LW5-16/TM706/7转换开关控制10路补偿电容器手动控制电路接线

当 SA 置于手动 3 位置时，触点⑦、⑧，⑨、⑩，⑪、⑫均接通，交流接触器 KM_1、KM_2、KM_3 吸合，补偿电容器 $C_1 \sim C_3$ 投入运行工作。

当 SA 置于手动 4 位置时，触点⑦、⑧，⑨、⑩，⑪、⑫，⑬、⑭均接通，交流接触器 $KM_1 \sim KM_4$ 吸合，补偿电容器 $C_1 \sim C_4$ 投入运行工作。

当 SA 置于手动 5 位置时，触点⑦、⑧，⑨、⑩，⑪、⑫，⑬、⑭，⑮、⑯均接通，交流接触器 $KM_1 \sim KM_5$ 吸合，补偿电容器 $C_1 \sim C_5$ 投入运行工作。

当 SA 置于手动 6 位置时，触点⑦、⑧，⑨、⑩，⑪、⑫，⑬、⑭，⑮、⑯，⑰、⑱均接通，交流接触器 $KM_1 \sim KM_6$ 吸合，补偿电容器 $C_1 \sim C_6$ 投入运行工作。

当 SA 置于手动 7 位置时，触点⑦、⑧，⑨、⑩，⑪、⑫，⑬、⑭，⑮、⑯，⑰、⑱，⑲、⑳均接通，交流接触器 $KM_1 \sim KM_7$ 吸合，补偿电容器 $C_1 \sim C_7$ 投入运行工作。

当 SA 置于手动 8 位置时，触点⑦、⑧，⑨、⑩，⑪、⑫，⑬、⑭，⑮、⑯，⑰、⑱，⑲、⑳，㉑、㉒均接通，交流接触器 $KM_1 \sim KM_8$ 吸合，补偿电容器 $C_1 \sim C_8$ 投入运行工作。

当 SA 置于手动 9 位置时，触点⑦、⑧，⑨、⑩，⑪、⑫，⑬、⑭，⑮、⑯，⑰、⑱，⑲、⑳，㉑、㉒，㉓、㉔均接通，交流接触器 $KM_1 \sim KM_9$ 吸合，补偿电容器 $C_1 \sim C_9$ 投入运行工作。

当 SA 置于手动 10 位置时，触点⑦、⑧，⑨、⑩，⑪、⑫，⑬、⑭，⑮、⑯，⑰、⑱，⑲、⑳，㉑、㉒，㉓、㉔，㉕、㉖均接通，交流接触器 $KM_1 \sim KM_{10}$ 全部吸合，补偿电容器 $C_1 \sim C_{10}$ 均投入运行工作。

至此，10 路补偿电容器已从前向后逐台全部投入完成。

2. 手动从后向前逐台退出

倘若 10 路补偿电容器已全部投入后需逆序操作退出时，则将 SA 先置于手动 9 位置时，触点㉕、㉖断开，交流接触器 KM_{10} 释放，补偿电容器 C_{10} 先退出运行。再将 SA 置于手动 8 位置时，触点㉓、㉔断开，交流接触器 KM_9 释放，补偿电容器 C_9 又退出运行。再将 SA 置于手动 7 位置时，触点㉑、㉒断开，交流接触器 KM_8 释放，补偿电容器 C_8 又退出运行。再将 SA 置于手动 6 位置时，触点⑲、⑳断开，交流接触器 KM_7 释放，补偿电容器 C_7 又退出运行。再将 SA 置于手动 5 位置时，触点⑰、⑱断开，交流接触器 KM_6 释放，补偿电容器 C_6 又退出运行。再将 SA 置于手动 4

位置时，触点⑮、⑯断开，交流接触器 KM_5 释放，补偿电容器 C_5 又退出运行。再将 SA 置于手动 3 位置时，触点⑬、⑭断开，交流接触器 KM_4 释放，补偿电容器 C_4 又退出运行。再将 SA 置于手动 2 位置时，触点⑪、⑫断开，交流接触器 KM_3 释放，补偿电容器 C_3 又退出运行。再将 SA 置于手动 1 位置时，触点⑨、⑩断开，交流接触器 KM_2 释放，补偿电容器 C_2 又退出运行。再将 SA 置于停止位置时，触点⑦、⑧断开，交流接触器 KM_1 释放，补偿电容器 C_1 最后一个退出运行。

Chapter 8

照明控制电路接线

电路123 日光灯常见接线方法

日光灯的实际应用接线如图 8.1 所示。

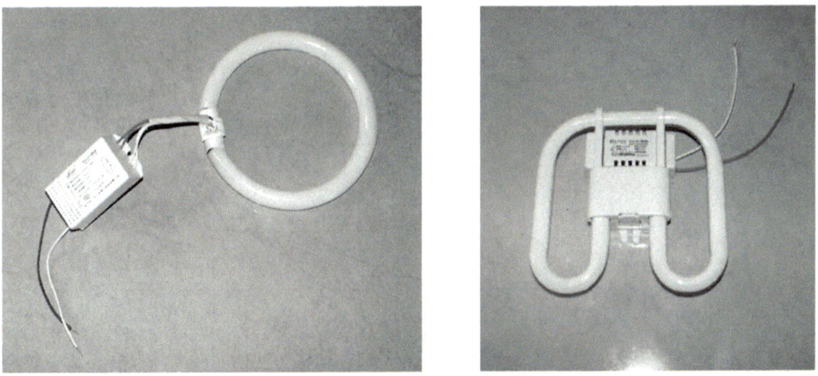

图 8.1 日光灯实际应用接线

日光灯常见接线方法如表 8.1 所示。

表 8.1 日光灯常见接线

名 称	图 示	说 明
一般的接法	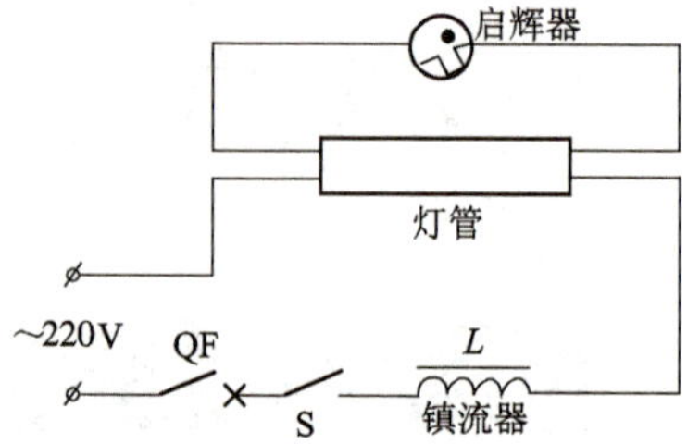	这是常用的连接线路。安装时开关应控制日光灯光线，并且应接在镇流器一端。零线直接接日光灯另一端。日光灯启辉器并接在灯管两端即可
双日光灯的接线	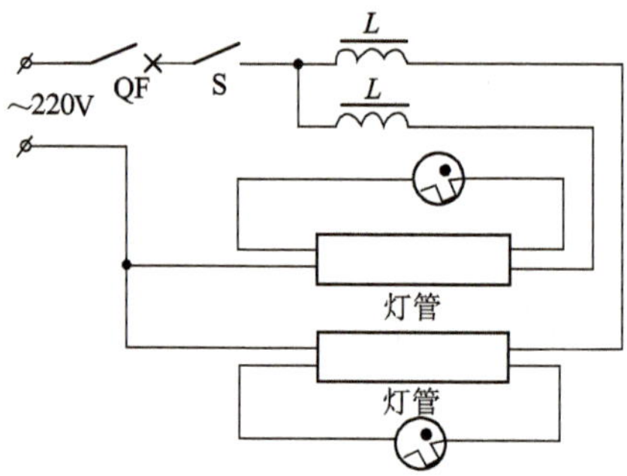	这种线路一般用于厂矿和户外广告等要求照度较高的场所
用直流电点亮日光灯的接法	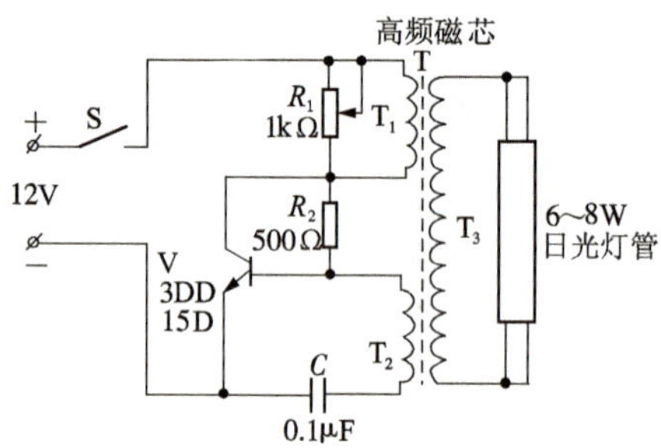	线路中 R_1 和 R_2 为 0.25W 电阻，电容 C 可在 0.1~1μF 范围内选用，改变 C 值，间歇振荡器的频率也会改变。变压器 T 的 T_1 和 T_2 为 40 匝，线径为 0.35mm；T_3 为 450 匝，线径为0.21mm
快速启辉的接法	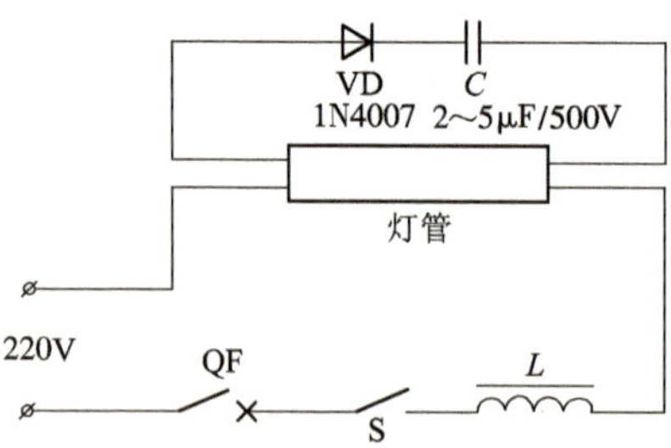	用一只二极管和一只电容器可组成一只电子启辉器，其启辉速度快，可大大减少日光灯管的预热时间，从而延长日光灯管的使用寿命，在冬天用此启辉器可达到一次性快速启动

续表 8.1

名　称	图　示	说　明
电子镇流器接法	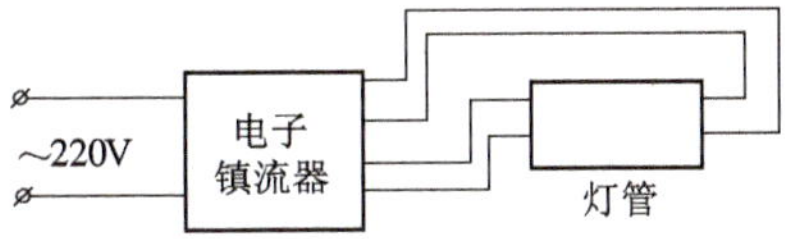	它采用改变频率将 50Hz 交流电逆变成 30kHz 高频点亮灯管
具有无功功率补偿的接法	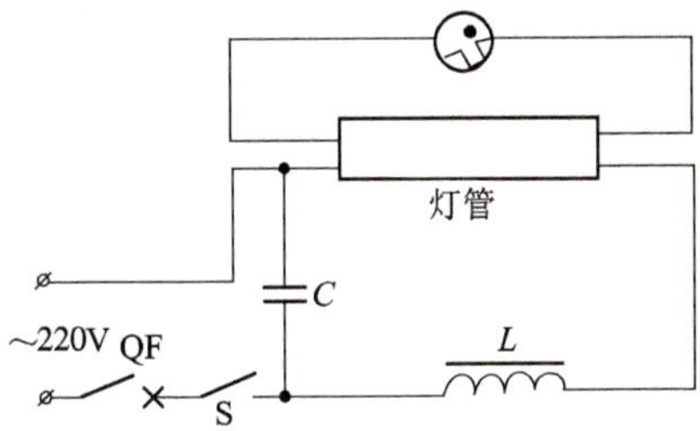	电容器的大小与日光灯功率有关。日光灯功率为 15～20W 时，选配电容容量为 2.5μF；日光灯功率为 30W 时，选配电容容量为 3.75μF；日光灯功率为 40W 时，选配电容容量为 4.75μF。所选配的电容耐压均为 400V
四线镇流器接法	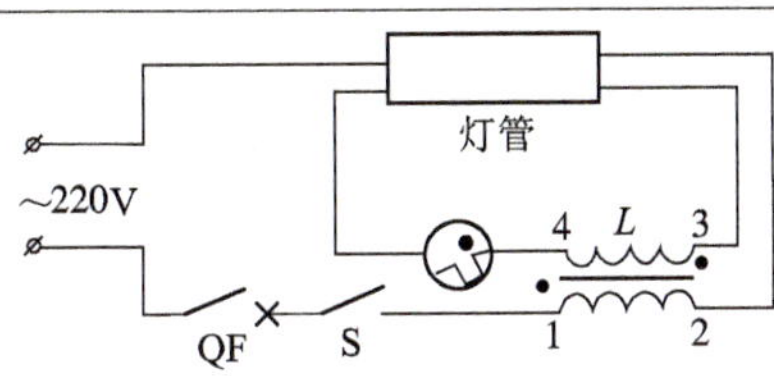	四线镇流器有四根引线，分主、副线圈，把镇流器接入电路前，必须看清接线说明，分清主副线圈。可用万用表测量检测，阻值大的为主线圈，阻值小的为副线圈
环形荧光灯的接法	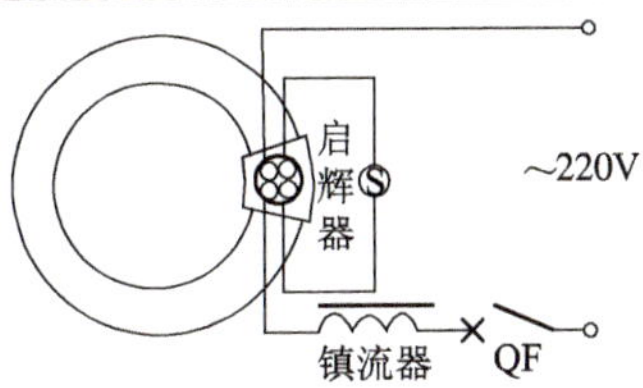	这种荧光灯将灯管的两对灯丝引线集中安装在一个接线板上，启辉器插座兼做灯管插座，使接线变得简单
U 形荧光灯的接法	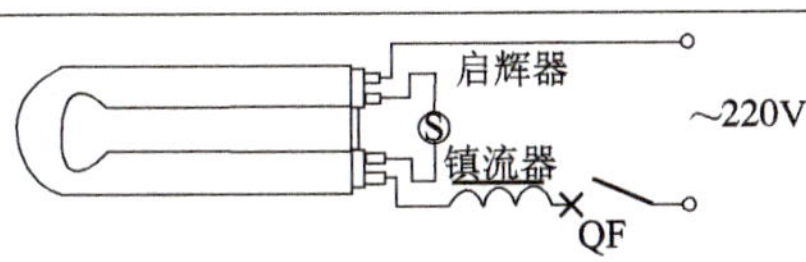	使用时需配用相应功率的启辉器和镇流器
H 形荧光灯的接法	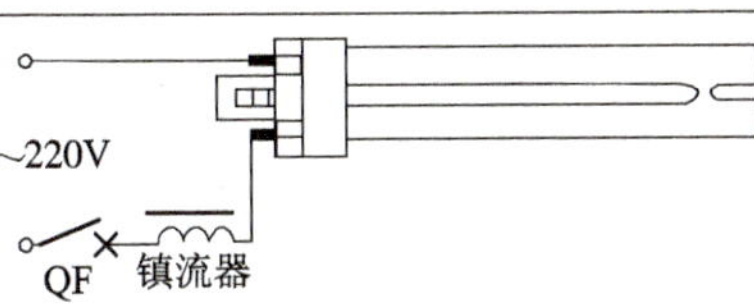	H 形荧光灯必须配专用的 H 灯灯座，镇流器必须根据灯管功率来配置，切勿用普通的直管形荧光灯镇流器来代替

电路124 浴霸的接线方法

浴室取暖器又称为浴霸，它最大优点是在很短的时间内获得较大范围的温度提升效果。它集取暖、照明、换气于一身，是家庭洗浴最理想的室内温度提升装置。

图 8.2 所示为浴霸的原理接线图。

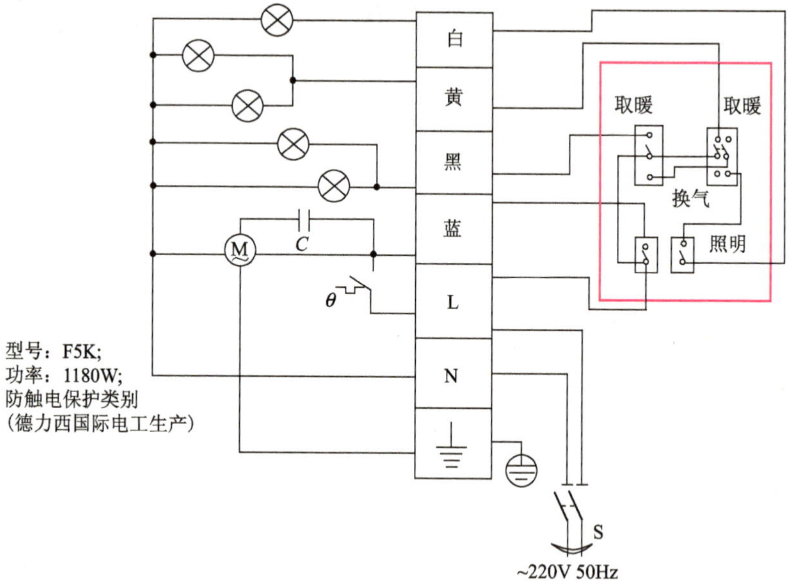

图 8.2 浴霸的原理接线图

电路125 用数码分段开关控制电灯接线

用数码分段开关(图 8.3)可方便地对多只电灯进行控制。如图 8.4 所示，第一次合上开关 SA，电灯 EL_1 亮；第二次断开再合上开关 SA，电灯 EL_2 亮；第三次断开再合上开关 SA，电灯 EL_3 亮；第四次断开再合上开关 SA，电灯 EL_1、EL_2、EL_3 全亮；第五次断开开关 SA，电灯 EL_1、EL_2、EL_3 全灭。

值得注意的是，必须将开关 SA 循环到断开时，电灯才能关闭。

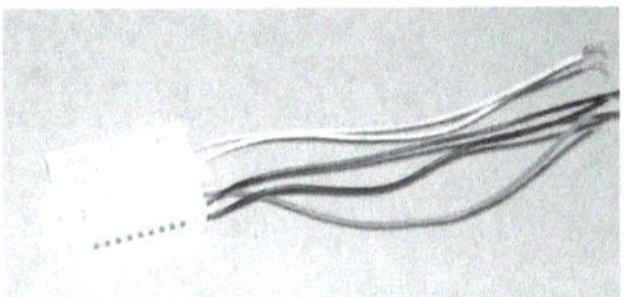

图 8.3　数码分段开关

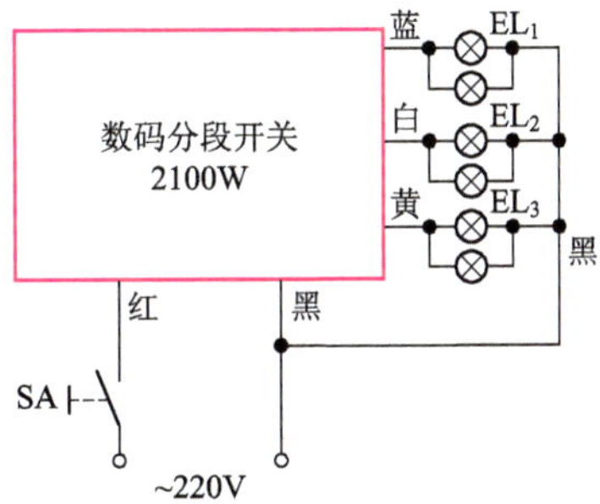

图 8.4　用数码分段开关控制电灯接线

电路 126　用 JT-801 电子数码开关控制电灯接线

如图 8.5 所示，用 JT-801 电子数码开关可对电灯进行任意控制，其点灯顺序为 EL_1→EL_1、EL_2→EL_1、EL_3→EL_1、EL_2、EL_3 全亮。

值得注意的是，该产品不能与调光器配合使用。

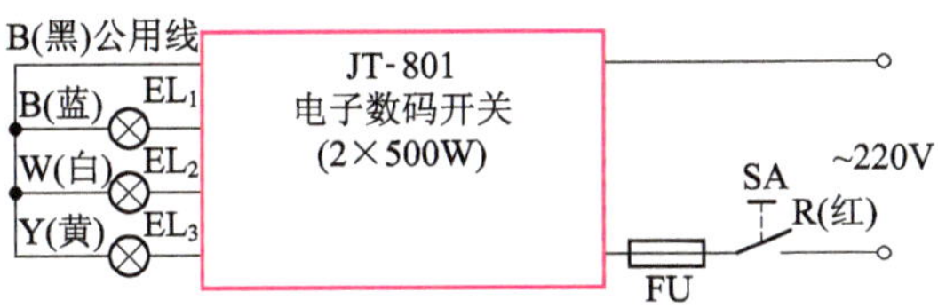

图 8.5　用 JT-801 电子数码开关控制电灯接线

Chapter 9

多台电动机控制电路接线

电路127 两台传送带启动、停止控制电路接线(一)

1. 工作原理

两台传送带启动、停止控制电路(一)原理图如图9.1所示。本电路的优点是:主回路工作时KM_1先工作,KM_2再工作,也就是说,传送带电动机M_1先工作后,传送带电动机M_2才能工作,这样就能保证顺序动作的可靠性。本电路的两台传送带设计要求是:启动时先启动传送带电动机M_1,经延时后再自动启动传送带电动机M_2;而停止时则先停止传送带电动机M_2,经延时后再自动停止传送带电动机M_1。

· 顺序启动

顺序启动时,按下启动按钮SB_2(3-5),得电延时时间继电器KT_1和失电延时时间继电器KT_2线圈均得电吸合,且KT_1、KT_2的两组不延时瞬动常开触点(3-7、5-7)闭合串联自锁,KT_1开始延时;KT_2失电延时断开的常开触点(1-9)立即闭合,接通交流接触器KM_1线圈的回路电源,KM_1线圈得电吸合,KM_1三相主触点闭合,传送带电动机M_1先得电启动运转。经KT_1一段延时后,KT_1得电延时闭合的常开触点(1-11)闭合,接通交流接触器KM_2线圈的回路电源,KM_2线圈得电吸合,KM_2三

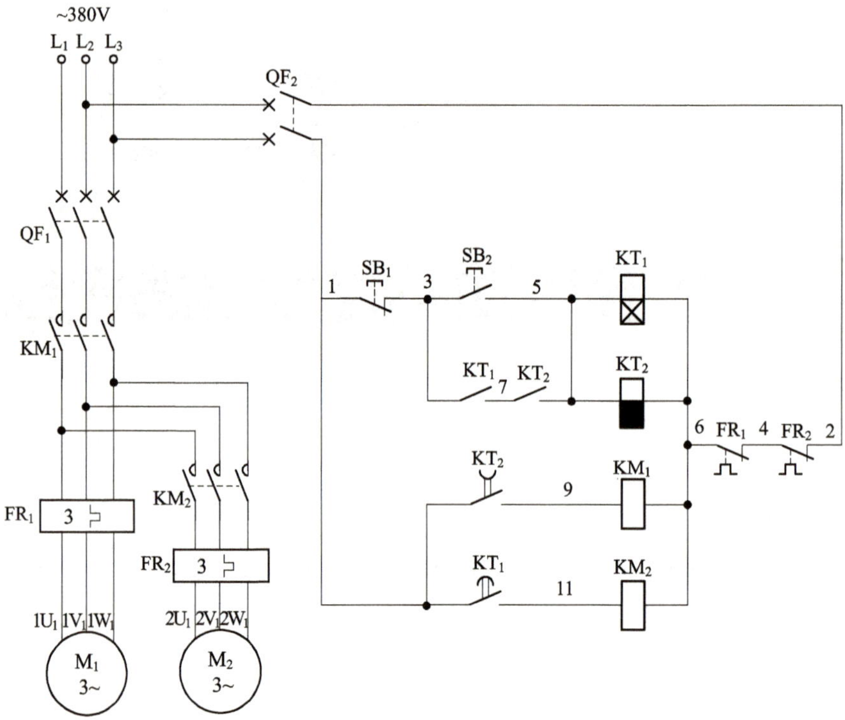

图 9.1　两台传送带启动、停止控制电路(一)原理图

相主触点闭合,传送带电动机 M_2 也得电启动运转,从而完成启动时先启动传送带电动机 M_1,再自动启动传送带电动机 M_2,从前向后顺序进行启动控制。

· 逆序启动

逆序停止时,按下停止按钮 SB_1(1-3),得电延时时间继电器 KT_1 和失电延时时间继电器 KT_2 线圈均断电释放且 KT_2 开始延时。同时,KT_1 得电延时闭合的常开触点(1-11)断开,切断了交流接触器 KM_2 线圈的回路电源,KM_2 线圈断电释放,KM_2 三相主触点断开,传送带电动机 M_2 先失电停止运转。经 KT_2 一段延时后,KT_2 失电延时断开的常开触点(1-9)断开,切断交流接触器 KM_1 线圈的回路电源,KM_1 线圈断电释放,KM_1 三相主触点断开,传送带电动机 M_1 也随后失电停止运转,从而完成停止时先停止传送带电动机 M_2,再自动停止传送带电动机 M_1,从后向前逆序进行停止控制。

2. 现场接线

两台传送带启动、停止控制电路(一)现场接线如图 9.2 所示。

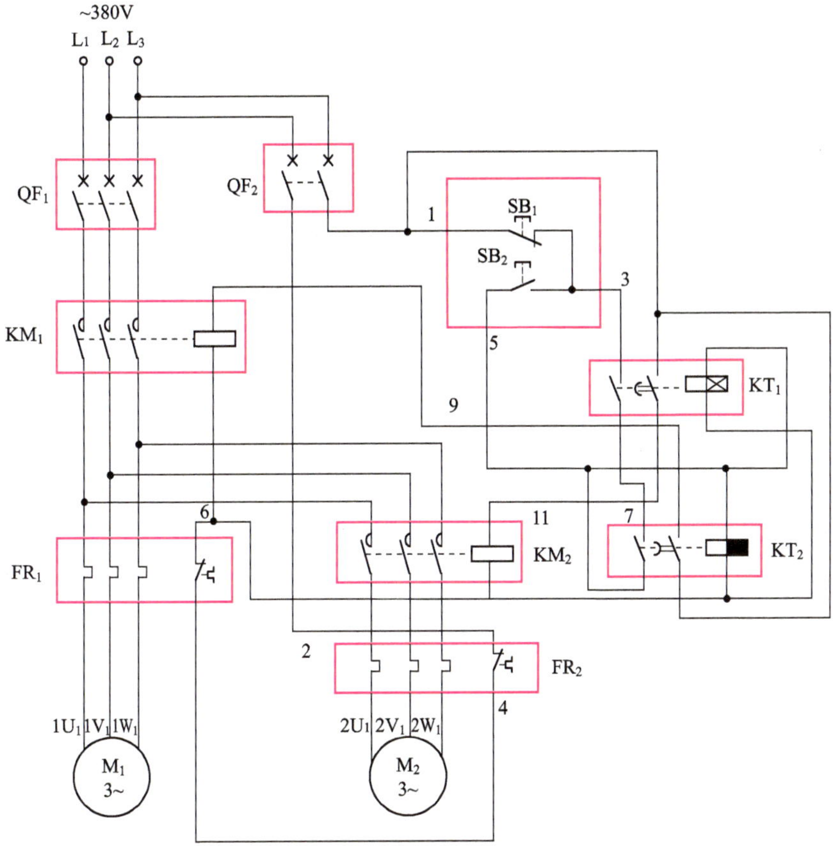

图 9.2　两台传送带启动、停止控制电路(一)现场接线

电路 128 两台传送带启动、停止控制电路接线(二)

1. 工作原理

两台传送带启动、停止控制电路(二)原理图如图 9.3 所示。本电路中，

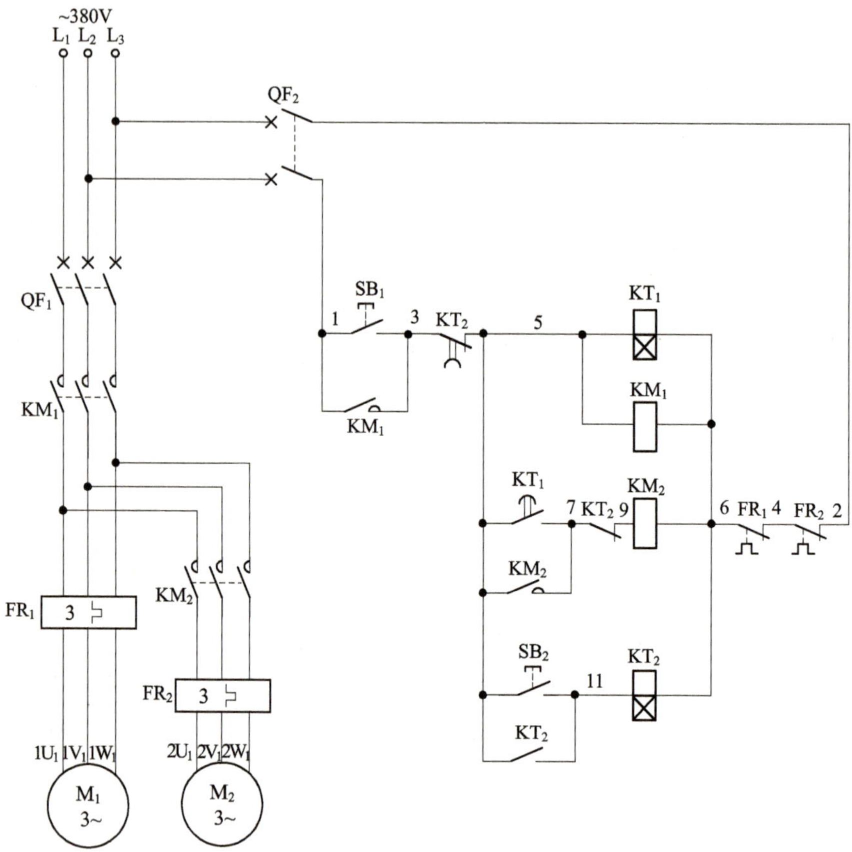

图 9.3 两台传送带启动、停止控制电路(二)原理图

两台传送带在启动时从前向后顺序启动,在停止时则从后向前逆序停止。

· 顺序启动

顺序启动时,按下启动按钮 SB_1(1-3),得电延时时间继电器 KT_1 和交流接触器 KM_1 线圈得电吸合,且 KM_1 辅助常开触点(1-3)闭合自锁,KM_1 三相主触点闭合,第一台传送带电动机 M_1 先得电启动运转。与此同时,KT_1 开始延时。经 KT_1 一段延时后,KT_1 得电延时闭合的常开触点(5-7)闭合,接通了交流接触器 KM_2 线圈的回路电源,KM_2 线圈得电吸合且 KM_2 辅助常开触点(5-7)闭合自锁,KM_2 三相主触点闭合,第二台传送带电动机 M_2 后得电启动运转。至此,完成从前向后自动顺序启动控制。

· 逆序启动

逆序停止时，按下停止按钮 SB_2(5-11)，得电延时时间继电器 KT_2 线圈得电吸合且 KT_2 不延时瞬动常开触点(5-11)闭合自锁，KT_2 不延时瞬动常闭触点(7-9)断开，切断了交流接触器 KM_2 线圈的回路电源，KM_2 线圈断电释放，KM_2 三相主触点断开，第二台传送带电动机 M_2 先失电停止运转。与此同时，KT_2 开始延时。经 KT_2 一段延时后，KT_2 得电延时断开的常闭触点(3-5)断开，切断了得电延时时间继电器 KT_1 和交流接触器 KM_1 线圈的回路电源，KT_1 和 KM_1 线圈断电释放，KM_1 三相主触点断开，第一台传送带电动机 M_1 后失电停止运转。至此，完成从后向前自动逆序停止控制。

2. 现场接线

两台传送带启动、停止控制电路(二)现场接线如图 9.4 所示。

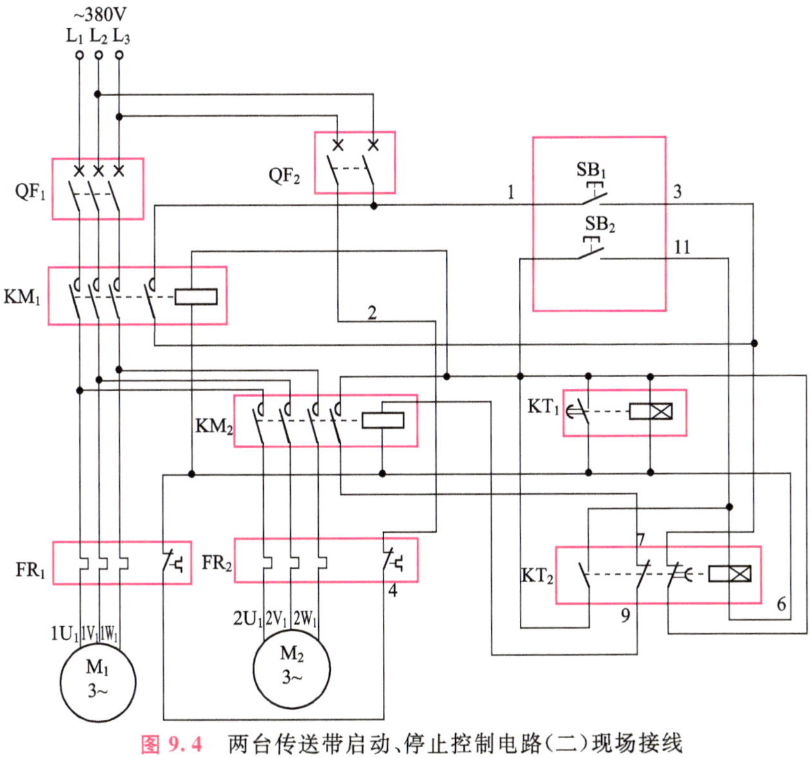

图 9.4　两台传送带启动、停止控制电路(二)现场接线

电路129 两台电动机自动轮流控制电路接线(一)

1. 工作原理

两台电动机自动轮流控制电路(一)原理图如图9.5所示。本电路采用于JZF正反转自动控制器对两台电动机进行自动轮流控制。

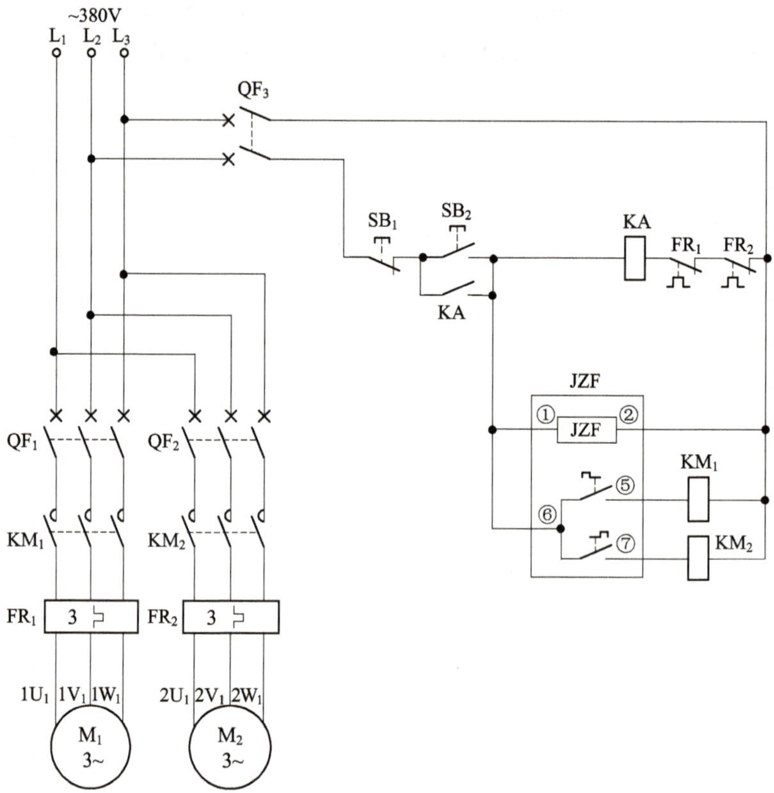

图9.5 两台电动机自动轮流控制电路(一)原理图

· 启　动

启动时,按下启动按钮SB_2,中间继电器KA线圈得电吸合且KA常开触点闭合自锁,为控制回路提供工作条件。这时JZF正反转控制器①、②端通入380V电源工作。JZF正反转控制器⑤、⑥接通,交流接触器

KM_1 线圈得电吸合，KM_1 三相主触点闭合，电动机 M_1 启动运转。经 JZF 正反转控制器延时后，JZF 正反转控制器⑤、⑥断开，交流接触器 KM_1 线圈断电释放，KM_1 三相主触点断开，电动机 M_1 失电停止运转。再经 JZF 正反转控制器延时后，JZF 正反转控制器⑥、⑦接通，交流接触器 KM_2 线圈得电吸合，KM_2 三相主触点闭合，电动机 M_2 启动运转。再经 JZF 正反转控制器延时后，JZF 正反转控制器⑥、⑦断开，交流接触器 KM_2 线圈断电释放，KM_2 三相主触点断开，电动机 M_2 失电停止运转。再经 JZF 正反转控制器延时后，JZF 正反转控制器⑤、⑥接通，交流接触器 KM_1 线圈又重新得电吸合，KM_1 三相主触点又闭合，电动机 M_1 又重新启动运转，如此循环下去，从而完成两台电动机自动轮流控制。

2. 现场接线

两台电动机自动轮流控制电路(一)现场接线如图 9.6 所示。

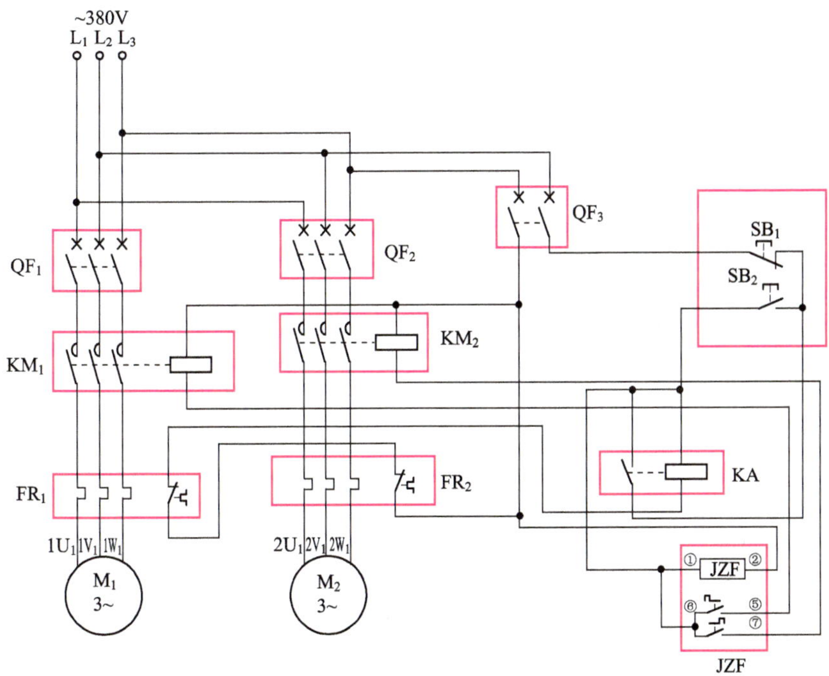

图 9.6　两台电动机自动轮流控制电路(一)现场接线

电路130　两台电动机自动轮流控制电路接线(二)

1. 工作原理

两台电动机自动轮流控制电路(二)原理图如图 9.7 所示。本电路采用两只得电延时时间继电器 KT_1、KT_2 来实现循环控制。需注意的是，KT_2 的延时时间要比 KT_1 的延时时间长 1 倍。

工作时，合上开关 SA(1-3)，得电延时时间继电器 KT_1、KT_2 和交流接触器 KM_1 线圈得电吸合，KT_1、KT_2 同时开始延时，KM_1 三相主触点

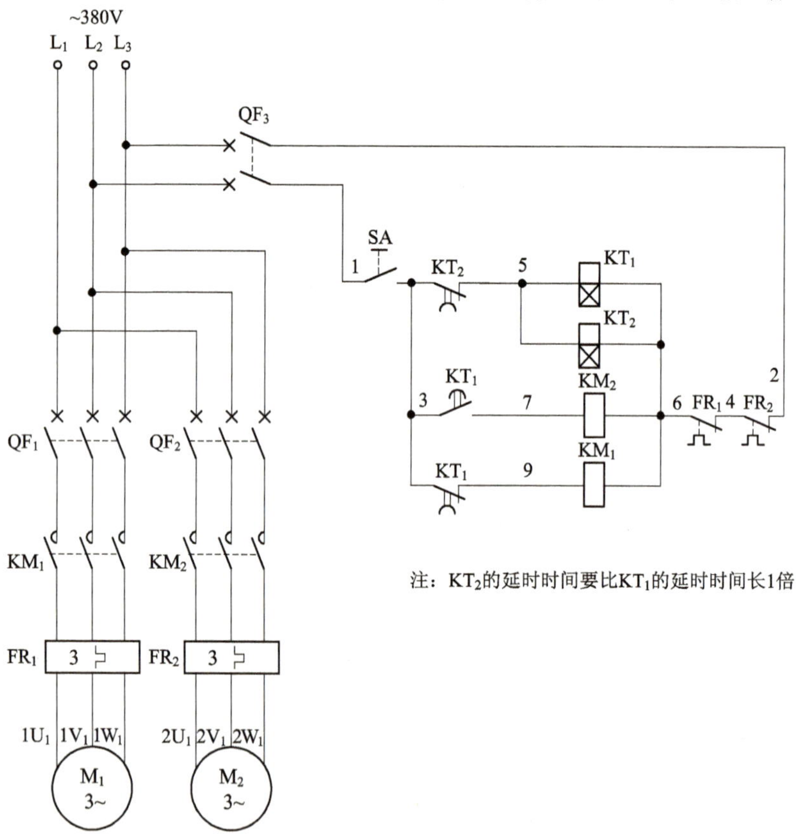

图 9.7　两台电动机自动轮流控制电路(二)原理图

闭合，电动机 M_1 得电先启动运转；经 KT_1 一段延时(10s)后，KT_1 得电延时断开的常闭触点(3-9)断开，切断交流接触器 KM_1 线圈的回路电源，KM_1 三相主触点断开，电动机 M_1 失电停止运转。与此同时，KT_1 得电延时闭合的常开触点(3-7)闭合，使交流接触器 KM_2 线圈得电吸合，KM_2 三相主触点闭合，电动机 M_2 得电启动运转；经 KT_2 一段延时(20s)后，KT_2 得电延时断开的常闭触点(3-5)断开，切断得电延时时间继电器 KT_1、KT_2 线圈的回路电源，KT_1、KT_2 线圈断电释放，KT_1、KT_2 各自的所有触点均恢复原始状态，KT_1 得电延时闭合的常开触点(3-7)恢复常开，切断交流接触器 KM_2 线圈的回路电源，KM_2 线圈断电释放，KM_2 三相主触点断开，电动机 M_2 失电停止运转。与此同时，KT_2 得电延时断开的常闭触点(3-5)又恢复常闭，重新接通得电延时时间继电器 KT_1、KT_2 线圈回路电源，KT_1、KT_2 线圈又得电吸合，KT_1、KT_2 又重新开始延时，同时交流接触器 KM_1 线圈也得电吸合，KM_1 三相主触点闭合，电动机 M_1 又重新得电启动运转。如此循环，实现两台电动机自动轮流控制。

2. 现场接线

两台电动机自动轮流控制电路(二)现场接线如图 9.8 所示。

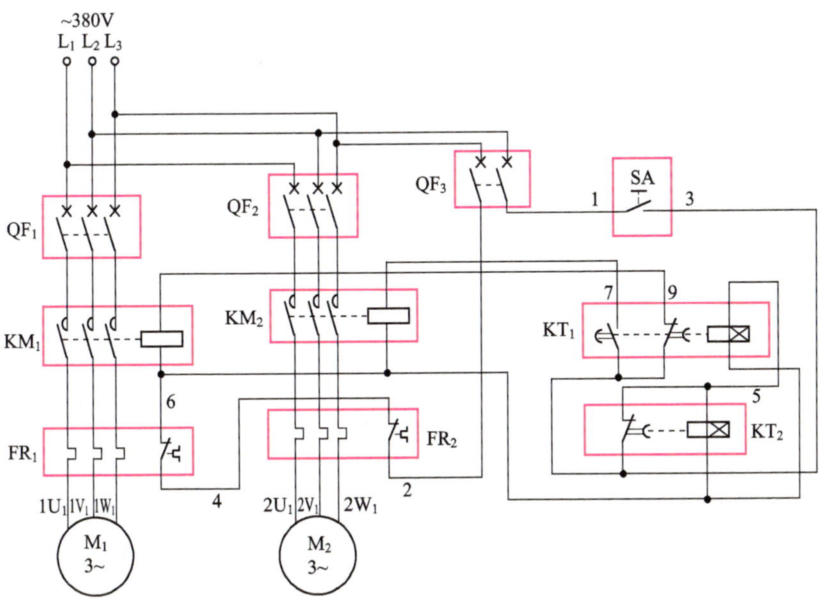

图 9.8　两台电动机自动轮流控制电路(二)现场接线

电路131 两台电动机顺序启动、任意停止的控制电路接线(一)

1. 工作原理

两台电动机顺序启动、任意停止的控制电路(一)原理图如图 9.9 所示。

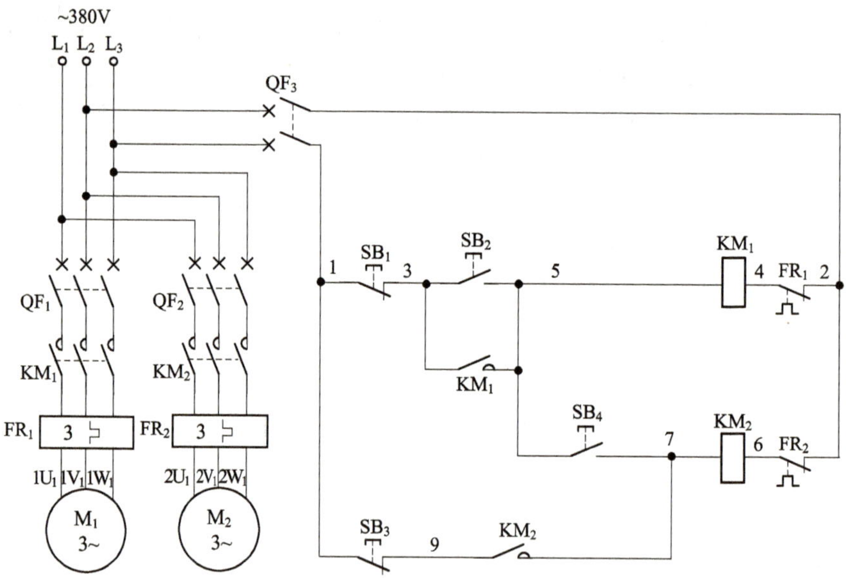

图 9.9 两台电动机顺序启动、任意停止的控制电路(一)原理图

· 顺序启动

顺序启动时,先按下电动机 M_1 启动按钮 SB_2(3-5),交流接触器 KM_1 线圈得电吸合且 KM_1 辅助常开触点(3-5)闭合自锁,KM_1 三相主触点闭合,电动机 M_1 先得电启动运转。因电动机 M_2 的控制回路电源接在 KM_1 自锁辅助常开触点(3-5)的后面,所以 KM_1 自锁辅助常开触点(3-5)闭合后才允许对电动机 M_2 的控制回路进行操作。按下电动机 M_2 启动按钮 SB_4(5-7),交流接触器 KM_2 线圈得电吸合且 KM_2 辅助常开触点(7-9)闭合自锁,KM_2 三相主触点闭合,电动机 M_2 后得电启动运转。

· 任意停止

停止时,不分先后,任意进行停止操作。当按下停止按钮 SB_1(1-3)

时，交流接触器 KM_1 线圈断电释放，KM_1 三相主触点断开，电动机 M_1 失电停止运转。当按下停止按钮 SB_3 时，交流接触器 KM_2 线圈断电释放，KM_2 三相主触点断开，电动机 M_2 失电停止运转。

2. 现场接线

两台电动机顺序启动、任意停止的控制电路(一)现场接线如图 9.10 所示。

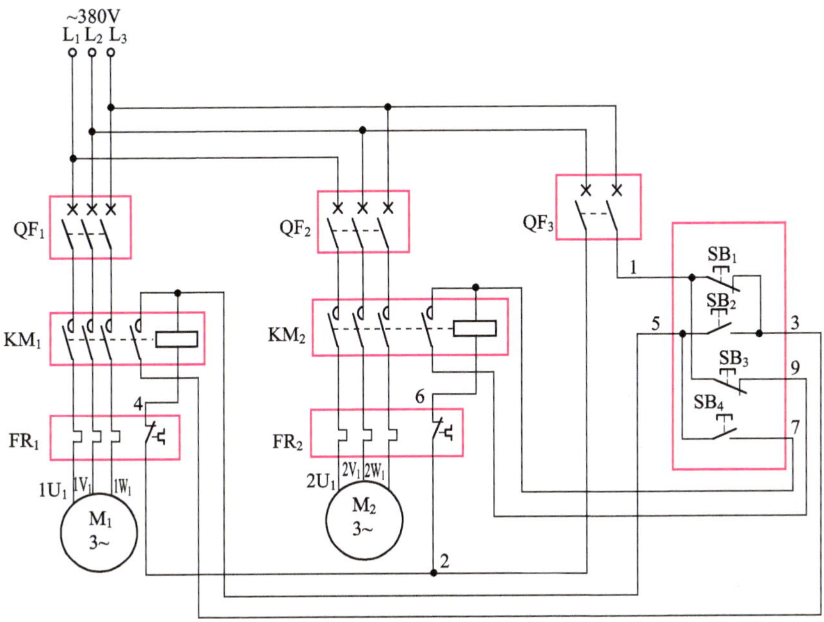

图 9.10　两台电动机顺序启动、任意停止的控制电路(一)现场接线

电路 132　两台电动机顺序启动、任意停止的控制电路接线(二)

1. 工作原理

本电路可实现对两台电动机进行从前向后手动顺序启动，而启动运转后可不按顺序任意进行手动停止控制(图 9.11)。

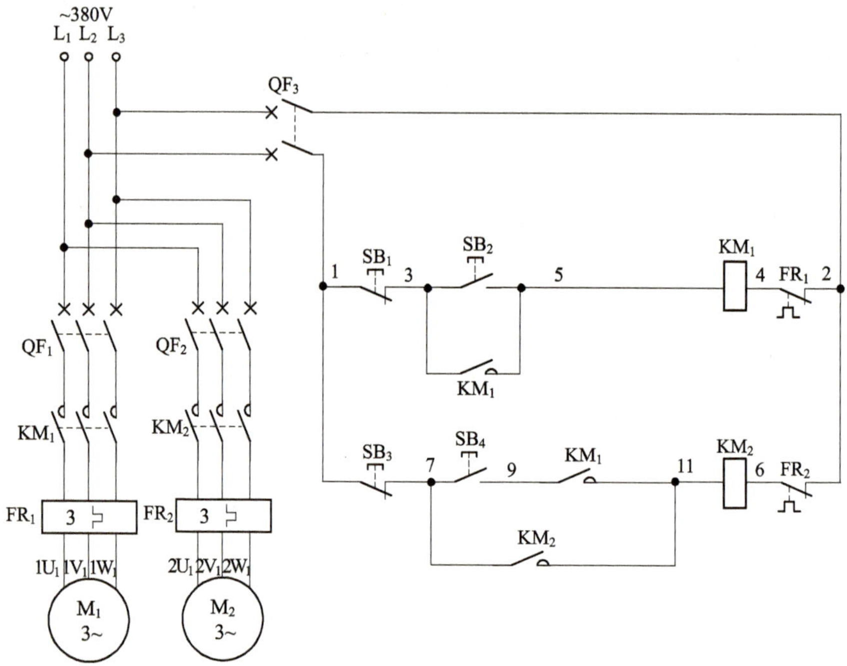

图 9.11 两台电动机顺序启动、任意停止的控制电路(二)原理图

· 顺序启动

因 KM_2 线圈的启动回路中串联了一组 KM_1 辅助常开触点(9-11)，所以只有按顺序先让 KM_1 工作后，方可对 KM_2 进行操作。启动时，先按下电动机 M_1 启动按钮 SB_2(3-5)，交流接触器 KM_1 线圈得电吸合且 KM_1 辅助常开触点(3-5)闭合自锁，KM_1 三相主触点闭合，电动机 M_1 先得电启动运转。在 KM_1 线圈得电吸合后，KM_1 串联在 KM_2 线圈启动回路中的辅助常开触点(9-11)闭合，为 KM_2 线圈工作做准备。然后再按下电动机 M_2 启动按钮 SB_4(7-9)，交流接触器 KM_2 线圈得电吸合且 KM_2 辅助常开触点(7-11)闭合自锁，KM_2 三相主触点闭合，电动机 M_2 后得电启动运转。至此，完成从前向后顺序手动启动控制。

· 任意停止

按下电动机 M_1 停止按钮 SB_1(1-3)，交流接触器 KM_1 线圈断电释放，KM_1 三相主触点断开，电动机 M_1 失电停止运转。

按下电动机 M_2 停止按钮 SB_3(1-7)，交流接触器 KM_2 线圈断电释放，KM_2 三相主触点断开，电动机 M_2 失电停止运转。

2. 现场接线

两台电动机顺序启动、任意停止的控制电路(二)现场接线如图 9.12 所示。

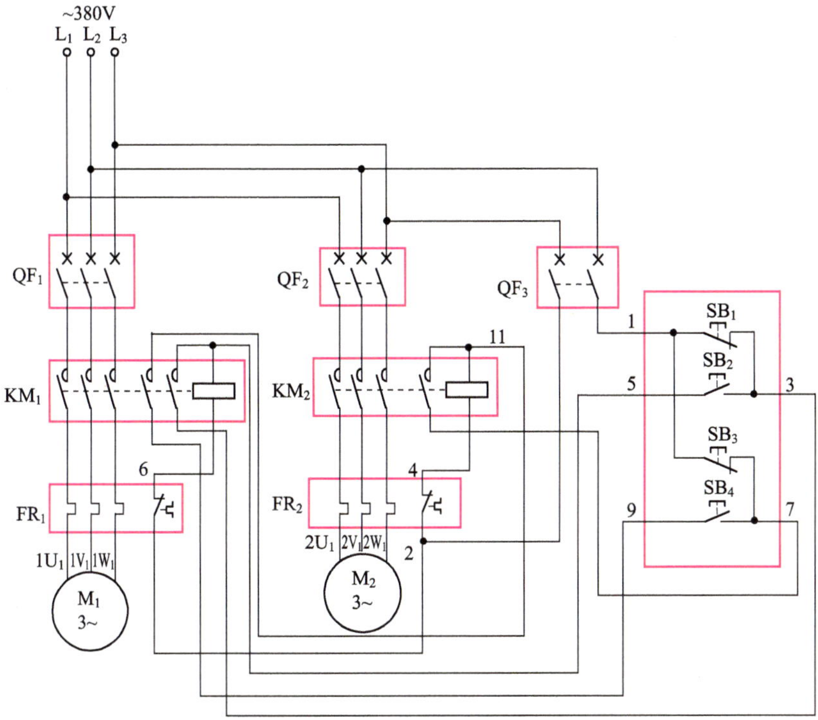

图 9.12　两台电动机顺序启动、任意停止的控制电路(二)现场接线

电路 133　两台电动机联锁控制电路接线

1. 工作原理

有时，一种设备上装有多台电动机来完成一项生产任务，因为电动机各自所起的作用不同，有时必须按预先设定的动作顺序要求来完成启动

或停止，才能确保工作正常进行。例如，某设备要求启动时先启动吸风机后再启动主机工作，这就要求在电路设计时，按动作要求来完成。

图 9.13 所示是两台电动机联锁控制电路，其中，M_1 为吸风电动机，M_2 为主机电动机。

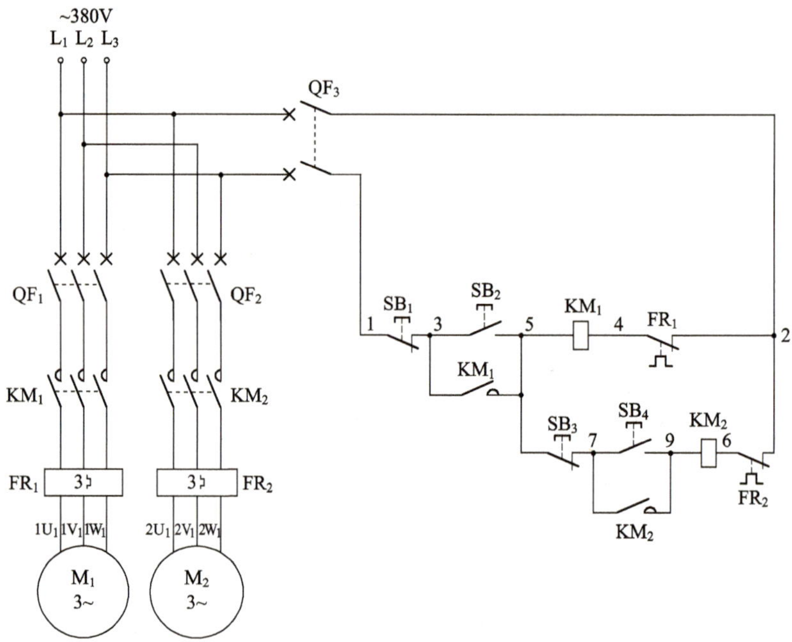

图 9.13 两台电动机联锁控制电路原理图

· 启 动

启动时，必须先按下吸风机启动按钮 SB_2(3-5)（若直接操作 SB_4 则无效），交流接触器 KM_1 线圈得电吸合且 KM_1 辅助常开触点(3-5)闭合自锁，KM_1 三相主触点闭合，吸风机电动机 M_1 先得电启动运转工作。因主机控制电路是接在 KM_1 自锁常开触点(3-5)之后，若操作 KM_2 则必须在 KM_1 辅助常开触点(3-5)闭合自锁后方可进行。也就是说，必须按顺序先启动电动机 M_1，方可进行主机控制操作，按下主机启动按钮 SB_4(7-9)，交流接触器 KM_2 线圈得电吸合且 KM_2 辅助常开触点(7-9)闭合自锁，KM_2 三相主触点闭合，主机电动机 M_2 后得电运转工作。

· 停 止

停止时有两种方式：一种是先停止主机 M_2 后，再停止吸风电动机

M_1，也就是必须先按下按钮 SB_3(5-7)使主机电动机停止后，再按下吸风电动机停止按钮 SB_1(1-3)，这样，停止时先停止主机电动机 M_2，再停止吸风电动机 M_1，停止顺序与启动顺序相反；另一种停止方式就是直接按下停止按钮 SB_1(1-3)，此时，两台电动机同时停止工作。

2. 现场接线

两台电动机联锁控制电路现场接线如图 9.14 所示。

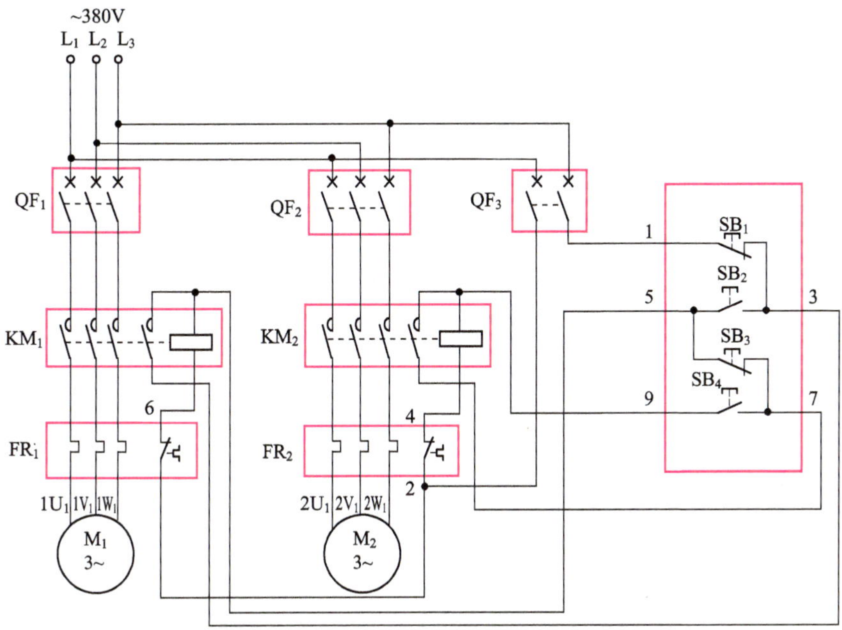

图 9.14　两台电动机联锁控制电路现场接线

电路 134　多台电动机同时启动控制电路接线

有很多控制设备要求多台电动机能同时启动，也能分别控制或两台以上组合控制。图 9.15 所示为多台电动机可预选启动控制电路原理图。复合预选开关 SA_1、SA_2、SA_3、SA_4 能分别对电动机 M_1、M_2、M_3、M_4 进行单机或联机组合控制。本电路现场接线如图 9.16 所示。

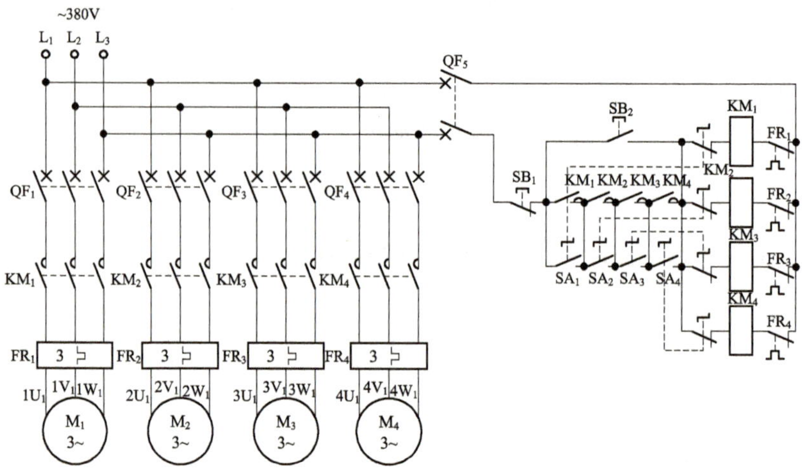

图 9.15 多台电动机可预选启动控制电路原理图

复合预选开关 SA_1 常闭触点断开、常开触点闭合，按下启动按钮 SB_2，交流接触器 KM_2、KM_3、KM_4 线圈得电吸合，KM_2、KM_3、KM_4 辅助常开触点闭合自锁，KM_2、KM_3、KM_4 各自的三相主触点闭合，电动机 M_2、M_3、M_4 同时得电运转。

复合预选开关 SA_2 常闭触点断开、常开触点闭合，按下启动按钮 SB_2，交流接触器 KM_1、KM_3、KM_4 线圈得电吸合，KM_1、KM_3、KM_4 辅助常开触点闭合自锁，KM_1、KM_3、KM_4 各自的三相主触点闭合，电动机 M_1、M_3、M_4 同时得电运转。

复合预选开关 SA_3 常闭触点断开、常开触点闭合，按下启动按钮 SB_2，交流接触器 KM_1、KM_2、KM_4 线圈得电吸合，KM_1、KM_2、KM_4 辅助常开触点闭合，KM_1、KM_2、KM_4 各自的三相主触点闭合，电动机 M_1、M_2、M_4 同时得电运转。

复合预选开关 SA_4 常闭触点断开、常开触点闭合，按下启动按钮 SB_2，交流接触器 KM_1、KM_2、KM_3 线圈得电吸合，KM_1、KM_2、KM_3 辅助常开触点闭合，KM_1、KM_2、KM_3 各自的三相主触点闭合，电动机 M_1、M_2、M_3 同时得电运转。

复合预选开关 SA_1、SA_2 常闭触点断开、常开触点闭合，按下启动按钮 SB_2，交流接触器 KM_3、KM_4 线圈得电吸合，KM_3、KM_4 辅助常开触点闭合自锁，KM_3、KM_4 各自的三相主触点闭合，电动机 M_3、M_4 同时得电

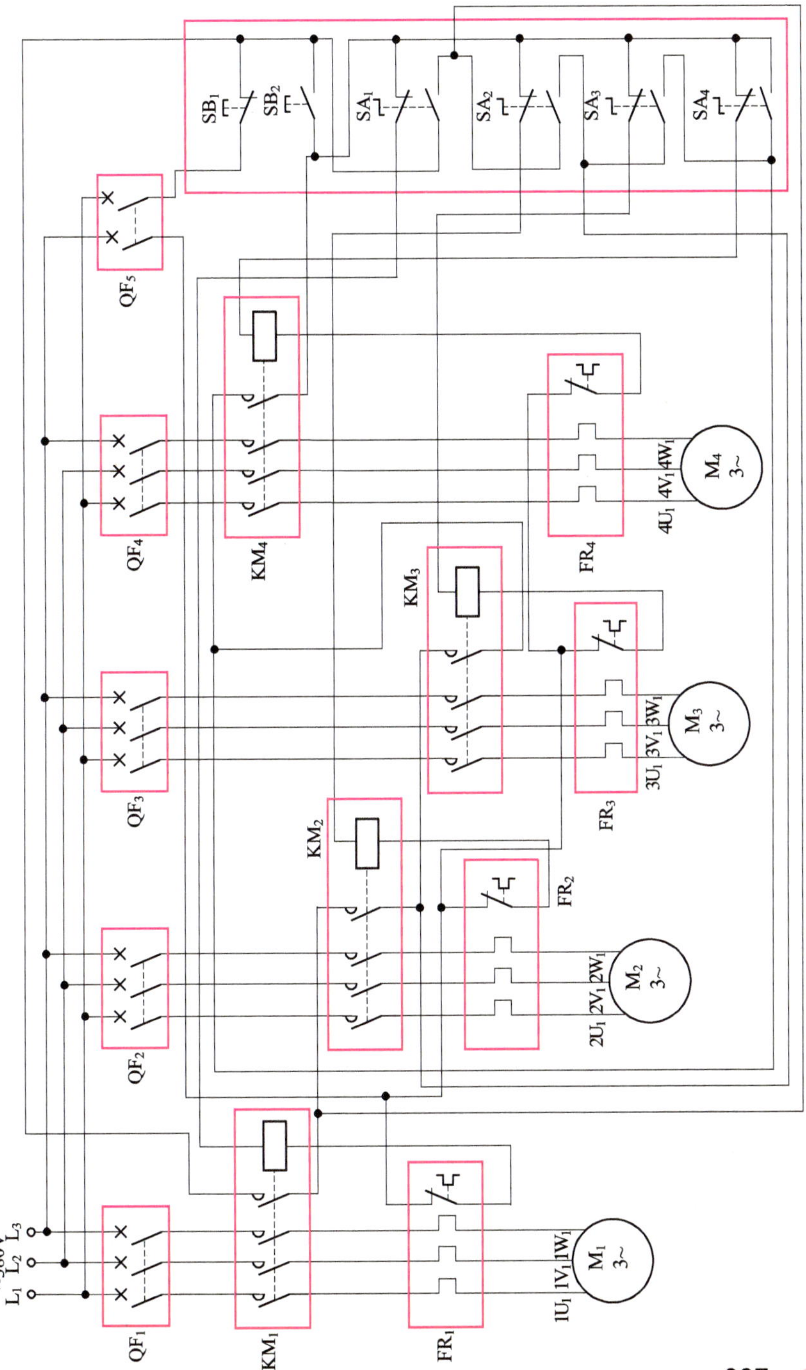

图 9.16　多台电动机可预选启动控制电路现场接线

运转。

复合预选开关 SA_1、SA_3 常闭触点断开、常开触点闭合，按下启动按钮 SB_2，交流接触器 KM_2、KM_4 线圈得电吸合，KM_2、KM_4 辅助常开触点闭合，KM_2、KM_4 各自的三相主触点闭合，电动机 M_2、M_4 同时得电运转。

复合预选开关 SA_1、SA_4 常闭触点断开、常开触点闭合，按下启动按钮 SB_2，交流接触器 KM_2、KM_3 线圈得电吸合，KM_2、KM_3 辅助常开触点闭合自锁，KM_2、KM_3 各自的三相主触点闭合，电动机 M_2、M_3 同时得电运转。

复合预选开关 SA_2、SA_3 断开，按下启动按钮 SB_2，交流接触器 KM_1、KM_4 线圈得电吸合，KM_1、KM_4 辅助常开触点闭合自锁，KM_1、KM_4 各自的三相主触点闭合，电动机 M_1、M_4 同时得电运转。

复合预选开关 SA_2、SA_4 断开，按下启动按钮 SB_2，交流接触器 KM_1、KM_3 线圈得电吸合，KM_1、KM_3 辅助常开触点闭合自锁，KM_1、KM_3 各自的三相主触点闭合，电动机 M_1、M_3 同时得电运转。

复合预选开关 SA_3、SA_4 断开，按下启动按钮 SB_2，交流接触器 KM_1、KM_2 线圈得电吸合，KM_1、KM_2 辅助常开触点闭合自锁，KM_1、KM_2 各自的三相主触点闭合，电动机 M_1、M_2 同时得电运转。

复合预选开关 SA_1、SA_2、SA_3 断开，按下启动按钮 SB_2，交流接触器 KM_4 线圈得电吸合，KM_4 辅助常开触点闭合自锁，KM_4 三相主触点闭合，电动机 M_4 得电运转。

复合预选开关 SA_1、SA_2、SA_4 断开，按下启动按钮 SB_2，交流接触器 KM_3 线圈得电吸合，KM_3 辅助常开触点闭合自锁，KM_3 三相主触点闭合，电动机 M_3 得电运转。

复合预选开关 SA_2、SA_3、SA_4 断开，按下启动按钮 SB_2，交流接触器 KM_1 线圈得电吸合，KM_1 辅助常开触点闭合自锁，KM_1 三相主触点闭合，电动机 M_1 得电运转。

复合预选开关 SA_1、SA_3、SA_4 断开，按下启动按钮 SB_2，交流接触器 KM_2 线圈得电吸合，KM_2 辅助常开触点闭合自锁，KM_2 三相主触点闭合，电动机 M_2 得电运转。

复合预选开关 SA_1、SA_2、SA_3、SA_4 常闭触点都闭合，常开触点都断开，按下启动按钮 SB_2，交流接触器 KM_1、KM_2、KM_3、KM_4 线圈得电吸合，KM_1、KM_2、KM_3、KM_4 辅助常开触点闭合自锁，KM_1、KM_2、KM_3、

KM_4 各自的三相主触点闭合，电动机 M_1、M_2、M_3、M_4 得电运转。

在实际使用时，只要事先将不需要运转的相应复合预选开关拨至接通位置，那么该编号的交流接触器线圈回路就被切断，该回路所控电动机就无法得电工作了。这样，只要操作启动按钮 SB_2 后，你所预置的电动机组合运转方式就能完成。

该电路所用的器件少，操作方便，动作可靠，是一种很实用的预选控制电路。

Chapter 10

电能表及测量电路接线

电路135 DDS1868型电子式单相电能表接线

DDS1868 型电子式单相电能表接线如图 10.1 所示。

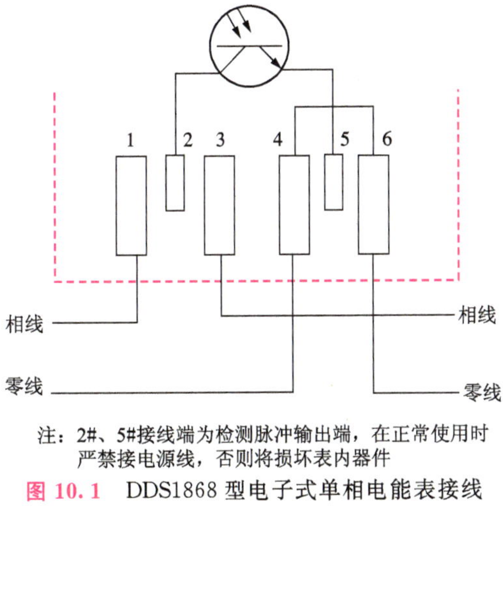

图 10.1　DDS1868 型电子式单相电能表接线

电路136 单相有功电能表直接接入式接线

单相有功电能表直接接入式接线如图 10.2 所示。

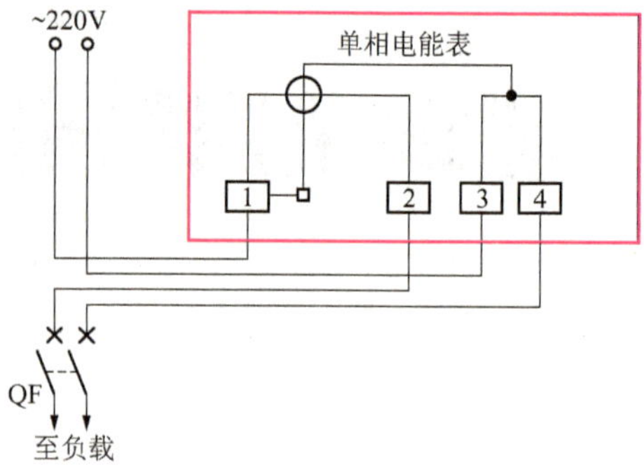

图 10.2 单相有功电能表直接接入式接线

电路137 DD862 型单相电能表直接接入式接线

DD862 型单相电能表直接接入式接线如图 10.3 所示。

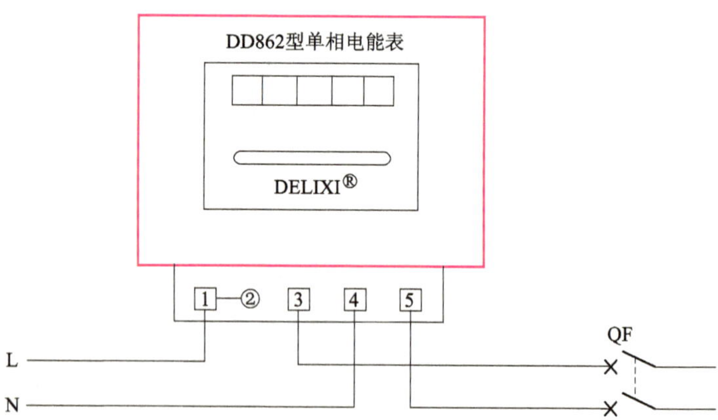

图 10.3 DD862 型单相电能表直接接入式接线

电路 138　DD862 型单相电能表经电流互感器接入式接线

DD862 型单相电能表经电流互感器接入式接线如图 10.4 所示。

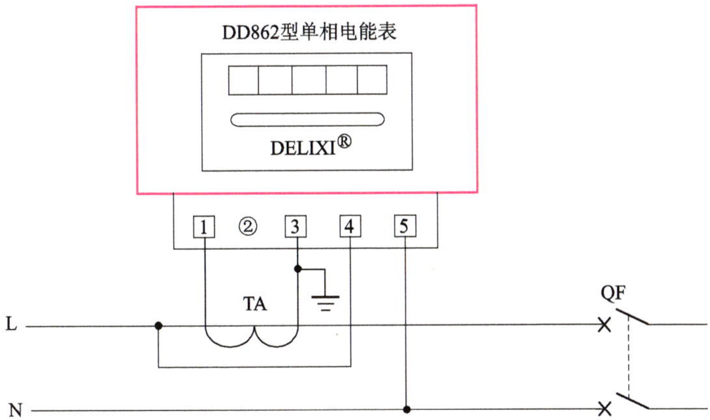

图 10.4　DD862 型单相电能表经电流互感器接入式接线

电路 139　DDS607 型单相电子式电能表(ABS 小表壳表)接线

DDS607 型单相电子式电能表(ABS 小表壳表)接线如图 10.5 所示。

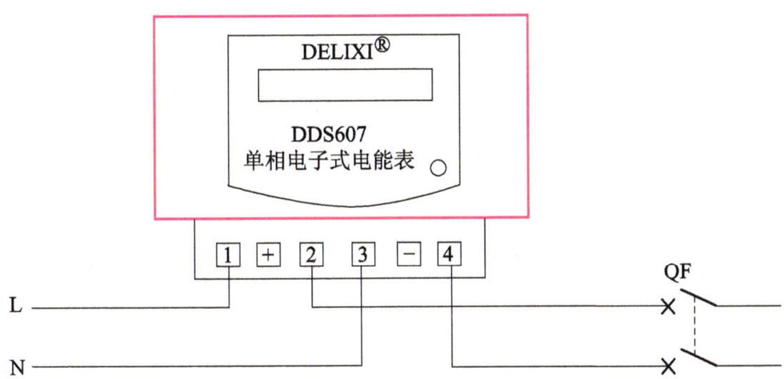

图 10.5　DDS607 型单相电子式电能表(ABS 小表壳表)接线

电路140 DDS607型单相电子式电能表(单相液晶表)接线

DDS607型单相电子式电能表(单相液晶表)接线如图10.6所示。

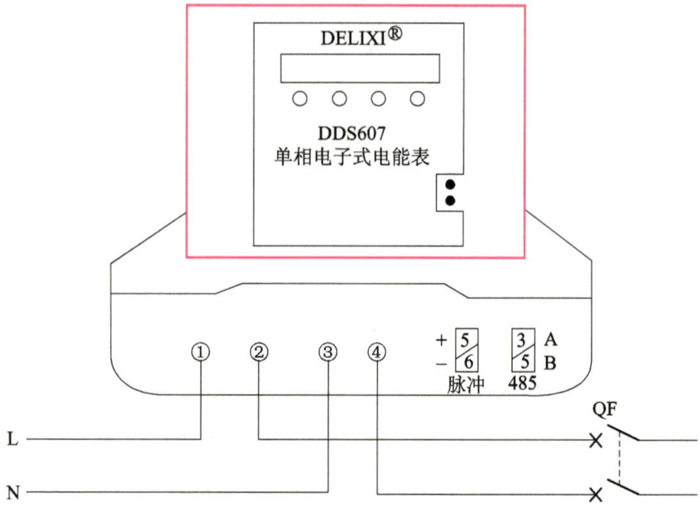

图10.6 DDS607型单相电子式电能表(单相液晶表)接线

电路141 DDS607型单相电子式电能表(单相液晶表不带红外、485功能)接线

DDS607型单相电子式电能表(单相液晶表不带红外、485功能)接线如图10.7所示。

电路142 DDSY607型单相电子式预付费电能表接线

DDSY607型单相电子式预付费电能表接线如图10.8所示。

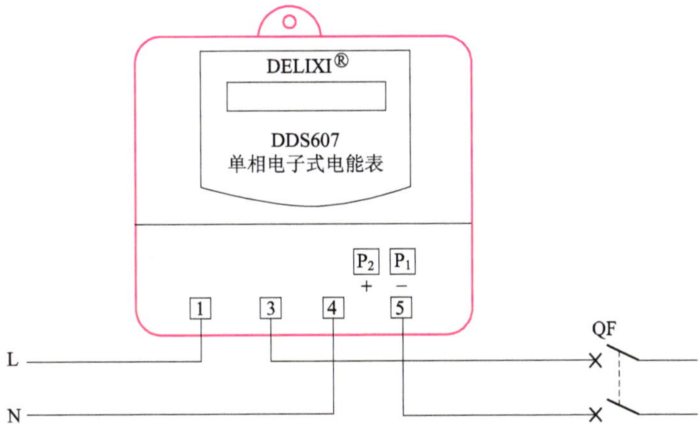

图 10.7　DDS607 型单相电子式电能表(单相液晶表不带红外、485 功能)接线

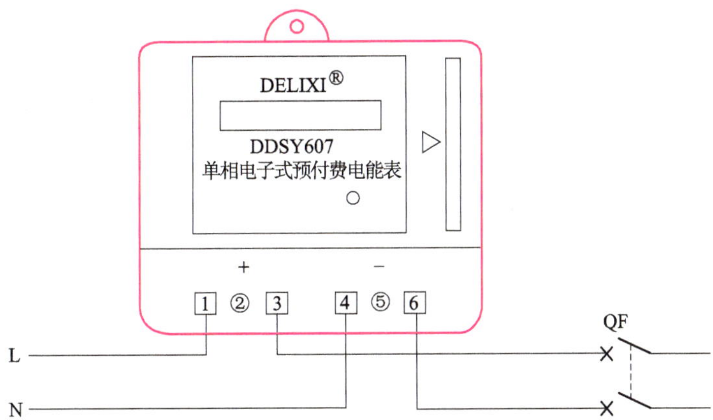

图 10.8　DDSY607 型单相电子式预付费电能表接线

电路 143　DDSF607 型单相电子式多费率电能表接线

DDSF607 型单相电子式多费率电能表接线如图 10.9 所示。

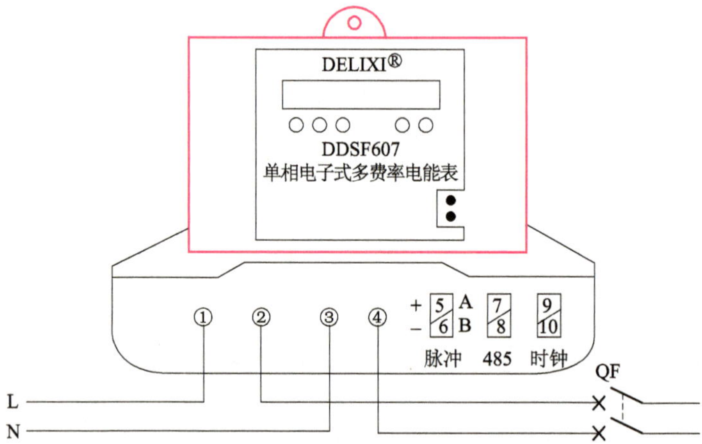

图 10.9 DDSF607 型单相电子式多费率电能表接线

电路 144 DDS607 型单相电子式电能表(防窃电表)接线

DDS607 型单相电子式电能表(防窃电表)接线如图 10.10 所示。

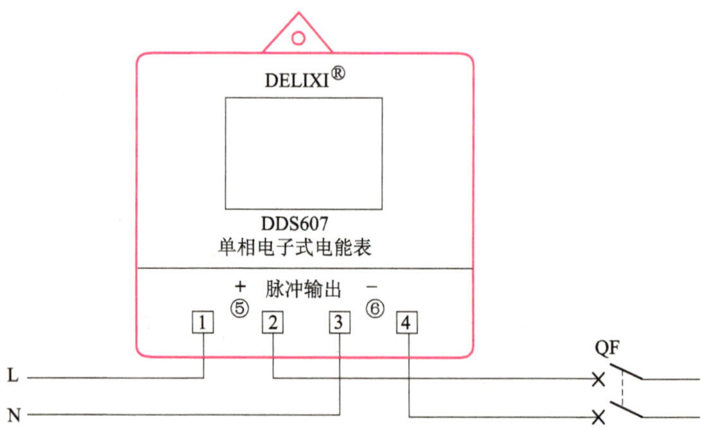

图 10.10 DDS607 型单相电子式电能表(防窃电表)接线

电路 145　单相有功电能表通过电流互感器实现测量电路接线

单相有功电能表通过电流互感器实现测量电路接线如图 10.11 所示。

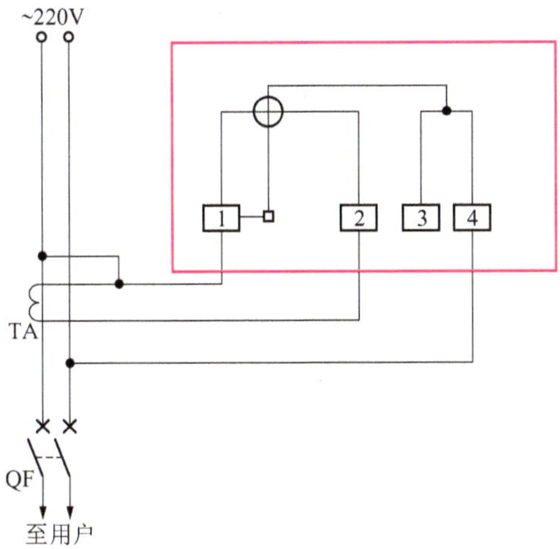

图 10.11　单相有功电能表通过电流互感器实现测量电路接线

电路 146　三相交流有功电能表直接接入测量电路接线

三相交流有功电能表直接接入测量电路接线如图 10.12 所示。

电路 147　三相交流无功电能表直接接入测量电路接线

三相交流无功电能表直接接入测量电路接线如图 10.13 所示。

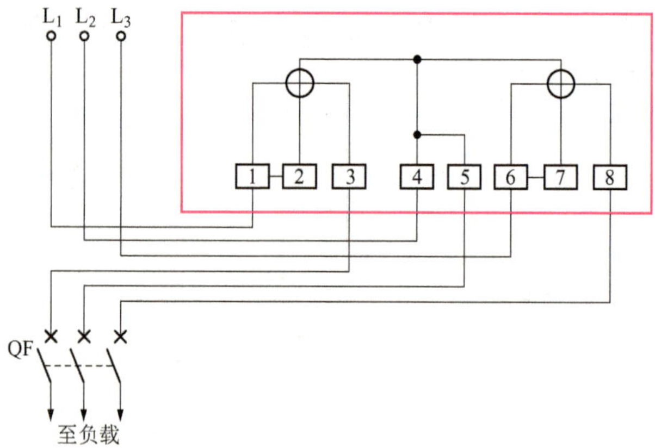

图 10.12 三相交流有功电能表直接接入测量电路接线

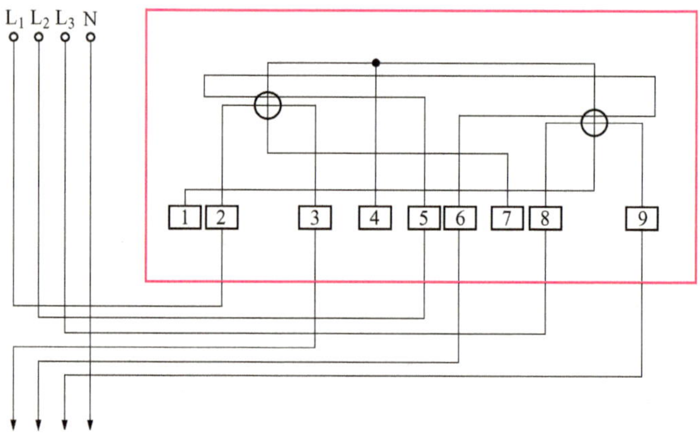

图 10.13 三相交流无功电能表直接接入测量电路接线

电路148 三相无功电能表与三相有功电能表联合接线

三相无功电能表与三相有功电能表联合接线如图 10.14 所示。

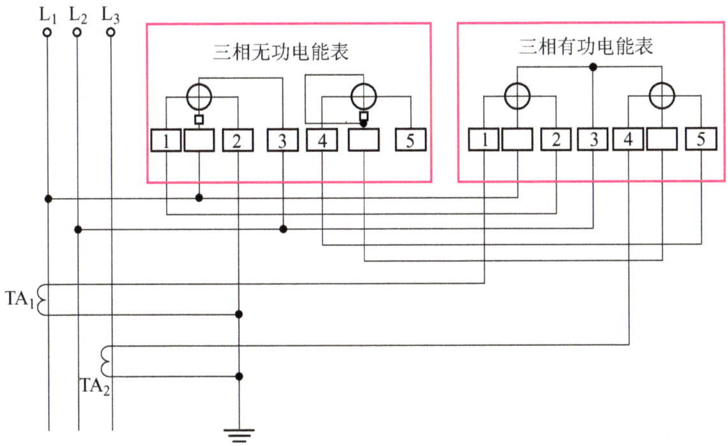

图 10.14　三相无功电能表与三相有功电能表联合接线

电路 149　三相交流有功电能表通过电流互感器接入测量电路接线

三相交流有功电能表通过电流互感器接入测量电路接线如图 10.15 所示。

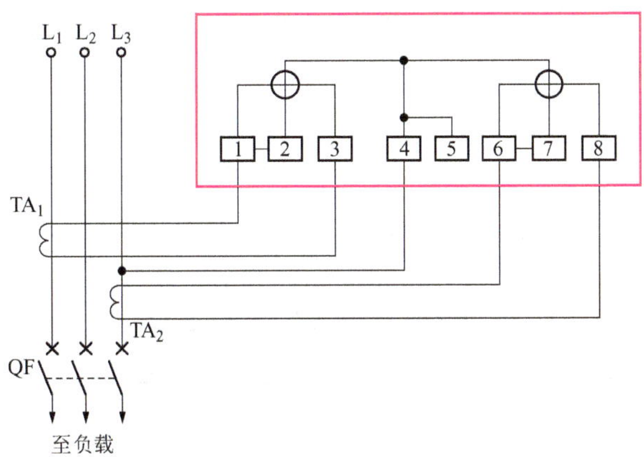

图 10.15　三相交流有功电能表通过电流互感器接入测量电路接线

电路150 三相交流无功电能表通过电流互感器接入测量电路接线

三相交流无功电能表通过电流互感器接入测量电路接线如图 10.16 所示。

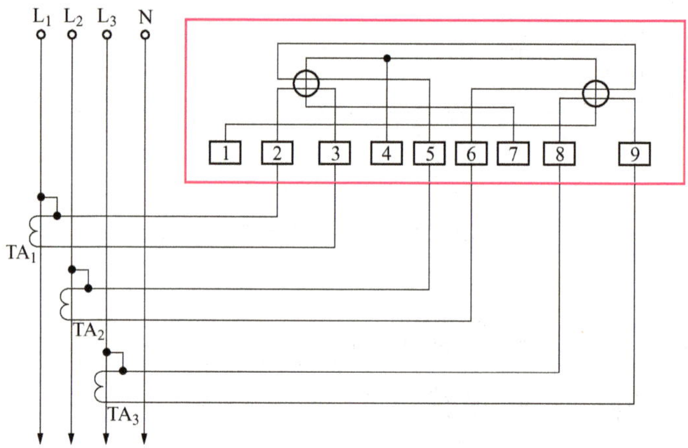

图 10.16 三相交流无功电能表通过电流互感器接入测量电路接线

电路151 三相三线有功电能表与一只交流电流表和一只电流换相开关通过两只电流互感器接线

三相三线有功电能表与一只交流电流表和一只电流换相开关通过两只电流互感器接线如图 10.17 所示。

电路152 三相三线有功电能表与功率表通过两只电流互感器和两只电压互感器联合接线

三相三线有功电能表与功率表通过两只电流互感器和两只电压互感器联合接线如图 10.18 所示。

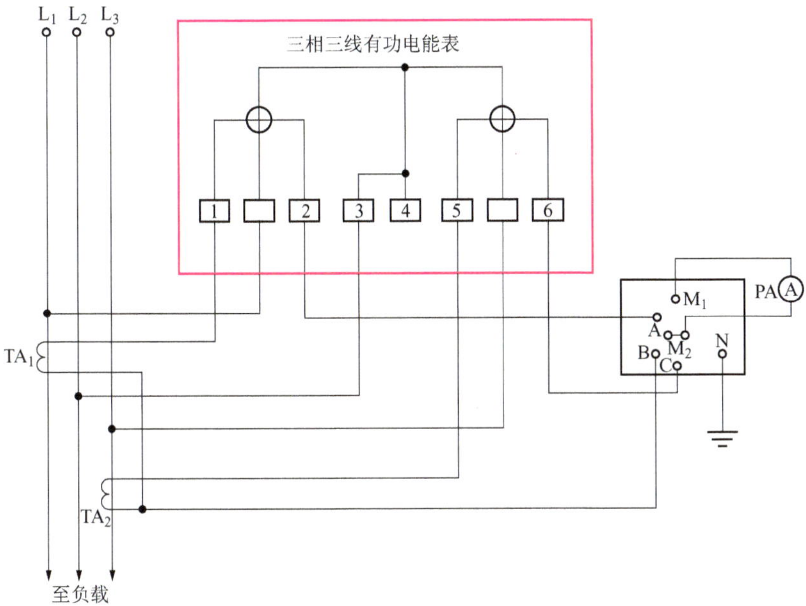

图 10.17 三相三线有功电能表与一只交流电流表和一只电流换相开关通过两只电流互感器接线

电路153 三相三线有功电能表与三只交流电流表通过两只电流互感器联合接线(一)

三相三线有功电能表与三只交流电流表通过两只电流互感器联合接线(一)如图 10.19 所示。

电路154 三相三线有功电能表与三只交流电流表通过两只电流互感器联合接线(二)

三相三线有功电能表与三只交流电流表通过两只电流互感器联合接线(二)如图 10.20 所示。

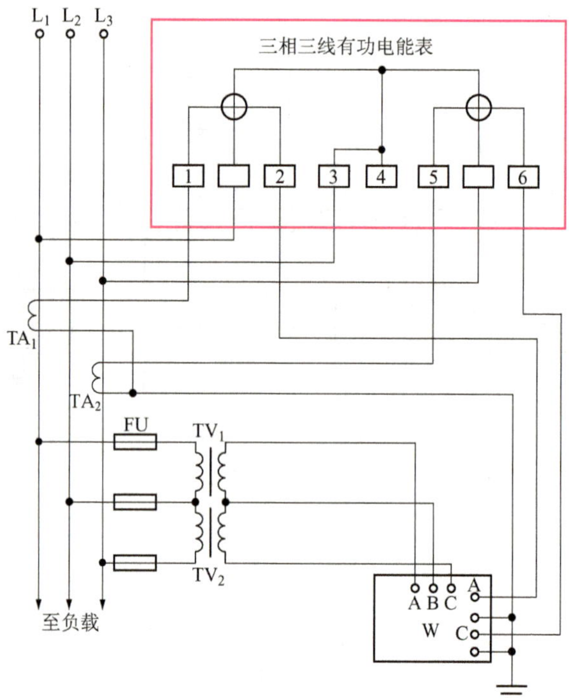

图 10.18 三相三线有功电能表与功率表通过两只电流互感器和两只电压互感器联合接线

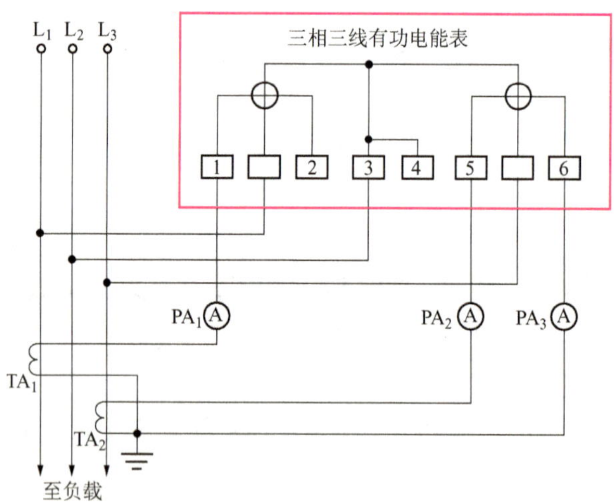

图 10.19 三相三线有功电能表与三只交流电流表通过两只电流互感器联合接线(一)

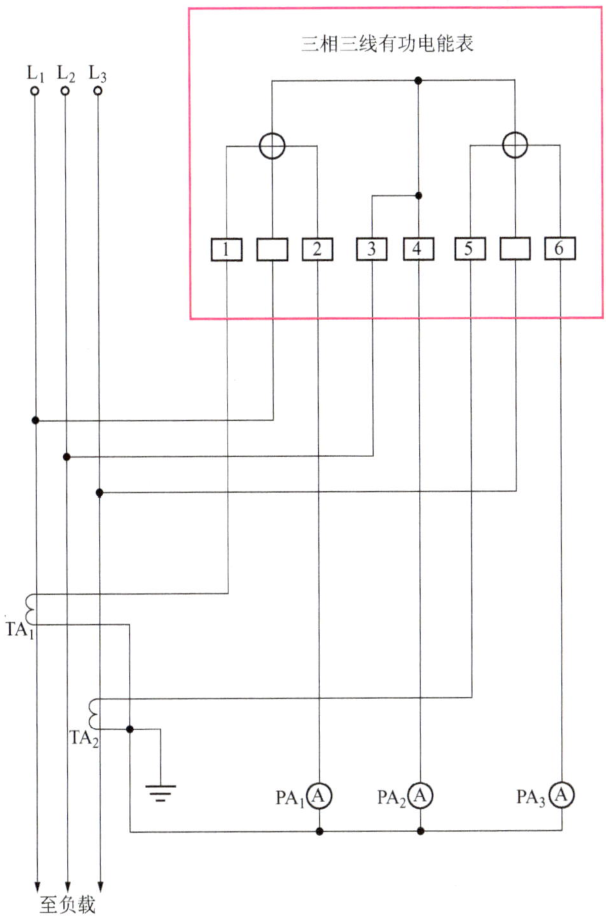

图 10.20　三相三线有功电能表与三只交流电流表通过两只电流互感器联合接线(二)

Chapter 11

温控仪应用电路实践接线

电路155 常用温控仪控温接线(一)

常用温控仪控温接线(一)如图 11.1 所示。

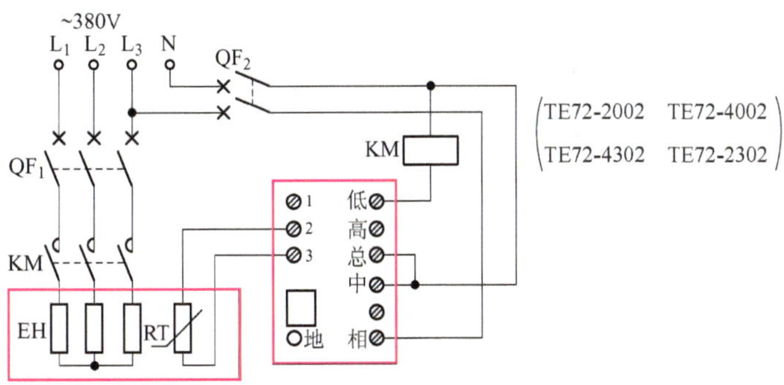

图 11.1 常用温控仪控温接线(一)

电路156 常用温控仪控温接线(二)

常用温控仪控温接线(二)如图 11.2 所示。

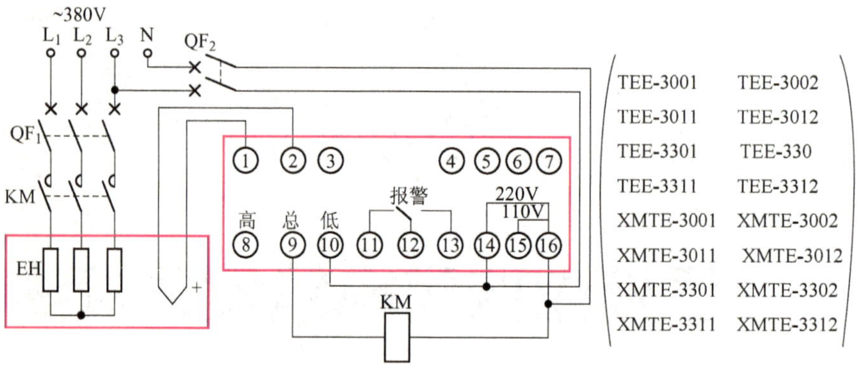

图 11.2 常用温控仪控温接线(二)

电路157 常用温控仪控温接线(三)

常用温控仪控温接线(三)如图 11.3 所示。

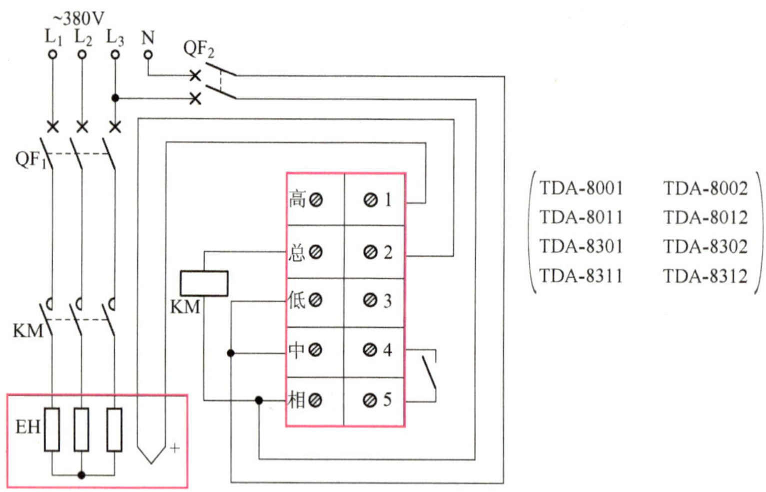

图 11.3 常用温控仪控温接线(三)

电路158 常用温控仪控温接线(四)

常用温控仪控温接线(四)如图 11.4 所示。

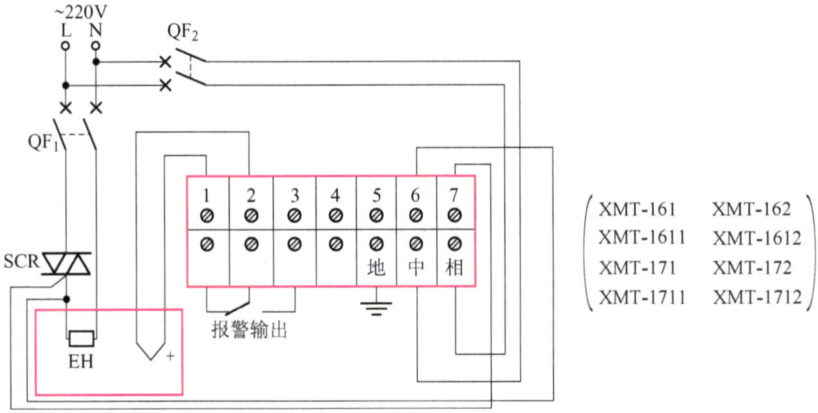

图 11.4　常用温控仪控温接线(四)

电路159 常用温控仪控温接线(五)

常用温控仪控温接线(五)如图 11.5 所示。

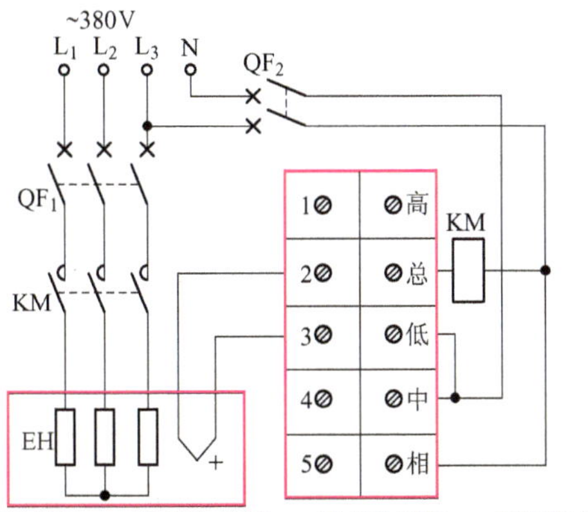

(XMTB-8001　XMTB-8002　XMTB-8301　XMTB-8302)

图 11.5　常用温控仪控温接线(五)

电路160 常用温控仪控温接线(六)

常用温控仪控温接线(六)如图 11.6 所示。

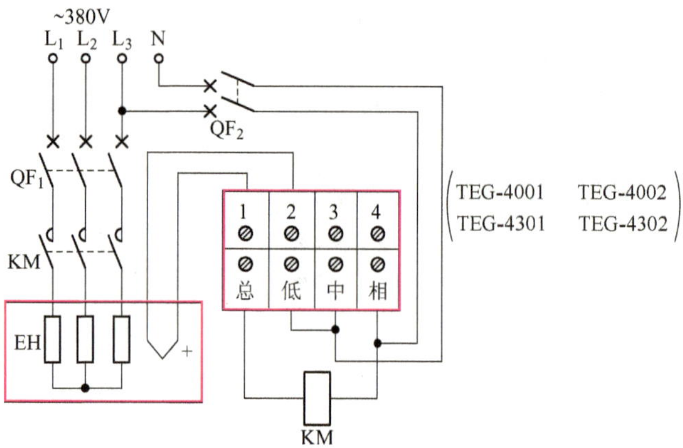

图 11.6 常用温控仪控温接线(六)

电路161 常用温控仪控温接线(七)

常用温控仪控温接线(七)如图 11.7 所示。

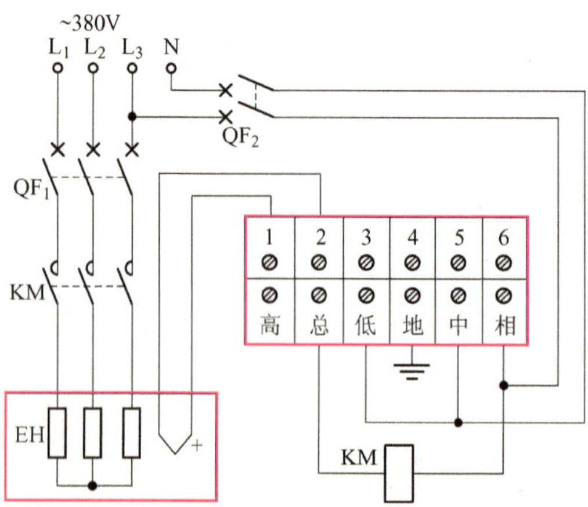

图 11.7 常用温控仪控温接线(七)

XMTA-2001　XMTA-2002　XMTA-2201　XMTA-2202
XMTA-2301　XMTA-2302　XMTA-2011　XMTA-2012
XMTA-2311　XMTA-2312　XMTA-3001　XMTA-3002
XMTA-3301　XMTA-3302　XMTA-3011　XMTA-3012
XMTA-3311　XMTA-3312　XMTD-2001　XMTD-2002
XMTD-2201　XMTD-2202　XMTD-2301　XMTD-2302
XMTD-2011　XMTD-2012　XMTD-2311　XMTD-2312
XMTD-3001　XMTD-3002　XMTD-3301　XMTD-3302
XMTD-3011　XMTD-3012　XMTD-3311　XMTD-3312

续图 11.7

电路 162　常用温控仪控温接线(八)

常用温控仪控温接线(八)如图 11.8 所示。

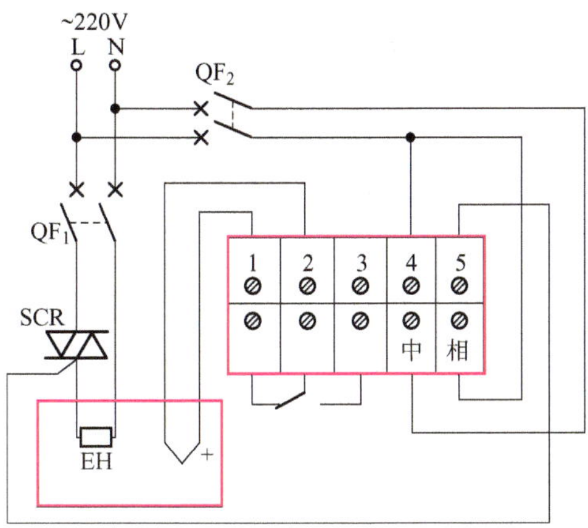

TEA-2601　TEA-2602
TEA-2611　TEA-2612

图 11.8　常用温控仪控温接线(八)

电路 163　常用温控仪控温接线(九)

常用温控仪控温接线(九)如图 11.9 所示。

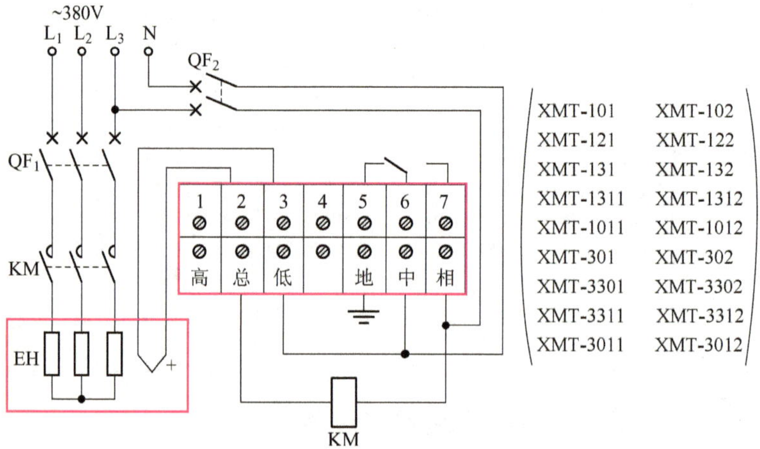

图 11.9 常用温控仪控温接线(九)

电路164 常用温控仪控温接线(十)

常用温控仪控温接线(十)如图 11.10 所示。

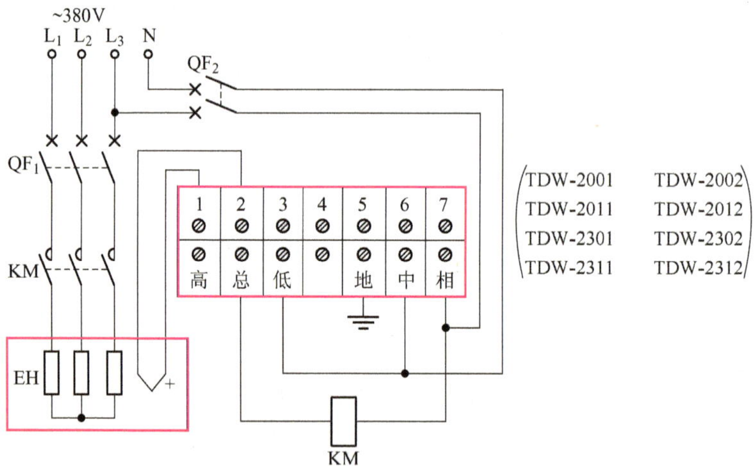

图 11.10 常用温控仪控温接线(十)

电路165 常用温控仪控温接线(十一)

常用温控仪控温接线(十一)如图 11.11 所示。

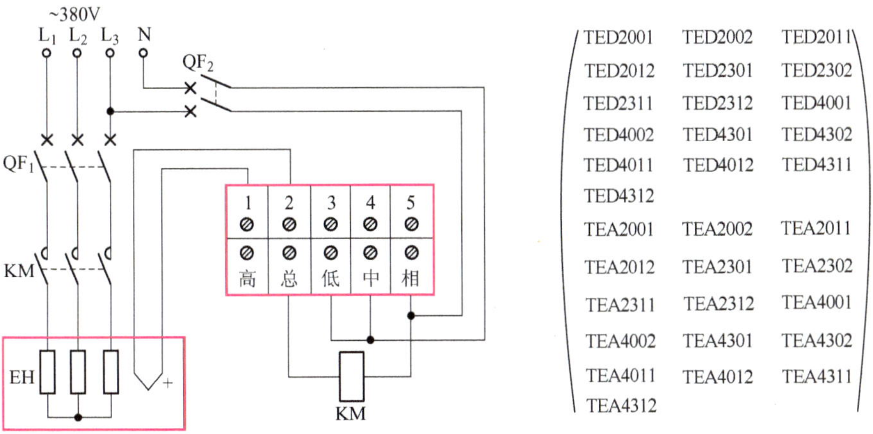

图 11.11　常用温控仪控温接线(十一)

电路166 常用温控仪控温接线(十二)

常用温控仪控温接线(十二)如图 11.12 所示。

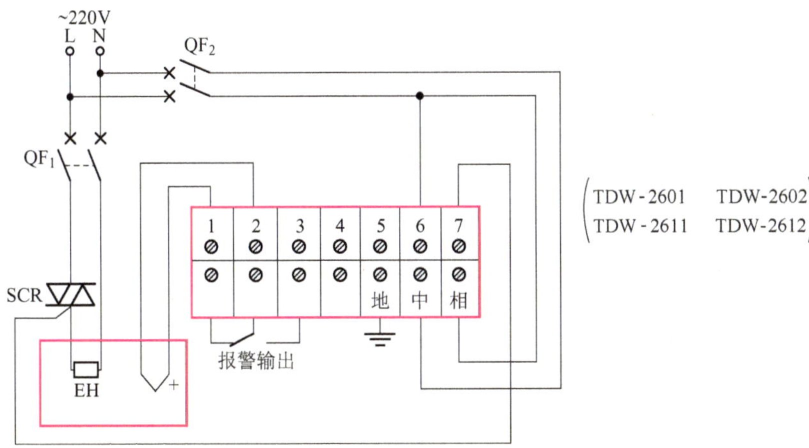

图 11.12　常用温控仪控温接线(十二)

电路167 常用温控仪控温接线(十三)

常用温控仪控温接线(十三)如图 11.13 所示。

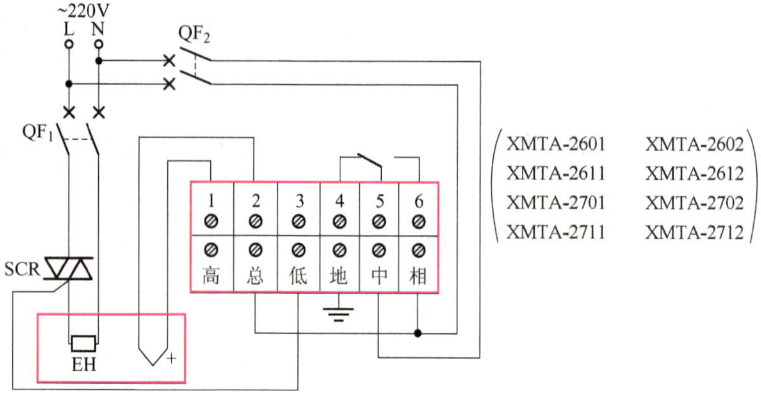

图 11.13 常用温控仪控温接线(十三)

电路168 常用温控仪控温接线(十四)

常用温控仪控温接线(十四)如图 11.14 所示。

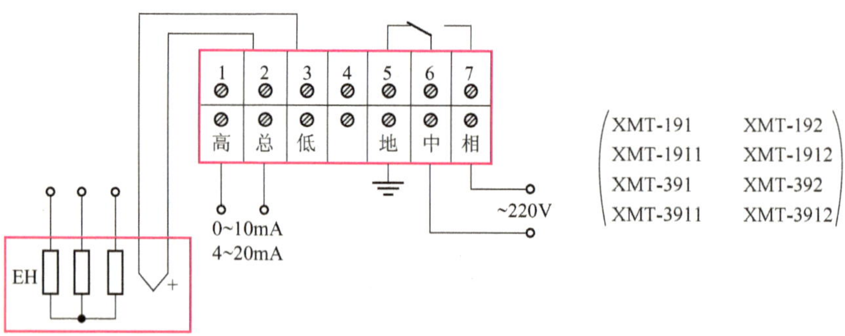

图 11.14 常用温控仪控温接线(十四)

Chapter 12

得电延时头及失电延时头应用电路接线

电路169 得电延时头配合接触器控制电抗器降压启动电路接线

1. 工作原理

得电延时头配合接触器控制电抗器降压启动电路原理图如图 12.1 所示。

·启　动

启动时，按下启动按钮 SB_2(3-5)，带得电延时头的交流接触器 KMT 线圈得电吸合且 KMT 辅助常开触点(3-5)闭合自锁，同时，KMT 开始延时，KMT 三相主触点闭合，电动机串电抗器 L 进行降压启动。经过 KMT 一段延时后，电动机的转速升至接近额定转速，KMT 得电延时闭合的常开触点(3-9)闭合，接通了交流接触器 KM 线圈的回路电源，KM 线圈得电吸合且 KM 辅助常开触点(3-9)闭合自锁，KM 辅助常闭触点(5-7)断开，切断了 KMT 线圈的回路电源，KMT 线圈断电释放，KMT 三相主触点断开，切断降压启动电抗器 L 的电源；与此同时，KM 三相主触点闭合，电动机得电全压运转。

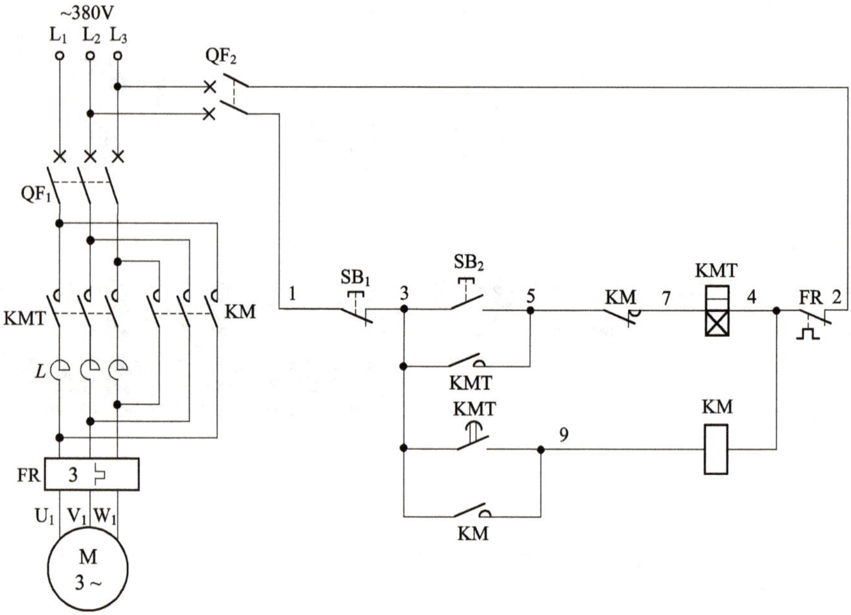

图 12.1 得电延时头配合接触器控制电抗器降压启动电路原理图

2. 现场接线

得电延时头配合接触器控制电抗器降压启动电路现场接线如图12.2所示。

电路170 得电延时头配合接触器完成双速电动机自动加速控制电路接线

1. 工作原理

得电延时头配合接触器完成双速电动机自动加速控制电路原理图如图12.3所示。

· 启 动

启动时，按下启动按钮 SB_2(3-5)，带得电延时头的交流接触器 KMT 线圈得电吸合且 KMT 辅助常开触点(3-5)闭合自锁，KMT 辅助常闭触

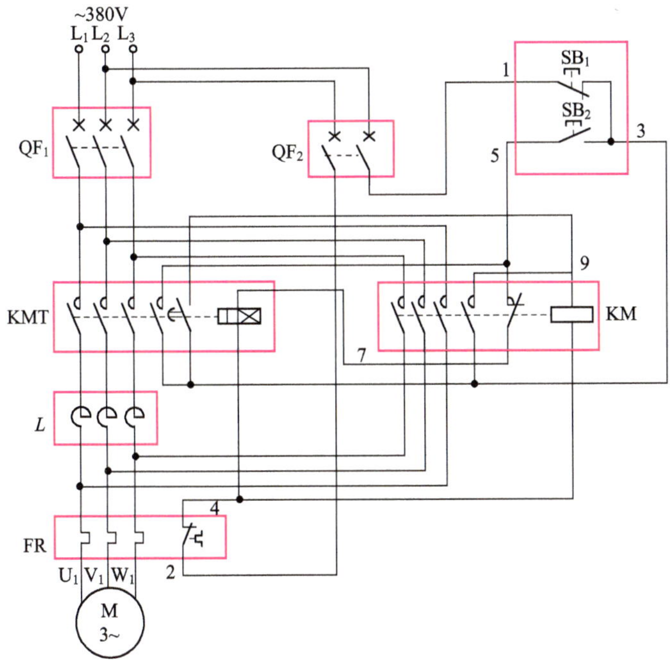

图 12.2　得电延时头配合接触器控制电抗器降压启动电路现场接线

点(13-15)断开，起互锁作用；KMT 三相主触点闭合，电动机绕组接成△形低速运转。在 KMT 线圈得电吸合后，KMT 开始延时。经 KMT 一段时间延时后，KMT 得电延时闭合的常开触点(3-13)闭合，使中间继电器 KA 线圈得电吸合，KA 常开触点(3-13)闭合自锁，KA 常闭触点(5-7)断开，切断了 KMT 线圈的回路电源，KMT 线圈断电释放，KMT 三相主触点断开，电动机绕组△形连接解除，电动机低速运转停止；与此同时，交流接触器 KM_1 和 KM_2 线圈均得电吸合，KM_1 和 KM_2 各自的辅助常闭触点(7-9、9-11)断开，起互锁作用；KM_1、KM_2 各自的三相主触点闭合，电动机绕组接成 2Y 形，电动机由低速自动加速到高速运转。

· 停　止

停止时，按下停止按钮 SB_1(1-3)，交流接触器 KM_1 和 KM_2 线圈断电释放，KM_1 和 KM_2 各自的三相主触点断开，电动机失电停止运转。

2. 现场接线

得电延时头配合接触器完成双速电动机自动加速控制电路现场接线

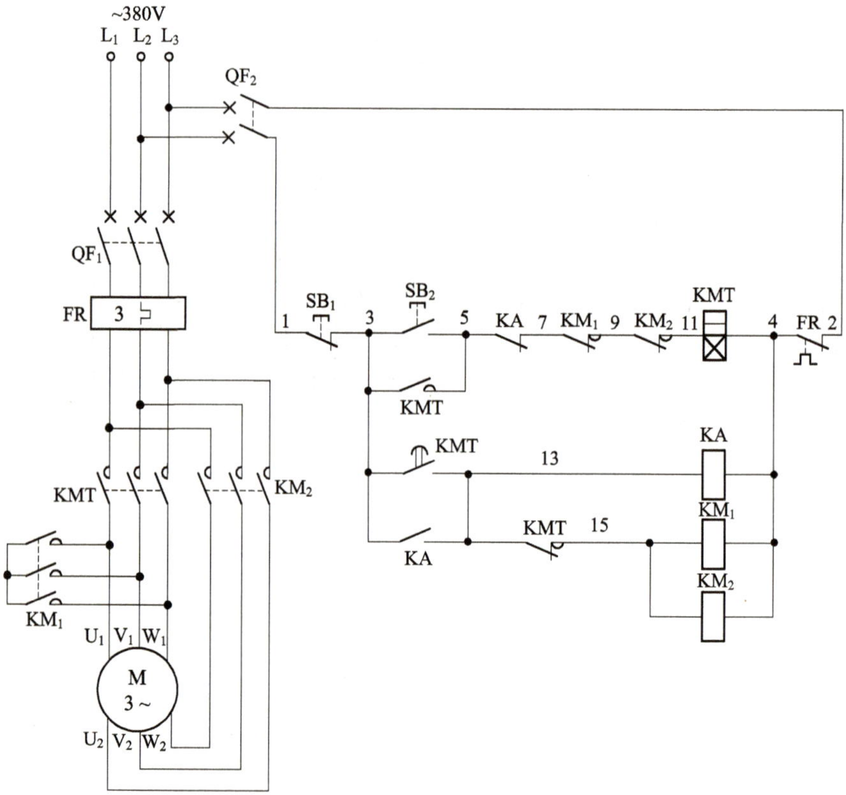

图 12.3 得电延时头配合接触器完成双速电动机自动加速控制电路原理图

如图 12.4 所示。

电路 171 得电延时头配合接触器完成自耦减压启动控制电路接线

1. 工作原理

得电延时头配合接触器完成自耦减压启动控制电路原理图如图 12.5 所示。

· 启　动

启动时，按下启动按钮 SB_2(3-5)，带得电延时头的交流接触器 KMT

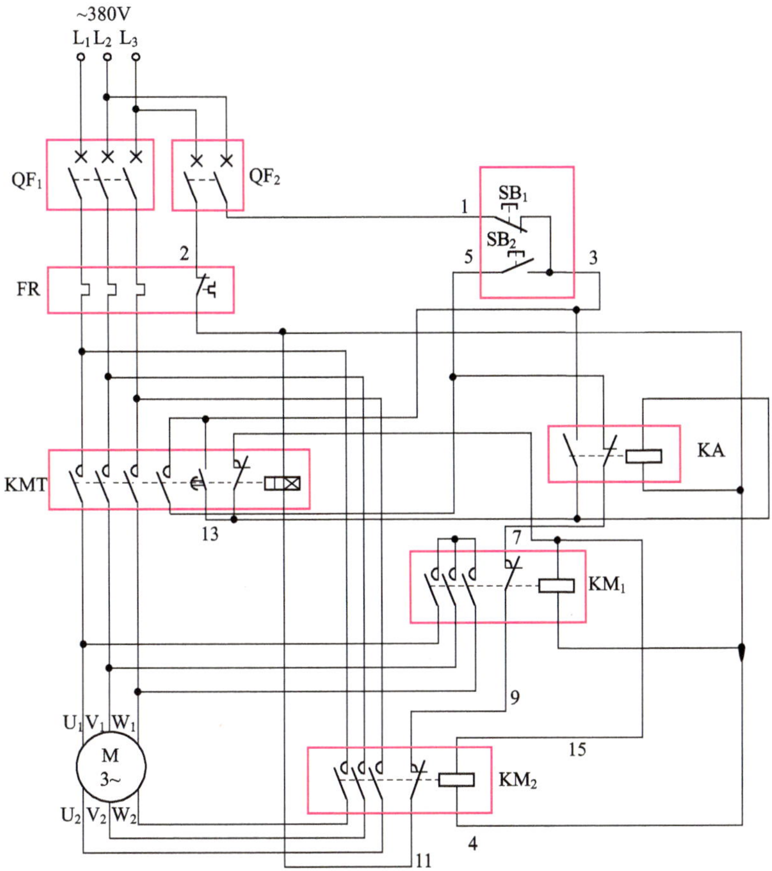

图 12.4　得电延时头配合接触器完成双速电动机自动加速控制电路现场接线

和交流接触器 KM_1 线圈均得电吸合，且 KMT 辅助常开触点(3-5)闭合自锁，KMT 开始延时。同时 KMT 串联在 KM_2 线圈回路中的辅助常闭触点(13-15)和 KM_1 串联在 KM_2 线圈回路中的辅助常闭触点(15-17)均断开，起到互锁保护作用。与此同时，KMT、KM_1 各自的三相主触点均闭合，电动机绕组串入自耦变压器 TM 进行降压启动。随着电动机转速的逐渐升高，也就是 KMT 的延时结束时间，KMT 得电延时闭合的常开触点(3-11)闭合，接通了中间继电器 KA 线圈的回路电源，KA 线圈得电吸合且 KA 常开触点(3-11)闭合自锁。首先，KA 串联在 KMT 和 KM_1 的线圈回路中的常闭触点(5-7)断开，切断了 KMT 和 KM_1 线圈的回路

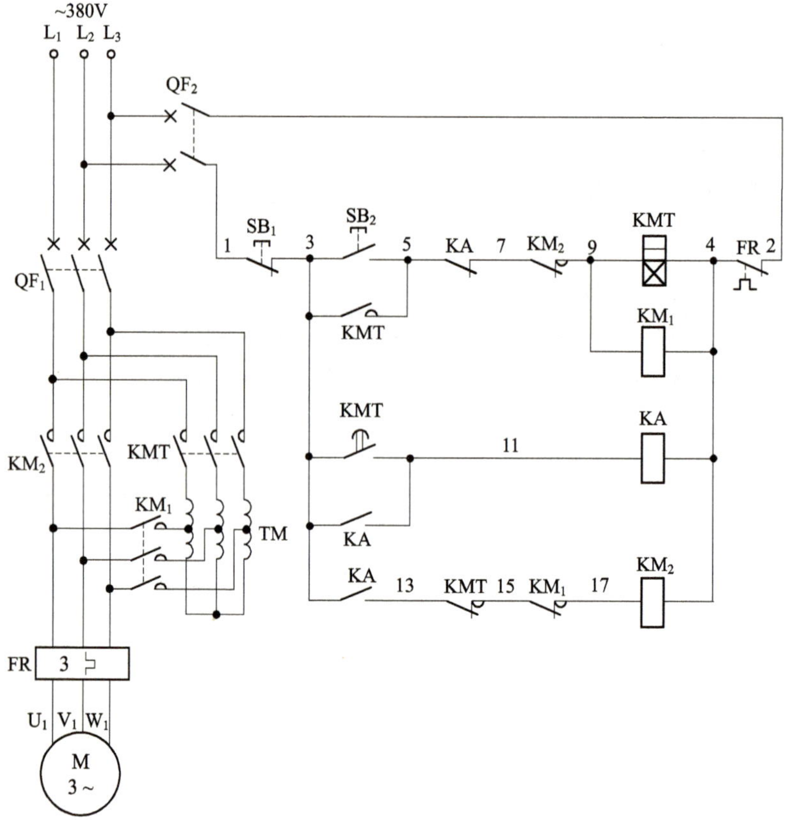

图 12.5　得电延时头配合接触器完成自耦减压启动控制电路原理图

电源，KMT 和 KM_1 线圈断电释放，KMT 和 KM_1 各自的三相主触点断开，切除启动用自耦变压器 TM；同时 KA 串联在交流接触器 KM_2 线圈回路中的常开触点(3-13)闭合，接通了 KM_2 的线圈的回路电源，KM_2 线圈得电吸合，KM_2 三相主触点闭合，电动机得电全压正常运转。

· 停　止

停止时，按下停止按钮 SB_1(1-3)，中间继电器 KA 和交流接触器 KM_2 线圈断电释放，KM_2 三相主触点断开，电动机失电停止运转。

2. 现场接线

得电延时头配合接触器完成自耦减压启动控制电路现场接线如图 12.6 所示。

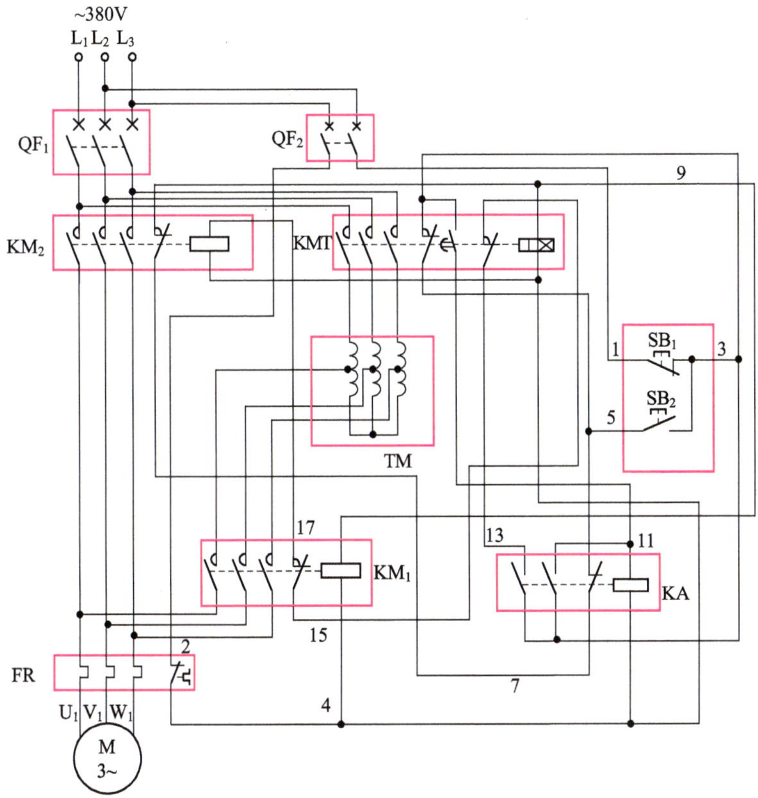

图 12.6　得电延时头配合接触器完成自耦减压启动控制电路现场接线

电路 172 得电延时头配合接触器完成重载启动控制电路(一)接线

1. 工作原理

得电延时头配合接触器完成重载启动控制电路(一)原理图如图 12.7 所示。

· 启　动

启动时，按下启动按钮 SB_2(3-5)，带得电延时头的交流接触器 KMT

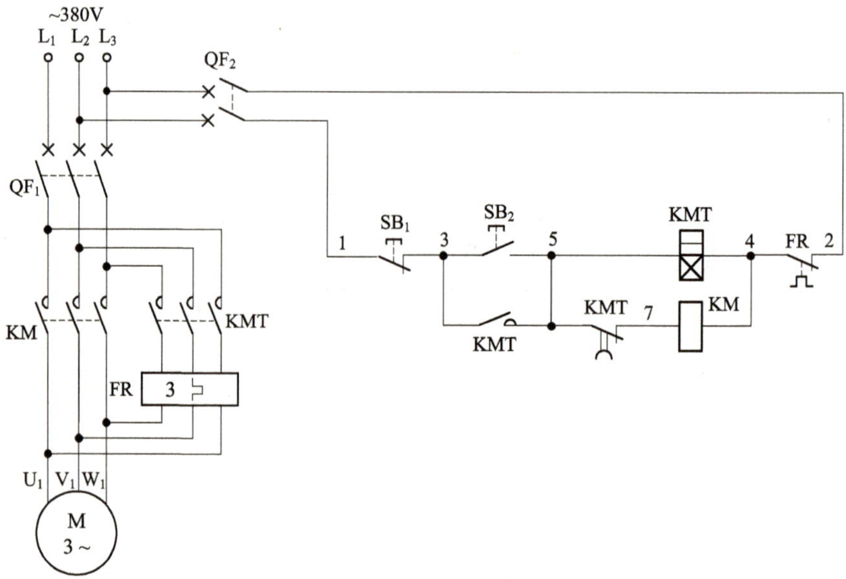

图 12.7 得电延时头配合接触器完成重载启动控制电路(一)原理图

和交流接触器 KM 线圈均得电吸合,且 KMT 辅助常开触点(3-5)闭合自锁,KMT 开始延时。与此同时,KMT、KM 各自的三相主触点均闭合,电动机实际上是接入无过载保护的直通三相 380V 交流电源进行重载启动。随着电动机转速的升高,接近额定转速时,电动机的工作电流小于额定电流,也就是 KMT 的设定延时时间结束,KMT 得电延时断开的常闭触点(5-7)断开,切断了交流接触器 KM 线圈的回路电源,KM 线圈断电释放,KM 三相主触点断开,解除直通电源以及对热继电器热元件 FR 的短接作用,热继电器 FR 投入电路中工作。这样在启动结束后将热继电器 FR 投入到电路中,一是可避免热继电器在启动时出现误动作,二是当电动机启动完毕后转为正常运转时,倘若出现电动机过载情况,热继电器 FR 的热元件会发热弯曲,推动控制触点(2-4)动作断开,切断 KMT 线圈的回路电源,KMT 线圈断电释放,KMT 三相主触点断开,电动机失电停止运转,起到过载保护作用。

2. 现场接线

得电延时头配合接触器完成重载启动控制电路(一)现场接线如图 12.8 所示。

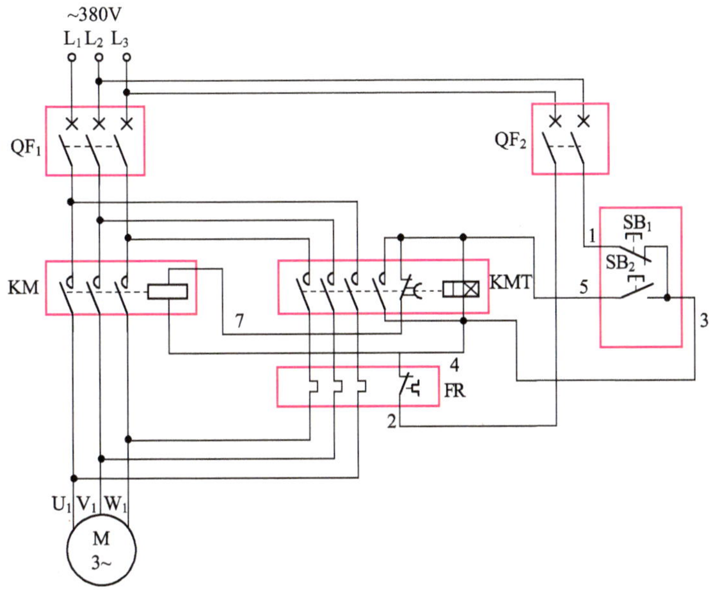

图 12.8　得电延时头配合接触器完成重载启动控制电路(一)现场接线

电路 173　得电延时头配合接触器控制频敏变阻器启动电路接线

1. 工作原理

得电延时头配合接触器控制频敏变阻器启动电路原理图如图 12.9 所示。

· 启　动

启动时，按下启动按钮 SB_2(3-5)，带得电延时头的交流接触器 KMT 线圈得电吸合且 KMT 辅助常开触点(3-5)闭合自锁，KMT 三相主触点闭合，绕线转子电动机得电串频敏变阻器 R_F 进行启动。与此同时，KMT 开始延时。

当电动机转速升至额定转速时，也就是 KMT 的延时结束时间，KMT 得电延时闭合的常开触点(5-7)闭合，接通交流接触器 KM 线圈的回路电源，KM 线圈得电吸合，KM 三相主触点闭合，将转子启动用频敏

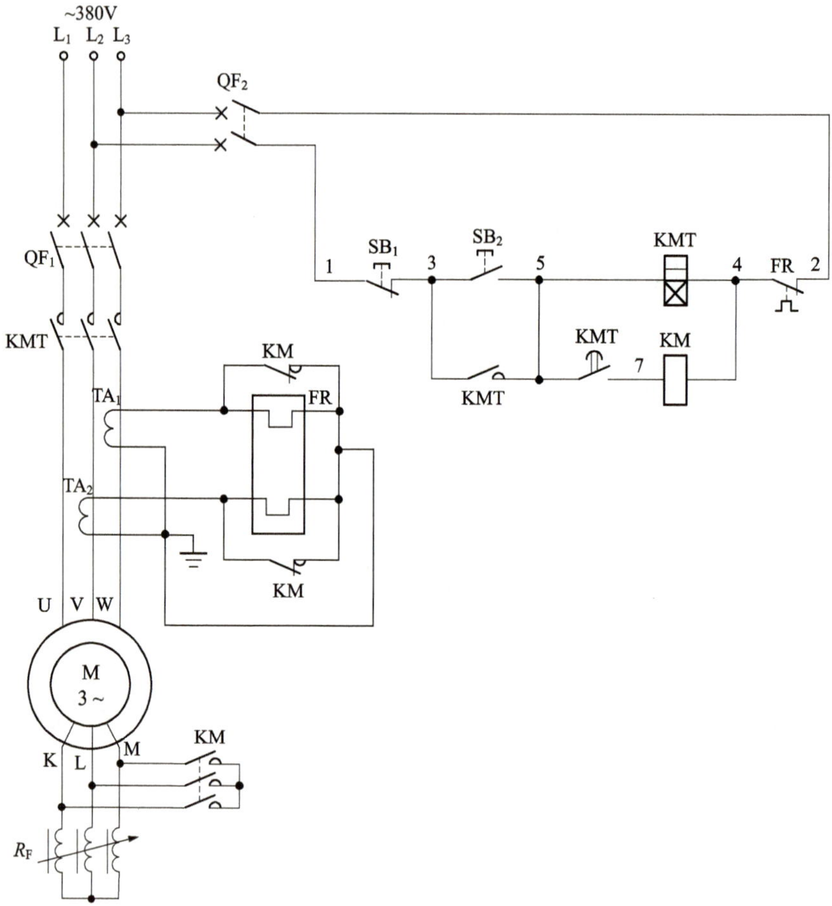

图 12.9 得电延时头配合接触器控制频敏变阻器启动电路原理图

变阻器 R_F 短接起来,绕线转子电动机得以全压正常运转。在 KM 线圈得电吸合后,KM 的两组分别并联在过载保护热继电器 FR 热元件上的辅助常闭触点均断开,使 FR 投入电路中起过载保护作用。

2. 现场接线

得电延时头配合接触器控制频敏变阻器启动电路现场接线如图 12.10 所示。

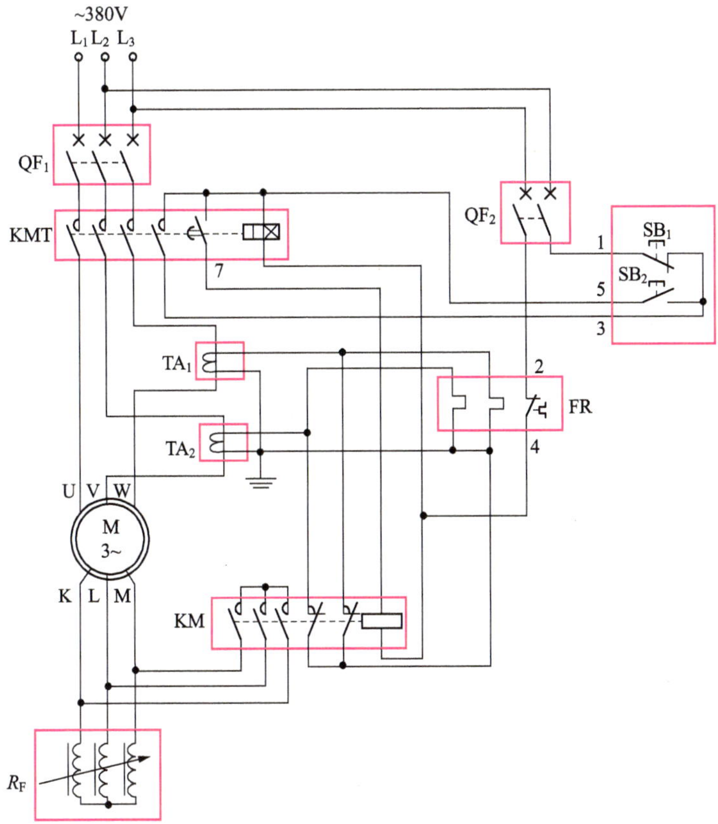

图 12.10　得电延时头配合接触器控制频敏变阻器启动电路现场接线

电路174　得电延时头配合接触器控制电动机间歇运转电路接线

1. 工作原理

得电延时头配合接触器控制电动机间歇运转电路原理图如图 12.11 所示。

· 启　动

合上控制开关 SA(1-3)，带得电延时头的交流接触器 KMT 线圈得

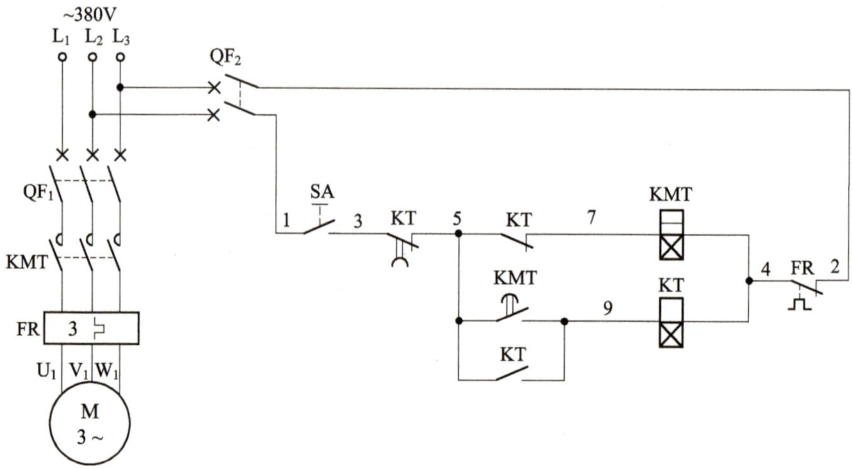

图 12.11 得电延时头配合接触器控制电动机间歇运转电路原理图

电吸合并开始延时，KMT 三相主触点闭合，电动机得电启动运转。

· 停 止

经 KMT 一段延时后，KMT 得电延时闭合的常开触点(5-9)闭合，接通了得电延时时间继电器 KT 线圈的回路电源，KT 线圈得电吸合且 KT 的一组不延时瞬动常开触点(5-9)闭合自锁，KT 开始延时，KT 的另一组不延时瞬动常闭触点(5-7)断开，切断了带得电延时头的交流接触器 KMT 线圈的回路电源，KMT 线圈断电释放，KMT 三相主触点断开，电动机失电停止运转。

· 重新启动

经 KT 一段延时后，KT 得电延时断开的常闭触点(3-5)断开，切断了 KT 线圈的回路电源，KT 线圈断电释放，KT 所有触点恢复原始状态。这样，带得电延时头的交流接触器 KMT 线圈又重新得电吸合并开始延时，KMT 三相主触点闭合，电动机又重新得电启动运转了，从而完成间歇运转控制。实际上 KMT 的延时时间为电动机的运转时间，KT 的延时时间为电动机的停止运转时间。

2. 现场接线

得电延时头配合接触器控制电动机间歇运转电路现场接线如图 12.12 所示。

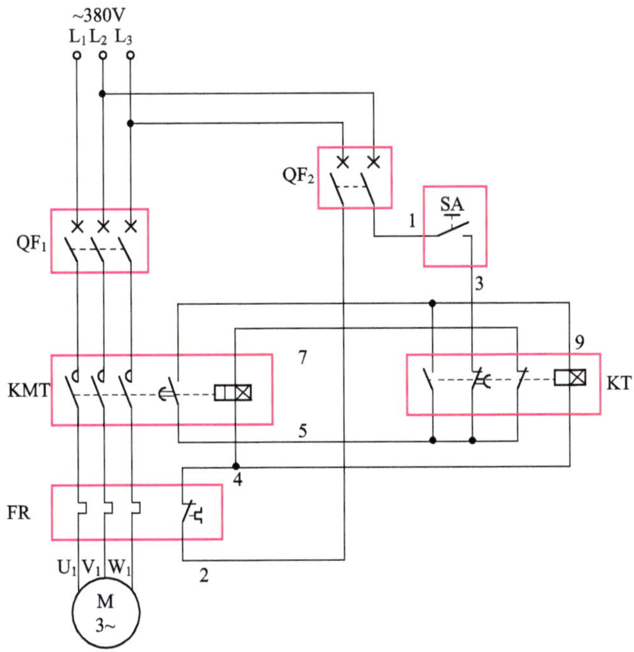

图 12.12　得电延时头配合接触器控制电动机间歇运转电路现场接线

电路 175　失电延时头配合接触器控制电动机单向能耗制动电路接线

1. 工作原理

失电延时头配合接触器控制电动机单向能耗制动电路原理图如图 12.13 所示。

· 启　动

启动时，按下启动按钮 SB_2(3-5)，接通了带失电延时头的交流接触器 KMT 线圈回路电源，KMT 线圈得电吸合且 KMT 辅助常开触点闭合自锁。在 KMT 线圈得电时，首先 KMT 串联在交流接触器 KM 线圈回路中的辅助常闭触点(9-11)先断开，切断 KM 线圈的回路电源，起到互锁保护作用；KMT 失电延时断开的常开触点(1-9)立即闭合，为停止时能耗

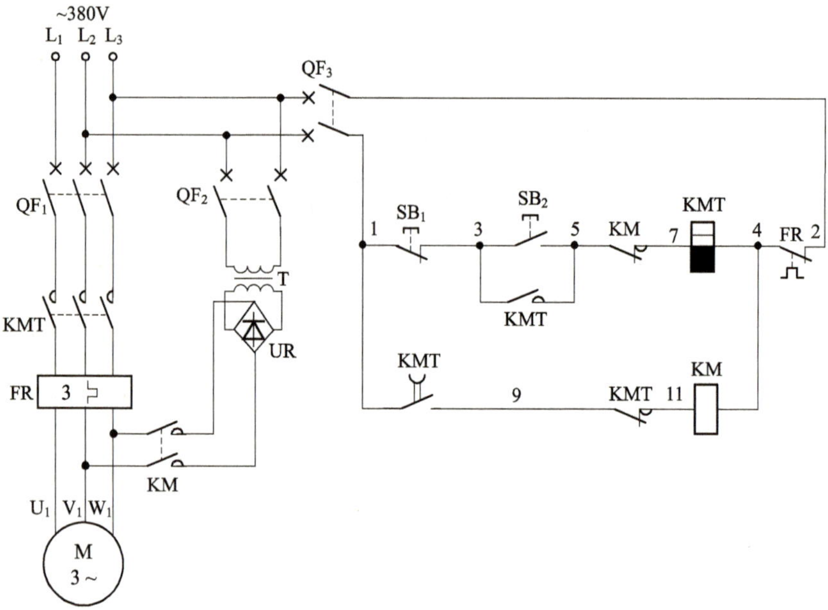

图 12.13 失电延时头配合接触器控制电动机单向能耗制动电路原理图

制动做准备。此时 KMT 三相主触点闭合，电动机得电启动运转。

· 制　动

能耗制动时，按下停止按钮 SB_1(1-3)，切断了带失电延时头的交流接触器 KMT 线圈的回路电源，KMT 线圈断电释放，KMT 开始延时，KMT 三相主触点断开，电动机失电但仍靠惯性继续转动。当 KMT 线圈断电释放时，KMT 串联在交流接触器 KM 线圈回路中的互锁保护辅助常闭触点(9-11)恢复常闭，接通了 KM 线圈的回路电源，KM 线圈得电吸合，KM 三相主触点闭合，接通通入电动机绕组内的直流电源，使电动机绕组内产生一静止制动磁场，电动机在静止制动磁场的作用下被迅速制动停止。经 KMT 一段延时后，KMT 失电延时断开的常开触点(1-9)断开，切断了 KM 线圈的回路电源，KM 线圈断电释放，KM 三相主触点断开，解除了通入电动机绕组内的直流电源，能耗制动结束。

2. 现场接线

失电延时头配合接触器控制电动机单向能耗制动电路现场接线如图 12.14 所示。

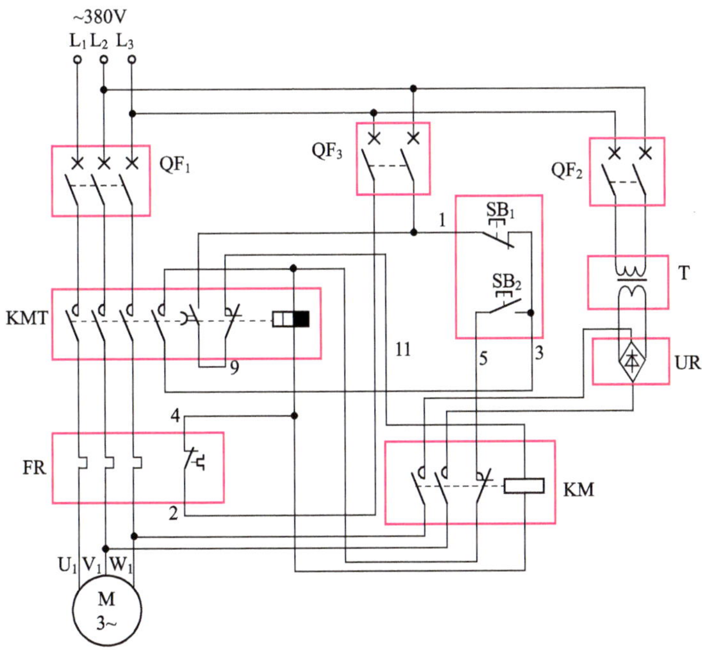

图 12.14　失电延时头配合接触器控制电动机单向能耗制动电路现场接线

电路 176　失电延时头配合接触器完成短暂停电自动再启动电路接线

1. 工作原理

失电延时头配合接触器完成短暂停电自动再启动电路原理图如图 12.15 所示。

· 启　动

启动时，按下启动按钮 SB(3-5)，带失电延时头的交流接触器 KMT 线圈得电吸合，KMT 失电延时断开的常开触点(3-7)立即闭合，为电网出现短暂停电允许再启动做准备；KMT 辅助常开触点(5-7)闭合自锁，KMT 三相主触点闭合，电动机得电启动运转。与此同时，KMT 的另一组常开触点(1-9)闭合，接通了中间继电器 KA 线圈的回路电源，KA 线圈得电吸合且 KA 常开触点(1-9)闭合自锁,KA 并联在 KMT 自锁常开触点(5-7)上的常闭触点(5-7)断开,也为电网出现短暂停电提供自动启动回路。

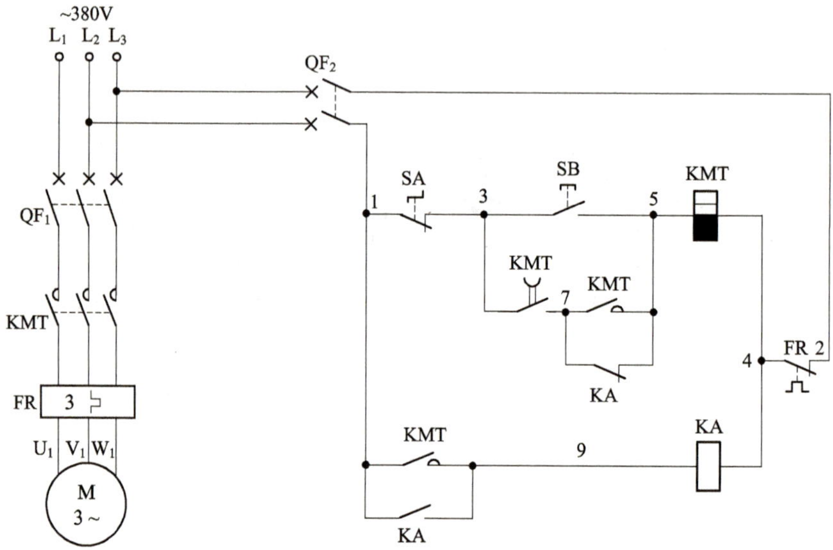

图 12.15　失电延时头配合接触器完成短暂停电自动再启动电路原理图

· 短暂停电

当电网出现短暂停电时,KMT、KA 线圈均断电释放,KMT 开始延时。倘若在 KMT 设定延时时间内电网又恢复供电,电源 L_2→QF_2→SA 常闭触点(1-3)→KMT 失电延时断开的常开触点(3-7)(此时仍处于闭合状态)→KA 常开触点(5-7)→KMT 线圈→FR 常闭触点(2-4)→QF_2→电源 L_3 形成自启动回路,KMT 线圈又重新得电吸合,KMT 失电延时断开的常开触点(3-7)立即闭合,KMT 辅助常开触点(5-7)闭合自锁,KMT 的另一组辅助常开触点(1-9)闭合,KA 线圈得电吸合且 KA 常开触点(1-9)闭合自锁,KA 常闭触点(5-7)断开,KMT 三相主触点闭合,电动机重新得电启动运转。

若电网停止再来电的时间超出 KT 的设定延时时间,KT 失电延时断开的常开触点(3-7)断开,切断其自启动回路,即使电网再来电也无法进行自动再启动。

需提醒的是,停止时断开 SA(1-3)的时间必须大于 KT 的延时时间使其失效，以免出现自动再启动问题。

2. 现场接线

失电延时头配合接触器完成短暂停电自动再启动电路现场接线如图 12.16 所示。

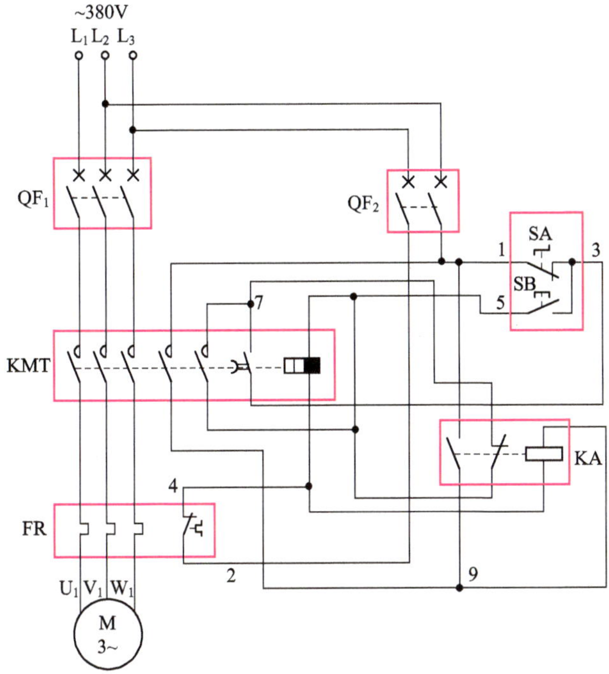

图 12.16　失电延时头配合接触器完成短暂停电自动再启动电路现场接线

电路177　失电延时头配合接触器实现可逆四重互锁保护控制电路接线

1. 工作原理

本电路中正反转用交流接触器采用带机械互锁的产品，为一重互锁保护(图 12.17)。

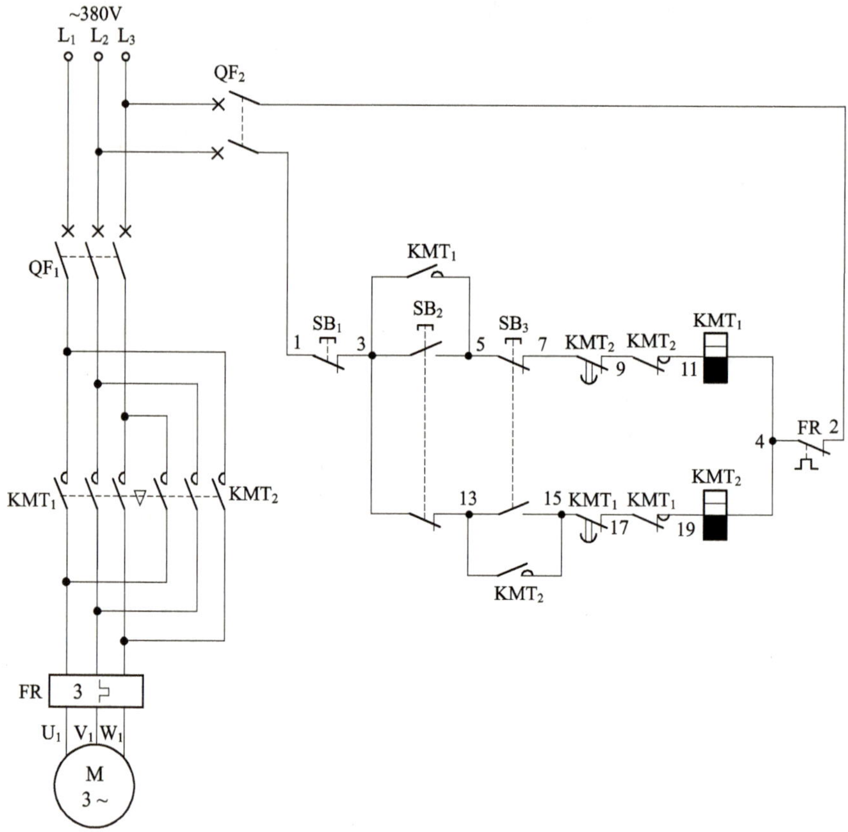

图 12.17　失电延时头配合接触器实现可逆四重互锁保护控制电路原理图

• 正转启动

正转启动时，按下正转启动按钮 SB_2，首先 SB_2 串联在反转带失电延时头的交流接触器 KMT_2 线圈回路中的常闭触点(3-13)断开，为二重互锁保护；然后 SB_2 的另一组常开触点(3-5)闭合，接通了正转用带失电延时头的交流接触器 KMT_1 线圈的回路电源，KMT_1 线圈得电吸合；KMT_1 不延时瞬动常开触点(17-19)断开，为三重互锁保护；KMT_1 失电延时闭合的常闭触点(15-17)立即断开，为四重互锁保护；此时，KMT_1 辅助常开触点(3-5)闭合自锁，KMT_1 三相主触点闭合，电动机得电正转启动运转。

· 反转启动

电动机正转启动运转后，不需按停止按钮 SB_1(1-3)可直接操作反转启动按钮 SB_3 进行反转启动。首先 SB_3 的常闭触点(5-7)断开，切断了正转带失电延时头的交流接触器 KMT_1 线圈的回路电源，KMT_1 线圈断电释放，KMT_1 开始延时；KMT_1 三相主触点断开，电动机失电正转停止运转；KMT_1 辅助常闭触点(17-19)恢复原始常闭状态；经 KMT_1 一段延时后，KMT_1 失电延时闭合的常闭触点(15-17)闭合。经过上述三重互锁恢复后，再加上接触器的机械互锁，才能满足反转线圈回路的操作。然后，SB_3 的常开触点(13-15)闭合，使反转用带失电延时头的交流接触器 KMT_2 线圈得电吸合，KMT_2 辅助常闭触点(9-11)断开，KMT_2 失电延时闭合的常闭触点(7-9)立即断开，起到互锁保护作用；KMT_2 辅助常开触点(13-15)闭合，KMT_2 三相主触点闭合，电动机得电反转启动运转。可以说，本电路是目前互锁程度最高的、最安全可靠的正反转控制电路。

2. 现场接线

失电延时头配合接触器实现可逆四重互锁保护控制电路现场接线如图 12.18 所示。

电路178　一只得电延时头和一只失电延时头配合接触器控制两台电动机顺序启动、逆序停止电路接线

1. 工作原理

一只得电延时头和一只失电延时头配合接触器控制两台电动机顺序启动、逆序停止电路原理图如图 12.19 所示。

· 顺序启动

顺序启动时，按下启动按钮 SB_2(3-5)，中间继电器 KA 线圈得电吸合且 KA 常开触点(3-5)闭合自锁，KA 的另一组常开触点(1-9)闭合，接通了带得电延时头的交流接触器 KMT_1 线圈的回路电源，KMT_1 线圈得电吸合；KMT_1 开始延时，KMT_1 三相主触点闭合，电动机 M_1 先得电启动

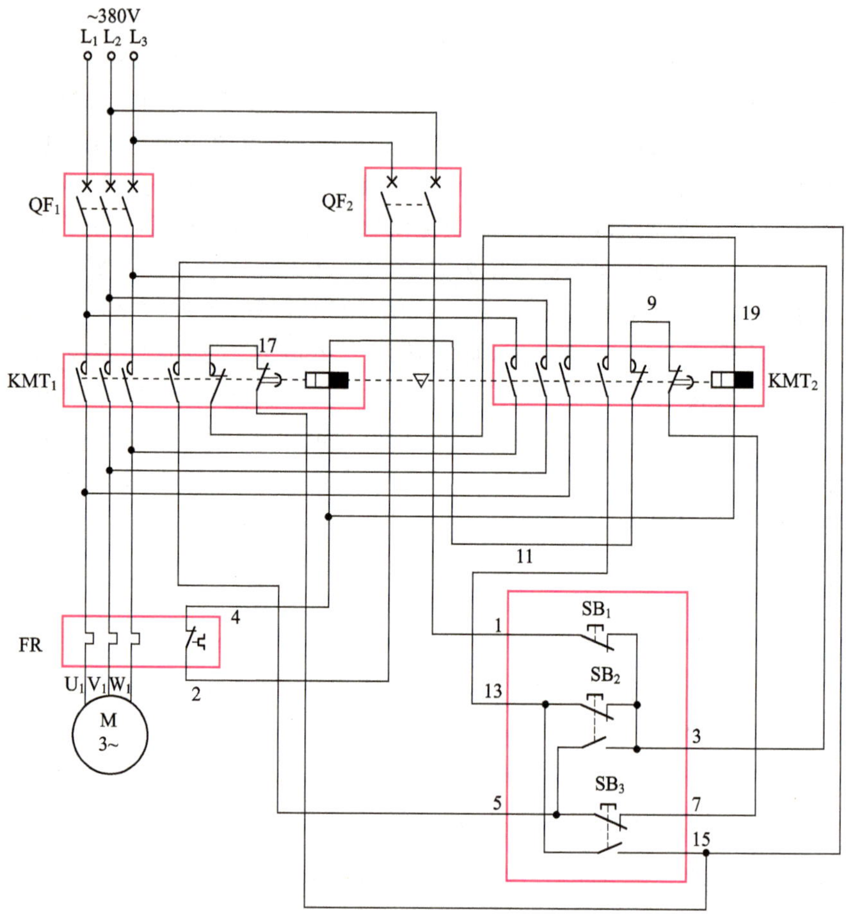

图 12.18 失电延时头配合接触器实现可逆四重互锁保护控制电路现场接线

运转了。经 KMT_1 一段时间延时后，KMT_1 得电延时闭合的常开触点(5-7)闭合，接通了带失电延时头的交流接触器 KMT_2 线圈的回路电源，KMT_2 线圈得电吸合，KMT_2 失电延时断开的常开触点(1-9)立即闭合，为逆序停止做准备；与此同时，KMT_2 三相主触点闭合，电动机 M_2 得电启动运转。至此，完成启动时，从前向后顺序逐台自动启动控制。

· 逆序停止

逆序停止时，按下停止按钮 SB_1(1-3)，中间继电器 KA 和带失电延时头的交流接触器 KMT_2 线圈断电释放，KMT_2 开始延时。此时，KMT_2

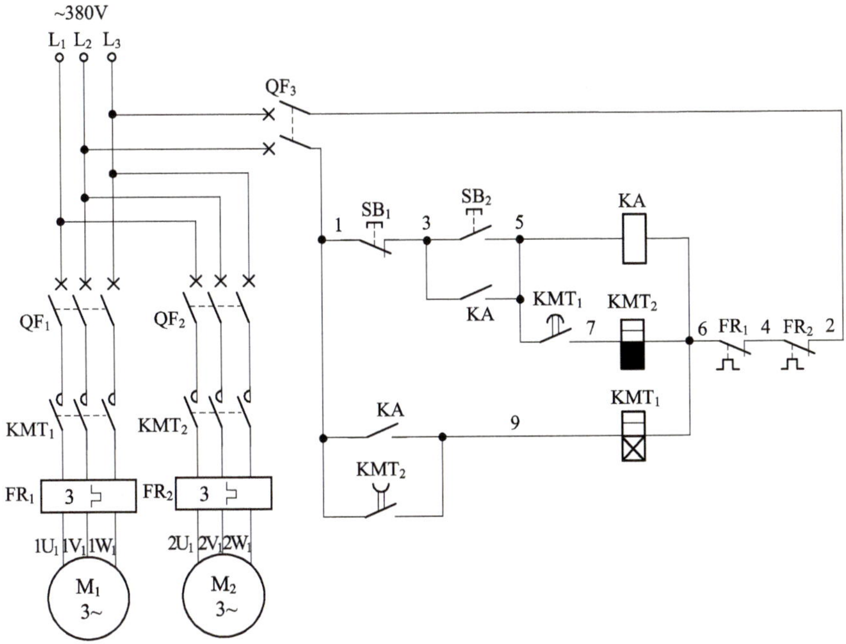

图 12.19 一只得电延时头和一只失电延时头配合接触器控制两台电动机顺序启动、逆序停止电路原理图

三相主触点断开，电动机 M_2 先失电停止运转。经 KTM_2 一段时间延时后，KMT_2 失电延时断开的常开触点(1-9)断开，切断了带得电延时头的交流接触器 KMT_1 线圈的回路电源，KMT_1 线圈断电释放，KMT_1 三相主触点断开，电动机 M_1 也失电停止运转了。至此，完成停止时从后向前逆序逐台自动停止控制。

2. 现场接线

一只得电延时头和一只失电延时头配合接触器控制两台电动机顺序启动、逆序停止电路现场接线如图 12.20 所示。

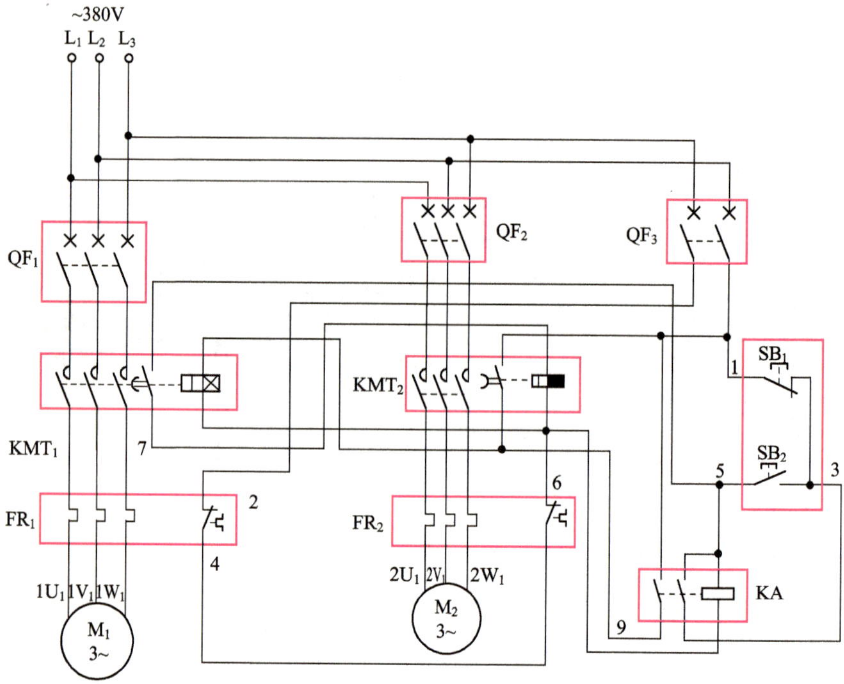

图 12.20 一只得电延时头和一只失电延时头配合接触器控制两台电动机顺序启动、逆序停止电路现场接线

Chapter 13

其他实用电路实践接线

电路179 卷扬机控制电路接线

1. 工作原理

卷扬机控制电路原理图如图 13.1 所示。首先合上主回路断路器 QF_1、控制回路断路器 QF_2，为电路工作提供准备条件。

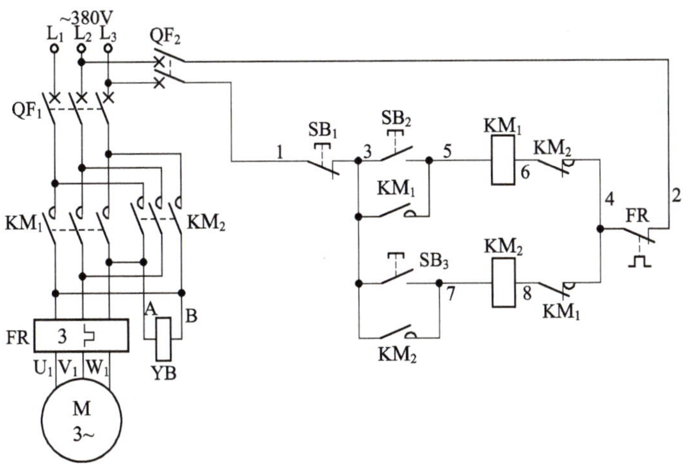

图 13.1 卷扬机控制电路原理图

· 正转启动

提升时按下正转启动按钮 SB_2(3-5)，正转交流接触器 KM_1 线圈得电吸合且 KM_1 辅助常开触点(3-5)闭合自锁，KM_1 三相主触点闭合，电动机及电磁抱闸 YB 线圈同时通电，电磁衔铁被吸合到铁心上，衔铁通过压在制动杆上迫使制动杆移动，使制动器闸瓦松开，电动机得电正转运转，拖动装置上升。

· 正转停止

提升过程需停止时，则按下停止按钮 SB_1(1-3)，正转交流接触器 KM_1 线圈断电释放，KM_1 三相主触点断开，电动机失电停止运转，同时电磁抱闸 YB 线圈断电，制动器在弹簧的作用下使衔铁离开铁心，制动器闸瓦抱住电动机转轴进行刹车，拖动装置上升停止。

· 反转启动

下降时，按下反转启动按钮 SB_3(3-7)，反转交流接触器 KM_2 线圈得电吸合且 KM_2 辅助常开触点(3-7)闭合自锁，KM_2 三相主触点闭合，电动机及电磁抱闸 YB 线圈同时通电，电磁衔铁被吸合到铁心上，衔铁通过压在制动杆上迫使制动杆移动，使制动器闸瓦松开，电动机得电反转运转，拖动装置下降。

· 反转停止

下降过程需停止时，按下停止按钮 SB_1(1-3)，反转交流接触器 KM_2 线圈断电释放，KM_2 三相主触点断开，电动机失电停止运转，同时电磁抱闸 YB 线圈断电，制动器在弹簧的作用下使衔铁离开铁心，制动器闸瓦抱住电动机转轴进行刹车，拖动装置下降停止。

2. 现场接线

卷扬机控制电路现场接线如图 13.2 所示。按钮接线如图 13.3 所示。

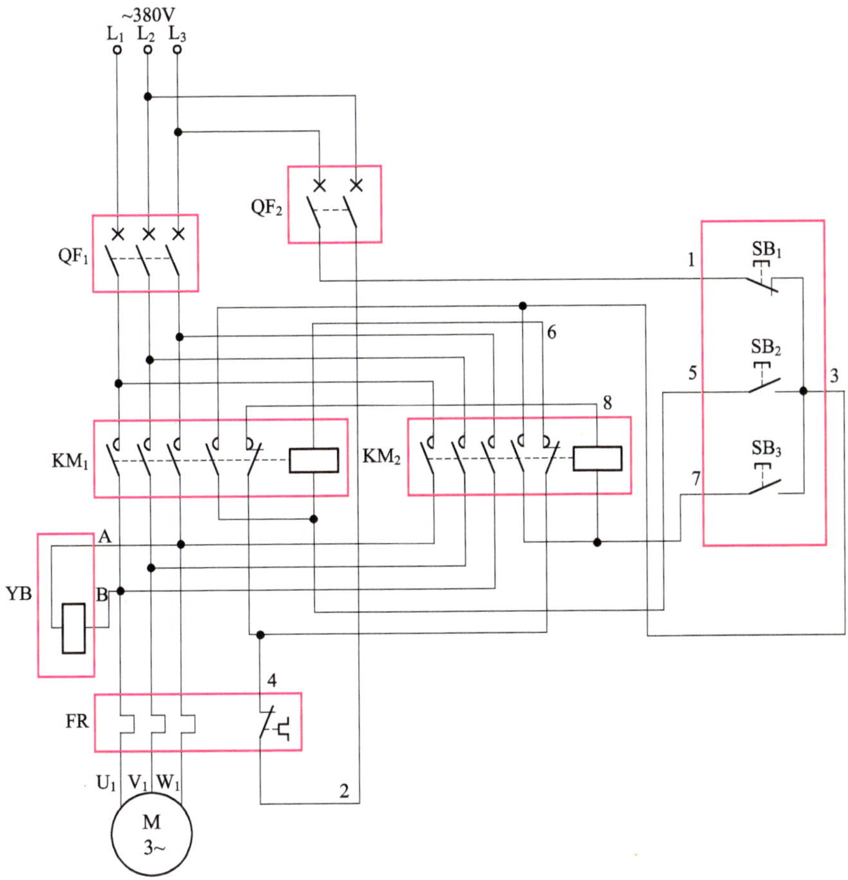

图 13.2　卷扬机控制电路现场接线

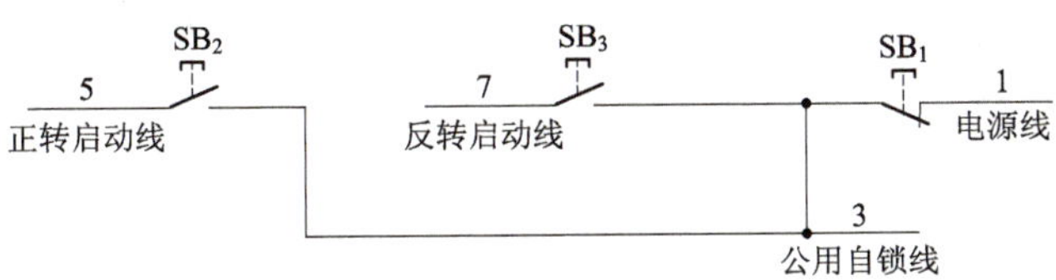

(a) 实际接线

图 13.3　卷扬机控制电路按钮接线图

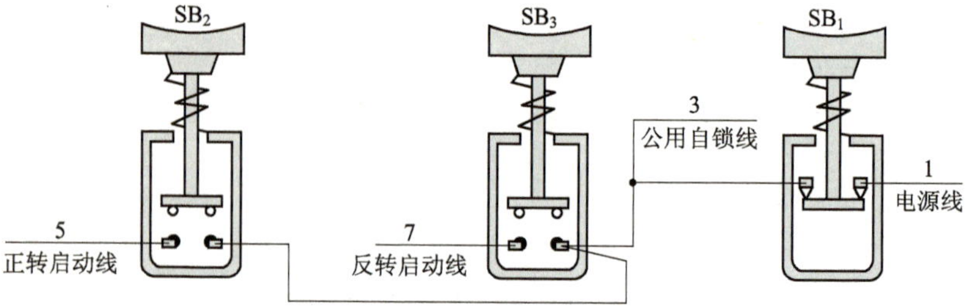

(b) 实物接线

续图 13.3

电路180 电动门控制电路接线

1. 工作原理

电动门控制电路原理图如图 13.4 所示。

· 开 门

开门时，按下开门启动按钮 SB_2，首先 SB_2 的一组常闭触点(3-13)断开，起互锁作用；SB_2 的另一组常开触点(3-5)闭合，使交流接触器 KM_1 线圈得电吸合且 KM_1 辅助常开触点(3-5)闭合自锁，KM_1 辅助常闭触点(17-19)断开，起互锁作用；KM_1 三相主触点闭合，电动机得电正转运转，电动门开始缓慢打开。当电动门全部打开到位碰触到限位开关 SQ_1 时，SQ_1 常闭触点(7-9)断开，切断交流接触器 KM_1 线圈的回路电源，KM_1 线圈断电释放，KM_1 三相主触点断开，电动机失电停止运转，电动门打开到位停止。按下开门启动按钮 SB_2 后，若需中途停止，按下停止按钮 SB_1 即可实现。

· 关 门

关门时，按下关门启动按钮 SB_3，首先 SB_3 的一组常闭触点(5-7)断开，起到互锁作用；SB_3 的另一组常开触点(13-15)闭合，使交流接触器 KM_2 线圈得电吸合且 KM_2 辅助常开触点(13-15)闭合自锁，KM_2 辅助常闭触点(9-11)断开，起到互锁作用；KM_2 三相主触点闭合，电动机得电反

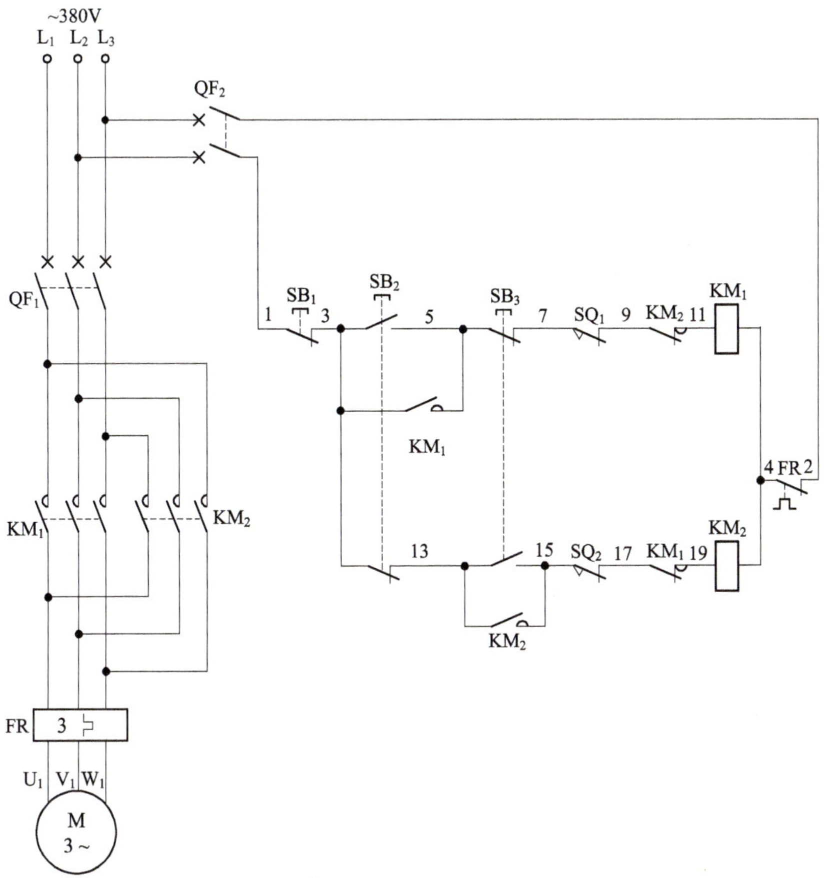

图 13.4　电动门控制电路原理图

转运转，电动门开始缓慢关闭。当电动门全部关闭到位碰触到限位开关 SQ_2 时，SQ_2 常闭触点(15-17)断开，切断交流接触器 KM_2 线圈的回路电源，KM_2 线圈断电释放，KM_2 三相主触点断开，电动机失电停止运转，电动门关闭到位停止。按下关门启动按钮 SB_3 后，若需中途停止，按下停止按钮 SB_1 即可实现。

2. 现场接线

电动门控制电路现场接线如图 13.5 所示。

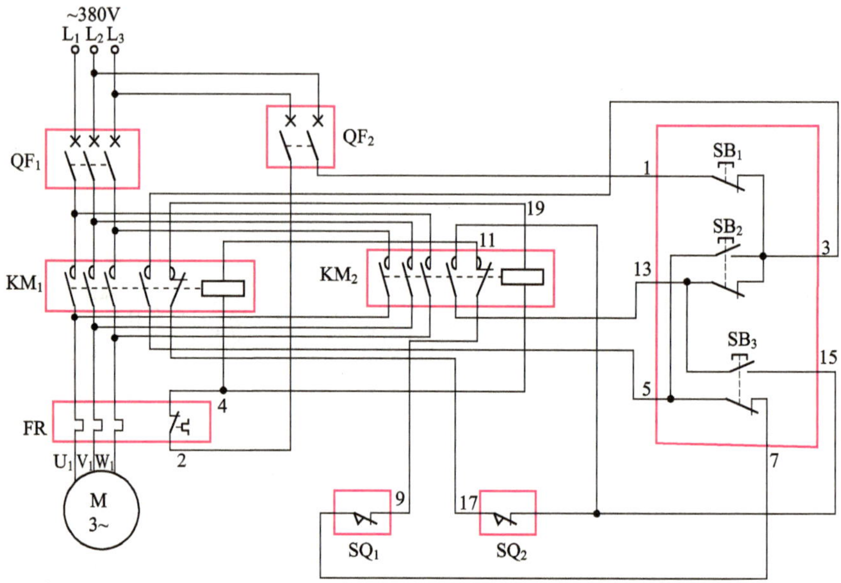

图 13.5 电动门控制电路现场接线

电路181 重载设备启动控制电路接线(一)

1. 工作原理

重载设备启动控制电路(一)原理图如图 13.6 所示。

· 启　动

启动时,按下启动按钮 SB_2,SB_2 的一组常开触点(3-5)闭合,接通交流接触器 KM_1 线圈的回路电源,KM_1 线圈得电吸合且 KM_1 辅助常开触点(3-5)闭合自锁。与此同时,失电延时时间继电器 KT 线圈得电吸合后又断电释放并开始延时,KT 失电延时断开的常开触点(1-9)立即闭合,使交流接触器 KM_2 线圈得电吸合,这样 KM_1 和 KM_2 各自的三相主触点同时闭合(KM_2 三相主触点将 KM_1 三相主触点与热继电器 FR 热元件短接起来,使热继电器 FR 热元件在重载启动时失去作用,以防出现误动作),电动机得电重载进行启动。随着电动机转速的不断提高,达到额定

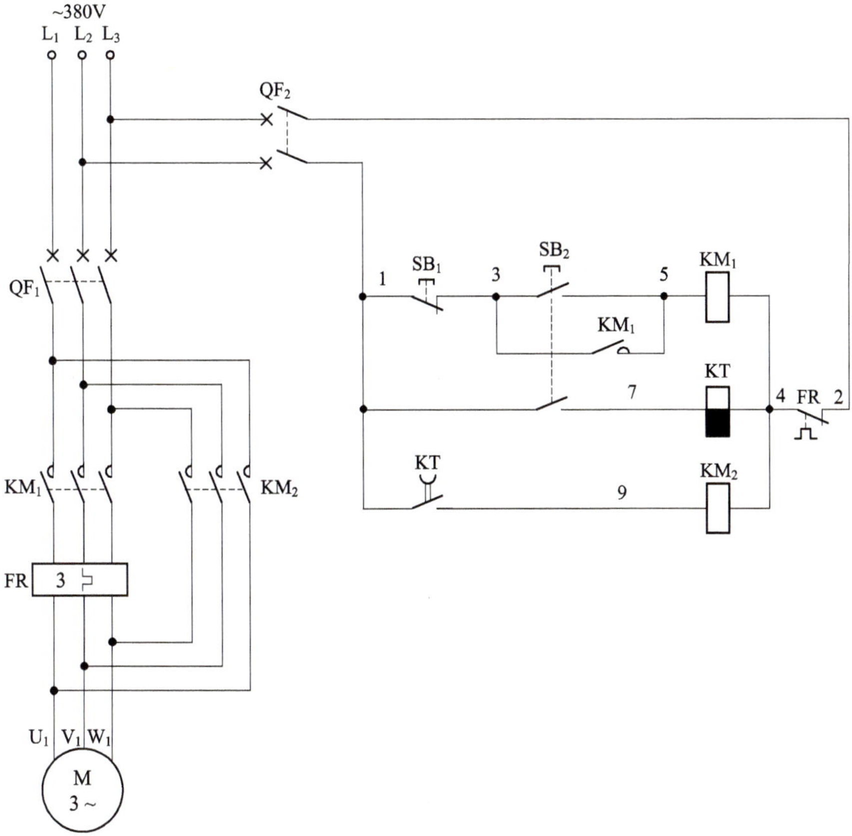

图 13.6　重载设备启动控制电路(一)原理图

转速时，电动机的电流也就降了下来，也就是说经 KT 一段延时后，KT 失电延时断开的常开触点(1-9)断开，切断了交流接触器 KM_2 线圈的回路电源，KM_2 线圈断电释放，KM_2 三相主触点断开，解除对热继电器 FR 热元件的短接作用，将热继电器 FR 投入电路，在电动机出现过载时起到保护作用。从而完成电动机重载启动控制。

· 停　止

停止时，按下停止按钮 SB_1(1-3)，交流接触器 KM_1 线圈断电释放，KM_1 三相主触点断开，电动机失电停止运转。

2. 现场接线

重载设备启动控制电路(一)现场接线如图 13.7 所示。

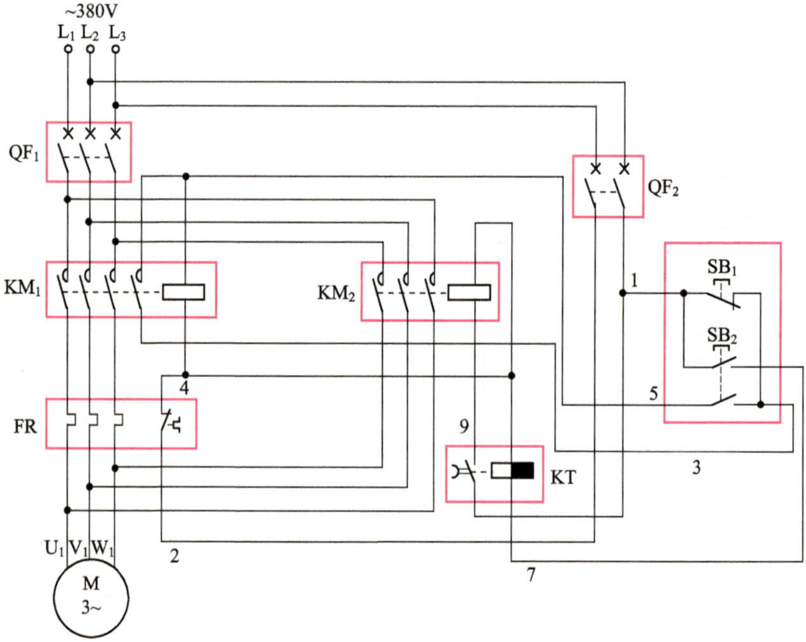

图 13.7　重载设备启动控制电路(一)现场接线

电路182　重载设备启动控制电路接线(二)

1. 工作原理

本电路是采用电流继电器来完成重载设备启动转换的,电路原理图如图 13.8 所示。

· 启　动

启动时,按下启动按钮 SB_2(3-7),交流接触器 KM_2 线圈得电吸合,KM_2 三相主触点闭合,将交流接触器 KM_1 三相主触点与热继电器 FR 三相热元件短接了起来,电动机绕组串入电流继电器 KI 进行重载启动。此时电动机电流较大,KI 动作,KI 常开触点(7-9)闭合,与 KM_2 辅助常开触点(3-9)(已闭合)串联共同组成自锁回路,KM_2 线圈仍吸合工作。在

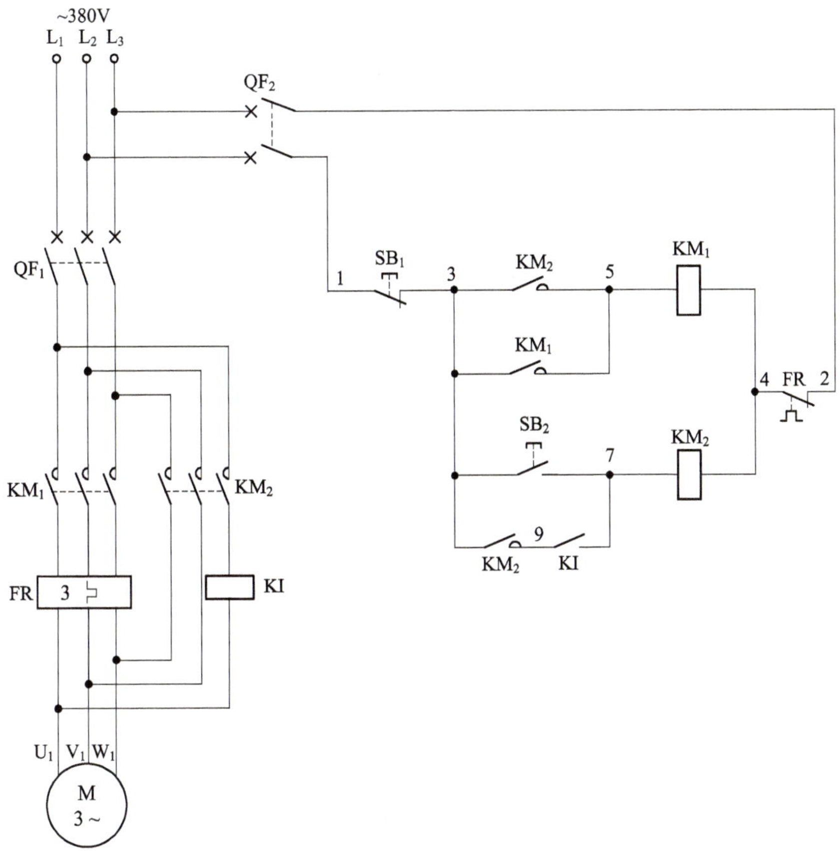

图 13.8 重载设备启动控制电路(二)原理图

KM_2 线圈吸合后,KM_2 辅助常开触点(3-5)闭合,接通交流接触器 KM_1 线圈的回路电源,KM_1 线圈也得电吸合且 KM_1 辅助常开触点(3-5)闭合自锁,KM_1 三相主触点闭合,为 KM_2 解除短接做准备。随着电动机转速的逐渐升高,达到额定转速时,电动机的电流也随之降了下来,KI 动作释放,KI 常开触点(7-9)断开,使交流接触器 KM_2 线圈断电释放,KM_2 三相主触点断开,解除对热继电器 FR 三相热元件回路的短接,同时 KM_2 辅助常开触点(3-5)恢复原始状态,为停止时做准备。这样,电动机绕组串入过载保护热继电器 FR 正常运转工作。至此完成重载启动控制。

· 停 止

停止时,按下停止按钮 SB_1(1-3),交流接触器 KM_1 线圈断电释放,

KM_1 三相主触点断开，电动机失电停止运转。

2. 现场接线

重载设备启动控制电路(二)现场接线如图 13.9 所示。

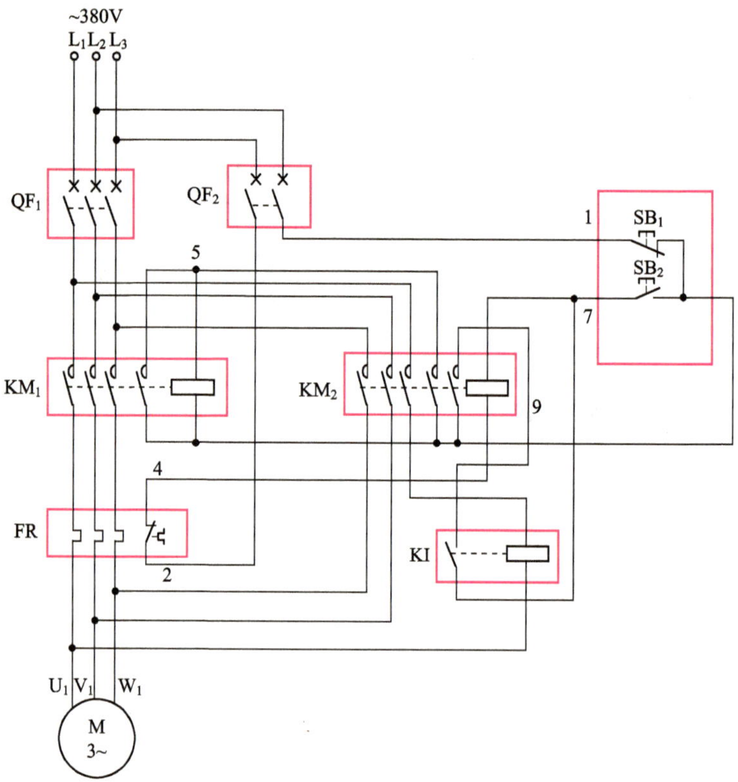

图 13.9 重载设备启动控制电路(二)现场接线

电路183 重载设备启动控制电路接线(三)

1. 工作原理

重载设备启动控制电路(三)原理图如图 13.10 所示。

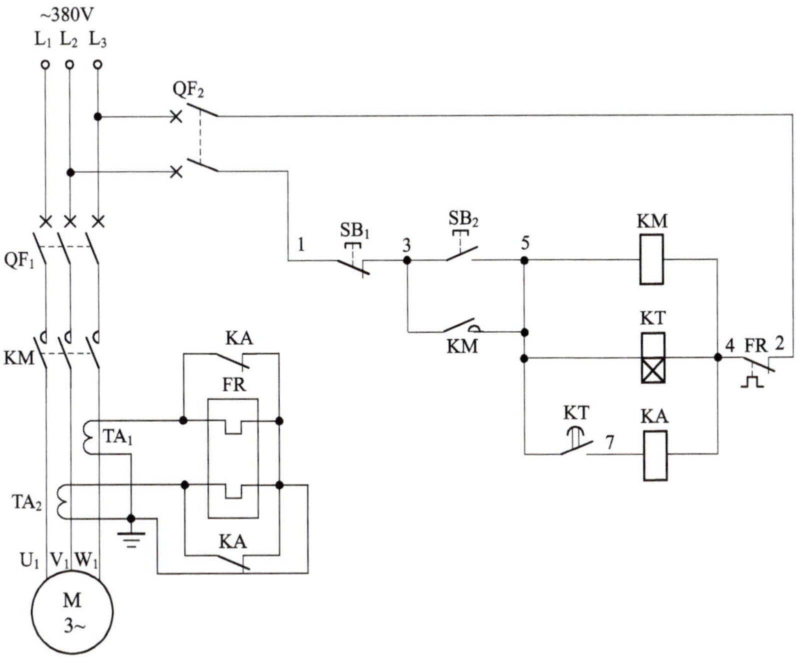

图 13.10 重载设备启动控制电路(三)原理图

· 启 动

启动时,按下启动按钮 SB_2(3-5),交流接触器 KM 和得电延时时间继电器 KT 线圈均得电吸合且 KM 辅助常开触点(3-5)闭合自锁,KT 开始延时。为了保证在重载启动时热继电器 FR 不会出现误动作,利用中间继电器 KA 的两组常闭触点将热继电器 FR 的热元件分别短接起来,使其不能动作。与此同时,KM 三相主触点闭合,电动机得电重载启动。当电动机的转速升高至额定转速时,电动机的电流也随之下降。经 KT 一段延时后,KT 得电延时闭合的常开触点(5-7)闭合,接通中间继电器 KA 线圈的回路电源,KA 线圈得电吸合,KA 分别并联在热继电器 FR 热元件上的两组常闭触点断开,将热元件投入电路工作,以保证在电动机启动运转后出现过载时,FR 动作起到保护作用。至此,启动过程结束。

2. 现场接线

重载设备启动控制电路(三)现场接线如图 13.11 所示。

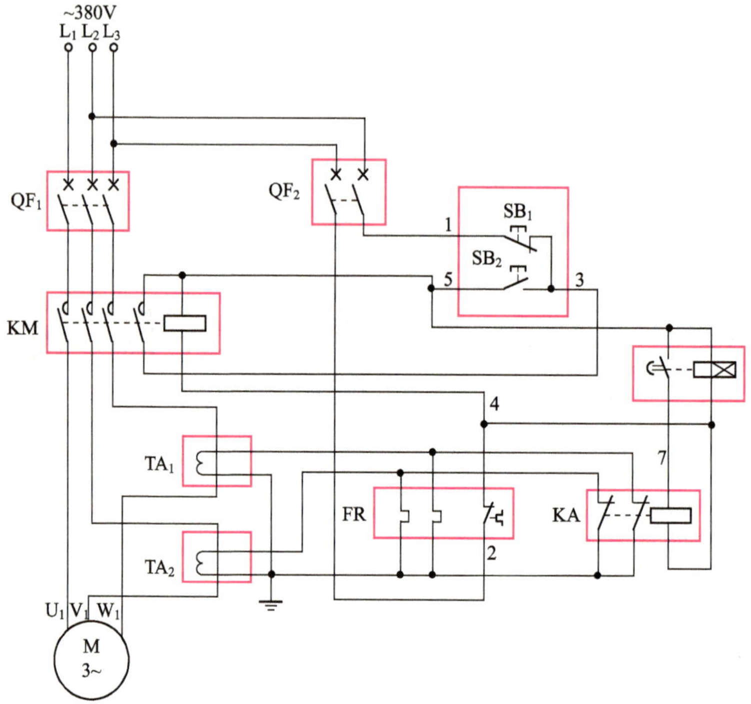

图 13.11 重载设备启动控制电路(三)现场接线

电路184 JZF-01 正反转自动控制器应用电路接线

1. 工作原理

JZF-01 正反转自动控制器应用电路原理图如图 13.12 所示。首先合上主回路断路器 QF_1、控制回路断路器 QF_2，为电路工作提供准备条件。

工作时接通转换开关 SA(4-6)，JZF-01 正反转自动控制器得电工作。JZF-01 正反转自动控制器内设置的延时时间为固定式，也就是按以下动作时间循环工作，即正转运转 25s→停止 5s→反转运转 25s→停止 5s→正转运转 25s……一直循环下去。

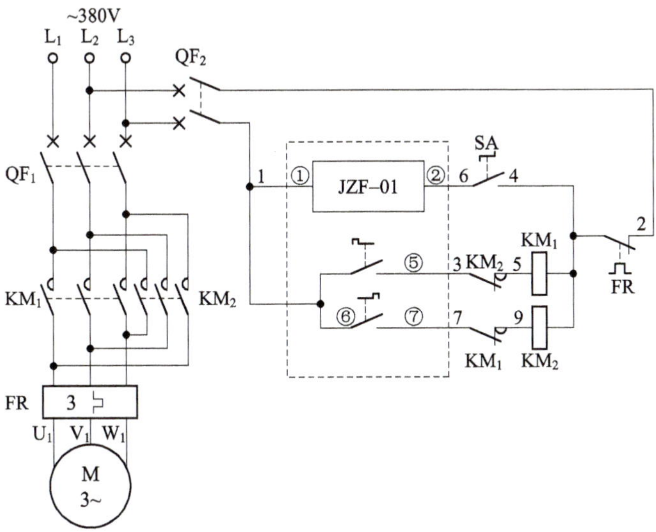

图 13.12 JZF-01 正反转自动控制器应用电路原理图

实际上，当 JZF-01 正反转自动控制器得电工作后，其控制器端子⑤脚有输出时，正转交流接触器 KM_1 线圈得电吸合，KM_1 三相主触点闭合，电动机得电正转启动运转；电动机正转运转 25s 后，其控制器端子⑤脚无输出，正转交流接触器 KM_1 线圈断电释放，KM_1 三相主触点断开，电动机失电正转停止运转。

经控制器延时 5s 后，控制器端子⑦脚有输出时，反转交流接触器 KM_2 线圈得电吸合，KM_2 三相主触点闭合，电动机得电反转启动运转；电动机反转运转 25s 后，其控制器端子⑦脚无输出，反转交流接触器 KM_2 线圈断电释放，KM_2 三相主触点断开，电动机失电反转停止运转。再经控制器延时 5s 后，控制器端子⑤脚又有输出时，正转交流接触器 KM_1 线圈又得电吸合，KM_1 三相主触点又闭合了，电动机又得电正转启动运转了，如此这般循环下去。

停止时只需断开转换开关 SA(4-6)即可。

2. 现场接线

JZF-01 正反转自动控制器应用电路现场接线如图 13.13 所示。转换开关接线如图 13.14 所示。

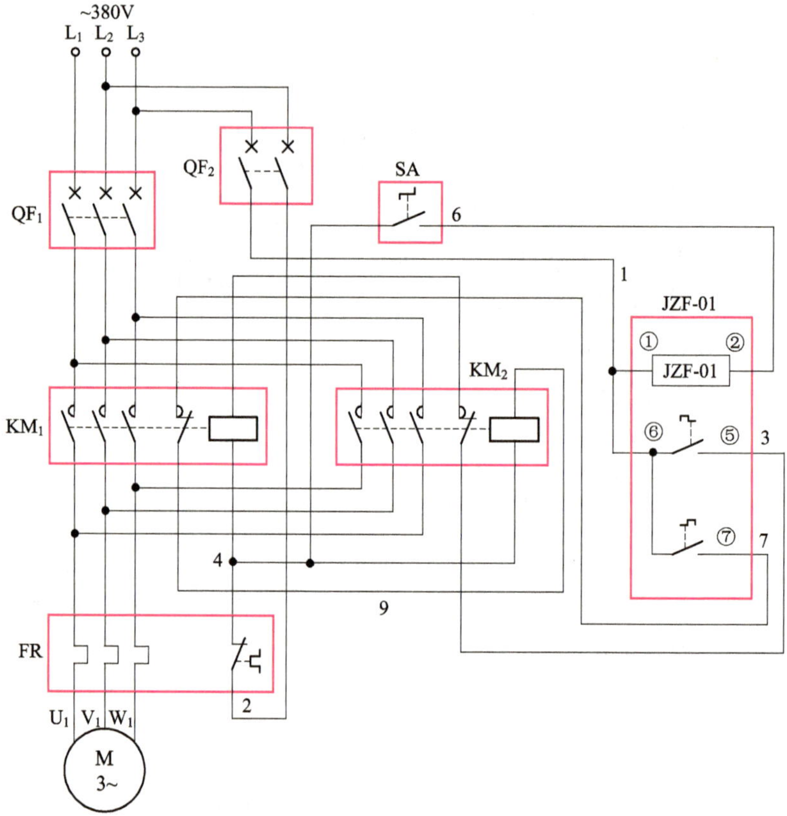

图 13.13 JZF-01 正反转自动控制器应用电路现场接线

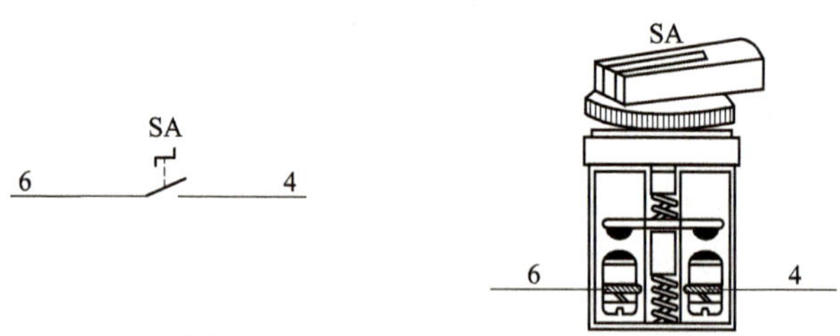

(a) 实际接线 (b) 实物接线

图 13.14 JZF-01 正反转自动控制器应用电路转换开关接线

电路185 QJ3 系列手动自耦减压启动器接线

1. 工作原理

QJ3 系列手动自耦减压启动器适用于交流电压为 380V、功率在 75kW 以下的三相 Y/△系列三相感应电动机中进行不频繁的降压启动，是目前最常用的启动装置。

自耦减压启动器采用抽头式自耦变压器作为减压启动元件，并附有热继电器 FR 和失压脱扣器 KV，在电动机过载或线路电压低于额定电压值时，能起到保护作用，如图 13.15 所示。自耦减压启动器由下列部分组成。

(1) 金属外壳。

(2) 接触系统：包括一组动触点、两组静触点。当油箱中盛有变压器绝缘油时，所有动、静触点浸没于油中，可防止触点在断开及闭合时产生的电弧烧坏触点。

(3) 操作机构：包括主轴、操作手柄及机械联锁装置，能防止误操作后引起电动机直接启动。

(4) 三相自耦变压器：位于接触系统的上方，备有额定电压 65% 和 80% 的两组抽头。

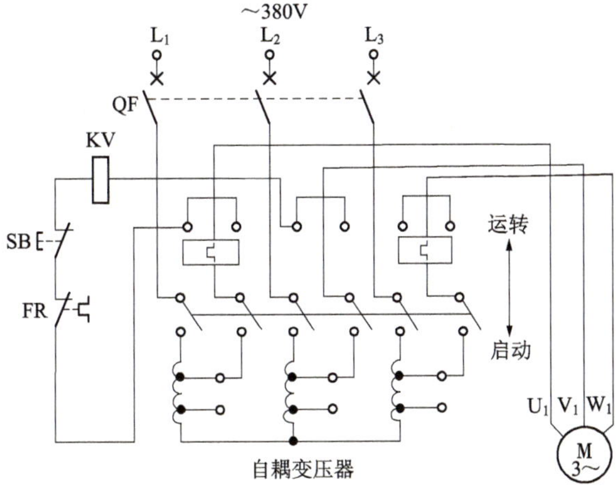

图 13.15　QJ3 系列手动自耦减压启动器

(5) 保护装置：包括热继电器 FR 作为过载保护及一个失压脱扣器 KV 作为失压或欠电压保护。

2. 现场接线

QJ3 系列手动自耦减压启动器现场接线如图 13.16 所示。

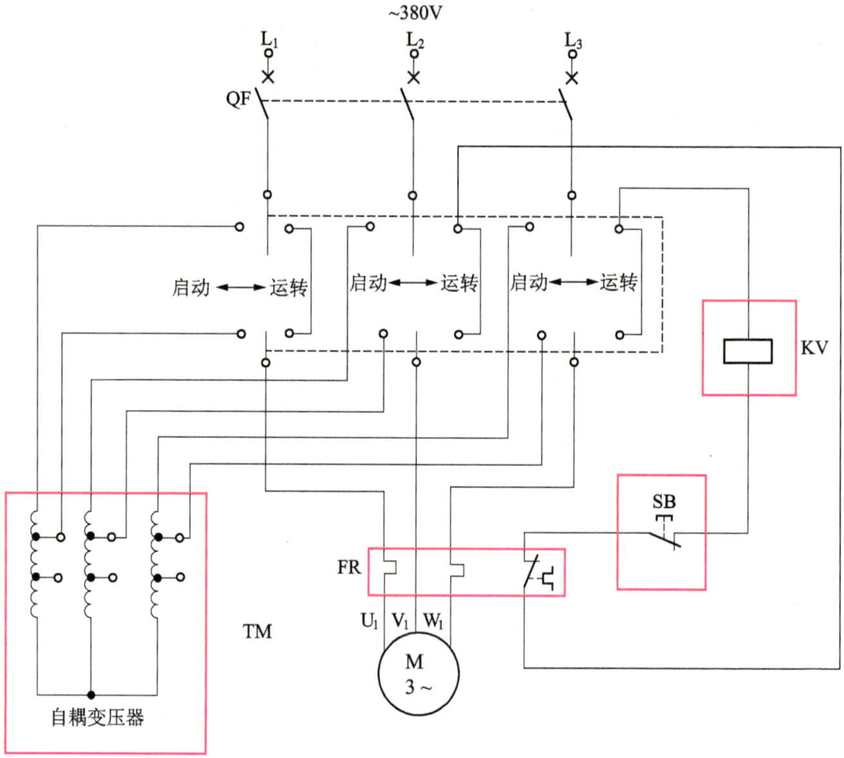

图 13.16　QJ3 系列手动自耦减压启动器现场接线

电路 186　具有定时功能的启停电路接线

1. 工作原理

具有定时功能的启停电路原理图如图 13.17 所示。

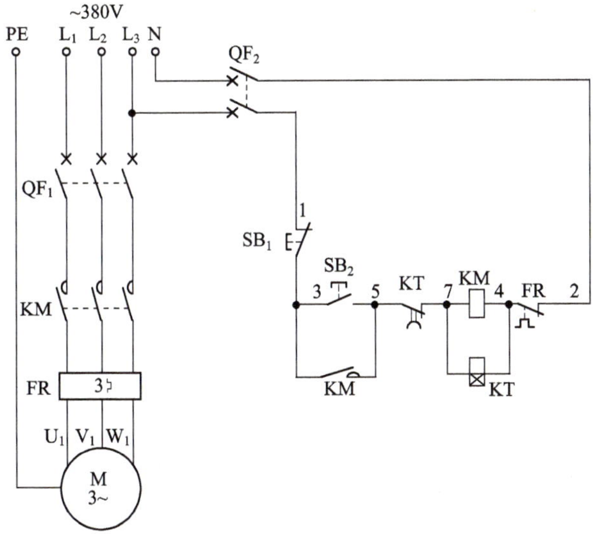

图 13.17　具有定时功能的启停电路原理图

启动时，按下启动按钮 SB_1(3-5)，接通了交流接触器 KM、得电延时时间继电器 KT 线圈的回路电源，交流接触器 KM 线圈得电吸合，且 KM 辅助常开触点(3-5)闭合自锁，KM 三相主触点闭合，电动机得电启动运转；同时，得电延时时间继电器 KT 也得电工作并开始延时，经 KT 设定延时时间后，KT 得电延时断开的常闭触点(5-7)断开，切断了交流接触器 KM 线圈及 KT 电源，KM 线圈断电释放，KM 三相主触点断开，电动机失电停止运转，从而实现手动启动、定时自动停机电路。

2. 现场接线

具有定时功能的启停电路现场接线如图 13.18 所示。按钮接线如图 13.19 所示。

电路 187　用电接点压力式温度表进行控温电路接线

1. 工作原理

用电接点压力式温度表进行控温的电路原理图如图 13.20 所示。

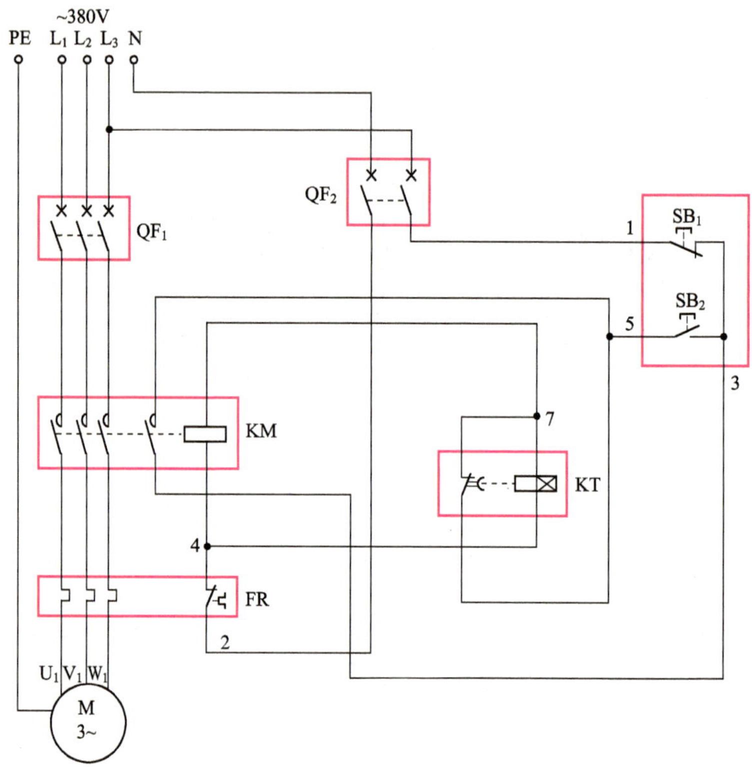

图 13.18 具有定时功能的启停电路现场接线

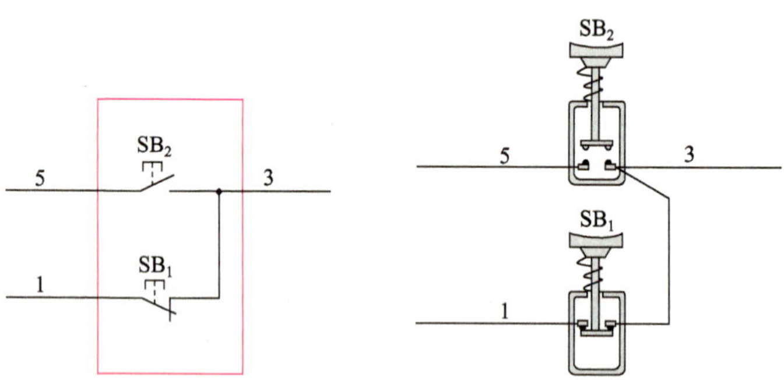

(a) 实际接线 (b) 实物接线

图 13.19 具有定时功能的启停电路按钮接线图

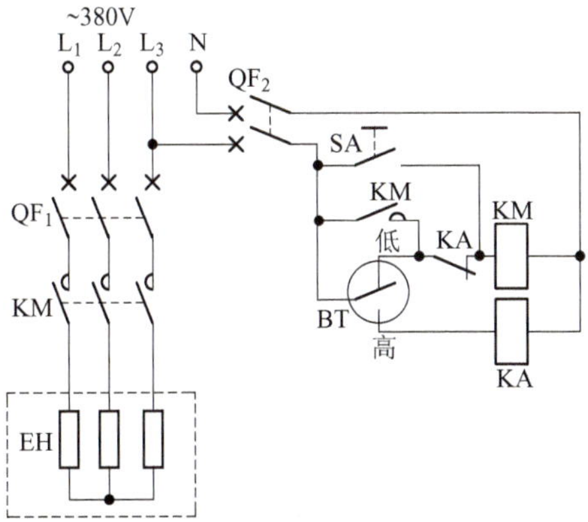

图 13.20 用电接点压力式温度表进行控温的电路原理图

- 手动控温

合上开关SA,交流接触器KM线圈得电吸合,KM三相主触点闭合,加热器EH通电开始加热;断开开关SA,交流接触器KM线圈断电释放,KM三相主触点断开,加热器EH失电停止加热。

- 自动控温

当烘箱内温度低至电接点压力式温度表的设置下限时,电接点压力式温度表的低端触点闭合,使交流接触器KM线圈得电吸合且KM辅助常开触点闭合自锁,KM三相主触点闭合,加热器得电开始升温;当烘箱内的温度升至电接点压力式温度表的设置上限时,电接点压力式温度表的高端触点闭合,使中间继电器KA线圈得电吸合,KA串联在交流接触器KM线圈回路中的常闭触点断开,切断了交流接触器KM线圈的回路电源,KM线圈断电释放,KM三相主触点断开,加热器失电停止加热;当烘箱内的温度低至电接点压力式温度表的设置下限时,电接点压力式温度表的低端触点又闭合,交流接触器KM线圈又重新得电吸合且KM辅助常开触点闭合自锁,KM三相主触点闭合,加热器又得电继续加热升温,从而完成温度自动控制。

2. 现场接线

用电接点压力式温度表进行控温电路现场接线如图13.21所示。

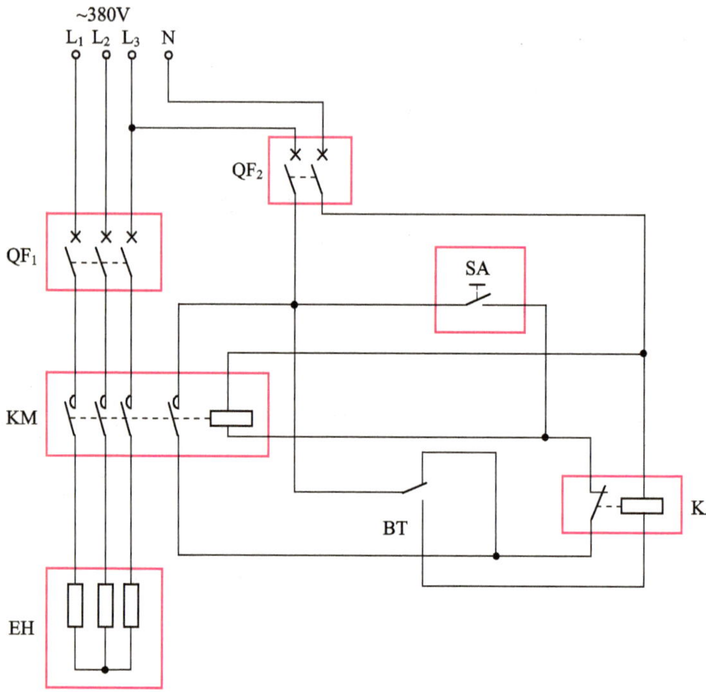

图 13.21 用电接点压力表式温度表进行控温电路现场接线

电路188 空调机组循环泵延时自动停机控制电路接线

1. 工作原理

空调机组停机后，仍需让循环泵继续循环一段时间再停机，这通常需要人工完成。本电路利用一只得电延时时间继电器 KT 及一只复位式二挡转换开关 SA 完成自动延时停机控制。电路原理图如图 13.22 所示。合上断路器 QF_1、QF_2，电源兼停止指示灯 HL_1 亮，说明电源正常。

· 循环开机

按下启动按钮 SB_2(5-7)，交流接触器 KM 线圈得电吸合，KM 辅助常开触点(5-7)闭合自锁，KM 三相主触点闭合，电动机得电启动运转。

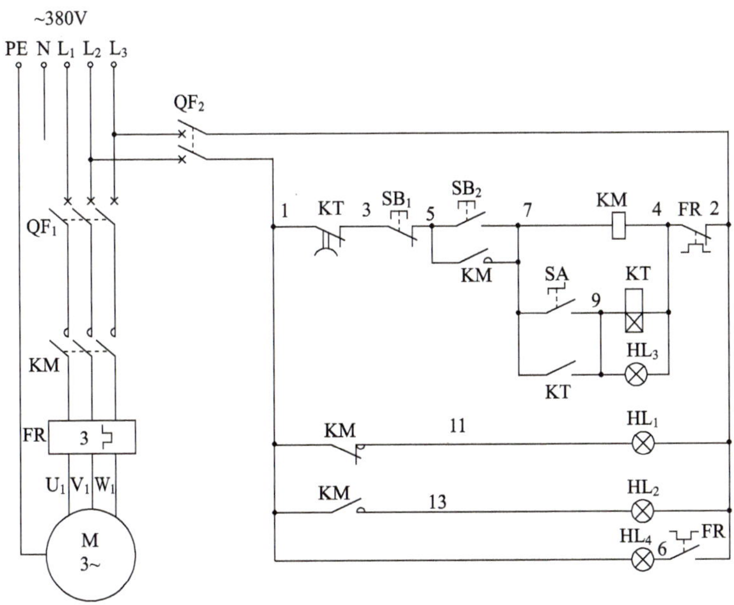

图 13.22　空调机组循环泵延时自动停机控制电路原理图

同时，KM 辅助常闭触点(1-11)断开，指示灯 HL_1 灭；KM 辅助常开触点(1-13)闭合，指示灯 HL_2 亮，说明循环泵已启动运转了。

· 无定时人工停机

按下停止按钮 SB_1(3-5)，交流接触器 KM 线圈断电释放，KM 三相主触点断开，电动机失电停止运转。同时，KM 辅助常开触点(1-13)断开，指示灯 HL_2 灭；KM 辅助常闭触点(1-11)闭合，指示灯 HL_1 亮，说明循环泵已停止运转。

· 定时自动停机

若循环泵在运转后需定时自动停机，可将复位式转换开关 SA 置于闭合状态后松手(又恢复到原始常开状态)。此时，得电延时时间继电器 KT 线圈得电，KT 不延时瞬动常开触点(7-9)闭合自锁，KT 开始延时。同时，延时指示灯 HL_3 亮，说明开始定时停机了。

经 KT 延时后，KT 得电延时断开的常闭触点(1-3)断开，切断交流接触器 KM 和得电延时时间继电器 KT 线圈的回路电源，KM、KT 线圈断电释放，KM 三相主触点断开，电动机失电停止运转。同时，指示灯 HL_2、

HL_3 灭，HL_1 亮，说明循环泵定时停机了。

HL_4 为电动机过载指示灯，当电动机过载时被点亮。

2. 现场接线

空调机组循环泵延时自动停机控制电路现场接线如图 13.23 所示。按钮接线如图 13.24 所示。

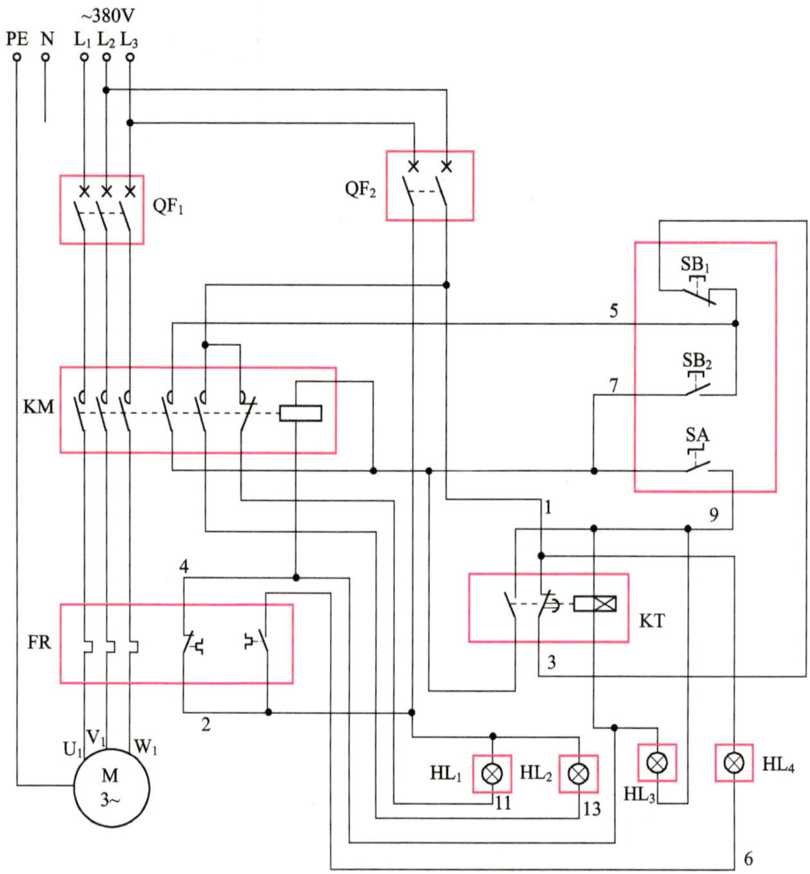

图 13.23 空调机组循环泵延时自动停机控制电路现场接线

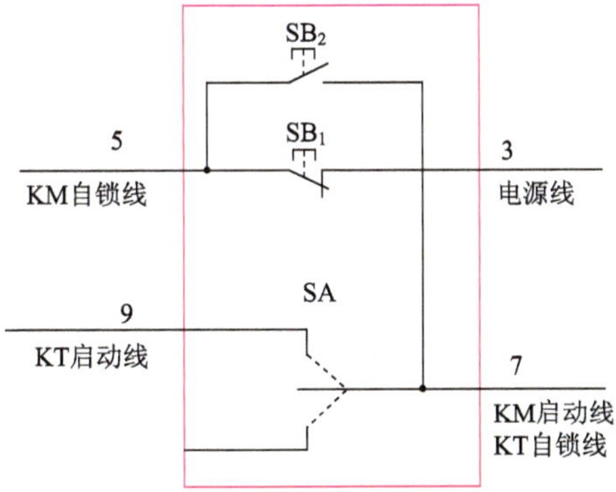

图 13.24　空调机组循环泵延时自动停机控制电路按钮接线图

电路 189　用 SAY7-20x/33 型复位式转换开关实现电动机正反转连续运转控制电路接线

1. 工作原理

本电路采用一只三挡转换开关，其中间为停止位置，一、二挡分别为常开复位方式。将转换开关旋至一挡或二挡后松手，转换开关将自动恢复到中间停止挡位置。电路原理图如图 13.25 所示。

· 正　转

将复位式转换开关 SA 旋至一挡后再松手，SA 复位，交流接触器 KM_1 线圈得电吸合，KM_1 辅助常开触点(3-5)闭合自锁，KM_1 三相主触点闭合，电动机得电正转启动；串联在反转回路中的 KM_1 辅助常闭触点(9-11)断开，起互锁作用。同时，KM_1 辅助常闭触点(1-3)断开，停止兼电源指示灯 HL_1 灭；KM_1 辅助常开触点(1-17)闭合，正转运转指示灯 HL_2 亮，说明电动机已正转启动运转了。

· 反　转

电动机正转工作后，若需反转，则必须先按下停止按钮 SB(1-3)，使正转交流接触器 KM_1 线圈断电释放后，方可进行反转操作。

将复位式转换开关 SA 旋至二挡(3-9)后再松手，SA 复位，交流接触

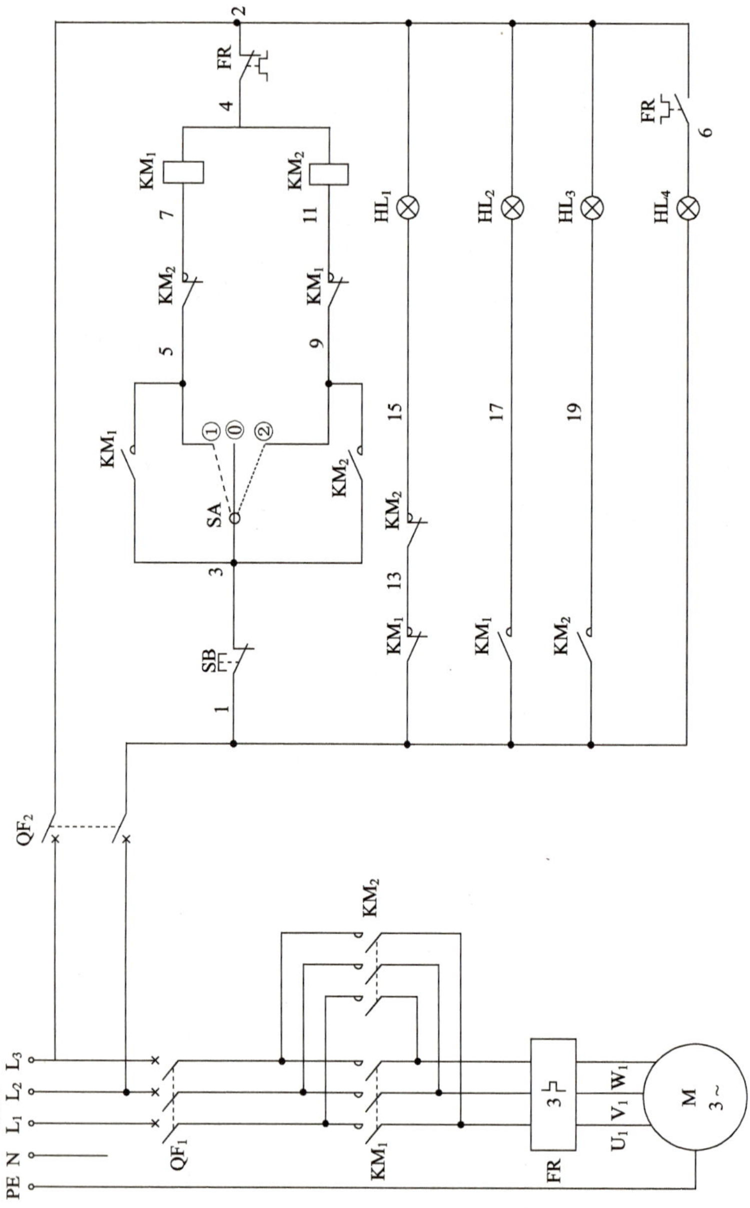

图13.25 用SAY7-20x/33型复位式转换开关实现电动机正反转连续运转控制电路原理图

器 KM_2 线圈得电吸合，KM_2 辅助常开触点(3-9)闭合自锁，KM_2 三相主触点闭合，电动机得电反转启动；串联在正转回路中的 KM_2 辅助常闭触点(5-7)断开，起互锁作用。同时，KM_2 辅助常闭触点(13-15)断开，停止兼电源指示灯 HL_1 灭；KM_2 辅助常开触点(1-9)闭合，反转运转指示灯 HL_3 亮，说明电动机已反转启动运转了。

HL_4 是电动机过载指示灯，当电动机出现过载时，热继电器 FR 动作，此灯即被点亮，说明电动机已过载。

2. 现场接线

用 SAY7-20x/33 型复位式转换开关实现电动机正反转连续运转控制电路现场接线如图 13.26 所示，按钮接线如图 13.27 所示。

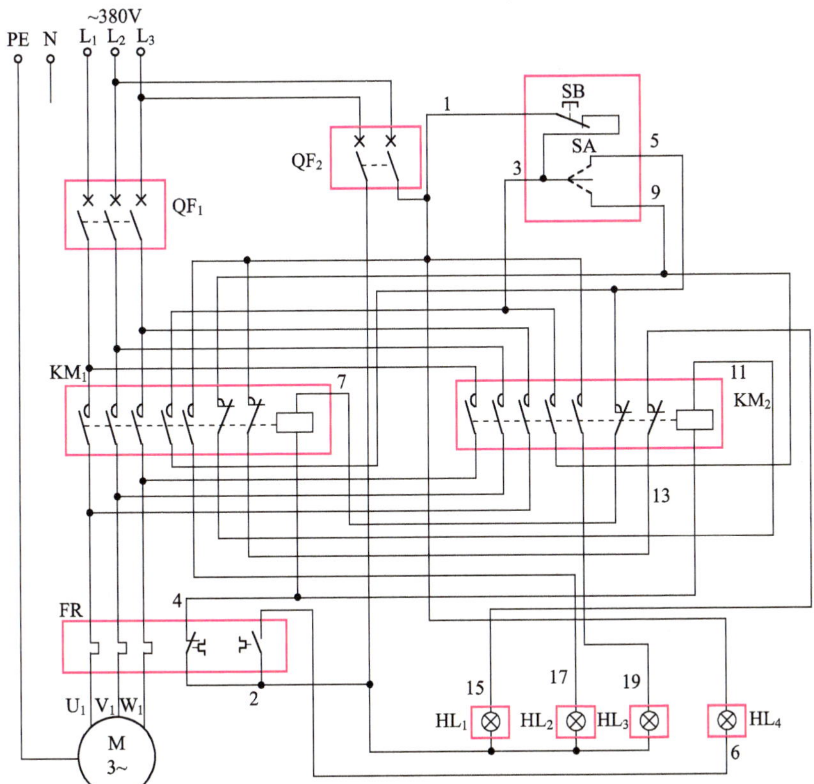

图 13.26　用 SAY7-20x/33 型复位式转换开关实现电动机正反转连续运转控制电路现场接线

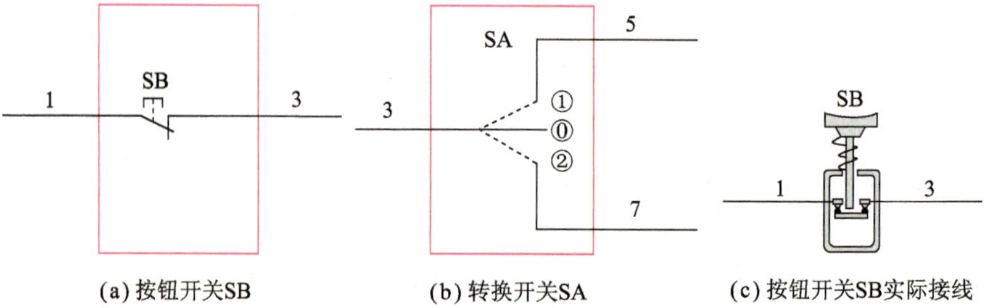

(a) 按钮开关SB (b) 转换开关SA (c) 按钮开关SB实际接线

图 13.27 用 SAY7-20x/33 型复位式转换开关实现电动机正反转连续运转控制电路按钮接线图

电路190 拖板到位准确定位控制电路接线

1. 工作原理

拖板到位准确定位控制电路原理图如图 13.28 所示。

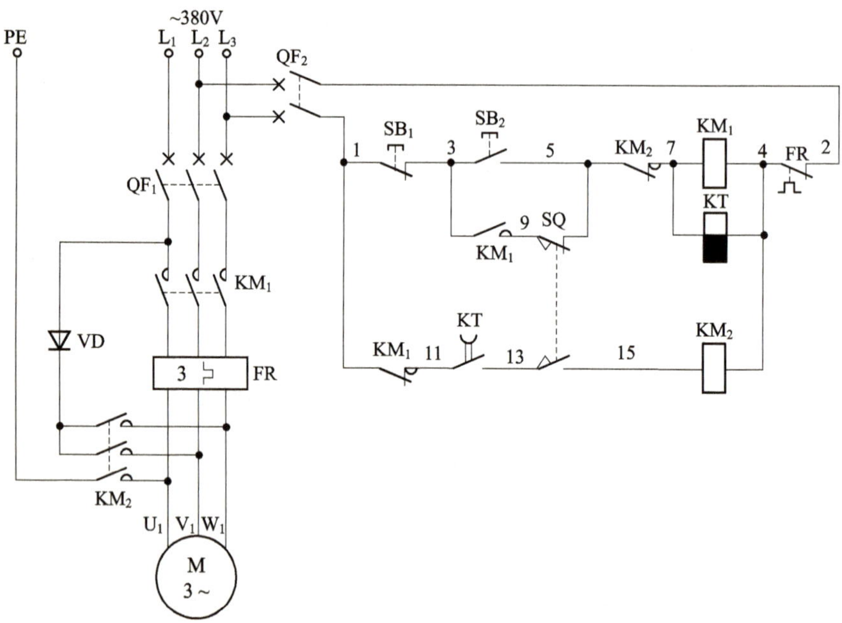

图 13.28 拖板到位准确定位控制电路原理图

· 启　动

拖板启动时，按下启动按钮 SB_2，其常开触点(3-5)闭合，接通交流接触器 KM_1 和失电延时时间继电器 KT 线圈回路电源，KM_1 和 KT 线圈得电吸合，KM_1 辅助常闭触点(1-11)断开，起互锁作用；KM_1 辅助常开触点(3-9)闭合自锁；KM_1 三相主触点闭合，电动机得电，带动拖板工作。与此同时，KT 失电延时断开的常开触点(11-13)闭合，为制动回路接通及延时断开做准备。

· 制　动

当拖板移动到位时，碰触到行程开关 SQ，其常闭触点(5-9)断开，切断交流接触器 KM_1 和 KT 线圈回路电源，KM_1 和 KT 线圈断电释放，KM_1 辅助常开触点(3-9)断开，解除自锁；KM_1 三相主触点断开，电动机失电停止运转(但会存在微小的惯性)。此时 KM_1 辅助常闭触点(1-11)闭合，解除互锁；同时 KT 开始延时。当拖板移动到位碰触到行程开关 SQ 后，其常开触点(13-15)闭合，接通交流接触器 KM_2 线圈回路电源，KM_2 线圈得电吸合，KM_2 辅助常闭触点(5-7)断开，起互锁作用；KM_2 三相主触点闭合，将直流电源接入电动机绕组中，产生一静止磁场，电动机被迅速能耗制动停止下来，达到拖板准确定位控制。经 KT 一段时间延时后，KT 失电延时断开的常开触点(11-13)断开，切断交流接触器 KM_2 线圈回路电源，KM_2 线圈断电释放，KM_2 三相主触点断开，切断通入电动机绕组中的直流能耗制动电源，能耗制动过程结束。

2. 现场接线

拖板到位准确定位控制电路现场接线如图 13.29 所示。

电路 191 保密开机控制电路接线

1. 工作原理

保密开机控制电路原理图如图 13.30 所示。

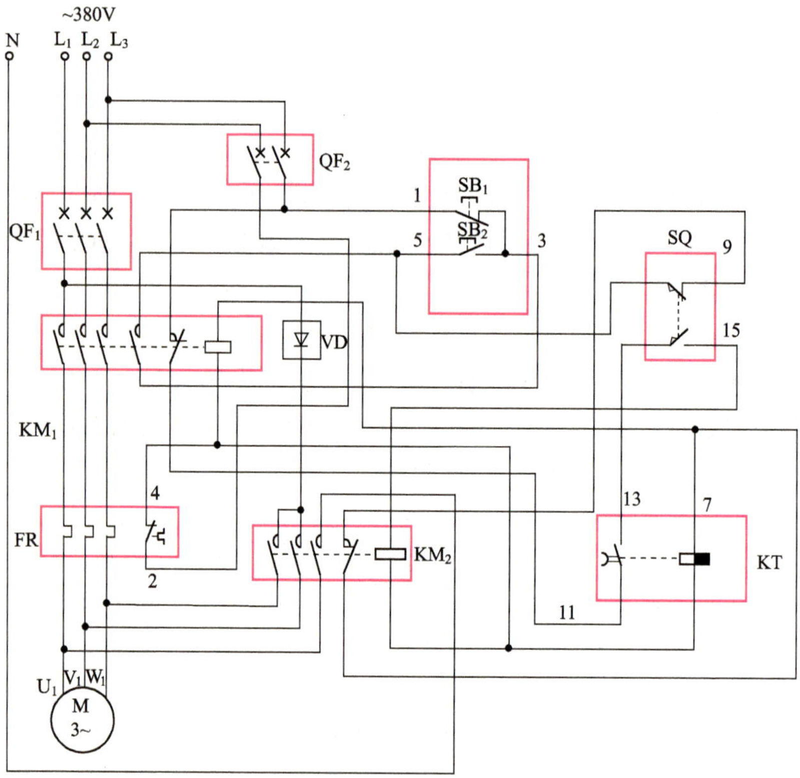

图 13.29 拖板到位准确定位控制电路现场接线

· 启 动

启动时，必须将三只按钮 SB_1、SB_2、SB_3 全部同时按下，其常闭触点(1-3、3-5、5-7)全部断开，其常开触点(1-9、9-11、11-13、1-15、15-17、17-19)全部闭合，交流接触器 KM 和失电延时时间继电器 KT 线圈均得电吸合，KT 失电延时断开的常开触点(1-7)立即闭合，KM 辅助常开触点(7-13)闭合，将 KM 线圈回路连接成过渡自锁回路，此时，将按下的按钮 SB_1、SB_2、SB_3 同时松开，失电延时时间继电器 KT 线圈断电释放，KT 开始延时，在松开三只按钮后，其所有触点恢复原始状态，其三只常闭触点将失电延时断开的常开触点(1-7)短接了起来，仍与 KM 辅助常开触点(7-13)形成正常自锁回路，经 KT 一段延时后(1s)，KT 失电延时断开的常开触点(1-7)断开，为按下任意一只按钮实现停止提供条件。在 KM 线圈得电吸合时，KM 三相主触点闭合，电动机得电启动运转。

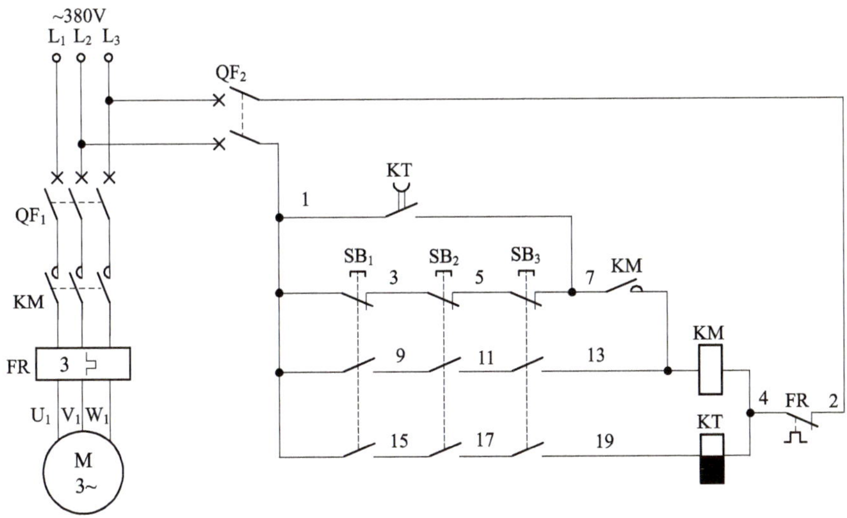

图 13.30　保密开机控制电路原理图

· 停　止

停止时，可按下任意一只按钮(SB_1 或 SB_2 或 SB_3)，其常闭触点(1-3、3-5、5-7)断开，切断 KM 自锁回路，KM 线圈断电释放，KM 三相主触点断开，电动机失电停止运转。

2. 现场接线

保密开机控制电路现场接线如图 13.31 所示。

电路 192　JS11PDN 型搅拌机控制器应用电路接线

1. 工作原理

通常用于建筑的混凝土搅拌机控制电路需多只电气元件进行正反转控制，本电路中介绍的 JS11PDN 型数字式时间继电器，它实际上就是一个成品的搅拌机控制器。其应用电路原理图如图 13.32 所示。

合上断路器 QF，接通三相交流 380V 电源，电路处于热备用状态。

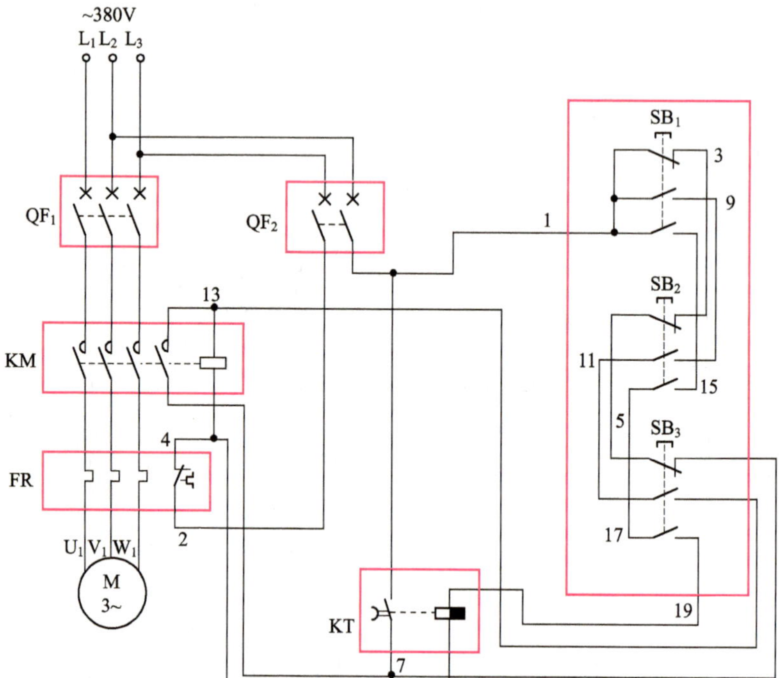

图 13.31 保密开机控制电路现场接线

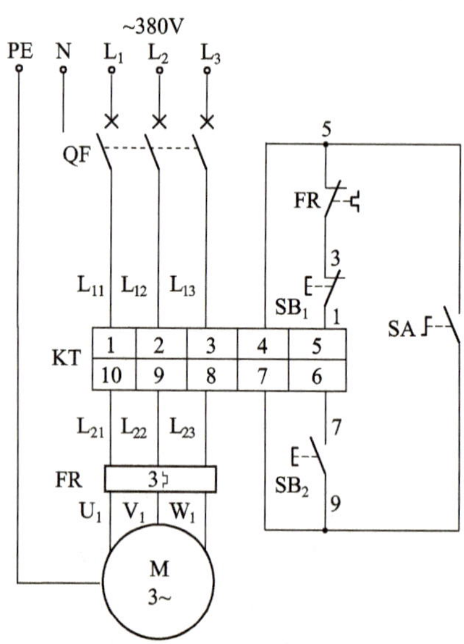

图 13.32 JS11PDN 型搅拌机控制器应用电路原理图

按下启动按钮 SB_2(7-9)，搅拌机控制器 KT 得电工作，按照内置正转→停→反转→停……循环并定时，当运转时间到了设定时间后，KT 自动切断内部控制电路，使其停止运转。当需要停止时，按下停止按钮 SB_1(1-3)即可。

2. 现场接线

JS11PDN 型搅拌机控制器应用电路现场接线如图 13.33 所示。

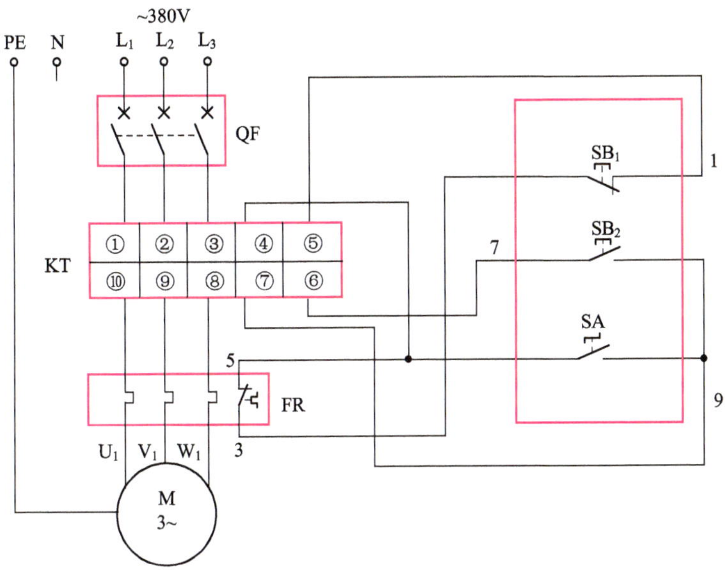

图 13.33　JS11PDN 型搅拌机控制器应用电路现场接线

电路193　通用变频器的基本应用电路接线

1. 工作原理

通用变频器的基本应用电路原理图如图 13.34 所示，合上主回路断路器 QF_1、控制回路断路器 QF_2，为电路工作做准备。

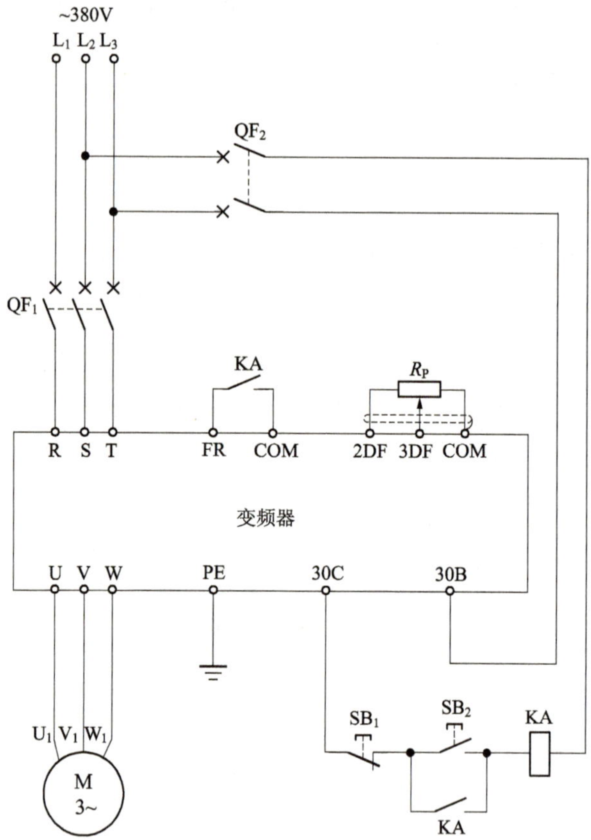

图 13.34 通用变频器的基本应用电路原理图

· 启 动

启动时，按下启动按钮 SB_2，中间继电器 KA 线圈得电吸合且 KA 辅助常开触点闭合自锁，KA 并联在变频器端子 FR 与 COM 上的常开触点闭合，变频器通电工作，再通过调整(或事先已调整好给定值)速度给定电位器 R_P，变频器将有电压输出，电动机得电变频启动运转。

2. 现场接线

通用变频器的基本应用电路现场接线如图 13.35 所示。

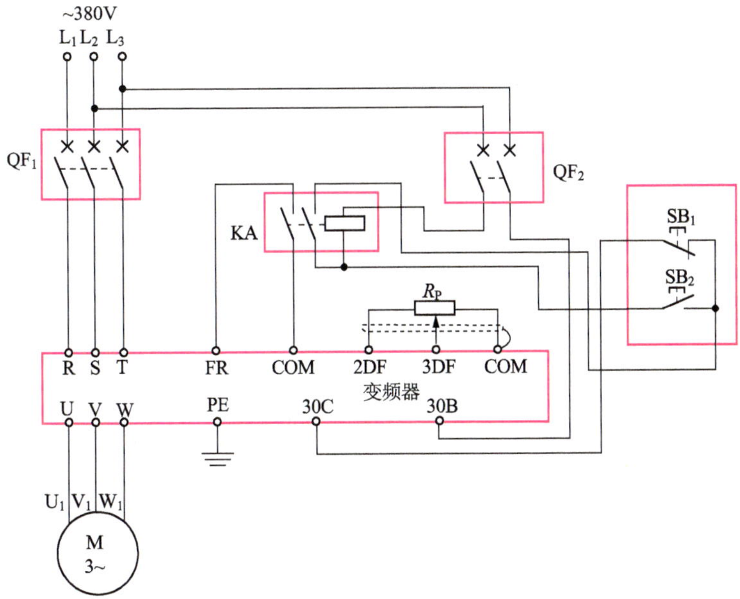

图 13.35　通用变频器的基本应用电路现场接线

电路194 电动机单向工频/变频切换控制电路接线

1. 工作原理

电动机单向工频/变频切换控制电路原理图如图 13.36 所示。

· 工频启动

将 SA 置于“工”位置，按下工频启动按钮 SB_2，交流接触器 KM_1 线圈得电吸合且 KM_1 辅助常开触点闭合自锁，KM_1 三相主触点闭合，电动机得以工频(50Hz)交流三相 380V 电源全压启动运转。在 KM_1 线圈得电吸合时，KM_1 串联在变频交流接触器 KM_2 线圈回路中的辅助常闭触点断开，起到互锁保护作用。

· 工频停止

按下停止按钮 SB_1，交流接触器 KM_1 线圈断电释放，KM_1 三相主触

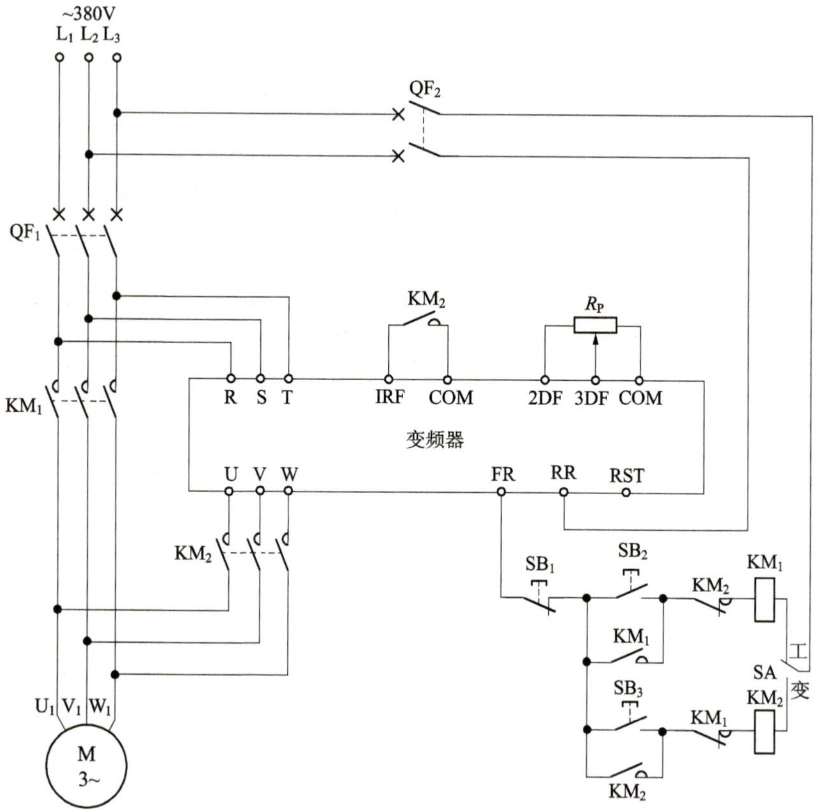

图 13.36 电动机单向工频/变频切换控制电路原理图

点断开，电动机失电停止运转。

• 变频启动

将 SA 置于“变”位置，按下变频启动按钮 SB_3，交流接触器 KM_2 线圈得电吸合且 KM_2 辅助常开触点闭合自锁，KM_2 三相主触点闭合，因变频器未工作，电动机未得电运转。与此同时，KM_2 辅助常开触点闭合，将变频器端子 IRF 与 COM 短接起来，变频器工作，再通过调整速度给定电位器 R_P 进行速度设置，此时变频器将有电压输出，电动机得电变频运转工作。

• 变频停止

可将速度给定电位器调到最小位置，变频器输出关断，电动机失电停止运转。按下停止按钮 SB_1，交流接触器 KM_2 线圈断电释放，KM_2 并联在变频器端子 IRF 与 COM 上的辅助常开触点断开，变频器输出关断，KM_2 三相主触点断开，电动机失电停止运转。

2. 现场接线

电动机单向工频/变频切换控制电路现场接线如图 13.37 所示。

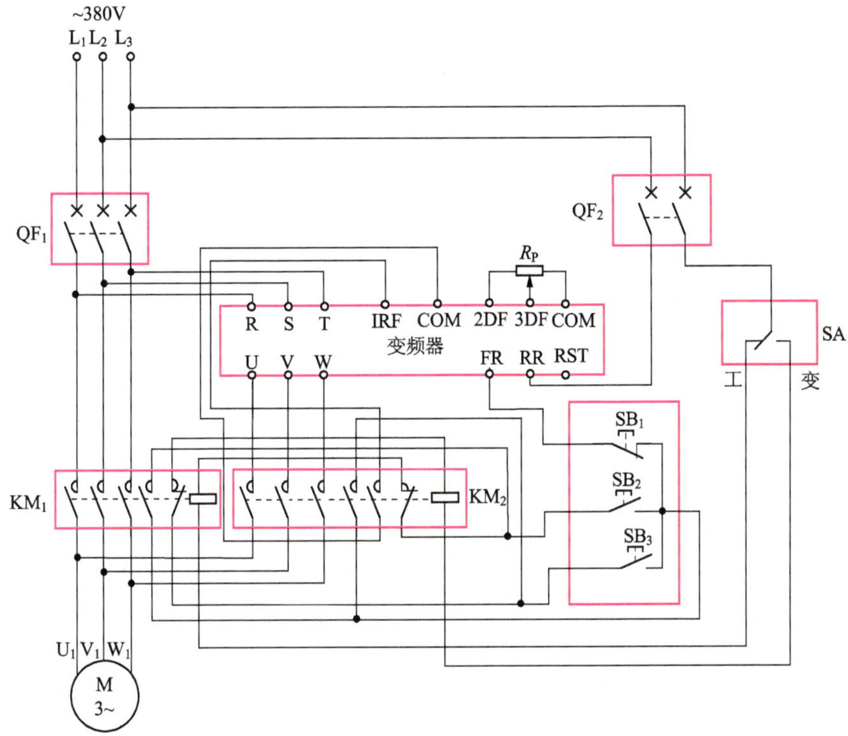

图 13.37　电动机单向工频/变频切换控制电路现场接线

电路 195　KG316T、KG316T-R、KG316TQ 微电脑时控开关接线

目前，市场上的时控开关种类很多，但 KG316T 微电脑时控开关应用非常广泛。它的接线非常简单，左边两个端子接电源，右边两个端子接

负载,若负载功率超过 6kW,可外接一只交流接触器进行控制。它设置简单、方便,分 10 次接通和分断,时间可任意调整。它还可按星期等方式进行设置,是一种理想的时控装置。

因生产厂家不同,KG316T 微电脑时控开关的参数及功能均有所不同,读者可通过以下四种同类产品加以了解。

阿城继电器厂生产的 KG316T 电流规格为 15A,3kW。正泰集团生产的 KG316T 为 8 开 8 闭或 16 开 16 闭,电流为 3A,0.7kW。九川集团生产的 KG316T 为 6 开 6 闭,电流为 25A,6kW。德力西集团生产的 KG316T 为 10 开 10 闭,电流为 25A,6kW。

1. 直接控制方式的接线

被控制的电器是单相供电,功耗不超过本开关的额定容量(阻性负载 25A),可直接通过本控制开关进行控制。接线方法如图 13.38 所示。

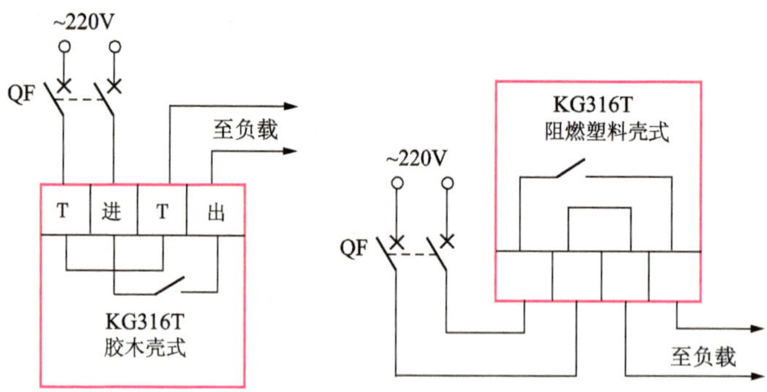

(a) 直控方式接线图

图 13.38 KG316T、KG316T-R、KG316TQ 微电脑时控开关直接控制方式接线

2. 单相扩容方式的接线

被控制的电器是单相供电,但功耗超过本开关的额定容量(阻性负载 25A),因而需要一个容量超过该电器功耗的交流接触器来扩容。接线方法如图 13.39 所示。从图 13.39 中可以看出,时控开关内部接线也不相同,为保证正确控制,最好在使用前用万用表测量一下,以做到心中有数。

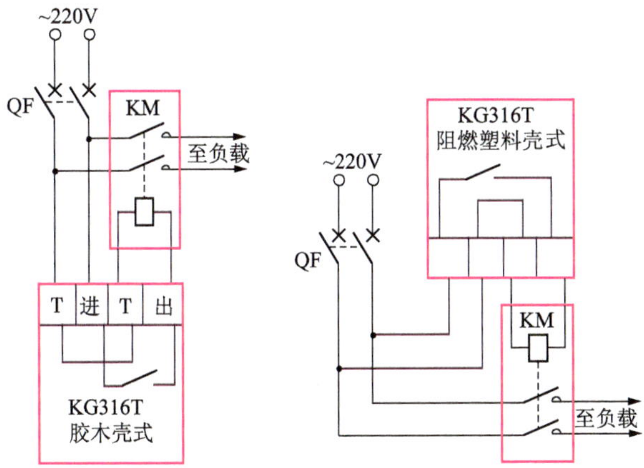

图 13.39　单相扩容方式接线图

3. 三相工作方式的接线

被控制的电器三相供电，需要外接三相交流接触器。控制接触器的线圈电压为 AC 220V 时的接线方法如图 13.40(a)所示。控制接触器的线圈电压为 AC 380V 时的接线方法如图 13.40(b)所示。

KG316TQ 接线图如图 13.40(c)所示。

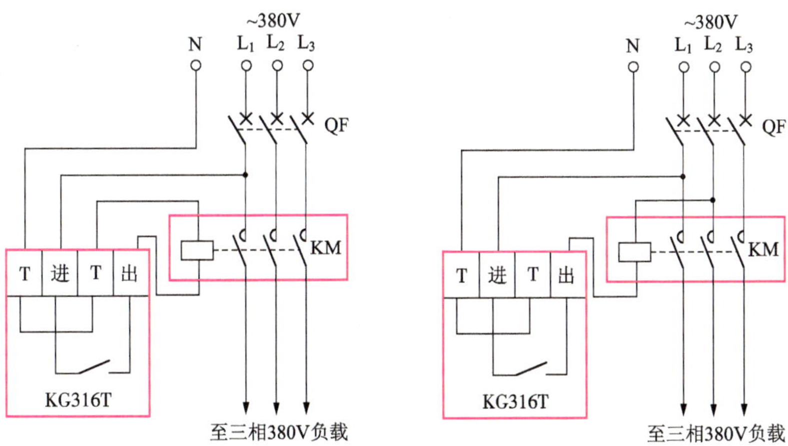

(a) 用KG316T微电脑时控开关控制接触器，线圈电压为220V时的接线方法

(b) 用KG316T微电脑时控开关控制接触器，线圈电压为380V时的接线方法

图 13.40　三相工作方式接线

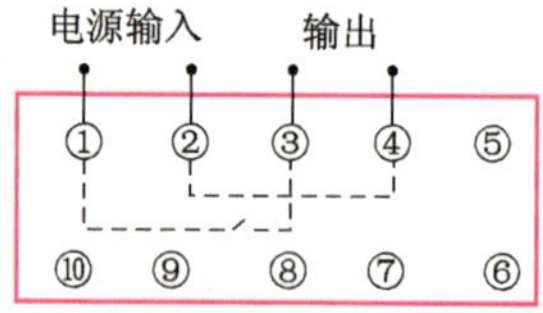

(c) KG316TQ接线

续图 13.40

电路196 简易限电器应用电路接线

1. 工作原理

简易限电器应用电路原理图如图 13.41 所示。图 13.41 中，QF_1 为用户保护断路器，QF_2 为控制回路保护断路器，KI 为过电流继电器，KM 为交流接触器，KT 为得电延时时间继电器，SB 为复位按钮，HL 为指示灯。

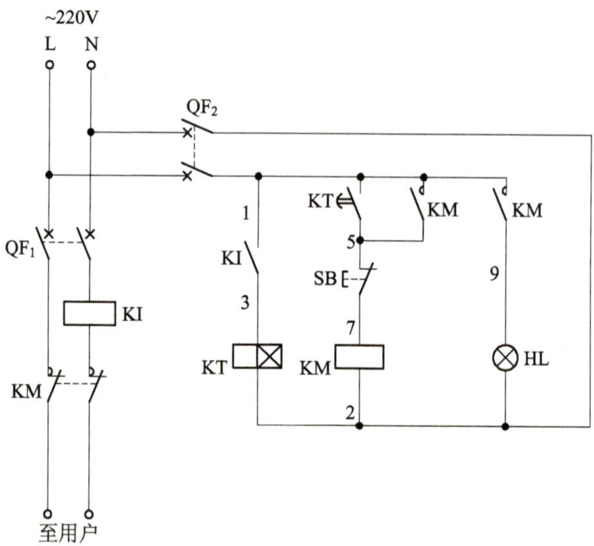

图 13.41 简易限电器应用电路原理图

合上断路器 QF_1，用户线路有电。合上控制回路断路器 QF_2，电路处于热备用状态。

当用户负载电流超过过电流继电器动作值时，KI 动作，KI 常开触点(1-3)闭合，得电延时时间继电器 KT 线圈得电吸合并开始延时。若在 KT 延时时间内用户负载降至电流 KI 动作值以下，则 KI 常开触点(1-3)断开，切断得电延时时间继电器 KT 线圈电源，KT 线圈断电释放，不对用户电路进行控制。

当用户负载电流超过过电流继电器 KI 动作值且时间超过 KT 延时整定值时，KT 得电延时闭合的常开触点(1-5)闭合，接通了交流接触器 KM 线圈的回路电源，KM 线圈得电吸合；KM 辅助常开触点(1-5)闭合自锁，KM 串联在用户电源中的常闭触点断开，从而切断用户电源，停止给用户供电，同时 KM 辅助常开触点(1-9)闭合，指示灯 HL 点亮，告知该用户超负载了。

若需恢复供电，只需按下复位按钮 SB(5-7)，交流接触器 KM 线圈就断电释放，KM 辅助常闭触点恢复常闭，重新向用户供电，同时 KM 辅助常开触点(1-9)断开，指示灯 HL 灭。

2. 现场接线

简易限电器应用电路的现场接线如图 13.42 所示。

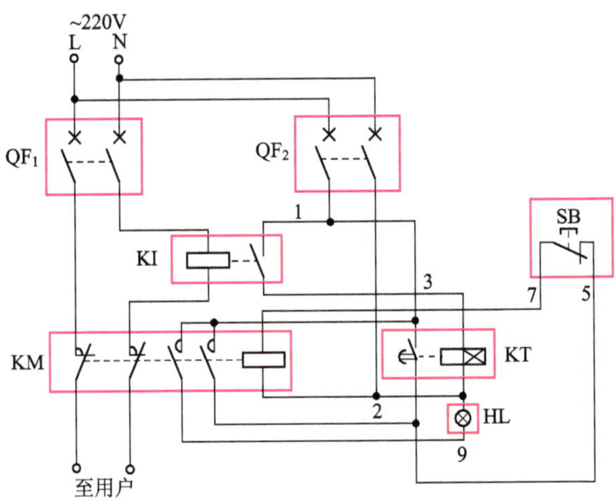

图 13.42 简易限电器应用电路现场接线

电路197 用倒顺开关控制单相异步电动机正反转控制电路接线

用倒顺开关控制单相异步电动机正反转控制电路接线如图 13.43 所示。

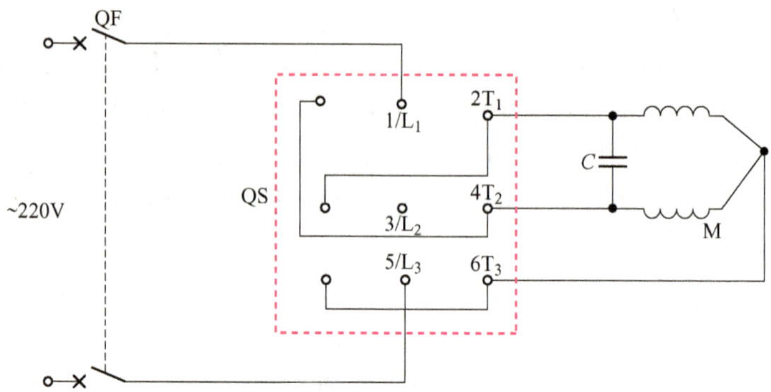

图 13.43　用倒顺开关控制单相异步电动机正反转控制电路接线

电路198 LW5-16/YH3/3 电压转换开关接线

LW5-16/YH3/3 电压转换开关接线如图 13.44 所示。

当电压转换开关 SA 置于 U_{AB} 位置时，触点①、②，⑦、⑧闭合，电压表指示的是 A 相和 B 相之间的线电压。

当电压转换开关 SA 置于 U_{BC} 位置时，触点⑤、⑥，⑪、⑫闭合，电压表指示的是 B 相和 C 相之间的线电压。

当电压转换开关 SA 置于 U_{CA} 位置时，触点③、④，⑨、⑩闭合，电压表指示的是 C 相和 A 相之间的线电压。

当电压转换开关 SA 置于停止位置时，因所有触点均处于断开状态，所以电压表无电压指示。

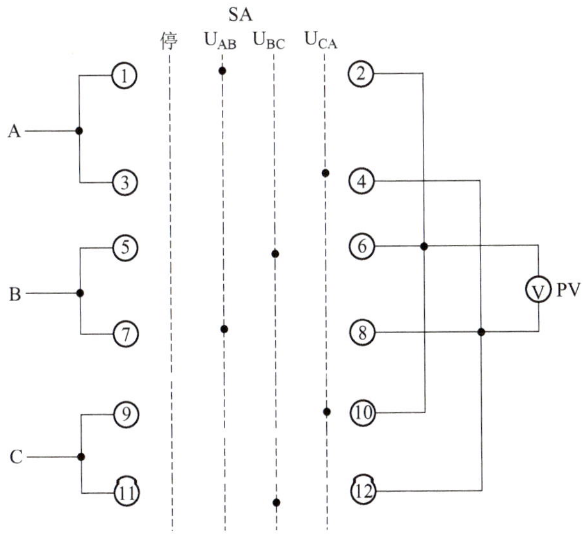

图 13.44　LW5-16/YH3/3 电压转换开关接线

电路 199　用单相 220V 电源实现三相 380V 电动机的变频控制电路接线(一)

用单相 220V 电源实现三相 380V 电动机的变频控制电路(一)接线如图 13.45 所示。

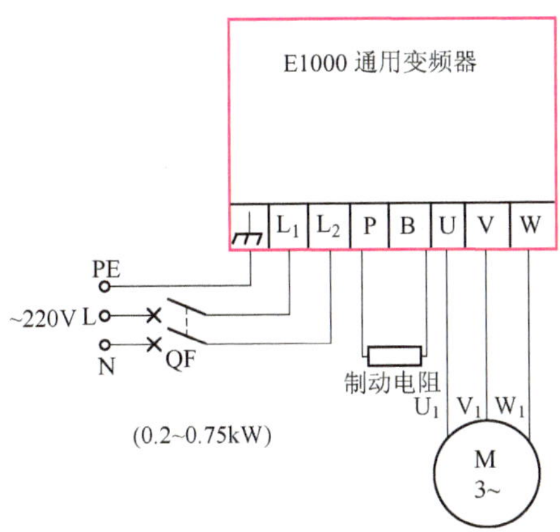

图 13.45　用单相 220V 电源实现三相 380V 电动机的变频控制电路(一)接线

电路200　用单相220V电源实现三相380V电动机的变频控制电路接线(二)

用单相220V电源实现三相380V电动机的变频控制电路(二)接线如图13.46所示。

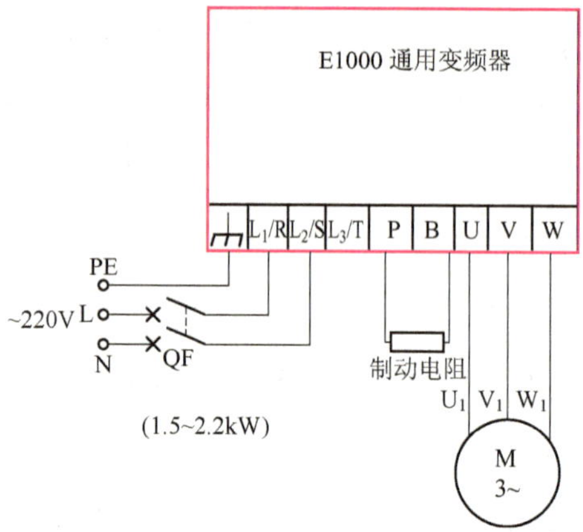

图13.46　用单相220V电源实现三相380V电动机的变频控制电路(二)接线